照亮深海

——南海海底地貌的发现与命名

ZHAOLIANG SHENHAI

——NANHAI HAIDI DIMAO DE FAXIAN YU MINGMING

朱本铎　刘丽强　彭天玥　韩　冰　丁　望　著

海洋出版社

2024年·北京

图书在版编目（CIP）数据

照亮深海：南海海底地貌的发现与命名 / 朱本铎等著. — 北京：海洋出版社, 2023.11

ISBN 978-7-5210-1187-6

Ⅰ. ①照… Ⅱ. ①朱… Ⅲ. ①南海－海域－海底地貌－研究 Ⅳ. ①P737.2

中国国家版本馆CIP数据核字(2023)第212152号

审图号：琼S（2023）008号

照亮深海——南海海底地貌的发现与命名

ZHAOLIANG SHENHAI——NANHAI HAIDI DIMAO DE FAXIAN YU MINGMING

责任编辑：王　溪　李世燕
责任印制：安　森

海洋出版社 出版发行
http://www.oceanpress.com.cn
北京市海淀区大慧寺路 8 号　邮编：100081
鸿博昊天科技有限公司印刷　新华书店经销
2024年12月第1版　2024年12月第1次印刷
开本：880mm × 1230mm　1／16　印张：17
字数：380千字　图幅数：180幅　定价：220.00元

发行部：010-62100090　总编室：010-62100034

前 言

党的二十大报告指出："推进文化自信自强，铸就社会主义文化新辉煌"。中华优秀传统文化是传承数千年的中华文化精蕴，是中华民族最深沉的精神追求的长期积淀，体现了我国最深厚的软实力，也是中国共产党坚定文化自信的深远根源。近年来，在习近平新时代中国特色社会主义思想的指引下，围绕两个"一百年"奋斗目标，坚持总体国家安全观，不断增强文化自信，弘扬中华优秀传统文化也体现在海洋科学研究的方方面面。在南海，我们通过对海底地貌研究和地理实体命名的方式，彰显了鲜明的中华传统文化特色。

经过 20 余年的努力，我们依托国家专项"海洋地质保障工程"和国家自然科学基金重大研究计划"南海深海过程演变"等项目，全面完成南海深水区域多波束地形测量，以中国古代科学家、诗人、航海家和唐诗宋词系统命名了南海海底地理实体。《照亮深海——南海海底地貌的发现与命名》以传承弘扬中华优秀传统文化、强化表达我国海洋权益为出发点，是一部讲述我国南海深海地貌与命名的书籍。

本书阐述了南海海底地貌命名的历史及技术方法，描述南海部分海底地理实体特征及命名，并收录三维地形图。全书图文并茂，将海洋科学与人文科学、专业与科普完美结合。本书以地名为载体，充分展示中华优秀传统文化在保护海洋权益过程中的创造性转化与发展。中国印记深入海底，文化自信得到彰显。本书的出版不仅将进一步强化我国的海洋权益主张，也为国家安全、海洋科研、自然资源勘探等提供了直观坐标，为我国有效管辖南海提供了重要证据。

本书主要作者朱本铎，现任广州海洋地质调查局海洋战略研究所所长、正高级工程师，是我国新时期海底命名的开拓者之一，首次以《春江花月夜》《关山月》等唐诗，以及我国古代著名科学家、文学家对南海海底地理实体系统地做出命名规划。2016 年，首次申报南海 245 个海底地名得到国家主管部门审批。因在我国南海及国际海域的海底命名领域做出了突出贡献，获国家海洋局 2016 年度“海洋人物”荣誉称号。

作　者

目　录

第 1 章

海底命名，给深海美好的名称

HAIDI MINGMING, GEI SHENHAI MEIHAO DE MINGCHENG

1.1 美丽南海，海底地貌也精彩

南海是西太平洋的边缘海之一，海底地形从周边向中央倾斜，水深逐渐增大，发育类型繁多的地貌单元。这些地貌单元也是海底地理实体，根据其形态和成因，可分为 3 个级别和 40 余个类型（表 1.1）。一级地貌单元为陆架（岛架）、陆坡（岛坡）、边缘海盆地和海沟，每个一级地貌单元可分为若干个二级地貌单元，而部分二级地貌可再分为数个三级地貌单元。

表 1.1　南海海底地貌单元分级与分类

<table>
<tr><th colspan="2">一级地貌</th><th>二级地貌</th><th>三级地貌</th></tr>
<tr><td>大陆架（岛架）</td><td>南海北部陆架
北部湾陆架
南海西部陆架
南海东南岛架
南海东部岛架</td><td>陆架平原
暗沙
沙脊群
浅谷群
三角洲</td><td>沙脊
浅谷
沙波</td></tr>
<tr><td>大陆坡（岛坡）</td><td>南海北部陆坡
南海西部陆坡
南沙陆坡
南海东部岛坡</td><td rowspan="3">海台
峡谷群
斜坡
海谷
峡谷
海槽
海隆
阶地
海盆
海岭
海山链
海丘链
海山群
海脊
深海平原</td><td rowspan="3">浅滩
海山
平顶海山
海丘
海脊
海谷
峡谷（海底峡谷）
海底崖
岬角
水道
洼地
水道群
圆丘
海山群（小型）
海丘群（小型）
海台（小型）
海隆（小型）
斜坡（小型）</td></tr>
<tr><td>边缘海盆地</td><td>南海海盆</td></tr>
<tr><td>海沟</td><td>马尼拉海沟</td></tr>
</table>

南海陆架（岛架）按区域可划分为南海北部陆架、北部湾陆架、南海西部陆架、南海东南岛架、南海东部岛架。南海陆架（岛架）地形具有西南部和北部宽度大，东部、东南部和西部宽度窄的特点。陆架坡折线水深 200 ~ 300 m，大陆架（岛架）的地理实体以陆架平原为主，总体地形平坦，其上发育有水下浅滩、水下三角洲、海谷和浅谷群等地形稍有起伏的二级地理实体。

南海陆坡（岛坡）按区域可划分为南海北部陆坡、南海西部陆坡、南沙陆坡和南海东部岛坡。南海陆坡（岛坡）地形起伏大，范围从陆架坡折线到陆坡坡脚线，水深 200 ~ 4500 m，发育有斜坡、海台、海岭、海盆、海槽等二级地理实体。边缘海盆地为位于南海中部的南海海盆，发育的大型地理实体包括深海平原、海岭、海山群等；深海平原水深范围大致在 3500 ~ 4500 m，总体地形平坦，中间发育高低悬殊、宏伟壮观的海山，海山的最大地形高差超过 4000 m。南海发育的海沟为马尼拉海沟，位于南海海盆以东，是南海水深最大的海域。海沟地形狭窄，呈近南北向，长约 1000 km，底部多处有水深超过 5000 m 的海渊。

1.2 海底为什么要命名

在人类历史发展的长河中，人们为了准确地描述自然地貌和地理环境，逐步对生活环境周边的地理实体赋予一个专有名称，即地名。地名包含通名和专名两部分。通名是地名中用来区分地理实体类型的词语，同一类型的地理实体具有相同的通名。专名是地名中用来区分每个地理实体的词语，在一定区域内专名不能重复出现。如我国著名的山岳“泰山”中，“泰”为这座山的专有名称，是专名；“山”是自然地理实体的一种类型，是通名。在一定的区域范围内，专名是独有和专用的，即中国只有一座泰山；而通名则是多个地理实体所共有的，即中国有很多座大山。如同陆地的自然地理实体必须赋予名称一样，海底地理实体也应该赋予名称，此行为称为海底命名。对已确认的海底地理实体进行正式命名已成为国际惯例，许多海底地理实体都已经命名，如南海海盆、大西洋中脊、冲绳海槽、麦哲伦海山群等，这有利于各类海洋图件的编制和海洋的科学勘测、开发管理，也体现国家海洋科学调查研究的能力和成果。与陆地地名的结构相同，海底地名也是由专名和通名组成，如“墨子海山”中，“墨子”是专名，“海山”是通名。

海底命名作为国家地名管理工作的一部分，很多海洋国家纷纷建立海底命名体系和机制。无论是在本国管辖海域还是在国际海域，对已准确测量的地理实体在法律的框架内按照相应的标准赋予名称，并由政府权威机构审核认定后正式发布。这一过程称为海底地名标准化处理，政府权威机构发布的海底地名称为标准地名。毫无疑问，各国都用本国语言命名自己发现的地理实体，但是地名毕竟具有不同国家和民族之间交流的功能，所以地名还要有一个大家都能接受和认可的拼写方法。根据我国的《地名管理条例》，中国地名的罗马字母拼写，以国家公布的《汉语拼音方案》作为统一规范根据。我国已发布《中国地名汉语拼音字母拼写法》，据此，我国的海底标准名称包含中文名称及汉语拼音。在实际使用过程中，为了方便与国外学者的交流，我们一般还附上一个英文名称。

除了本国发布海底地名外，海底地名还可以提交到国际海底地名分委会（Sub-Committee On Undersea Feature Names，SCUFN）审议核准，以使地名得到更广泛的认可和使用。作为一个国际海底地名管理机构，SCUFN 的主要任务是建立科学合理的国际海底命名体系，审定各国提交的海底地名，建立国际海底地名辞典，推广使用正式的海底地名。各海洋强国都积极向 SCUFN 申报海底地名。SCUFN 最新海底地名辞典中，包含了 5000 余个地名。这些地名可以在互联网上查阅 (http://www.gebco.net/)。近年来，SCUFN 每年都举行会议，每届会议都有一批海底地名得到认可。根据 SCUFN 的规定，如果一个海底地理实体完全或超过 50%的面积位于国家的领海以外，则可向 SCUFN 申报其命名提案，通过后编入 SCUFN 海底地名辞典中。而位于一个国家领海以内的地理实体，则由该国家自行命名和发布，其他国家应当认可和使用。

1.3 我国海底命名的历史

1986 年，地质矿产部第二海洋地质调查大队（现为自然资源部中国地质调查局广州海洋地质调查局）对南海 22 个海山、海槽进行的命名（表 1.2），标注于 1987 年出版的《南海地质地球物理图集（1：200 万）》。此外，在 2005 年出版的《我国近海及邻近海域海底地形地貌》一书中，作者对南海 100 余个地理实体进行了暂命名。

表 1.2　1986 年命名的南海 22 个海底地理实体

中沙北海岭	盆西海岭	北坡海山	尖峰圆丘
笔架海山	双峰海山	玳瑁海山	宪北海山
宪南海山	石星海山群	涨中海山	珍贝海山
黄岩海山	中南海山	长龙海山	龙北海山
龙南海山	大珍珠海山	小珍珠海山	西沙海槽
中沙海槽	南海中央海盆	—	—

海底命名是以精细的海底地形图为基础，准确识别地理实体并赋予合适的名称。在早期的海洋勘查中，海底地形地貌调查设备只有单波束测深系统，效率低且精度较差，很难获取大面积的水深数据并编制精细的地形图。因此，1986 年我国发现并命名南海 22 个海底地理实体实属不易，同时也反映了当时我国的海洋科技水平还比较落后。1995 年，我国海洋科考船“海洋四号”（现更名为“海洋地质四号”）率先引进安装多波束测深设备，我国的海底地形地貌调查从此进入新阶段。1997 开始，我国实施了一系列专项调查，系统地测量南海海底地形地貌，获取了大量的多波束测深数据。随着“海洋地质保障工程”第一阶段的完成，我国已全面完成南海深水海域的多波束水深测量。经过处理的水深数据形成高精度的南海水深数据集，编制高分辨率的海底地形图，科学家得以全面认识南海海底的真面貌，新发现数百个海山、海丘、峡谷等地理实体。从 2000 年开始，我们就开始南海海底命名探索工作。经过 10 余年的努力，全面识别和命名了南海海底地理实体。2015 年出版的《南海地质地球物理图系（1：200 万）》共包含 16 幅图件，在其中的“地形图”“晕渲地形图”“三维地形图”上标注了南海部分海底地名共 255 个。在此次命名中，根据新测量的海底地形数据，我们将 1986 年命名的“南海中央海盆”更名为“南海海盆”，“中沙北海岭”更名为“中沙北海隆”，“长龙海山”更名为长龙海山链，其他地名不变。

1.4 海底命名，给深海美好的名称

海底命名为国家地名工作的一个重要组成部分，必须遵循国家法律法规，依照相应的标准与规范，并适当参照国际通用的规范。因此，我们在命名过程中主要根据以下文件：

1）《地名管理条例》（2022 年 5 月 1 日起施行）；

2）《地名管理条例实施细则》（2024 年 5 月 1 日施行）；

3）《中华人民共和国通用语言文字法》（2001 年 1 月 1 日起施行）；

4）《海底地名命名》（GB 29432—2012）；

5）《地名分类与类别代码编制规则》（GB/T 18521—2001）；

6）《海底地名标准化》（SCUFN B-6 文件）。

海底地名图以三维地形图为基底标注地理实体的名称。三维地形图的编制以美观、生动反映出地形地貌特征为目标，以不同的色彩类型表现地貌单元的变化，以不同的色彩明亮度展现水深变化。通过调整光照角度和强度表现地形特点，通过适度夸张的地形纵向比例尺突出地形地貌单元的形态和界线。部分地图辅以地形等深线表示，叠加于三维地形图之上，通过线条的设置和水深注记来表现图幅内水深的变化和地形地貌单元的准确地理参数。

基于海底地名易找、易用、易记和群组化的原则，南海大型地理实体（对应于一级和二级地貌单元）以其所在的相对位置命名，或以其相邻的岛礁命名；中小型地理实体（对应于三级地貌单元）的命名体现中国元素，弘扬中华文化，以中国古代科学家、文学家、医学家、航海人物命名，或取词于唐代诗歌、矿物和珠宝名称，或以相邻的岛礁暗沙命名，具体方法如下：

1）北部陆坡和南海海盆北部的地理实体以我国古代科学家命名；

2）南海海盆珍贝—黄岩海山链及周边的地理实体以我国古代著名医学家命名；

3）南海海盆东南的地理实体以唐宋著名诗人命名；

4）南海海盆西南的地理实体以宝石和矿物命名；

5）长龙海山链和飞龙海山链以“龙”相关的词语命名；

6）西沙群岛周边的地理实体以西沙群岛的岛屿命名；

7）中沙北海隆的地理实体以中沙海台上的暗沙命名；

8）盆西海岭的地理实体取词于王之涣的《凉州词》和李白的《关山月》；

9）盆西南海岭的地理实体取词于唐代张若虚的名作《春江花月夜》；

10）广雅滩周边的地理实体取词于古代航海人物和郑和船队的船名；

11）南薇海盆、北康暗沙、南沙海槽、礼乐斜坡的地理实体取词于古代航海人物和周边暗沙名称。

本书编图数据均为“海洋地质四号”和“海洋地质六号”科考船在南海进行科学考察时所获得的多波束测深数据。以下一级地理实体因缺乏全覆盖多波束测深资料，本书暂不描述其地貌形态，对其内含二级和三级地理实体也暂不作命名：南海北部陆架、北部湾陆架、南海西部陆架、南海西南陆架、南海东南岛架、南海东部岛架、南海东部岛坡、马尼拉海沟。

1.5 术语与定义

本书中的海底地理实体类型涉及大陆架、大陆坡、海盆等 28 种类型，其定义分述见表 1.3。

表 1.3 南海海底地理实体类型与定义

陆架（岛架）	海岸至陆架坡折线之间的海底地理实体，地形平缓，自海岸向大陆坡倾斜，平均坡度小于 0.5°
陆坡（岛坡）	大陆架外缘向深海倾斜延伸的过渡带，坡度较陡，平均坡度一般 3° ~ 6°
边缘海盆地	边缘海底部规模巨大、地形平缓区域，被陆坡、海隆所包围
海沟	深海地形凹陷的长条形或弧形地理实体，由板块俯冲形成，两侧地形陡峭
海台	顶部宽阔平坦、周边斜坡比较陡峭的海底高地
海底峡谷群	由多条相对聚集、平行排列的峡谷构成的地理实体
斜坡	海底地形缓缓倾斜变深的地理实体
海谷	海底斜坡上或海岭之间形态狭长的凹陷地理实体，呈线状延伸，地形横切剖面呈“U”形
海底峡谷	海底斜坡上或海岭之间形态狭长的凹陷地理实体，呈线状延伸，地形横切剖面呈“V”形
海槽	大陆坡或海盆上长条状、地形凹陷的地理实体，底部地形平坦宽阔，两侧槽坡地形陡峭
海隆	由多个海山或海丘在同一地质基底上相对聚集构成，海山山麓相互不连接
阶地	两个以上不同水深的平坦台地及其之间的陡崖共同构成阶梯状地理实体
海盆	底部地形平缓的凹地，四周被海岭、海山群所包围
海岭	由多个海山或海丘在同一地质基底上相对聚集构成，海山山麓一般相互连接
海山链	由多个互不相连的海山、海丘按一定方向排列构成的大型地理实体
海丘链	由多个相对聚集的海丘构成的大型地理实体
海山群	由多个相对聚集的海山、海丘构成的大型地理实体
海脊	形态孤立且狭长的海底高地，呈线状延伸
浅滩	顶部地形平坦且为砂质的高地或海山
海山	孤立的海底高地，山峰与山麓之间高差大于 1000 m
平顶海山	顶部发育较大规模平台、山体呈截圆锥状的孤立海山，山坡地形陡峭
海丘	孤立的海底高地，山峰与山麓之间高差小于 1000 m
海底崖	地形陡峭且连续的断面
岬角	海山或陆架、陆坡边缘突出的部分
水道群	多条水道相对聚集构成的小型地理实体
水道	形态细长且较为曲折的凹陷地理实体
圆丘	清晰可辨的海底隆起区，外轮廓呈浑圆状
洼地	地形凹陷的地理实体，规模较小

NANHAI BEIBU
LUPO

第 2 章

南海北部陆坡

2.1 二级地理实体，以相邻的岛礁命名

南海北部陆坡包含 8 个二级地理实体（表 2.1，图 2.1），均以相邻的岛礁和陆地地名命名。

表 2.1 南海北部二级地理实体

序号	标准地名	汉语拼音	英文名称	中心位置	水深 (m)	高差 (m)	命名理由
1	澎湖海底峡谷群	Pénghú Hǎidǐxiágǔqún	Penghu Haidixiaguqun	22°00.0′ N, 119°30.0′ E	200 ~ 3000	2800	邻近澎湖列岛，故名
2	笔架海底峡谷群	Bǐjià Hǎidǐxiágǔqún	Bijia Haidixiaguqun	21°17.7′ N, 117°56.7′ E	500 ~ 2400	1900	位于笔架海丘，故名
3	神狐海底峡谷特征区	Shénhú Hǎidǐxiágǔ tèzhēngqū	Shenhu Haidixiagu tezhengqu	19°54.0′ N, 115°10.0′ E	500 ~ 1750	1250	邻近神狐暗沙，故名
4	一统海底峡谷群	Yìtǒng Hǎidǐxiágǔqún	Yitong Haidixiaguqun	18°50.0′ N, 114°30.0′ E	1500 ~ 3600	2100	邻近一统暗沙，故名
5	东沙斜坡	Dōngshā Xiépō	Dongsha Xiepo	21°00.0′ N, 118°30.0′ E	2250 ~ 3750	1500	邻近东沙群岛，故名
6	尖峰斜坡	Jiānfēng Xiépō	Jianfeng Xiepo	19°40.0′ N, 117°00.0′ E	2000 ~ 3550	1550	尖峰圆丘位于此斜坡之上，故名
7	一统斜坡	Yìtǒng Xiépō	Yitong Xiepo	19°00.0′ N, 113°30.0′ E	250 ~ 1250	1000	一统暗沙位于该斜坡之上，故名
8	珠江海谷	Zhūjiāng Hǎigǔ	Zhujiang Haigu	19°30.0′ N, 115°20.0′ E	200 ~ 3600	3400	位于珠江口外侧，故名

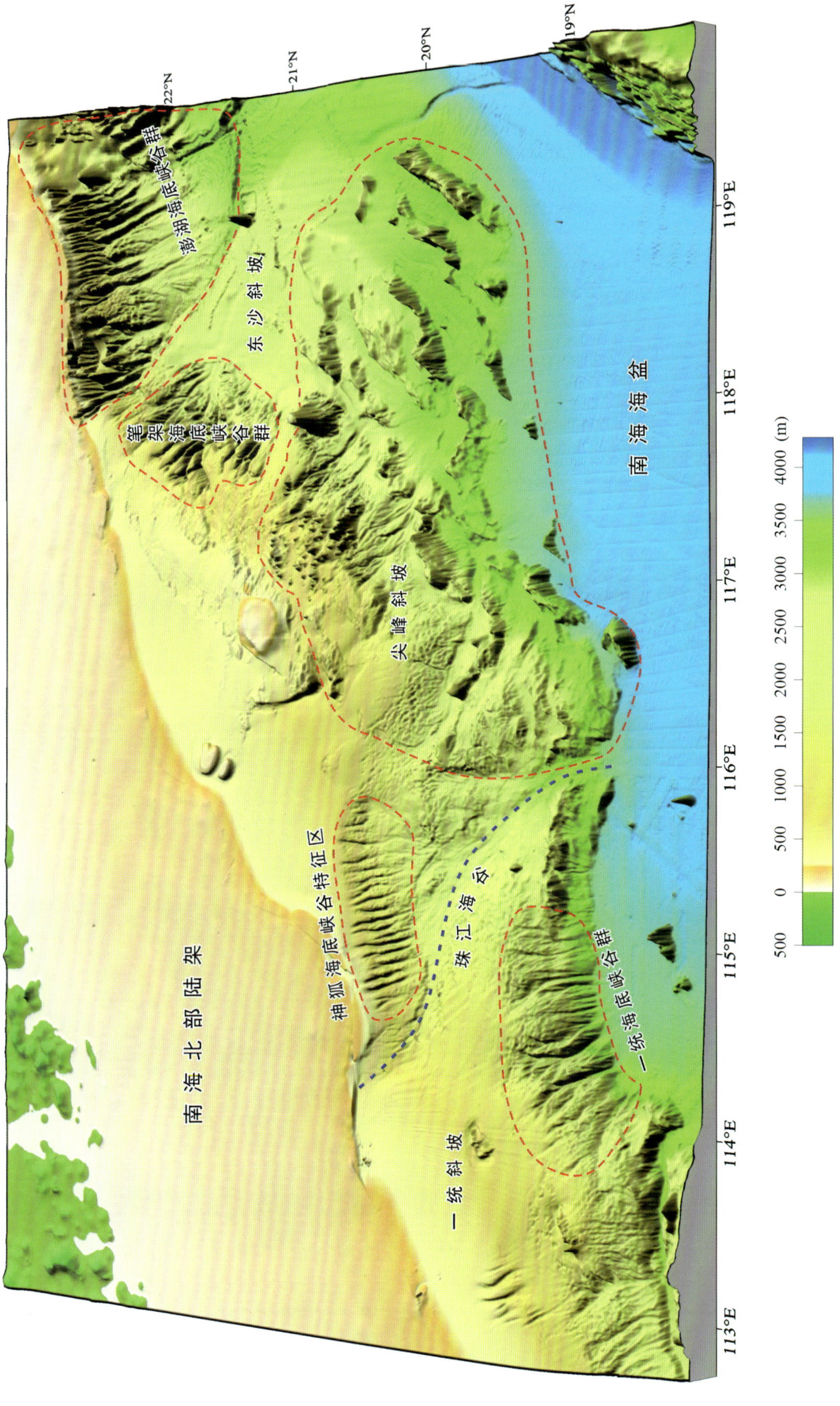

图 2.1 南海北部陆坡地形图

Fig. 2.1 Topography Map of Northern South China Sea (SCS) Slope

2.1.1 澎湖海底峡谷群

标准名称 Standard Name	澎湖峡谷群 Penghu Haidixiaguqun	类型 Generic Term	峡谷群 Canyons
特征点坐标 Coordinates	22°00.0′ N，119°30.0′ E	规模（km） Dimension (km)	150 × 90
水深（m） Depth (m)	200 ~ 3000	总起伏（m） Total Relief (m)	2800
地貌形态 Feature Description	峡谷群由 16 条海底峡谷组成，整体地形自北向南顺陆坡下降。峡谷大致呈平行排列，峡谷的最大顶底高差 2800 m（图 2.2）。 Penghu Haidixiaguqun consist of 16 submarine canyons. These canyons descend down the continental slope from north to south. The canyons are roughly arranged in parallel, with a maximum elevation of 2800 m from bottom to top.		
命名释义 Reason for Choice of Name	邻近澎湖列岛，故名。 The canyons are adjacent to Penghu Liedao, so “Penghu” is used to name the canyons.		

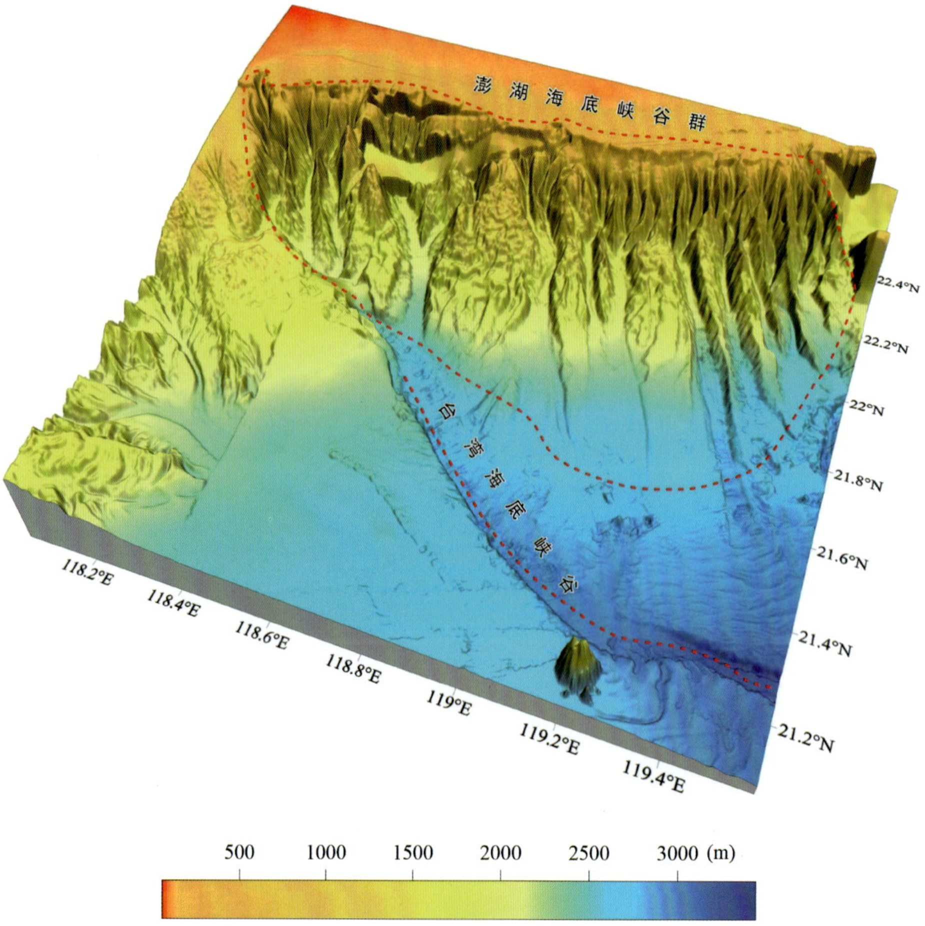

图 2.2 澎湖海底峡谷群三维地形图

Fig. 2.2 3-D Topography Map of Penghu Haidixiaguqun

2.1.2 笔架海底峡谷群

标准名称 Standard Name	笔架海底峡谷群 Bijia Haidixiaguqun	类型 Generic Term	峡谷群 Canyons
特征点坐标 Coordinates	21°17.7′ N，117°56.7′ E	规模（km） Dimension (km)	138 × 82
水深（m） Depth (m)	500 ~ 2400	总起伏（m） Total Relief (m)	1900
地貌形态 Feature Description	位于东沙海台东南，由 13 条海底峡谷组成，整体地形自西北向东南下降。峡谷的最大顶底高差 730 m（图 2.3）。 Bijia Haidixiaguqun are located southeast to Dongsha Plateau and consist of 13 submarine canyons. These canyons descend from northwest to southeast, with maximum elevation of 730 m from bottom to top.		
命名释义 Reason for Choice of Name	邻近笔架海丘，故名。 The canyons are adjacent to Bijia Haiqiu, so “Bijia” is used to name the canyons.		

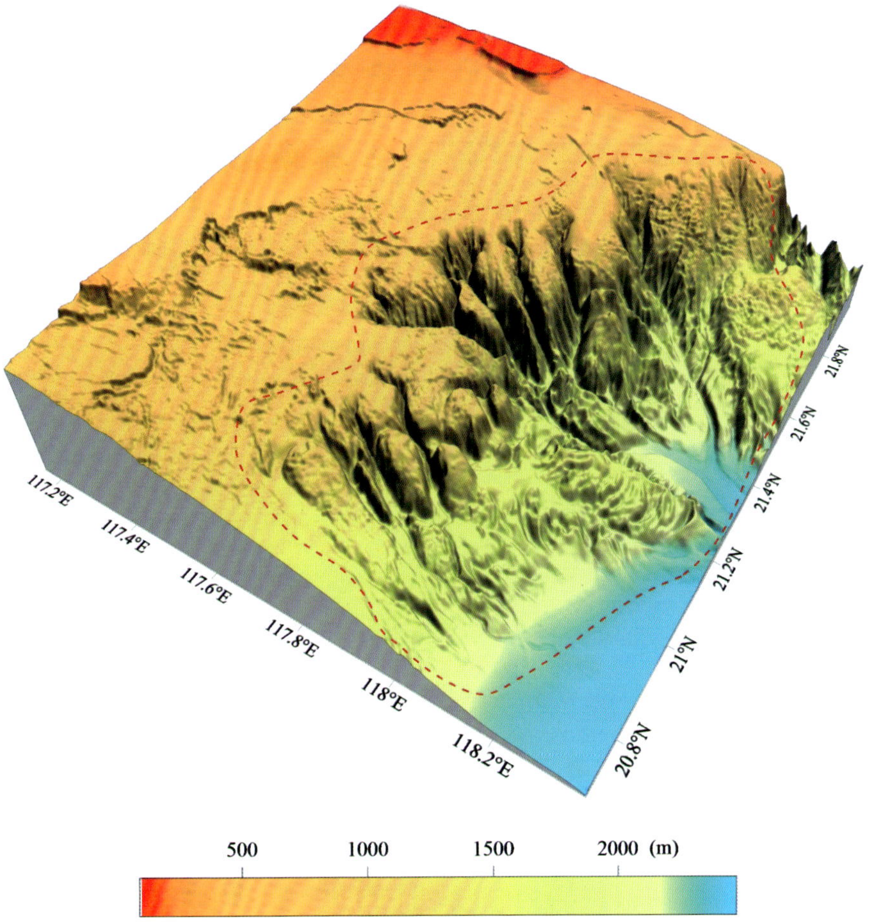

图 2.3　笔架海底峡谷群三维地形图

Fig. 2.3　3-D Topography Map of Bijia Haidixiaguqun

2.1.3 神狐海底峡谷特征区

标准名称 Standard Name	神狐海底峡谷特征区 Shenhu Haidixiagu tezhengqu	类型 Generic Term	峡谷群 Canyons
特征点坐标 Coordinates	19°54.0′ N，115°10.0′ E	规模（km） Dimension (km)	121 × 40
水深（m） Depth (m)	500 ~ 1750	总起伏（m） Total Relief (m)	1250
地貌形态 Feature Description	发育于南海北部陆坡，由 16 条海底峡谷组成，整体地形自北向南下降。峡谷大致呈南北向等距离平行排列，峡谷的最大顶底高差 1250 m（图 2.4）。 Shenhu Haidixiagu tezhengqu lie on the Northern South China Sea (SCS) Slope and consist of 16 canyons. These canyons descend from north to south in parallel, with maximum elevation of 1250 m from bottom to top.		
命名释义 Reason for Choice of Name	邻近南海神狐暗沙，故名。 The canyons are adjacent to the Shenhu Ansha (Shoal), so “Shenhu” is used to name the canyons.		

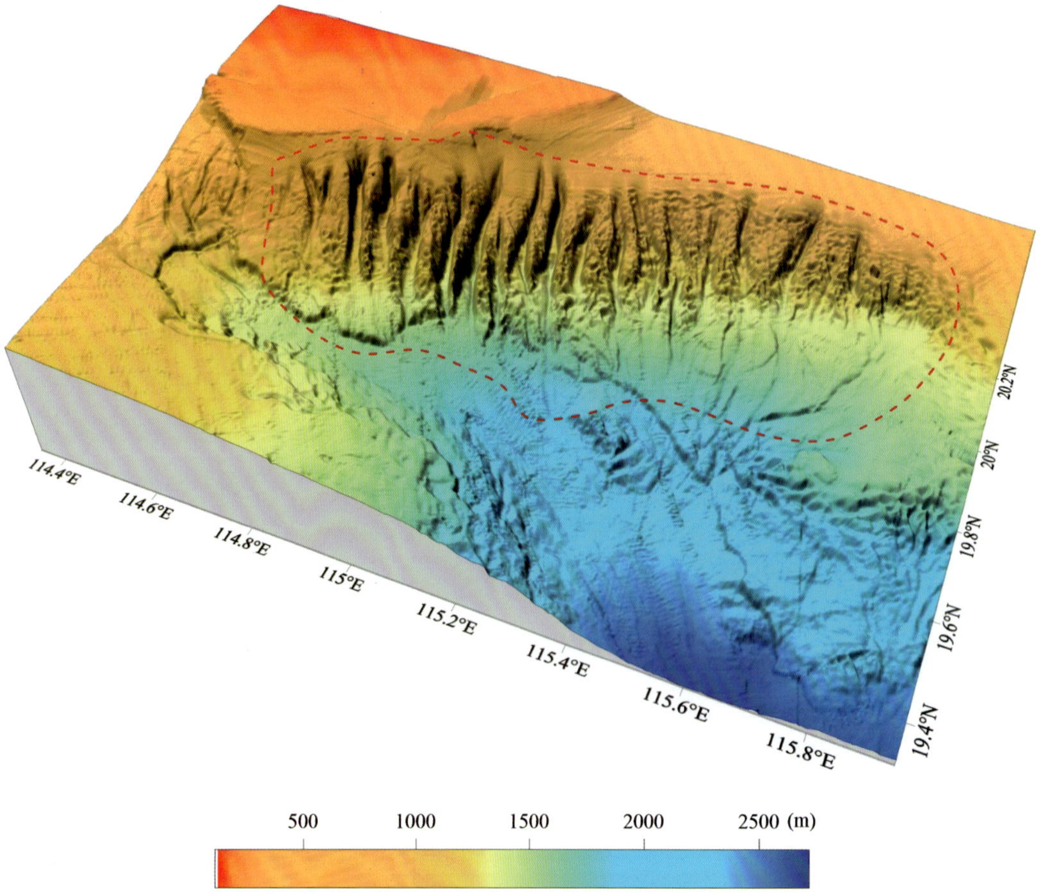

图 2.4 神狐海底峡谷特征区三维地形图

Fig. 2.4 3-D Topography Map of Shenhu Haidixiagu tezhengqu

2.1.4　一统海底峡谷群

标准名称 Standard Name	一统海底峡谷群 Yitong Haidixiaguqun	类型 Generic Term	峡谷群 Canyons
特征点坐标 Coordinates	18°50.0′ N，114°30.0′ E	规模（km） Dimension (km)	130 × 50
水深（m） Depth (m)	1500 ~ 3600	总起伏（m） Total Relief (m)	2100
地貌形态 Feature Description	位于一统暗沙以南，发育于陆坡下坡段，直接与南海海盆相接，整体地形自北向南下降。峡谷群由 8 条海底峡谷组成，大致平行排列，峡谷的最大顶底高差 2100 m（图 2.5）。 Yitong Haidixiaguqun are located south to Yitong Ansha (Shoal) and consist of 8 submarine canyons. These canyons descend parallelly from north to south on the downhill section of continental slope, with maximum elevation of 1000 m from bottom to top.		
命名释义 Reason for Choice of Name	邻近一统暗沙，故名。 The canyons are adjacent to Yitong Ansha (Shoal), so “Yitong” is used to name these canyons.		

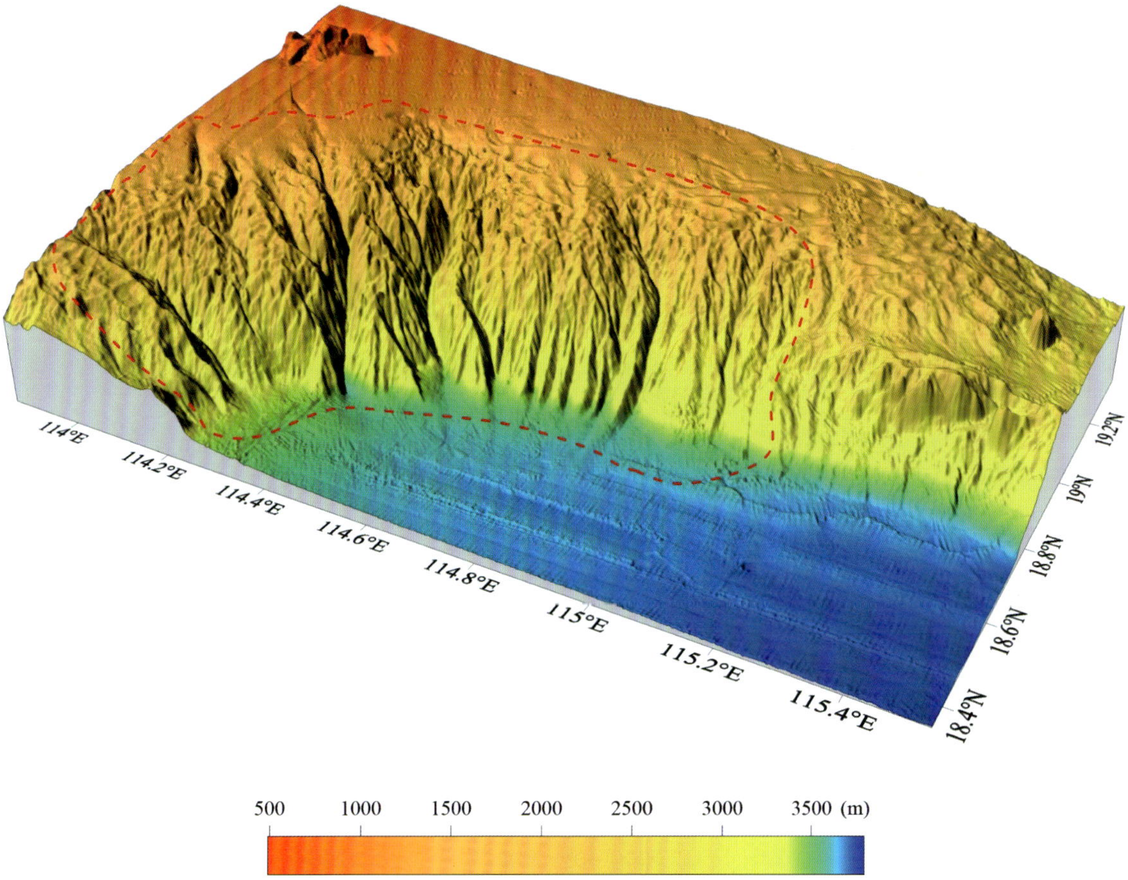

图 2.5　一统海底峡谷群三维地形图

Fig. 2.5　3-D Topography Map of Yitong Haidixiaguqun

2.1.5 珠江海谷

标准名称 Standard Name	珠江海谷 Zhujiang Haigu	类型 Generic Term	海谷 Valley
特征点坐标 Coordinates	19°30.0′ N，115°20.0′ E	规模（km） Dimension (km)	255 × 40
水深（m） Depth (m)	200 ~ 3600	总起伏（m） Total Relief (m)	3400
地貌形态 Feature Description	海谷地形凹陷，呈条带状自北部大陆架边缘向东南方向延伸至南海海盆，两侧斜坡相对高差 300 ~ 500 m（图 2.6）。 The topographic depression of Zhujiang Haigu extends in a strip-like pattern from the edge of the northern continental shelf in a southeasterly direction to the SCS basin. The relative height difference between the slopes on both sides is 300~500 m.		
命名释义 Reason for Choice of Name	位于珠江口外侧，故名。 This valley is located on the outer side of the Zhujiang Kou, so “Zhujiang” is used as the name of this valley.		

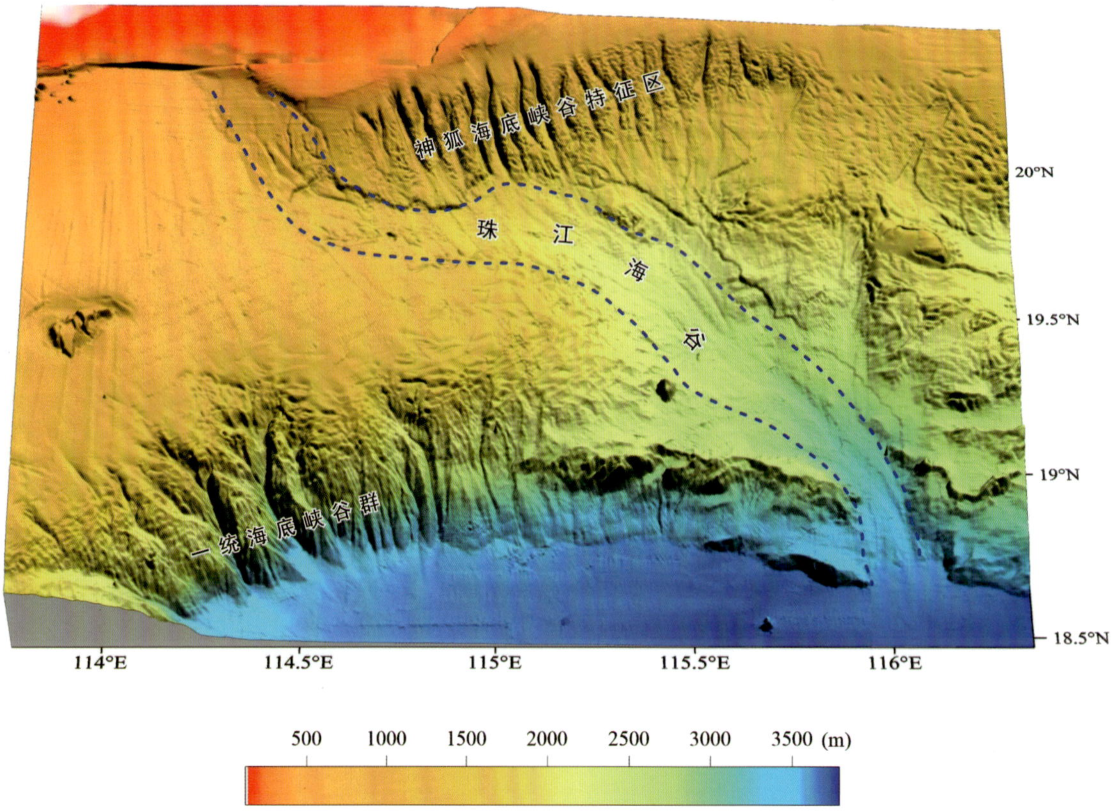

图 2.6 珠江海谷三维地形图

Fig. 2.6 3-D Topography Map of Zhujiang Haigu

2.2 三级地理实体，以我国古代科学家命名

南海北部陆坡上共识别和命名海底地理实体 22 个，以海山和海丘为主，主要集中于尖峰斜坡上。东沙海底崖、台湾峡谷以岛屿命名，北坡平顶海山、尖峰圆丘保留已有名称，其他地理实体以中国古代科学家命名（表 2.2，图 2.7）。

在中国 5000 年的发展史中，人们创造了辉煌的科学和文化成就，推动了人类文明的进程。中国古代科学家在天文、物理、建筑、医学、数学等方面均有重要建树，发明了指南针、造纸术、印刷术、纺织、陶瓷、冶铸等各种实用技术。这些理论和技术加深了人类对自然的认识，也提高了生产效率，改善了人们的生活。南海北部陆坡和南海海盆北部的部分地理实体就以其中的著名人物命名，铭记其不朽业绩。

表 2.2 南海北部陆坡三级地理实体

序号	标准地名	汉语拼音	英文名称	中心位置	水深 (m)	高差 (m)	命名理由
1	东沙海底崖	Dōngshā Hǎidǐyá	Dongsha Haidiya	21°11.4′ N, 115°47.6′ E	108 ~ 310	202	以其相邻的东沙群岛命名
2	台湾海底峡谷	Táiwān Hǎidǐxiágǔ	Taiwan Haidixiagu	21°38.5′ N, 118°42.3′ E	107 ~ 3649	3542	邻近台湾岛，故名
3	刘焯海谷	Liúzhuō Hǎigǔ	Liuzhuo Haigu	19°52.8′ N, 119°43.8′ E	3267 ~ 4417	1150	以隋朝天文学家刘焯命名
4	浦元海山	Pǔyuán Hǎishān	Puyuan Haishan	21°07.7′ N, 119°13.0′ E	1787 ~ 2996	1209	以三国时期科学家浦元命名
5	马钧海丘	Mǎjūn Hǎiqiū	Majun Haiqiu	20°14.9′ N, 119°21.3′ E	2511 ~ 3264	753	以三国时期著名工匠马钧命名
6	北坡海山	Běipō Hǎishān	Beipo Haishan	20°31.1′ N, 117°59.0′ E	385 ~ 2752	2367	1986 年中国地名委员会命名，意为此海山位于南海北部陆坡
7	笔架海丘	Bǐjià Hǎiqiū	Bijia Haiqiu	20°14.9′ N, 118°30.0′ E	2453 ~ 3213	760	1986 年中国地名委员会命名为笔架海山，更名为笔架海丘
8	丁缓海山	Dīnghuǎn Hǎishān	Dinghuan Haishan	19°58.0′ N, 118°40.4′ E	1979 ~ 3602	1623	以汉代工匠丁缓命名
9	蔡伦海山	Càilún Hǎishān	Cailun Haishan	19°45.4′ N, 118°58.3′ E	2163 ~ 3602	1439	以汉代发明造纸术的科学家蔡伦命名
10	墨子海山	Mòzǐ Hǎishān	Mozi Haishan	19°56.5′ N, 119°26.3′ E	2074 ~ 3780	1706	以春秋时期哲学家、科学家墨子命名

续表

序号	标准地名	汉语拼音	英文名称	中心位置	水深 (m)	高差 (m)	命名理由
11	宋应星海丘	Sòngyìngxīng Hǎiqiū	Songyingxing Haiqiu	19°35.0′ N, 118°03.3′ E	2867 ~ 3735	868	以明代科学家宋应星命名
12	裴秀海丘	Péixiù Hǎiqiū	Peixiu Haiqiu	19°24.7′ N, 118°14.3′ E	2972 ~ 3822	850	以晋代科学家裴秀命名
13	郭守敬海丘	Guōshǒujìng Hǎiqiū	Guoshoujing Haiqiu	19°22.6′ N, 118°39.7′ E	2948 ~ 3749	801	以元朝科学家郭守敬命名
14	徐光启海丘	Xúguāngqǐ Hǎiqiū	Xuguangqi Haiqiu	19°10.8′ N, 117°52.2′ E	3219 ~ 3880	661	以明代科学家徐光启命名
15	李春海山	Lǐchūn Hǎishān	Lichun Haishan	19°47.7′ N, 117°16.3′ E	1785 ~ 3523	1738	以隋朝造桥工匠李春命名
16	尖峰圆丘	Jiānfēng Yuánqiū	Jianfeng Yuanqiu	19°29.6′ N, 116°24.7′ E	1391 ~ 2346	955	1986 年中国地名委员会命名，当时认为山顶为尖峰状
17	沈括海山	Shěnkuò Hǎishān	Shenkuo Haishan	19°23.5′ N, 116°41.8′ E	1880 ~ 3822	1942	以宋代科学家沈括命名
18	杜诗海山	Dùshī Hǎishān	Dushi Haishan	19°06.8′ N, 117°00.1′ E	2833 ~ 3995	1162	以汉代科学家杜诗命名
19	秦九韶海丘	Qínjiǔsháo Hǎiqiū	Qinjiushao Haiqiu	19°03.5′ N, 117°13.5′ E	3316 ~ 3919	603	以南宋著名科学家秦九韶命名
20	石申海山	Shíshēn Hǎishān	Shishen Haishan	18°32.9′ N, 116°41.9′ E	2874 ~ 4053	1179	以战国时期科学家石申命名
21	毕昇海丘	Bìshēng Hǎiqiū	Bisheng Haiqiu	18°55.7′ N, 115°21.5′ E	2426 ~ 3381	955	以宋代科学家毕昇命名
22	张衡海丘	Zhānghéng Hǎiqiū	Zhangheng Haiqiu	18°36.4′ N, 113°24.4′ E	541 ~ 1507	966	以汉代科学家张衡命名

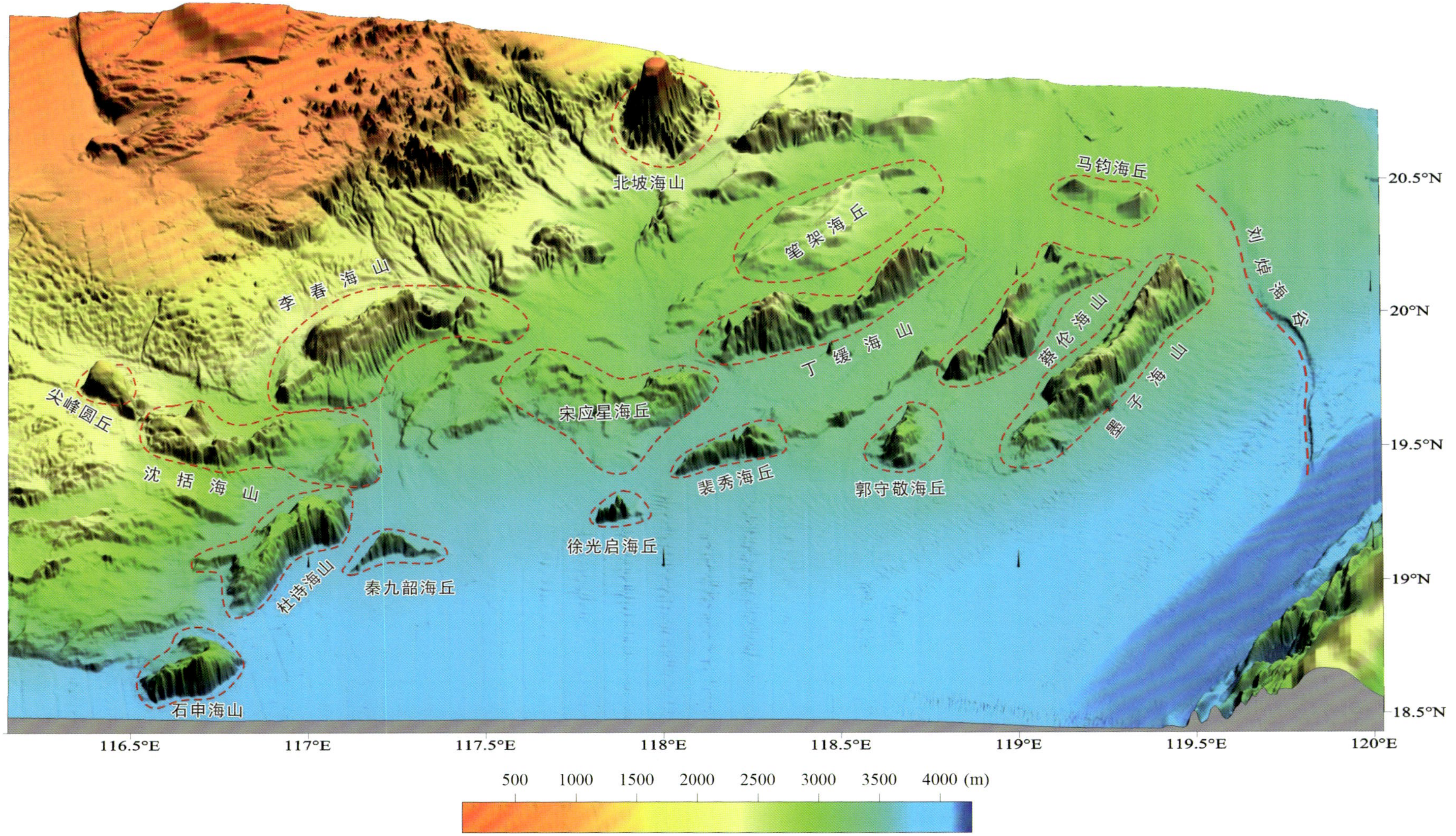

图 2.7　南海北部陆坡三级地理实体

Fig. 2.7　The Third-class Undersea Features of the Northern SCS Slope

2.2.1 浦元海山

标准名称 Standard Name	浦元海山 Puyuan Haishan	类型 Generic Term	海山 Seamount
特征点坐标 Coordinates	21°07.7′ N，119°13.0′ E	规模（km） Dimension (km)	11 × 11
水深（m） Depth (m)	1787 ～ 2996	总起伏（m） Total Relief (m)	1209
地貌形态 Feature Description	海山孤立于东沙斜坡上，平面形态近圆形，规模较小（图 2.8）。 Puyuan Haishan is located on Dongsha Xiepo. The seamount is small in scale and roughly circular in plane shape.		
命名释义 Reason for Choice of Name	以三国时期蜀国著名工匠浦元命名，纪念他在金属冶炼方面的卓越成就。浦元生卒年不详，他在长期的生产实践中，积累了丰富的冶炼经验和制造技能，成为当时著名的造刀技术能手。 This seamount is named after Pu Yuan, a famous artisan of Shu state during the Three Kingdoms period in ancient China, to commemorate his outstanding achievements in the development of smelting technology.		

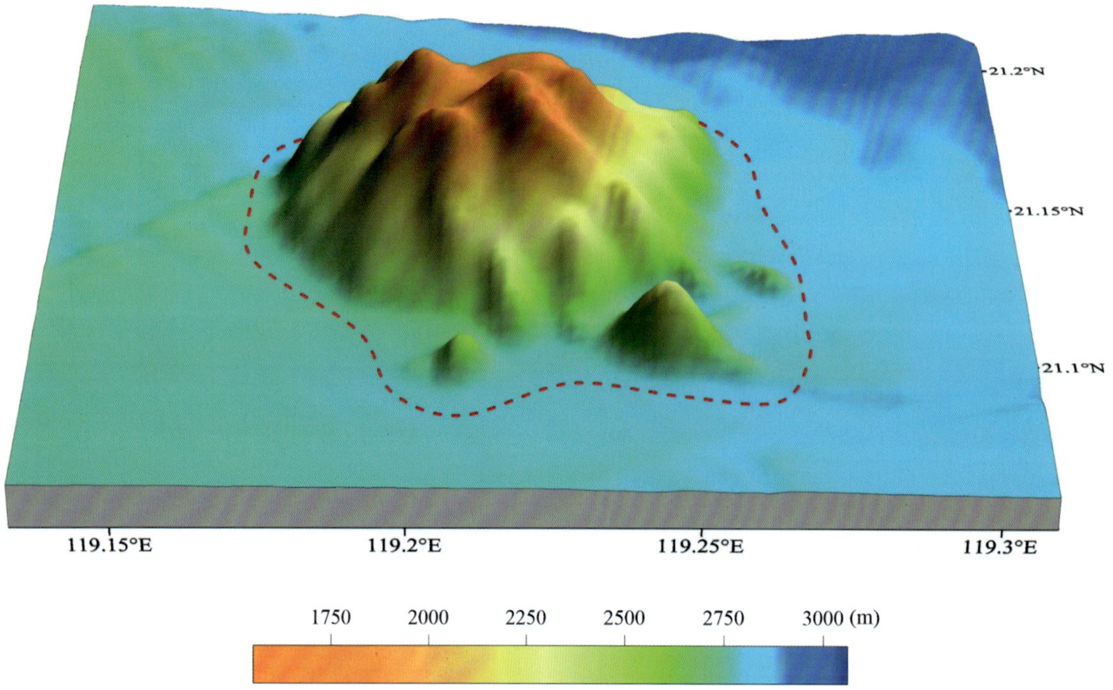

图 2.8 浦元海山三维地形图

Fig. 2.8 3-D Topography Map of Puyuan Haishan

2.2.2 马钧海丘

标准名称 Standard Name	马钧海丘 Majun Haiqiu	类型 Generic Term	海丘 Hill
特征点坐标 Coordinates	20°14.9′ N，119°21.3′ E	规模（km） Dimension (km)	31 × 12
水深（m） Depth (m)	2511 ~ 3264	总起伏（m） Total Relief (m)	753
地貌形态 Feature Description	海丘平面形态不规则，由两座山峰相连而成（图 2.9）。 The plane shape of Majun Haiqiu is irregular. It consists of two peaks that are connected together.		
命名释义 Reason for Choice of Name	以三国时期著名工匠马钧命名。马钧生卒年不详，三国时期魏国杰出工匠，他的不少发明创造对当时生产力的发展起了相当大的作用。 This hill is named after Ma Jun, a famous artisan in the Three Kingdoms period in ancient China, to commemorate his outstanding achievements in the development of rotating machines.		

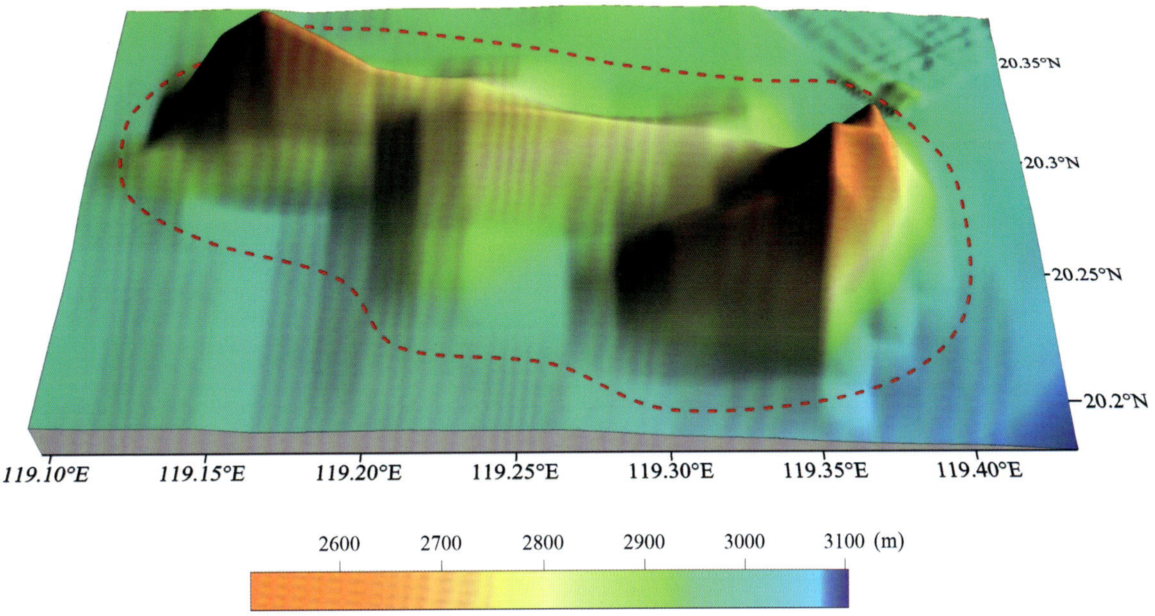

图 2.9 马钧海丘三维地形图

Fig. 2.9 3-D Topography Map of Majun Haiqiu

2.2.3 刘焯海谷

标准名称 Standard Name	刘焯海谷 Liuzhuo Haigu	类型 Generic Term	海谷 Valley
特征点坐标 Coordinates	19°52.8′ N，119°43.8′ E	规模（km） Dimension (km)	26.3 × 16.5
水深（m） Depth (m)	3267 ~ 4417	总起伏（m） Total Relief (m)	1150
地貌形态 Feature Description	海谷位于东沙斜坡下坡段，大致上自北向南延伸，海谷的顶底最大高差 250 m（图 2.10）。 Liuzhuo Haigu is located on the downhill section of Dongsha Xiepo, extending roughly from north to south. The maximum elevation is 250 m from bottom to top.		
命名释义 Reason for Choice of Name	以隋朝天文学家刘焯命名。刘焯（公元 544—610 年），编有《皇极历》，在历法中首次考虑太阳视差运动的不均匀性，创立用三次差内插法来计算日月视差运动速度，推算出五星位置和日食、月食的起运时刻。这是中国历法史上的重大突破。 This valley is named after Liu Zhuo, a famous astronomer in Sui Dynasty of China.		

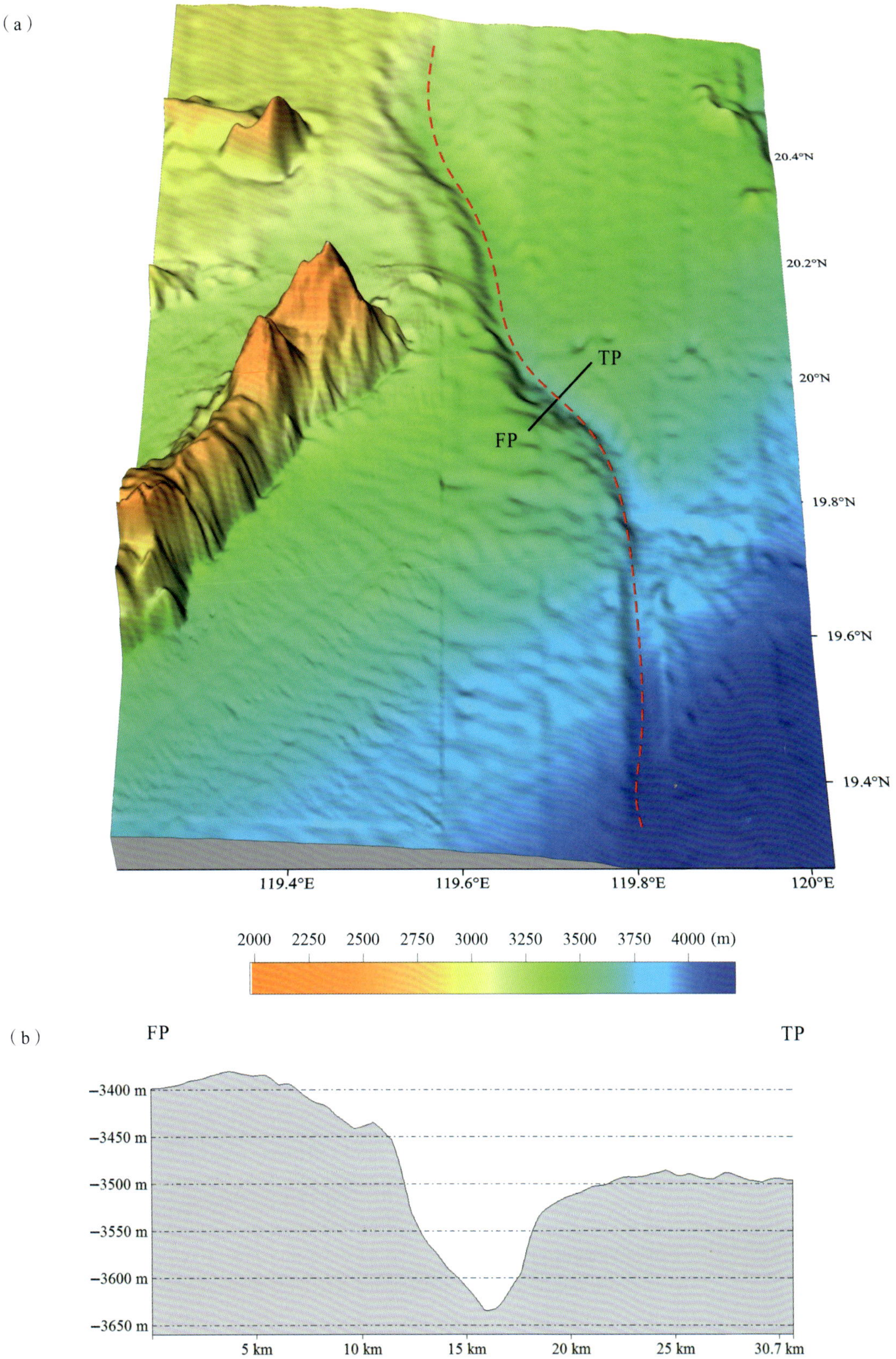

图 2.10　刘焯海谷三维地形图（a）和地形剖面图（b）

Fig. 2.10　3-D Topography Map (a) and Profile Map (b) of Liuzhuo Haigu

2.2.4 墨子海山

标准名称 Standard Name	墨子海山 Mozi Haishan	类型 Generic Term	海山 Seamount
特征点坐标 Coordinates	19°56.5′ N，119°26.3′ E	规模（km） Dimension (km)	99 × 20
水深（m） Depth (m)	2074 ~ 3780	总起伏（m） Total Relief (m)	1706
地貌形态 Feature Description	海山平面形态呈长条带状，呈北东—南西走向，海山顶部发育多座山峰（图 2.11）。 The plane shape of Mozi Haishan is approximately strip-like, extending in NE direction. There are several peaks on the top of this seamount.		
命名释义 Reason for Choice of Name	以我国战国时期哲学家和科学家墨子之名命名。墨子（约公元前 468—公元前 376 年），是我国古代墨家学派的创始人。此外，墨子还创立了我国古代几何学、物理学、光学等理论体系，在科学上有突出的贡献。 This seamount is named after Mozi, a famous philosopher and scientist of the Warring States period in ancient China.		

2.2.5 蔡伦海山

标准名称 Standard Name	蔡伦海山 Cailun Haishan	类型 Generic Term	海山 Seamount
特征点坐标 Coordinates	19°45.4′ N，118°58.3′ E	规模（km） Dimension (km)	46 × 12
水深（m） Depth (m)	2163 ~ 3602	总起伏（m） Total Relief (m)	1439
地貌形态 Feature Description	海山呈条带状北东—南西走向，海山发育数座山峰（图 2.11）。 Cailun Haishan is strip-like and NE-trending. There are several peaks on the top of this seamount.		
命名释义 Reason for Choice of Name	以汉代发明造纸术的科学家蔡伦命名。蔡伦（？—121 年），采用树皮、麻头、破布、旧渔网为原料造纸成功，当时人称此纸为“蔡侯纸”。蔡伦的造纸术于 12 世纪间接传到欧洲，被列为中国古代“四大发明”，对人类文化的传播和世界文明的进步做出了杰出的贡献，千百年来备受人们的尊崇。 This seamount is named after Cai Lun, a scientist who invented papermaking in Han Dynasty of China. Cai Lun’s papermaking technique is listed as one of the “Four Great Inventions” of ancient China. He has made exceptional contribution on spreading culture and civilization.		

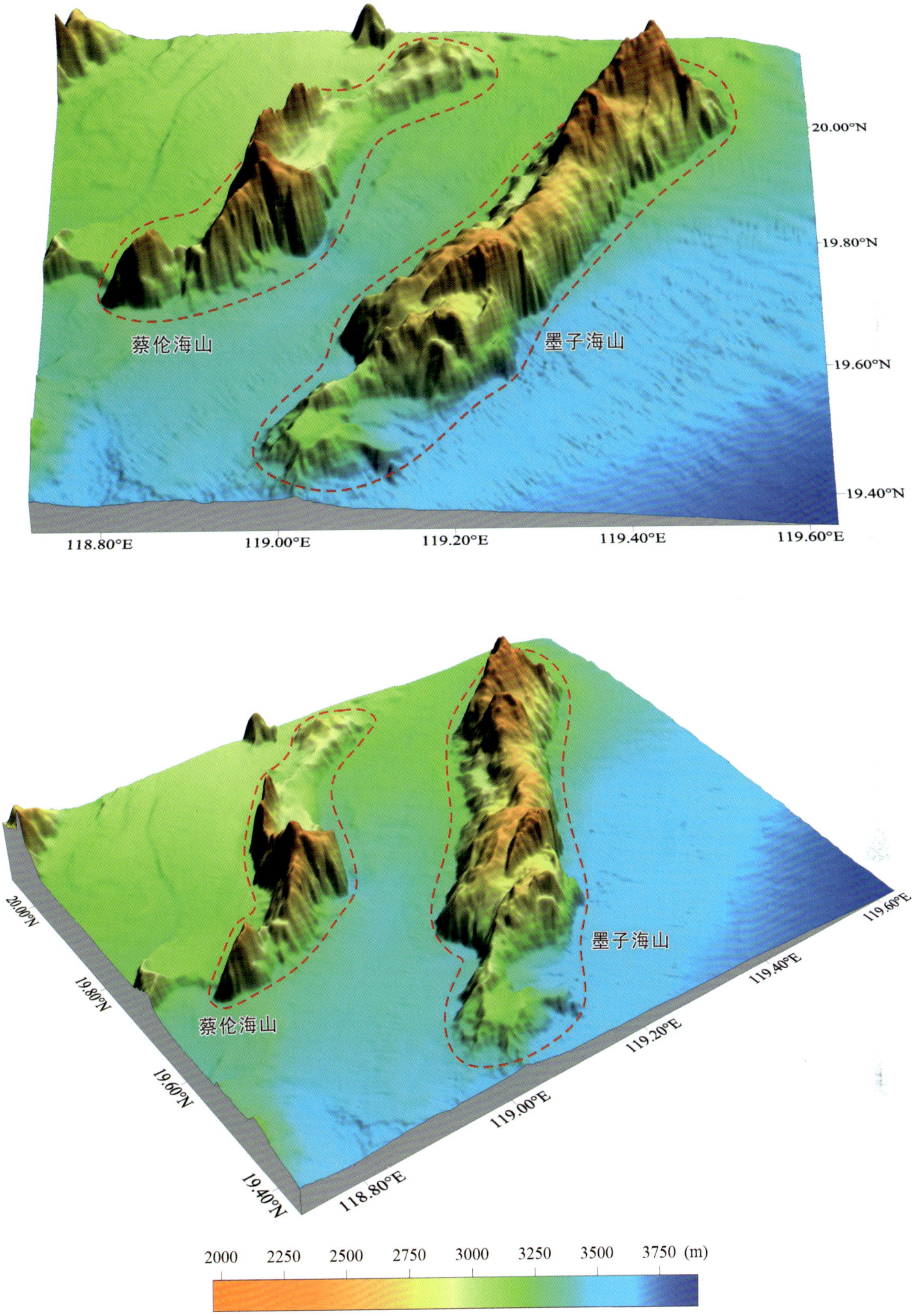

图 2.11　蔡伦海山和墨子海山三维地形图

Fig. 2.11　3-D Topography Map of Cailun Haishan and Mozi Haishan

2.2.6 丁缓海山

标准名称 Standard Name	丁缓海山 Dinghuan Haishan	类型 Generic Term	海山 Seamount
特征点坐标 Coordinates	19°58.0′ N，118°40.4′ E	规模（km） Dimension (km)	87 × 21
水深（m） Depth (m)	1979 ~ 3602	总起伏（m） Total Relief (m)	1623
地貌形态 Feature Description	海山呈线状延伸，呈北东—南西走向，发育两座山峰（图 2.12）。 Dinghuan Haishan extend from NE to SW with linear pattern. There are two peaks on the top of this seamount.		
命名释义 Reason for Choice of Name	以汉代工匠丁缓命名。丁缓（生卒年不详），他发明了香炉、常满灯、旋转风扇等物品，有长安巧工之称。 This seamount is named after Ding Huan, a famous artisan in Han Dynasty of China. Ding Huan invented censer, durable lantern, mannual oscillating fans and so on.		

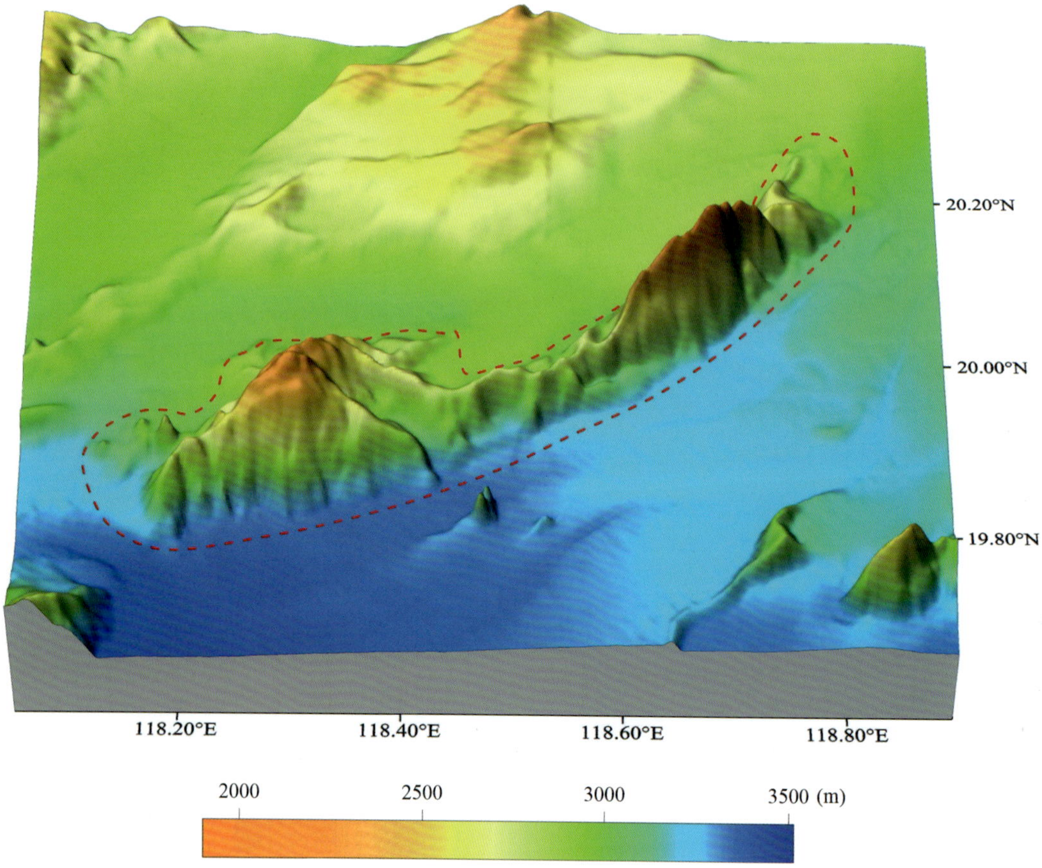

图 2.12 丁缓海山三维地形图

Fig. 2.12 3-D Topography Map of Dinghuan Haishan

2.2.7 杜诗海山

标准名称 Standard Name	杜诗海山 Dushi Haishan	类型 Generic Term	海山 Seamount
特征点坐标 Coordinates	19°06.8′ N，117°00.1′ E	规模（km） Dimension (km)	52 × 16
水深（m） Depth (m)	2833 ~ 3995	总起伏（m） Total Relief (m)	1162
地貌形态 Feature Description	海山平面形态呈条带状，呈北东—南西走向（图 2.13）。 The plane shape of Dushi Haishan is strip-like and extending from NE to SW.		
命名释义 Reason for Choice of Name	以汉代科学家杜诗命名。杜诗（？— 38 年），东汉水利学家、发明家，首创了水力鼓风水排设备。 This seamount is named after Du Shi, a scientist in Han Dynasty of China. Du Shi invented a hydraulic bellows machine which can make the air feed into iron smelting furnace to cast agriculture tools.		

2.2.8 秦九韶海丘

标准名称 Standard Name	秦九韶海丘 Qinjiushao Haiqiu	类型 Generic Term	海丘 Hill
特征点坐标 Coordinates	19°03.5′ N，117°13.5′ E	规模（km） Dimension (km)	34 × 8
水深（m） Depth (m)	3316 ~ 3919	总起伏（m） Total Relief (m)	603
地貌形态 Feature Description	海丘平面形态似弯月，北凸南凹，近东西走向，南北两侧斜坡地形相对陡峭（图 2.13）。 Qinjiushao Haiqiu is narrow, long and curved. It extend approximately from east to west and the slope is relatively steep.		
命名释义 Reason for Choice of Name	以南宋著名数学家秦九韶命名。秦九韶（1202—1247 年），著有《数书九章》，创立了解一次同余方程组问题的“大衍求一术”和求高次方程数值解的正负开方术，对世界数学有重要贡献。 This hill is named after Qin Jiushao, a mathematician in Song Dynasty of China. Qin Jiushao summarized and developed the numerical solution of the high-order equation, and introduced the solution of linear congruence problem in his book *Shu Shu Jiu Zhang* (the Nine Chapters of Mathematics).		

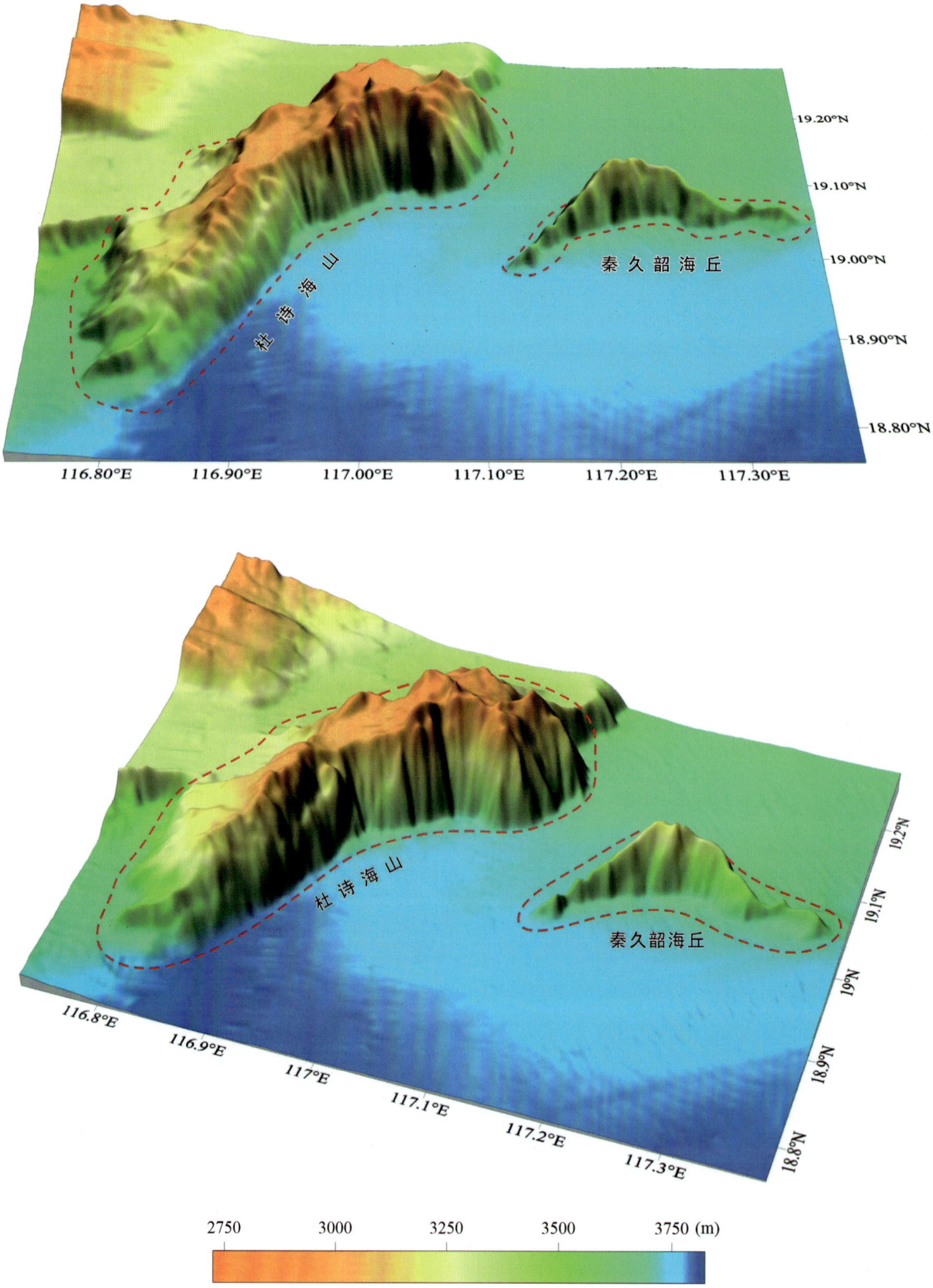

图 2.13　杜诗海山和秦九韶海丘三维地形图

Fig. 2.13　3-D Topography Map of Dushi Haishan and Qinjiushao Haiqiu

2.2.9 石申海山

标准名称 Standard Name	石申海山 Shishen Haishan	类型 Generic Term	海山 Seamount
特征点坐标 Coordinates	18°32.9′ N，116°41.9′ E	规模（km） Dimension (km)	35 × 15
水深（m） Depth (m)	2874 ~ 4053	总起伏（m） Total Relief (m)	1179
地貌形态 Feature Description	海山平面形态不规则，主体近北东—南西走向，海山北坡地形较缓，南坡较陡（图 2.14）。 The plane shape of Shishen Haishan is irregular. Its main body extend from NE to SW. The slope is gentle in the north side and steep in the south side.		
命名释义 Reason for Choice of Name	以我国古代科学家石申命名。石申（公元前 3 世纪，具体生卒年不详），是战国时期魏国天文学，著有《天文》八卷，与甘德的《星占》八卷合称《甘石星经》。《甘石星经》是世界天文学史上的一部重要著作，为纪念石申，国际天文学联合会将月球上的一座环形山命名为石申。此海山命名为石申海山，以纪念其在天文学上的重要贡献。 This valley is named after Shi Shen, a famous scientist in Warring States period in ancient China, to commemorate his outstanding achievements in astronomy.		

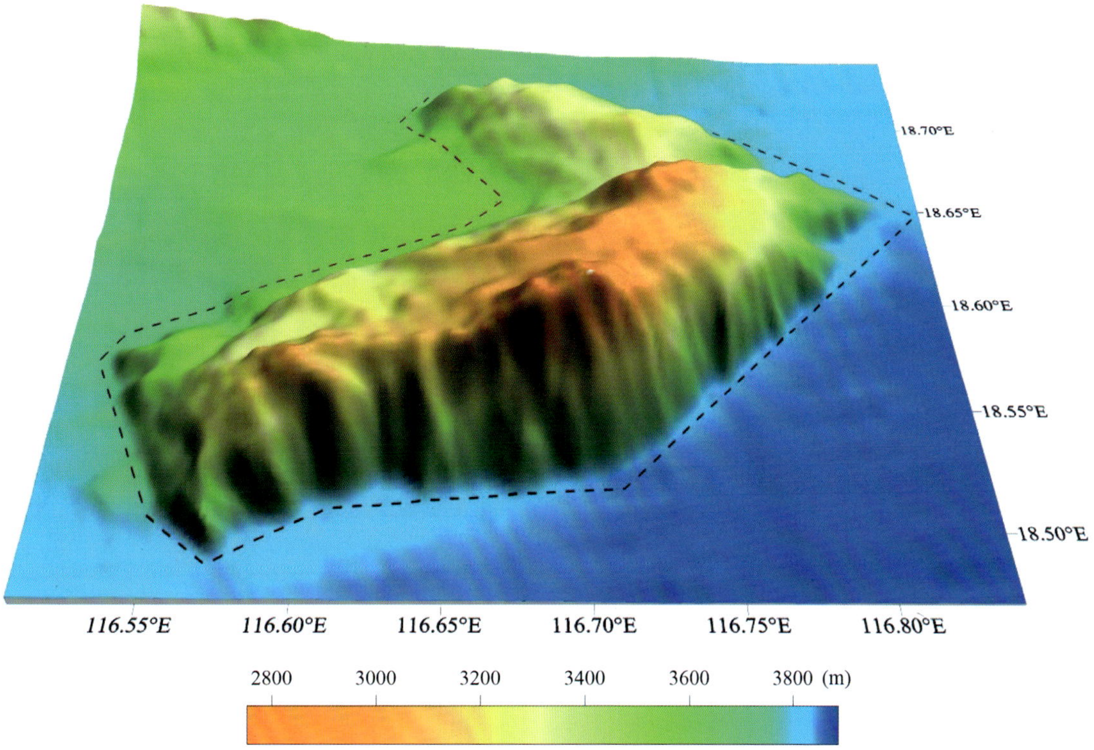

图 2.14 石申海山三维地形图

Fig. 2.14 3-D Topography Map of Shishen Haishan

2.2.10 北坡海山

标准名称 Standard Name	北坡海山 Beipo Haishan	类型 Generic Term	海山 Seamount
特征点坐标 Coordinates	20°31.1′ N，117°59.0′ E	规模（km） Dimension (km)	25 × 25
水深（m） Depth (m)	385 ~ 2752	总起伏（m） Total Relief (m)	2367
地貌形态 Feature Description	海山平面形态圆形，顶部发育成小型平台（图 2.15 和图 2.16）。 The plane shape of Beipo Haishan is circular. There is small-scale plateau on the top of this seamount.		
命名释义 Reason for Choice of Name	1986 年中国地名委员会命名该海山，意为此海山位于南海北部陆坡。 This seamount is located in the northern continental slope of SCS. "Beipo" means "in the north of slope" in Chinese. This name was given by Chinese government in 1986.		

2.2.11 笔架海丘

标准名称 Standard Name	笔架海丘 Bijia Haiqiu	类型 Generic Term	海丘 Hill
特征点坐标 Coordinates	20°14.9′ N，118°30.0′ E	规模（km） Dimension (km)	91 × 38
水深（m） Depth (m)	2453 ~ 3213	总起伏（m） Total Relief (m)	760
地貌形态 Feature Description	海丘平面形态不规则，整体上呈北东—南西走向，海丘顶部发育多座山峰，山坡地形较为平缓（图 2.15）。 The plane shape of Bijia Haiqiu is irregular. Its main body extend from NE to SW. There are several peaks on the top and the slope of the hill is gentle.		
命名释义 Reason for Choice of Name	1986 年，中国地名委员会命名为笔架海山，当时认为其形态似笔架，故名。2001 年经多波束测量，确认为海丘，更名为笔架海丘。 "Bijia" means "pen rack" in Chinese. Chinese government firstly named this hill as "Bijia Haishan" in 1986 as the shape looks like a pen rack. After multi-beam measurement in 2001, the name was changed to "Bijia Haiqiu" because it topographically was a hill.		

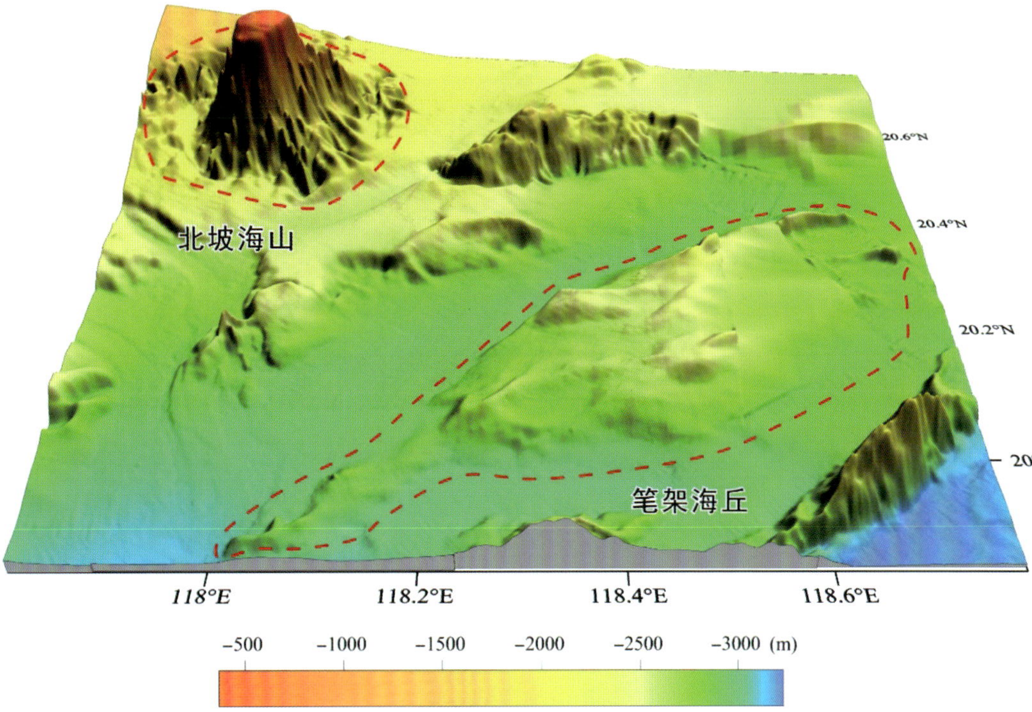

图 2.15　北坡海山与笔架海丘三维地形图

Fig. 2.15　3-D Topography Map of Beipo Haishan and Bijia Haiqiu

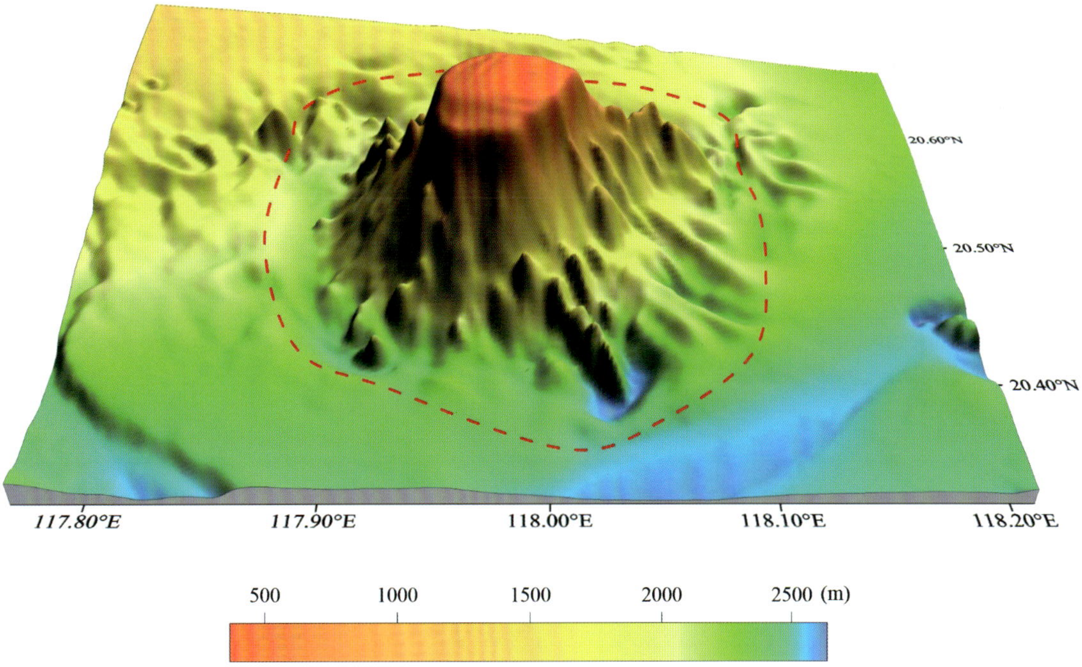

图 2.16　北坡海山三维地形图

Fig. 2.16　3-D Topography Map of Beipo Haishan

2.2.12 宋应星海丘

标准名称 Standard Name	宋应星海丘 Songyingxing Haiqiu	类型 Generic Term	海丘 Hill
特征点坐标 Coordinates	19°35.0′N，118°03.3′E	规模（km） Dimension (km)	70 × 25
水深（m） Depth (m)	2867 ~ 3735	总起伏（m） Total Relief (m)	868
地貌形态 Feature Description	海丘平面形态似弯月形，北凹南凸，整体呈东西走向（图 2.17）。 The plane shape of Songyingxing Haiqiu is narrow, long and curved, extending from east to west.		
命名释义 Reason for Choice of Name	以明代科学家宋应星命名。宋应星（1587—1666 年），一生致力于对农业和手工业生产的科学考察和研究，收集了丰富的科学资料。宋应星的著作和研究领域涉及自然科学及人文科学，他首次提出了声音是靠气体传播的理论，其中最杰出的作品《天工开物》被誉为“中国 17 世纪的工艺百科全书”。 This hill is named after Song Yingxing, a famous scientist in Ming Dynasty of China, to commemorate his outstanding achievements in agriculture and handicrafting.		

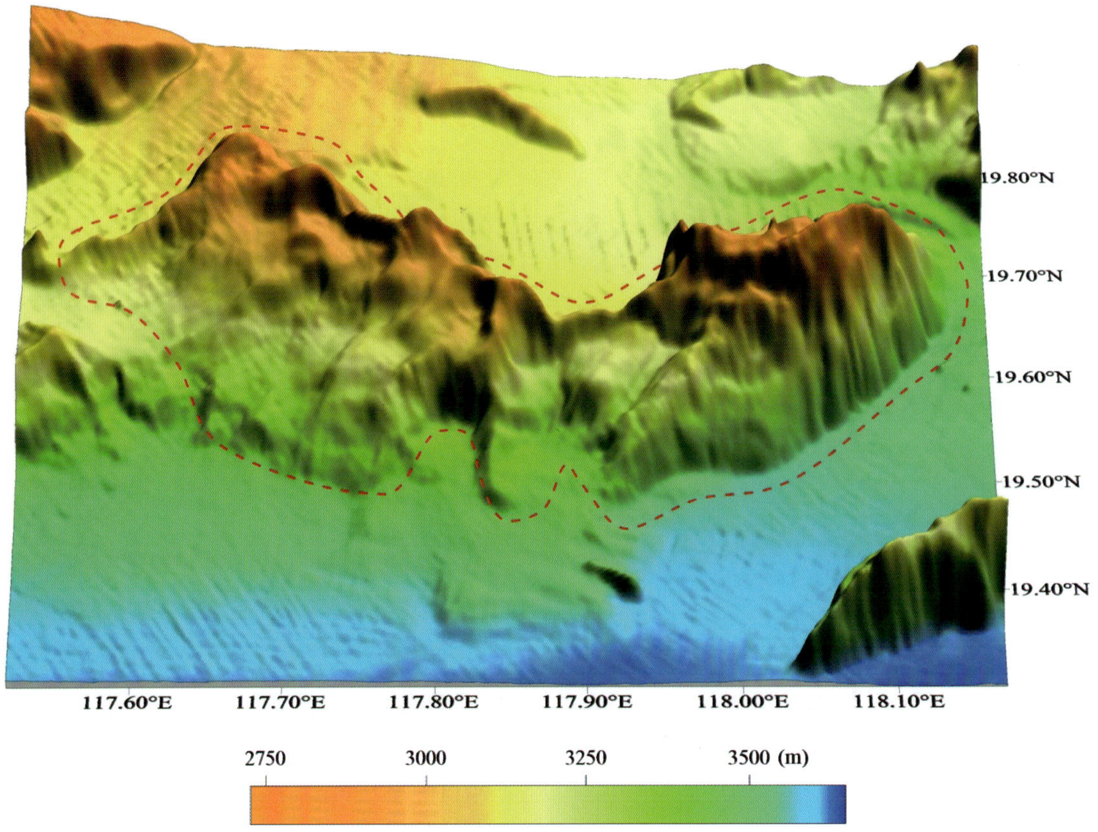

图 2.17 宋应星海丘三维地形图

Fig. 2.17 3-D Topography Map of Songyingxing Haiqiu

2.2.13 裴秀海丘

标准名称 Standard Name	裴秀海丘 Peixiu Haiqiu	类型 Generic Term	海丘 Hill
特征点坐标 Coordinates	19°24.7′ N，118°14.3′ E	规模（km） Dimension (km)	32 × 11
水深（m） Depth (m)	2972 ~ 3822	总起伏（m） Total Relief (m)	850
地貌形态 Feature Description	海丘呈线状北东—南西向延伸（图 2.18）。 Peixiu Haiqiu extend from NE to SW with linear pattern.		
命名释义 Reason for Choice of Name	以晋代科学家裴秀命名。裴秀（224—271 年），著名地图学家，著有《禹贡地域图》，开创了中国古代地图绘制学，被称为“中国科学制图学之父”。 This hill is named after Peixiu, a famous scientist in Jin Dynasty of China. He pioneered the ancient Chinese cartography and is known as “the father of Chinese scientific cartography”.		

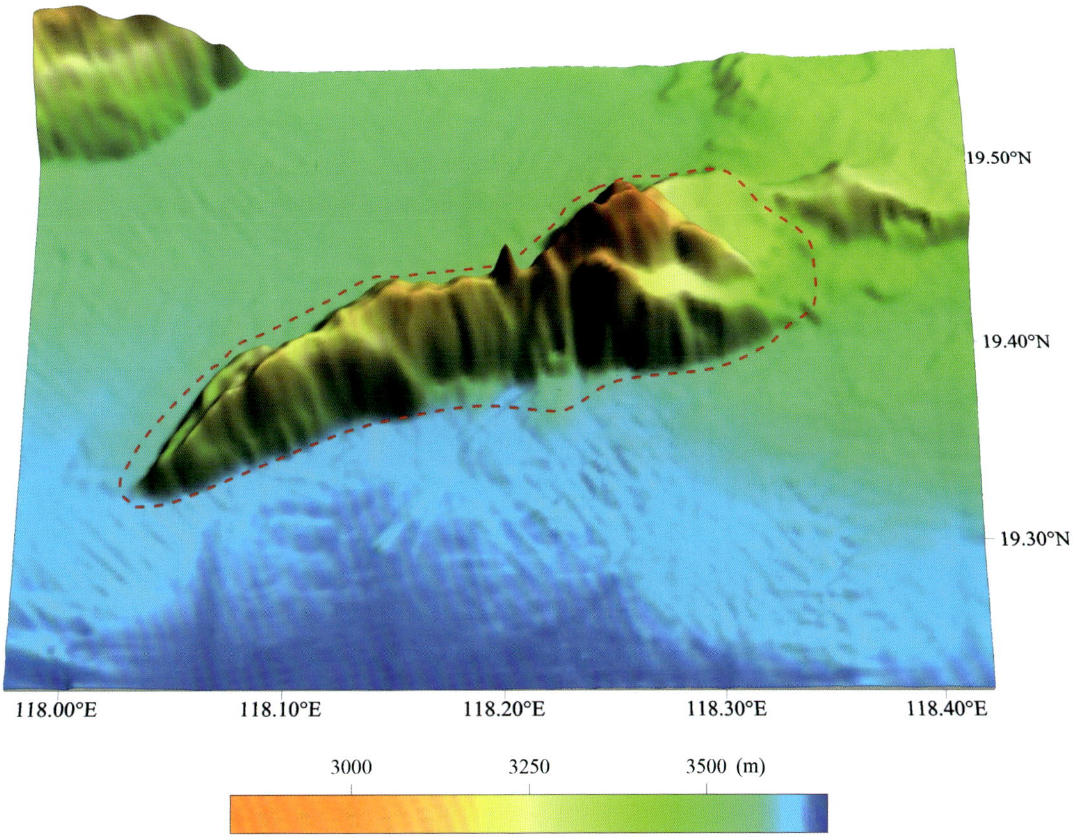

图 2.18 裴秀海丘三维地形图

Fig. 2.18 3-D Topography Map of Peixiu Haiqiu

2.2.14 徐光启海丘

标准名称 Standard Name	徐光启海丘 Xuguangqi Haiqiu	类型 Generic Term	海丘 Hill
特征点坐标 Coordinates	19°10.8′ N，117°52.2′ E	规模（km） Dimension (km)	15 × 6
水深（m） Depth (m)	3219 ~ 3880	总起伏（m） Total Relief (m)	661
地貌形态 Feature Description	海丘平面形态大致呈北东—南西走向，规模较小，发育多座山峰（图 2.19）。 The plane shape of Xuguangqi Haiqiu roughly extend from NE to SW. The size of this hill is small. There are several peaks on the top.		
命名释义 Reason for Choice of Name	以明代科学家徐光启命名。徐光启（1562—1633 年），明代著名科学家、政治家，著有《农政全书》。他还翻译了《几何原本》《泰西水法》等书，是一位沟通中西文化的先行者，为 17 世纪中西文化交流做出了重要贡献。 This hill is named after Xu Guangqi, a famous scientist and politician in Ming Dynasty of China, to commemorate his outstanding achievements in Chinese and Western cultural exchange. He wrote *Nong Zheng Quan Shu* (encyclopedia of agriculture and politics) and translated *Euclid's Elements* (a greek math book about geometry) into Chinese.		

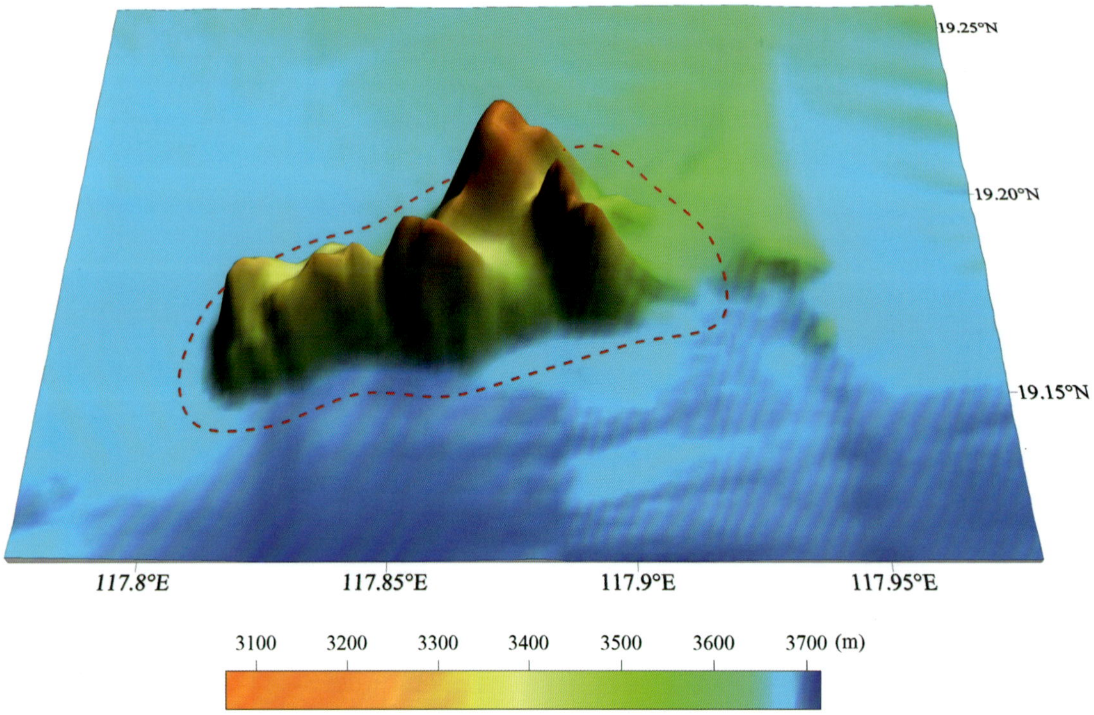

图 2.19 徐光启海丘三维地形图

Fig. 2.19 3-D Topography Map of Xuguangqi Haiqiu

2.2.15 郭守敬海丘

标准名称 Standard Name	郭守敬海丘 Guoshoujing Haiqiu	类型 Generic Term	海丘 Hill
特征点坐标 Coordinates	19°22.6′ N，118°39.7′ E	规模（km） Dimension (km)	26.3 × 16.5
水深（m） Depth (m)	2948 ～ 3749	总起伏（m） Total Relief (m)	801
地貌形态 Feature Description	海丘平面形态近椭圆形，长轴呈北北东—南南西走向（图 2.20）。 The plane shape of Guoshoujing Haiqiu is almost oval, extending from NNE to SSW.		
命名释义 Reason for Choice of Name	以我国元朝著名科学家郭守敬命名。郭守敬（1231—1316 年），在天文、历法、水利和数学等方面都取得了卓越的成就，著有《推步》《立成》等 14 种天文历法著作；制定了通行 360 余年的《授时历》，还改制或发明了简仪、高表等 12 种新仪器。 Named after Guo Shoujing, a scientist in the Yuan Dynasty of China, to commemorate his outstanding achievements in astronomy,calender, water conservancy and mathematics.		

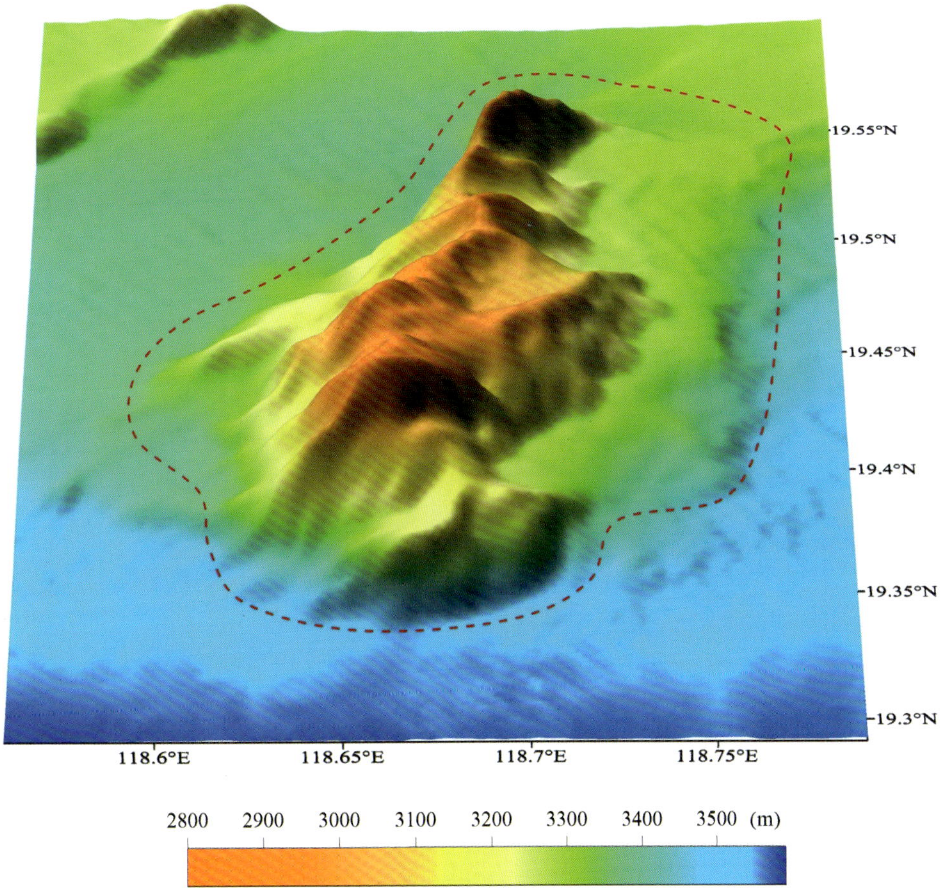

图 2.20 郭守敬海丘三维地形图

Fig. 2.20 3-D Topography Map of Guoshoujing Haiqiu

2.2.16 李春海山

标准名称 Standard Name	李春海山 Lichun Haishan	类型 Generic Term	海山 Seamount
特征点坐标 Coordinates	19°47.7′ N，117°16.3′ E	规模（km） Dimension (km)	88 × 27
水深（m） Depth (m)	1785 ~ 3523	总起伏（m） Total Relief (m)	1738
地貌形态 Feature Description	海山呈条带状，呈北北东—南南西走向（图 2.21）。 The plane shape of Lichun Haishan is strip-like, extending from NNE to SSW.		
命名释义 Reason for Choice of Name	以隋朝造桥工匠李春命名。李春（？— 605 年），隋代造桥匠师，首创了在主拱上设小腹拱的敞肩式拱桥，建造了举世闻名的赵州桥。赵州桥存世 1400 余年，堪称中国建筑史上的奇迹之一。 This hill is named after Li Chun, a famous artisan in Sui Dynasty of China. Li Chun designed and constructed Zhaozhou Bridge, which is the world's oldest open-spandrel segmental arch bridge of stone construction.		

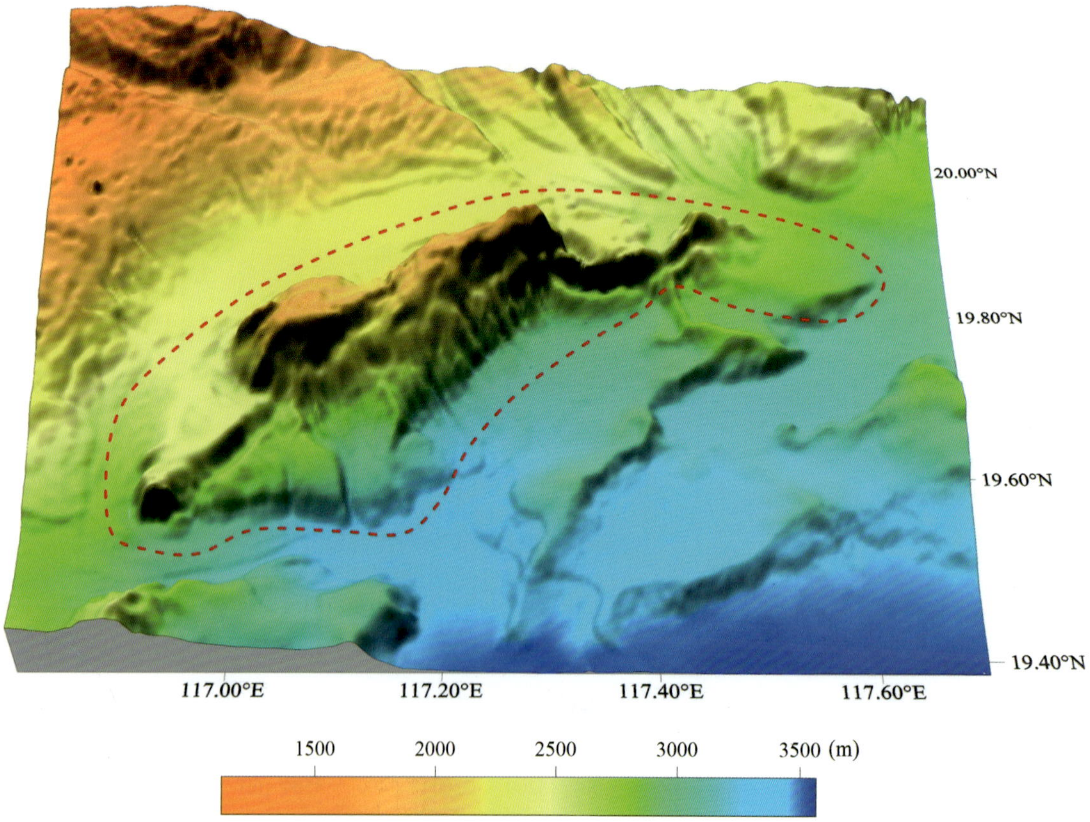

图 2.21 李春海山三维地形图

Fig. 2.21 3-D Topography Map of Lichun Haishan

2.2.17 沈括海山

标准名称 Standard Name	沈括海山 Shenkuo Haishan	类型 Generic Term	海山 Seamount
特征点坐标 Coordinates	19°23.5′ N，116°41.8′ E	规模（km） Dimension (km)	70 × 28
水深（m） Depth (m)	1880 ~ 3822	总起伏（m） Total Relief (m)	1942
地貌形态 Feature Description	海山呈条带状，近东西走向（图 2.22）。 The plane shape of Shenkuo Haishan is strip-like, extending from east to west.		
命名释义 Reason for Choice of Name	以宋代科学家沈括命名。沈括（公元 1031—1095 年），北宋科学家，石油的命名就是由他首次提出。其著作《梦溪笔谈》集前代科学成就之大成，在世界文化史上有着重要的地位，被称为“中国科学史上的里程碑”。 This seamount is named after Shen Kuo, a famous scientist in Song Dynasty of China. Shen Kuo’s book, *Meng Xi Bi Tan* (*Dream Pool Essays*), integrated multiple disciplines of early China’s science and technology development.		

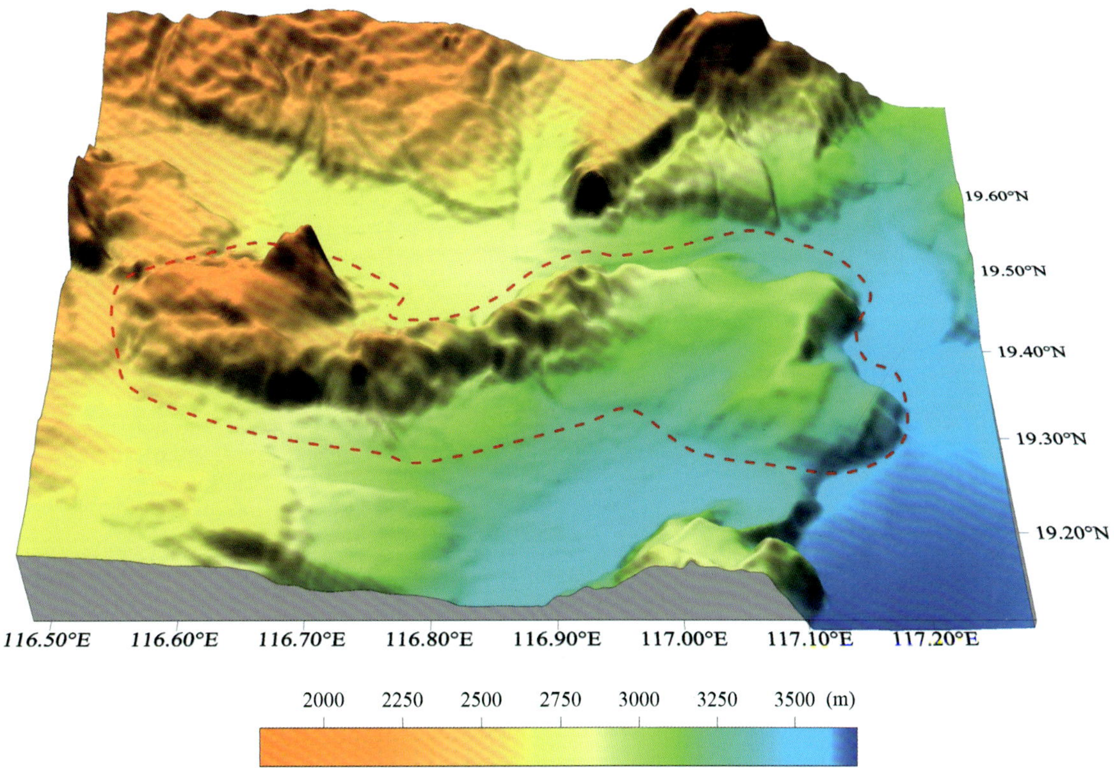

图 2.22 沈括海山三维地形图

Fig. 2.22 3-D Topography Map of Shenkuo Haishan

2.2.18 毕昇海丘

标准名称 Standard Name	毕昇海丘 Bisheng Haiqiu	类型 Generic Term	海丘 Hill
特征点坐标 Coordinates	18°55.7′ N，115°21.5′ E	规模（km） Dimension (km)	38 × 18
水深（m） Depth (m)	2426 ~ 3381	总起伏（m） Total Relief (m)	955
地貌形态 Feature Description	海丘呈长条带状近东西走向，北坡地形平缓，南坡较为陡峭（图 2.23）。 The plane shape of Bisheng Haiqiu is strip-like, extending from east to west. The slope in the north side is gentle, and the slope in the south side is steep.		
命名释义 Reason for Choice of Name	以宋代科学家毕昇命名。毕昇（公元 972—1051 年）是我国宋朝时期伟大的发明家，发明了活字印刷术，比德国人古腾堡发明金属活字印刷早 400 余年，是我国古代“四大发明”之一。 This hill is named after Bi Sheng, a famous scientist in Song Dynasty of China. Bi Sheng invented movable type technology of printing and typography. This is one of the “Four Great Inventions” of ancient China.		

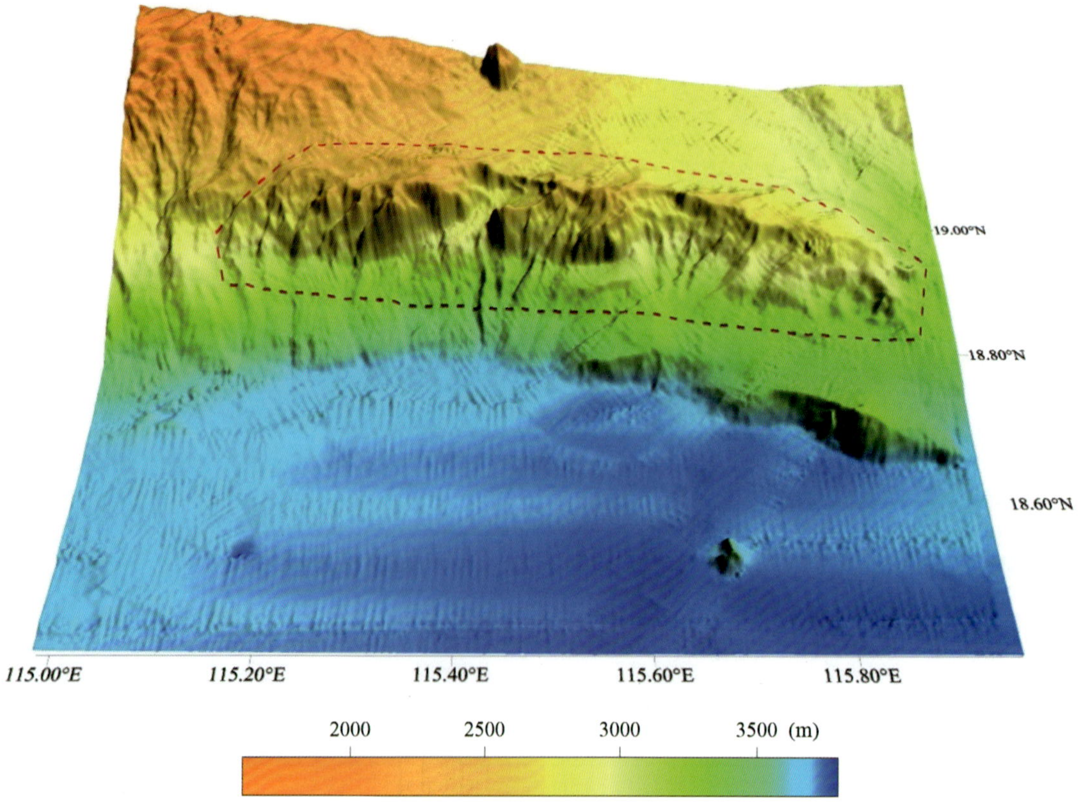

图 2.23 毕昇海丘三维地形图

Fig. 2.23 3-D Topography Map of Bisheng Haiqiu

2.2.19 张衡海丘

标准名称 Standard Name	张衡海丘 Zhangheng Haiqiu	类型 Generic Term	海丘 Hill
特征点坐标 Coordinates	18°36.4′ N，113°24.4′ E	规模（km） Dimension (km)	32 × 15
水深（m） Depth (m)	541 ~ 1507	总起伏（m） Total Relief (m)	966
地貌形态 Feature Description	海丘俯视平面呈椭圆形，长轴沿北东—南西向延伸（图 2.24）。 The plane shape of Zhangheng Haiqiu is oval, extending from NE to SW.		
命名释义 Reason for Choice of Name	以汉代科学家张衡命名。张衡（公元 78—139 年），中国东汉时期伟大的天文学家和地理学家，发明了浑天仪、地动仪，是东汉中期浑天说的代表人物之一。由于他的突出贡献，国际天文学联合会将月球背面的一个环形山命名为“张衡环形山”，太阳系中的 1802 号小行星命名为“张衡星”。 This hill is named after Zhang Heng, a famous scientist in Han Dynasty of China, to commemorate his outstanding achievement in astronomy, mathematics, mechanics and seismology.		

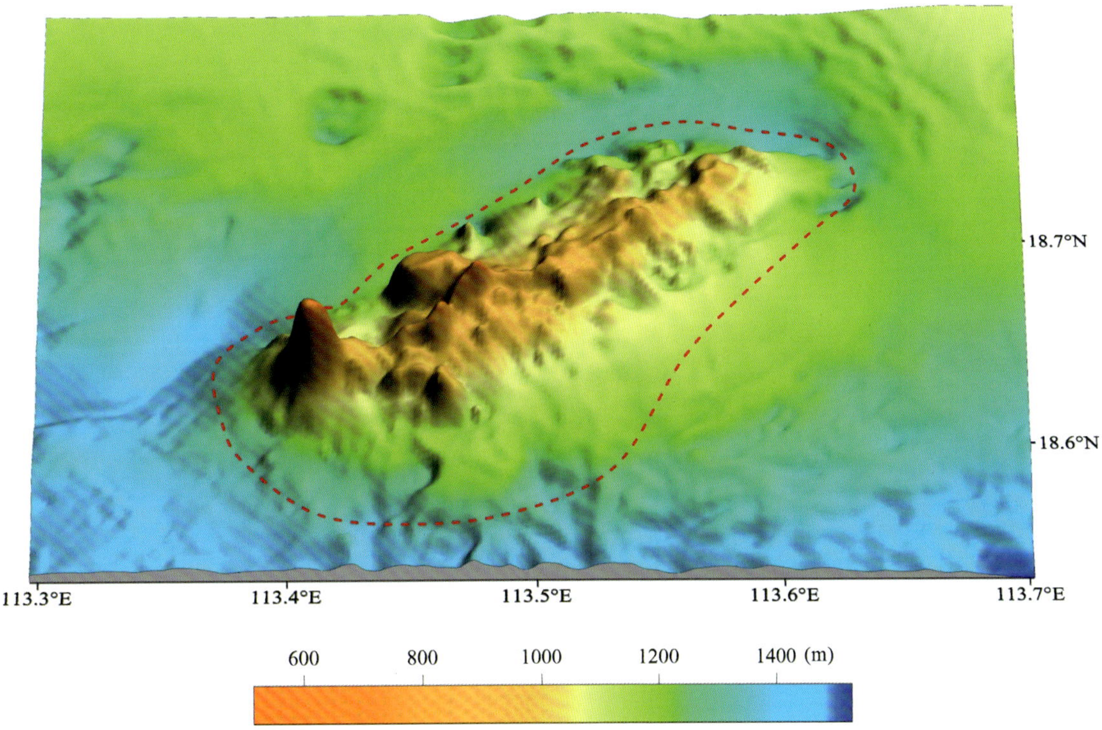

图 2.24 张衡海丘三维地形图

Fig. 2.24 3-D Topography Map of Zhangheng Haiqiu

NANHAI XIBU
LUPO

第 3 章

南海西部陆坡

3.1 二级地理实体，以西沙群岛、中沙群岛命名

南海西部陆坡包含 17 个二级地理实体，均以相邻的岛礁或构造盆地命名（表 3.1，图 3.1）。

表 3.1 南海西部二级地理实体

序号	标准地名	汉语拼音	英文名称	中心位置	水深（m）	高差（m）	命名理由
1	西沙海槽	Xīshā Hǎicáo	Xisha Haicao	18°00.0′ N, 112°20.0′ E	200 ~ 3380	3180	1986 年中国地名委员会命名，以西沙群岛命名
2	中沙海槽	Zhōngsha Hǎicáo	Zhongsha Haicao	16°20.0′ N, 113°45.0′ E	200 ~ 3440	3240	1986 年中国地名委员会命名，以中沙群岛命名
3	永乐海隆	Yǒnglè Hǎilóng	Yongle Hailong	17°50.0′ N, 113°30.0′ E	1000 ~ 3650	2650	邻近西沙群岛的永乐群岛，故名
4	西沙海隆	Xīshā Hǎilóng	Xisha Hailong	16°40.0′ N, 113°20.0′ E	1000 ~ 3450	2450	邻近西沙群岛，故名
5	中沙北海隆	Zhōngshāběi Hǎilóng	Zhongshabei Hailong	17°00.0′ N, 114°50.0′ E	500 ~ 4060	3560	位于中沙海台以北，1986 年中国地名委员会命名为中沙北海岭，更名中沙北海隆
6	中沙南海盆	Zhōngshānán Hǎipén	Zhongshanan Haipen	15°10.0′ N, 113°20.0′ E	1500 ~ 3800	2300	位于中沙群岛以南，故名
7	中建南海盆	Zhōngjiànnán Hǎipén	Zhongjiannan Haipen	13°20.0′ N, 110°45.0′ E	200 ~ 3000	2800	位于中建岛以南，故名
8	中建阶地	Zhōngjiàn Jiēdì	Zhongjian Jiedi	15°30.0′ N, 110°30.0′ E	370 ~ 800	430	邻近中建岛，故名
9	中建南斜坡	Zhōngjiànnán Xiépō	Zhongjiannan Xiepo	14°50.0′ N, 111°30.0′ E	1250 ~ 1930	680	位于中建岛以南，故名
10	盆西海岭	Pénxī Hǎilǐng	Penxi Hailing	14°20.0′ N, 112°50.0′ E	300 ~ 4330	4030	位于南海海盆以西，1986 年中国地名委员会命名
11	盆西南海岭	Pénxīnán Hǎilǐng	Penxinan Hailing	11°30.0′ N, 111°00.0′ E	410 ~ 4170	3760	位于南海海盆的西南，故名
12	盆西海底峡谷	Pénxī Hǎidǐxiágǔ	Penxi Haidixiagu	13°08.0′ N, 111°45.0′ E	2860 ~ 4300	1440	位于盆西海岭和盆西南海岭之间，故名
13	西沙北海底峡谷群	Xīshāběi Hǎidǐxiágǔqún	Xishabei Haidixiaguqun	18°20.0′ N, 111°20.0′ E	250 ~ 2180	1930	位于西沙海槽北侧，故名
14	中建西海底峡谷群	Zhōngjiànxī Hǎidǐxiágǔqún	Zhongjianxi Haidixiaguqun	15°40.0′ N, 110°40.0′ E	750 ~ 1050	300	邻近中建岛，故名
15	中建南海底峡谷群	Zhōngjiànnán Hǎidǐxiágǔqún	Zhongjiannan Haidixiaguqun	14°12.0′ N, 110°12.0′ E	500 ~ 1550	1050	位于中建岛以南，故名
16	万安海底峡谷群	Wàn'ān Hǎidǐxiágǔqún	Wan'an Haidixiaguqun	10°30.0′ N, 109°50.0′ E	350 ~ 1500	1150	邻近万安地质构造盆地，故名

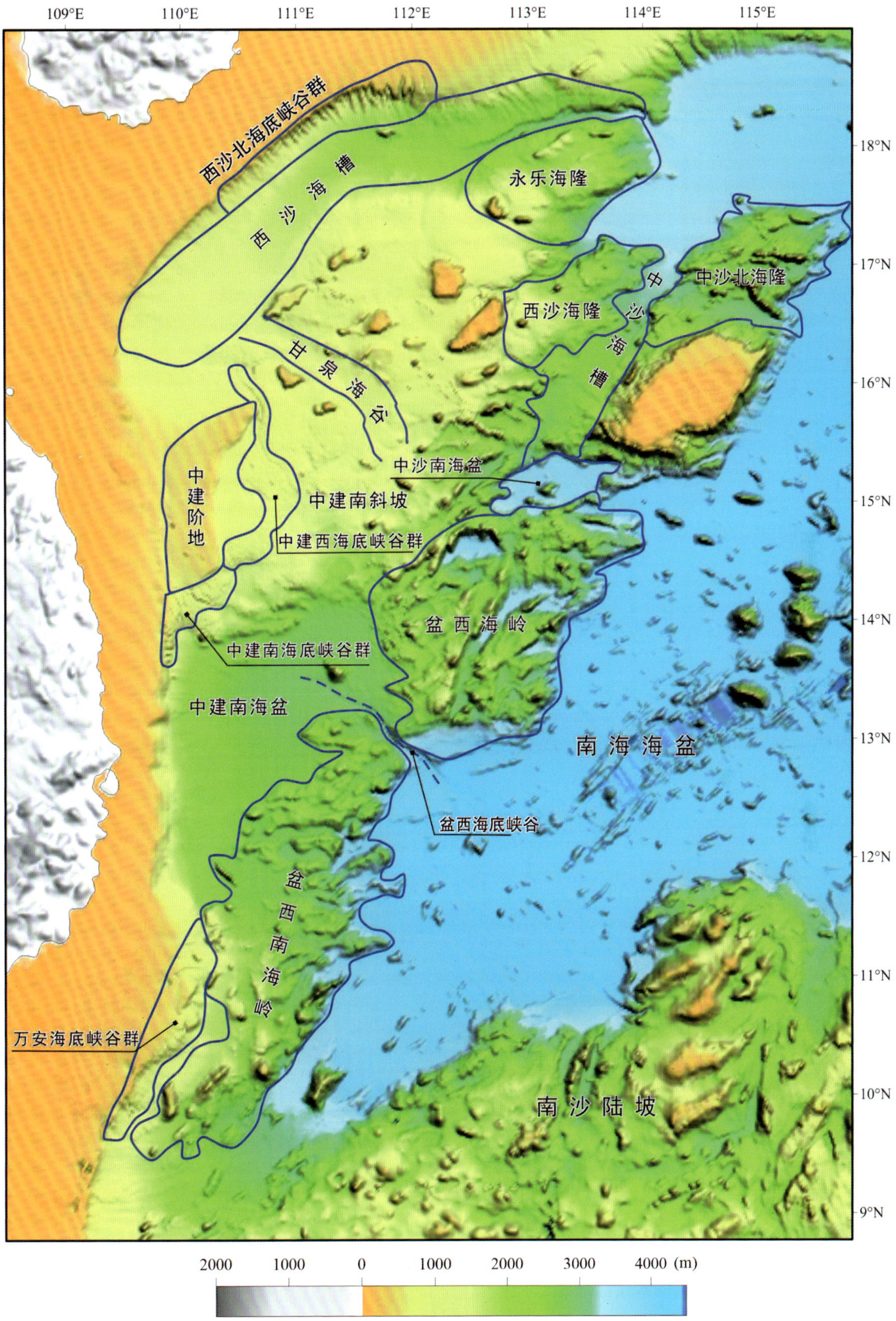

图 3.1 南海西部陆坡二级地理实体

Fig. 3.1 The Second-class Undersea Features of the Western SCS Slope

3.1.1 西沙海槽

标准名称 Standard Name	西沙海槽 Xisha Haicao	类型 Generic Term	海槽 Trough
特征点坐标 Coordinates	18°00.0′ N，112°20.0′ E	规模（km） Dimension (km)	560 × 130
水深（m） Depth (m)	200 ～ 3380	总起伏（m） Total Relief (m)	3180
地貌形态 Feature Description	西沙海槽位于南海西部陆坡的北端，与西沙群岛相邻，为地形低陷、长条带状展布的槽状地貌单元。海槽的两侧槽坡地形陡峭，而底部平原地形平缓。海槽总长度约为 560 km，宽 22 ～ 130 km。槽底平原水深 1158 ～ 3380 m，自西南向东北地形缓缓倾斜，水深逐渐加大。海槽的平面形态从西南往东北逐渐收窄。海槽西北斜坡发育众多峡谷，构成西沙北海底峡谷群（图 3.2）。 Xisha Haicao is located on the continental slope of Western SCS and adjacent to Xisha Qundao. The plane shape of this trough is strip-like with depressed terrain.		
命名释义 Reason for Choice of Name	海槽邻近西沙群岛，故名。1986 年，中国已将该实体命名为“西沙海槽”。 The trough is adjacent to Xisha Qundao, so “Xisha” is used to name this trough by Chinese government in 1986.		

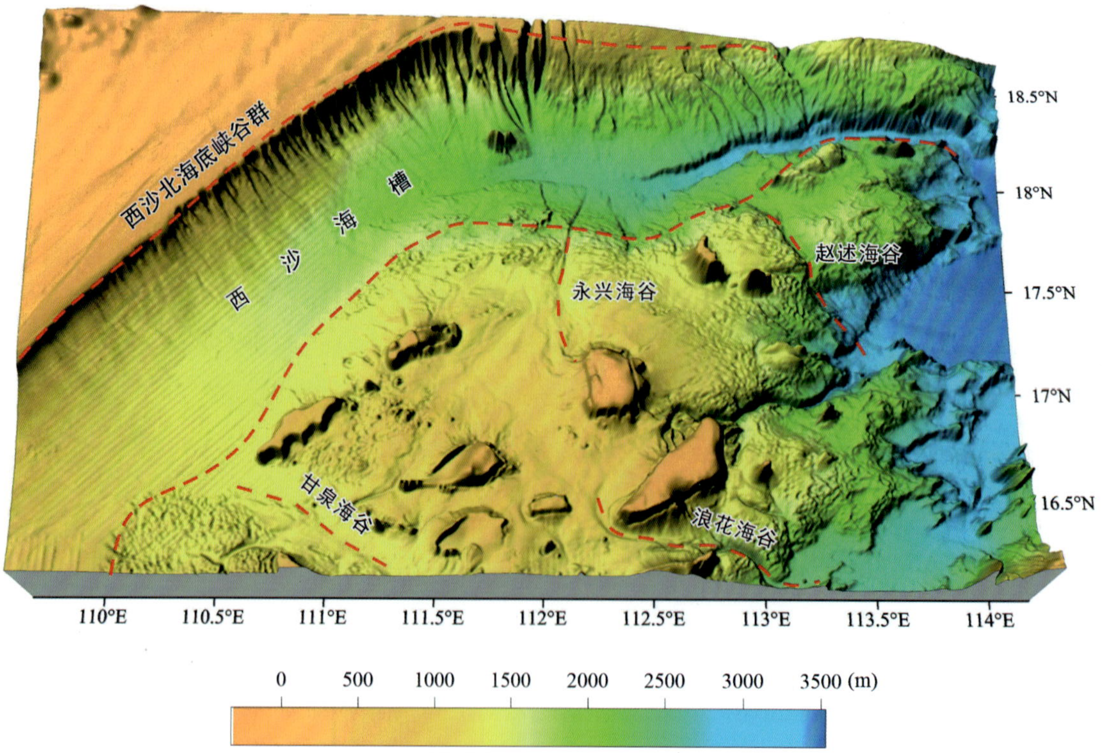

图 3.2 西沙海槽三维地形图

Fig. 3.2 3-D Topography Map of Xisha Haicao

3.1.2 中沙海槽

标准名称 Standard Name	中沙海槽 Zhongsha Haicao	类型 Generic Term	海槽 Trough
特征点坐标 Coordinates	16°20.0′ N，113°45.0′ E	规模（km） Dimension (km)	250 × 50
水深（m） Depth (m)	200 ～ 3440	总起伏（m） Total Relief (m)	3240
地貌形态 Feature Description	中沙海槽位于西沙海隆和中沙海台之间，地形低陷且呈长条带状，呈北东—南西走向，长 250 km，宽 25 ～ 50 km。海槽槽底平原水深从西南向东北逐渐加大，水深 2680 ～ 3440 m，槽底平原较为平缓，发育数个小型海丘（图 3.3）。 Zhongsha Haicao is located between Xisha Hailong and Zhongsha Haitai. The plane shape of this trough is strip-like, with depression terrain, and extending from NE to SW.		
命名释义 Reason for Choice of Name	海槽邻近中沙群岛，故名。1986 年，中国已将该实体命名为“中沙海槽”。 The trough is adjacent to Zhongsha Qundao, so “Zhongsha” is used to name this trough by Chinese government in 1986.		

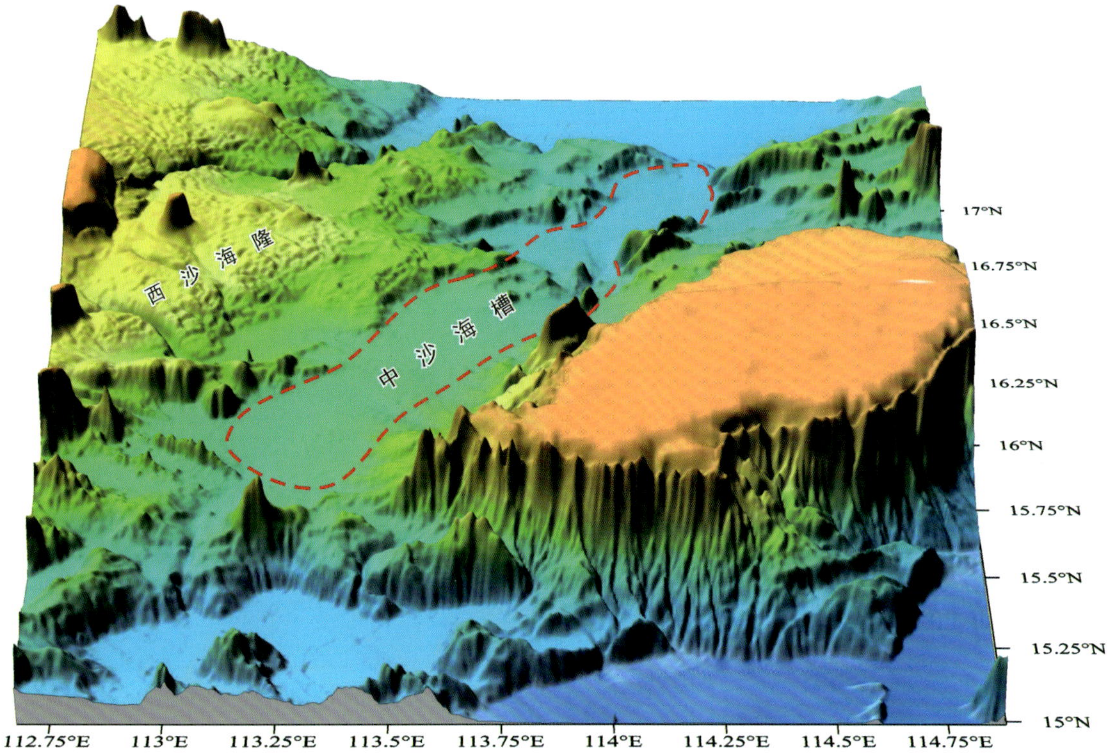

图 3.3 中沙海槽三维地形图

Fig. 3.3 3-D Topography Map of Zhongsha Haicao

3.1.3 永乐海隆

标准名称 Standard Name	永乐海隆 Yongle Hailong	类型 Generic Term	海隆 Rise
特征点坐标 Coordinates	17°50.0′ N，113°30.0′ E	规模（km） Dimension (km)	170 × 96
水深（m） Depth (m)	1000 ~ 3650	总起伏（m） Total Relief (m)	2650
地貌形态 Feature Description	永乐海隆位于南海西部陆坡东北端，西沙海槽以南，平面形态大致呈条带状北东—南西向展布，长 170 km，宽 96 km。海隆自西南向东北方向地势逐渐下降，与南海海盆相接，坡脚最大水深 3650 m。海隆上发育有多个小型海台、海山（图 3.4）。 Yongle Hailong is located on the continental slope of Western SCS, and on the south of Xisha Haicao. The plane shape of Yongle Hailong is strip-like, extending from NE to SW.		
命名释义 Reason for Choice of Name	以相邻的西沙群岛永乐群岛命名。 The rise is adjacent to Yongle Qundao, so "Yongle" is used to name this rise.		

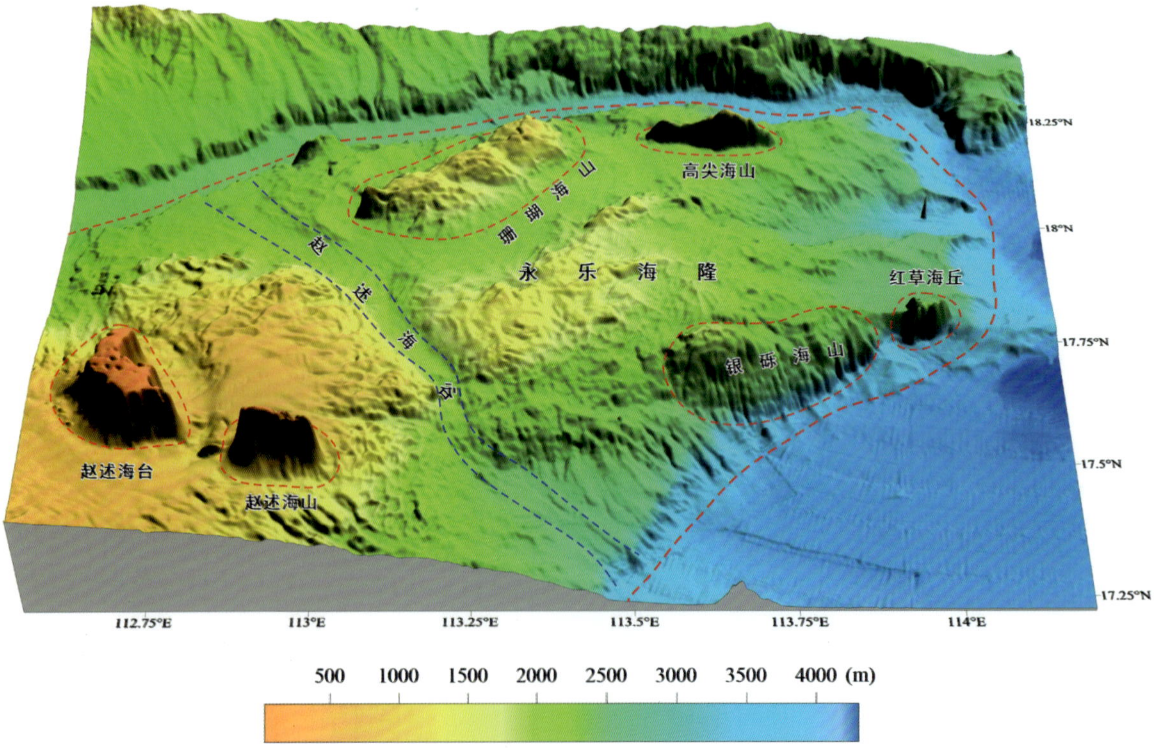

图 3.4 永乐海隆三维地形图

Fig. 3.4 3-D Topography Map of Yongle Hailong

3.1.4 西沙海隆

标准名称 Standard Name	西沙海隆 Xisha Hailong	类型 Generic Term	海隆 Rise
特征点坐标 Coordinates	16°40.0′ N，113°20.0′ E	规模（km） Dimension (km)	165 × 70
水深（m） Depth (m)	1000 ~ 3450	总起伏（m） Total Relief (m)	2450
地貌形态 Feature Description	西沙海隆位于永乐海隆与中沙海槽之间，平面形态大致呈条带状北东—南西向展布，长 165 km，宽 70 km。西沙海隆与永乐海隆之间以永乐海底峡谷分隔，地形自从西南向东北方向下降，直至南海海盆，坡脚水深达 3450 m。海隆上发育有多个海山、海丘等地理实体（图 3.5）。 Xisha Hailong is located between Yongle Hailong and Zhongsha Haicao. The plane shape of Xisha Rise is strip-like, extending from NE to SW.		
命名释义 Reason for Choice of Name	以相邻的西沙群岛命名。 The rise is adjacent to Xisha Qundao, so “Xisha” is used to name this rise.		

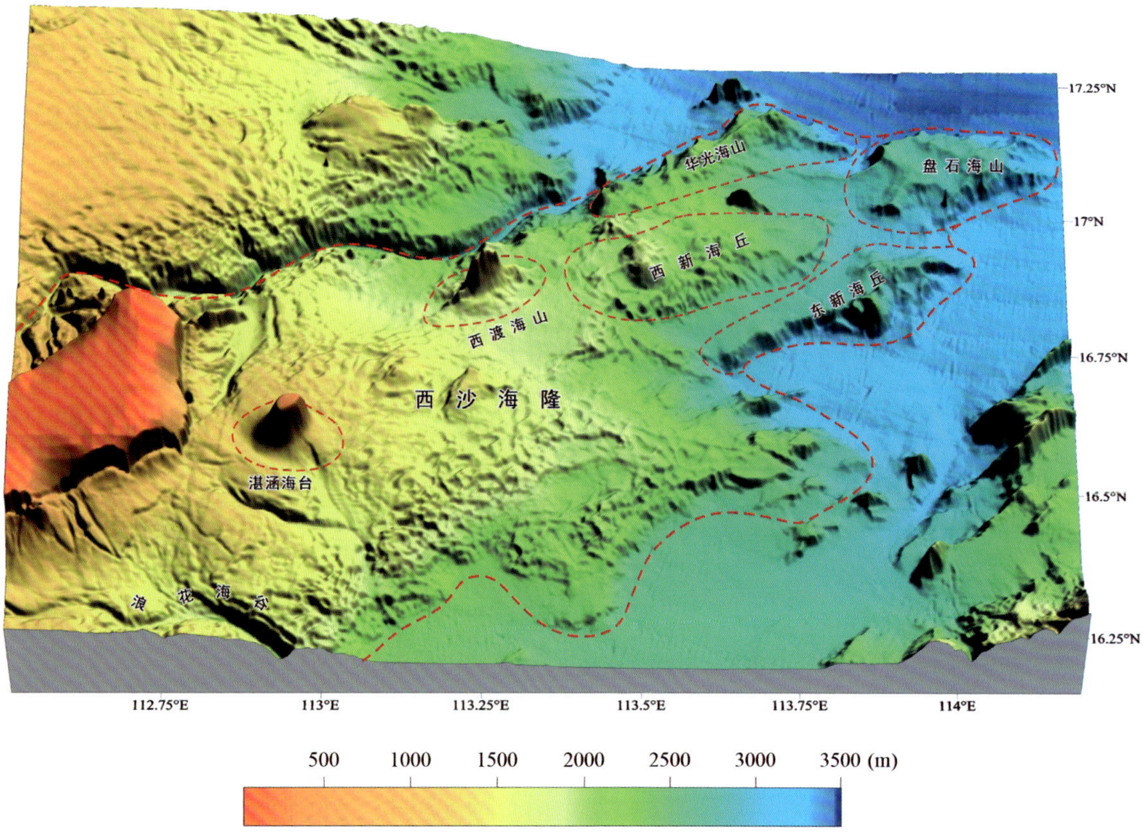

图 3.5　西沙海隆三维地形图

Fig. 3.5　3-D Topography Map of Xisha Hailong

3.1.5　中沙北海隆

标准名称 Standard Name	中沙北海隆 Zhongshabei Hailong	类型 Generic Term	海隆 Rise
特征点坐标 Coordinates	17°00.0′ N，114°50.0′ E	规模（km） Dimension (km)	167 × 137
水深（m） Depth (m)	500 ~ 4060	总起伏（m） Total Relief (m)	3560
地貌形态 Feature Description	中沙北海隆位于中沙海台以北，中沙海槽与南海海盆之间。海隆平面形态不规则，北东走向，长约 167 km，宽约 137 km。海隆由众多海山和海丘构成，海山和海丘一般为条带状北东—南西走向，或近东西走向（图 3.6）。 Zhongshabei Hailong is located on the north of Zhongsha Haitai. The plane shape of Zhongshabei Rise is irregular, extending from NE to SW.		
命名释义 Reason for Choice of Name	1986 年中国地名委员会命名为中沙北海岭，因其位于中沙群岛以北，故名。2001 年经多波束测量确认为海隆，更名为中沙北海隆。 “Bei” means “north” in Chinese. Chinese government firstly named this rise as “Zhongshabei Hailing” as it is located in the north of Zhongsha Qundao. After multi-beam measurement in 2001, the name was changed to “Zhongshabei Hailong” because it topographically was a rise.		

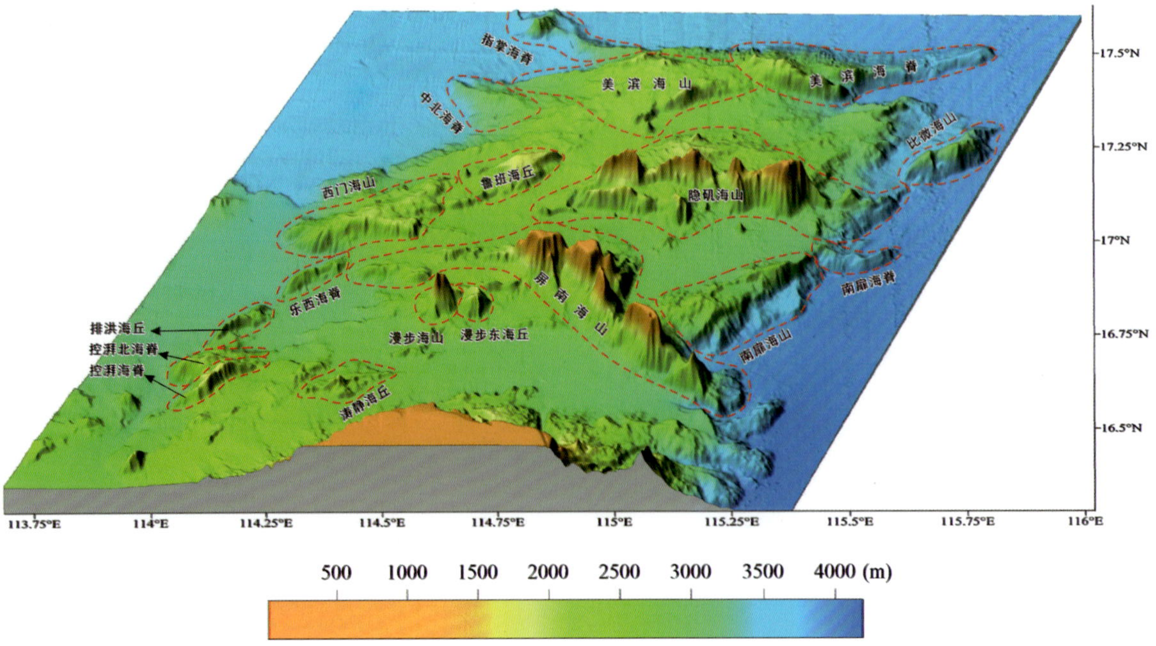

图 3.6　中沙北海隆三维地形图

Fig. 3.6　3-D Topography Map of Zhongshabei Hailong

3.1.6 中沙南海盆

标准名称 Standard Name	中沙南海盆 Zhongshanan Haipen	类型 Generic Term	海盆 Basin
特征点坐标 Coordinates	15°10.0′ N，113°20.0′ E	规模（km） Dimension (km)	126 × 46
水深（m） Depth (m)	1500 ~ 3800	总起伏（m） Total Relief (m)	2300
地貌形态 Feature Description	中沙南海盆位于南海西部陆坡的中部，中沙海台和盆西海岭之间。海盆周围被多个海山环绕，形成地形低陷的小型盆地。海盆内地形平缓，最大水深 3800 m，中间发育孤城海山（图 3.7）。 Zhongshanan Haipen is surrounded by several seamounts, forming a small basin with depressed terrain.		
命名释义 Reason for Choice of Name	位于中沙海台以南，故名。 The basin is is located on the south of Zhongsha Haitai and "nan" means "south" in Chinese, so "Zhongshanan" is used as the name of this basin.		

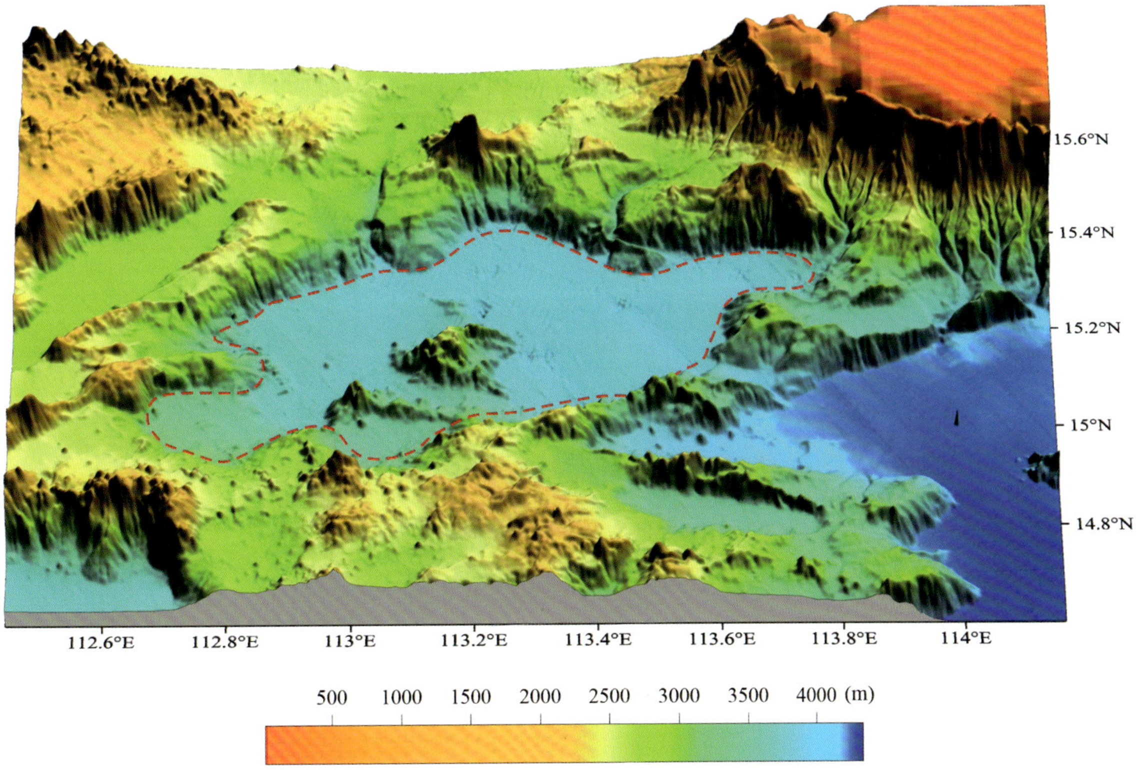

图 3.7 中沙南海盆三维地形图

Fig. 3.7 3-D Topography Map of Zhongshanan Haipen

3.1.7 中建南海盆

标准名称 Standard Name	中建南海盆 Zhongjiannan Haipen	类型 Generic Term	海盆 Basin
特征点坐标 Coordinates	13°20.0′ N，110°45.0′ E	规模（km） Dimension (km)	257 × 217
水深（m） Depth (m)	200 ～ 3000	总起伏（m） Total Relief (m)	2800
地貌形态 Feature Description	中建南海盆被南海西部陆架、中建阶地、盆西南海岭包围，形成地形低陷的陆坡海盆。海盆平面形态不规则，南北向长约 257 km，东西向宽 78 ～ 217 km。海盆地形从西向东倾斜，水深 200 ～ 3000 m，中间发育孤月海山（图 3.8）。 Zhongjiannan Haipen is surrounded by the continental shelf of Western SCS, Zhongjian Jiedi and Penxinan Hailing, forming a basin with depressed terrain on the continental slope.		
命名释义 Reason for Choice of Name	处于南海中建南构造盆地之上，故名。 The basin is located on Zhongjiannan Structural Basin, so “Zhongjiannan” is used to name this basin.		

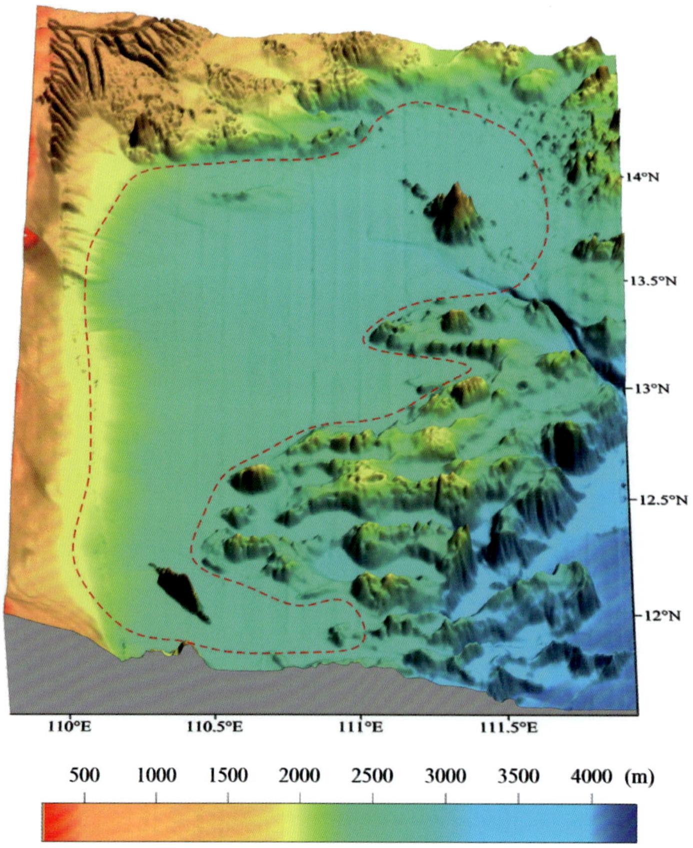

图 3.8 中建南海盆三维地形图

Fig. 3.8 3-D Topography Map of Zhongjiannan Haipen

3.1.8 中建阶地

标准名称 Standard Name	中建阶地 Zhongjian Jiedi	类型 Generic Term	阶地 Terrace
特征点坐标 Coordinates	15°30.0′ N，110°30.0′ E	规模（km） Dimension (km)	182 × 99
水深（m） Depth (m)	370 ～ 800	总起伏（m） Total Relief (m)	430
地貌形态 Feature Description	中建阶地位于南海西部陆架以东，由地形平缓的二级阶面构成。第一级阶面长约 50 km，水深 420 ~ 500 m，地形坡度 0.06°；第二级阶面长约 45 km，水深 700 ~ 800 m，地形坡度 0.24°。阶面之间相对高差 300 m（图 3.9）。 Zhongjian Jiedi is located on the east of continental shelf of western SCS. It is composed by two steps of terraces.		
命名释义 Reason for Choice of Name	邻近中建岛，故名。 The terrace is adjacent to Zhongjian Dao, so “Zhongjian” is used as the name of this terrace.		

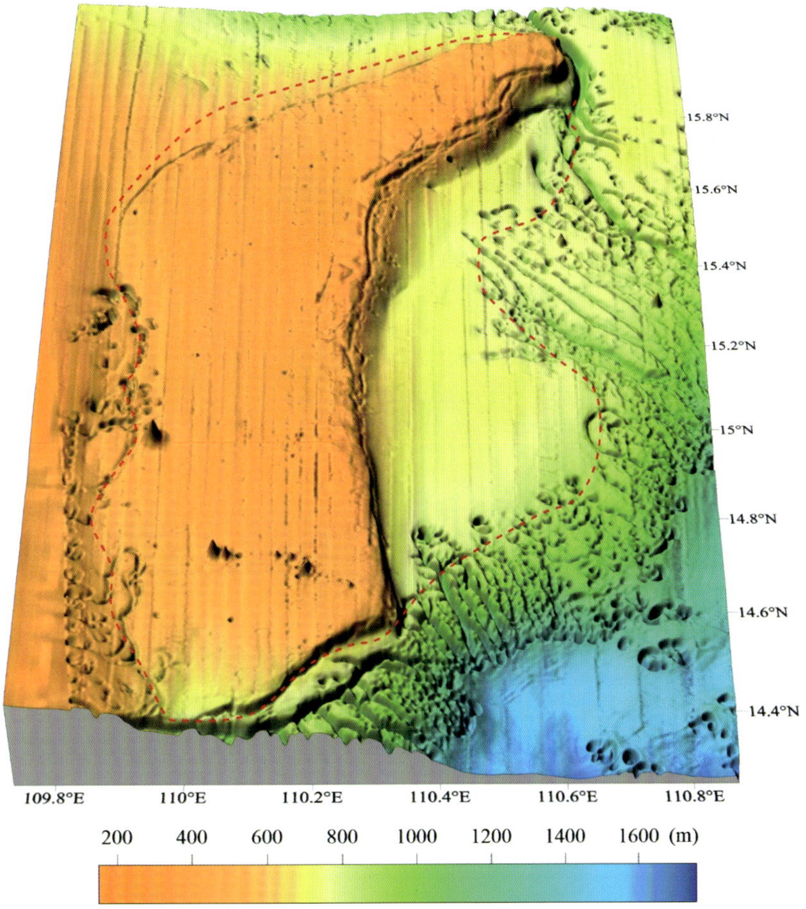

图 3.9 中建阶地三维地形图

Fig. 3.9 3-D Topography Map of Zhongjian Jiedi

3.1.9 中建南斜坡

标准名称 Standard Name	中建南斜坡 Zhongjiannan Xiepo	类型 Generic Term	斜坡 Slope
特征点坐标 Coordinates	14°50.0′ N，111°30.0′ E	规模（km） Dimension (km)	215 × 88
水深（m） Depth (m)	1250 ~ 1930	总起伏（m） Total Relief (m)	680
地貌形态 Feature Description	中建南斜坡位于南海西部陆坡的中部，中建阶地和中建西海底峡谷群以东。斜坡水深 1250 ~ 1930 m，地形自西向东倾斜下降，平均坡度为 0.5°（图 3.10）。 Zhongjiannan Xiepo is located on the middle of continental slope of Western SCS, and the east of Zhongjian Jiedi and Zhongjianxi Haidixiaguqun.		
命名释义 Reason for Choice of Name	位于中建岛以南，故名。 The slope is located on the south of Zhongjian Dao, and “nan” means “south” in Chinese, so “Zhongjiannan” is used as the name of this slope.		

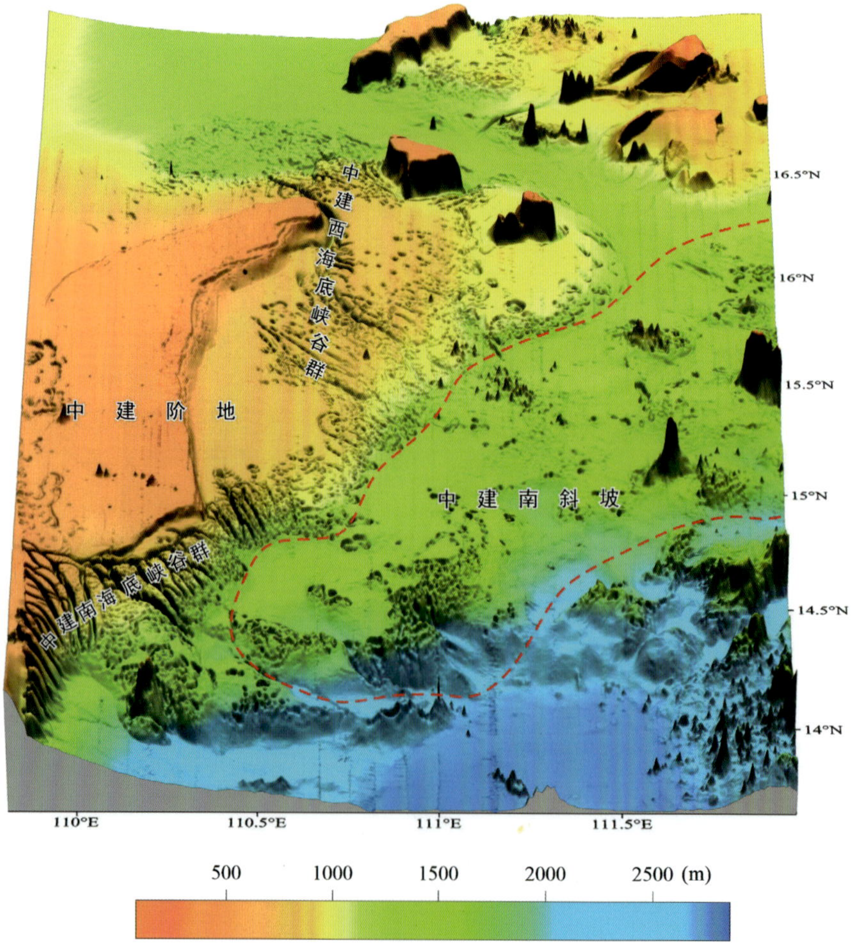

图 3.10 中建南斜坡三维地形图

Fig. 3.10 3-D Topography Map of Zhongjiannan Xiepo

3.1.10 盆西海岭

标准名称 Standard Name	盆西海岭 Penxi Hailing	类型 Generic Term	海岭 Ridge
特征点坐标 Coordinates	14°20.0′ N，112°50.0′ E	规模（km） Dimension (km)	273 × 167
水深（m） Depth (m)	300 ~ 4330	总起伏（m） Total Relief (m)	4030
地貌形态 Feature Description	盆西海岭位于南海西部陆坡，南海海盆以西，由众多海山、海丘及海谷呈带状排列构成，地形连绵起伏，水深 300 ~ 4330 m。海岭平面形态不规则，长约 273 km，宽约 167 km（图 3.11）。 Penxi Hailing is located on the continental slope of western SCS, and on the west of SCS Basin. The ridge is composed by several seamounts, hills and valleys. The plane shape of this ridge is strip-like.		
命名释义 Reason for Choice of Name	1986 年，中国地名委员会命名，因其位于南海海盆以西，故名。 "Penxi" means "west of basin" in Chinese. The name was given by Chinese government in 1986 as this basin is located on the west of SCS basin.		

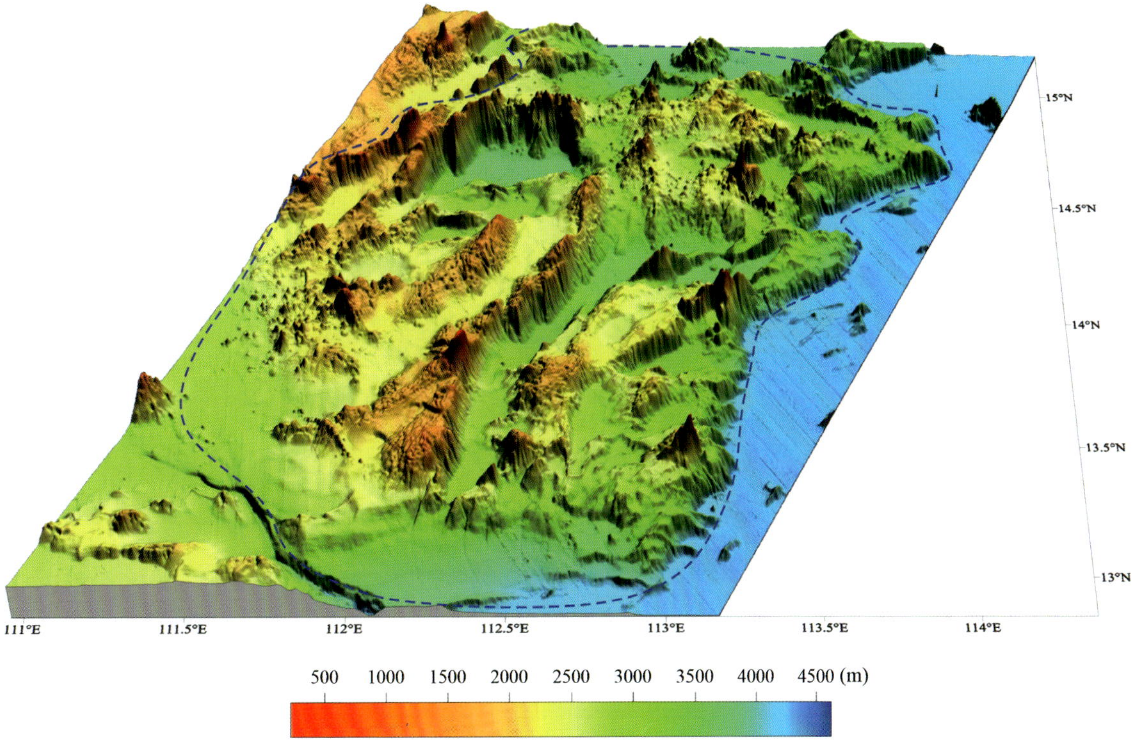

图 3.11 盆西海岭三维地形图

Fig. 3.11 3-D Topography Map of Penxi Hailing

3.1.11 盆西南海岭

标准名称 Standard Name	盆西南海岭 Penxinan Hailing	类型 Generic Term	海岭 Ridge
特征点坐标 Coordinates	11°30.0′ N，111°00.0′ E	规模（km） Dimension (km)	444 × 83
水深（m） Depth (m)	410 ~ 4170	总起伏（m） Total Relief (m)	3760
地貌形态 Feature Description	盆西南海岭位于南海西部陆坡，东临南海海盆，西接中建南海盆，北面以盆西海底峡谷相隔于盆西海岭。盆西南海岭也是由众多海山、海丘及山间盆地呈带状排列构成。海岭呈北东—南西走向，长约 444 km，宽约 83 km（图 3.12）。 Penxinan Hailing is located on the continental slope of western SCS. It is composed by several seamounts, hills and basin. The plane shape of this ridge is strip-like.		
命名释义 Reason for Choice of Name	位于南海海盆的西南，故名。 "Penxinan" means "southwest of basin" in Chinese. The ridge is located on the southwest of SCS basin, so "Penxinan" is used as the name of this ridge.		

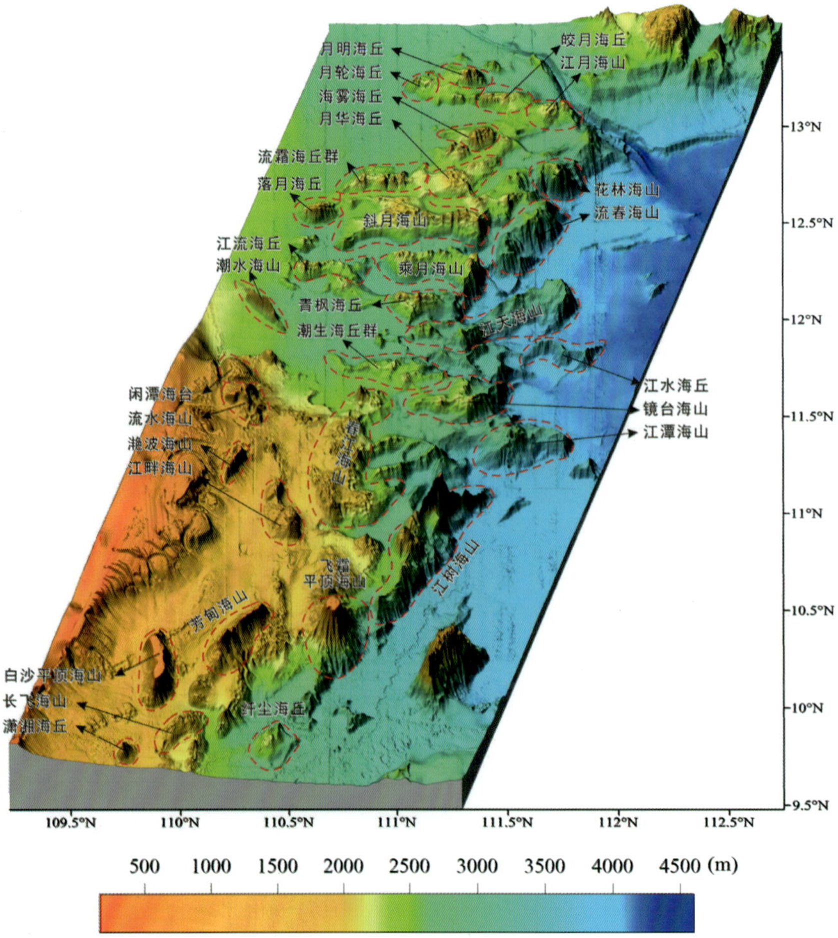

图 3.12 盆西南海岭三维地形图

Fig. 3.12 3-D Topography Map of Penxinan Hailing

3.1.12 盆西海底峡谷

标准名称 Standard Name	盆西海底峡谷 Penxi Haidixiagu	类型 Generic Term	峡谷 Canyon
特征点坐标 Coordinates	13°08.0′ N，111°45.0′ E	规模（km） Dimension (km)	160 × 5
水深（m） Depth (m)	2860 ~ 4300	总起伏（m） Total Relief (m)	1440
地貌形态 Feature Description	盆西海底峡谷发源于中建南海盆北部 2860 m 水深段，直至南海海盆，最大水深 4300 m，成为盆西海岭和盆西南海岭分界线。峡谷从西北向东南延伸，长约 160 km，宽 2 ~ 5 km，最大切割地形深度 1440 m（图 3.13）。 Penxi Haidixiagu is the boundary of Penxi Ridge and Penxinan Ridge. Its northern end is located on the north of Zhongjiannan Basin and extending to SCS Basin.		
命名释义 Reason for Choice of Name	位于盆西海岭和盆西南海岭之间，以盆西命名。 The canyon is located between Penxi Ridge and Penxinan Ridge, so “Penxi” is used as the name of this canyon.		

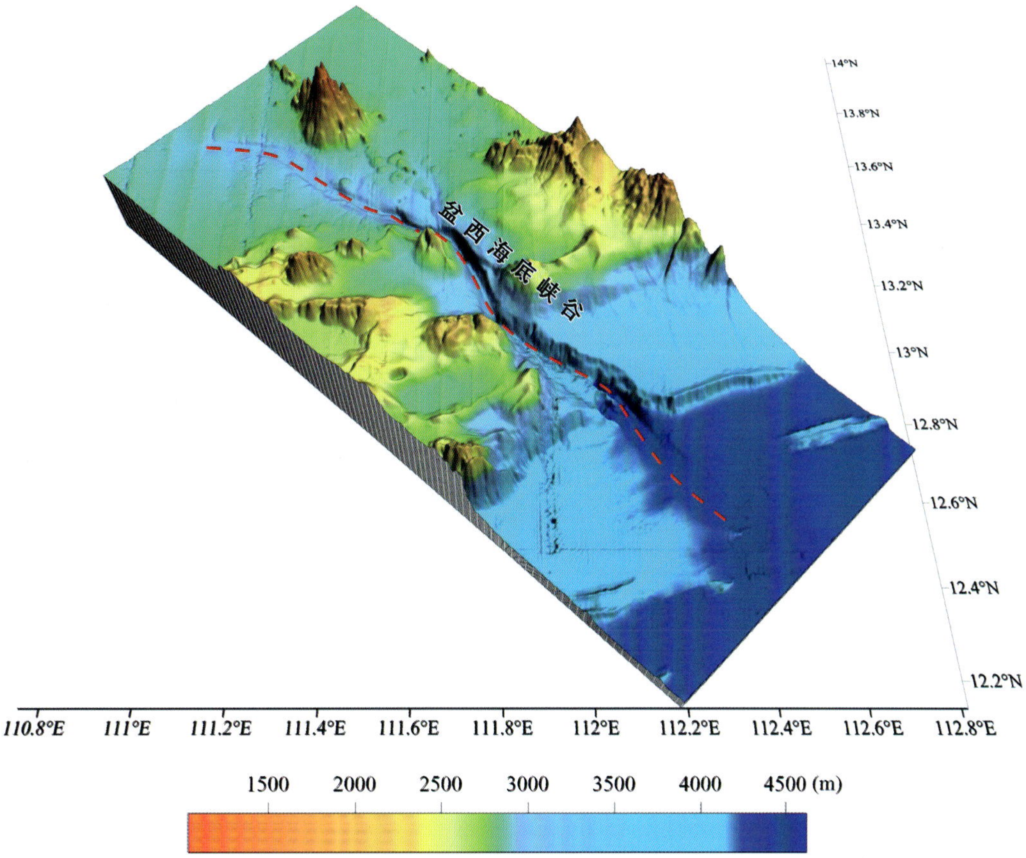

图 3.13 盆西海底峡谷三维地形图

Fig. 3.13 3-D Topography Map of Penxi Haidixiagu

3.1.13 西沙北海底峡谷群

标准名称 Standard Name	西沙北海底峡谷群 Xishabei Haidixiaguqun	类型 Generic Term	峡谷群 Canyons
特征点坐标 Coordinates	18°20.0′ N，111°20.0′ E	规模（km） Dimension (km)	103 × 39
水深（m） Depth (m)	250 ~ 2180	总起伏（m） Total Relief (m)	1930
地貌形态 Feature Description	西沙北海底峡谷群位于西沙海槽的西北槽坡 250 ~ 2180 m 水深段，由近 30 条峡谷构成。峡谷垂直切割槽坡，自西向东规模逐渐增大，长度由 20 km 逐渐增加到 65 km，最大顶底高差 1930 m（图 3.14）。 Xishabei Haidixiaguqun are located on the northwest of Xisha Haicao, and consist of approximately 30 individual canyons.		
命名释义 Reason for Choice of Name	位于西沙海槽北部，故名。 “Bei” means “north” in Chinese. These canyons are located on the northwest of Xisha Haicao, so “Xishabei” is used as the name of these canyons.		

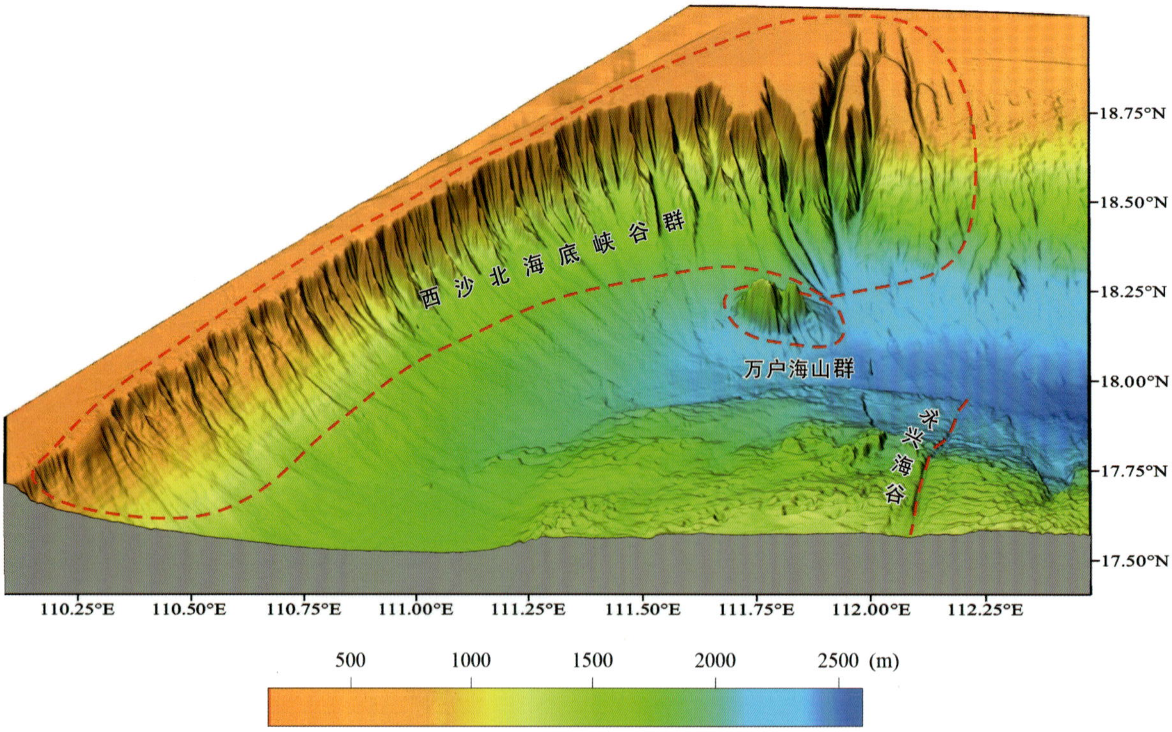

图 3.14 西沙北海底峡谷群三维地形图

Fig. 3.14 3-D Topography Map of Xishabei Haidixiaguqun

3.1.14 中建西海底峡谷群

标准名称 Standard Name	中建西海底峡谷群 Zhongjianxi Haidixiaguqun	类型 Generic Term	峡谷群 Canyons
特征点坐标 Coordinates	15°40.0′ N，110°40.0′ E	规模（km） Dimension (km)	150 × 43
水深（m） Depth (m)	750 ～ 1050	总起伏（m） Total Relief (m)	300
地貌形态 Feature Description	中建西海底峡谷群位于中建阶地和中建南斜坡之间，包含一个南北向的较大峡谷和数个东南向的小型峡谷。峡谷群南北长 150 km，水深 750 ～ 1050 m。峡谷群内发育众多麻坑（图 3.15）。 Zhongjianxi Haidixiaguqun are located between Zhongjian Jiedi and Zhongjiannan Xiepo. The canyons include a large canyon extending from north to south and several small canyons extending from east to south.		
命名释义 Reason for Choice of Name	位于中建岛以西，故名。 "Xi" means "west" in Chinese. The canyons are located on the west of Zhonjian Dao, so "Zhongjianxi" is used as the name of these canyons.		

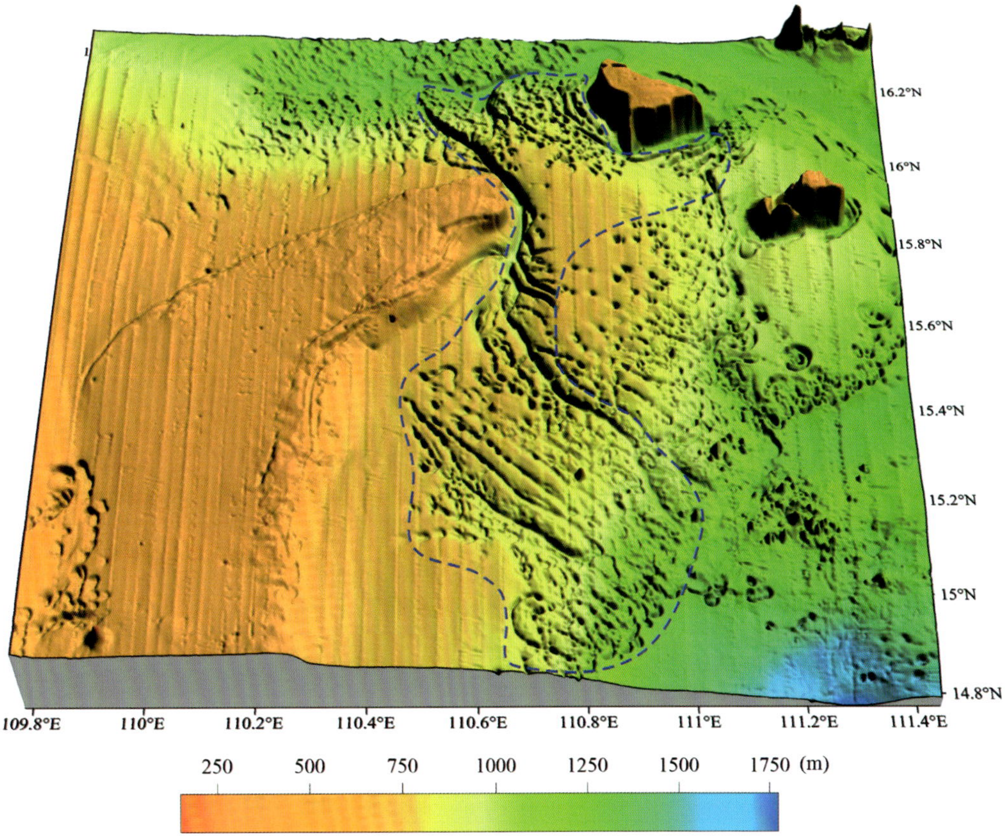

图 3.15 中建西海底峡谷群三维地形图

Fig. 3.15 3-D Topography Map of Zhongjianxi Haidixiaguqun

3.1.15 中建南海底峡谷群

标准名称 Standard Name	中建南海底峡谷群 Zhongjiannan Haidixiaguqun	类型 Generic Term	峡谷群 Canyons
特征点坐标 Coordinates	14°12.0′ N，110°12.0′ E	规模（km） Dimension (km)	150 × 38
水深（m） Depth (m)	500 ~ 1550	总起伏（m） Total Relief (m)	1050
地貌形态 Feature Description	中建南海底峡谷群位于西部陆架以东、中建阶地以南，由 30 条相间排列的峡谷构成。峡谷自 500 m 水深段延伸至 1550 m 水深段，长 20 ~ 40 km，最大切割深度 370 m。峡谷群内发育众多麻坑（图 3.16）。 Zhongjiannan Haidixiaguqun are located on the east of continental shelf of Western SCS, and on the south of Zhongjian Jiedi. The canyons consist of 30 individual canyons.		
命名释义 Reason for Choice of Name	位于中建阶地以南，故名。 "Nan" means "south" in Chinese. These canyons are located on the south of Zhonjian Jiedi, so "Zhongjiannan" is used as the name of these canyons.		

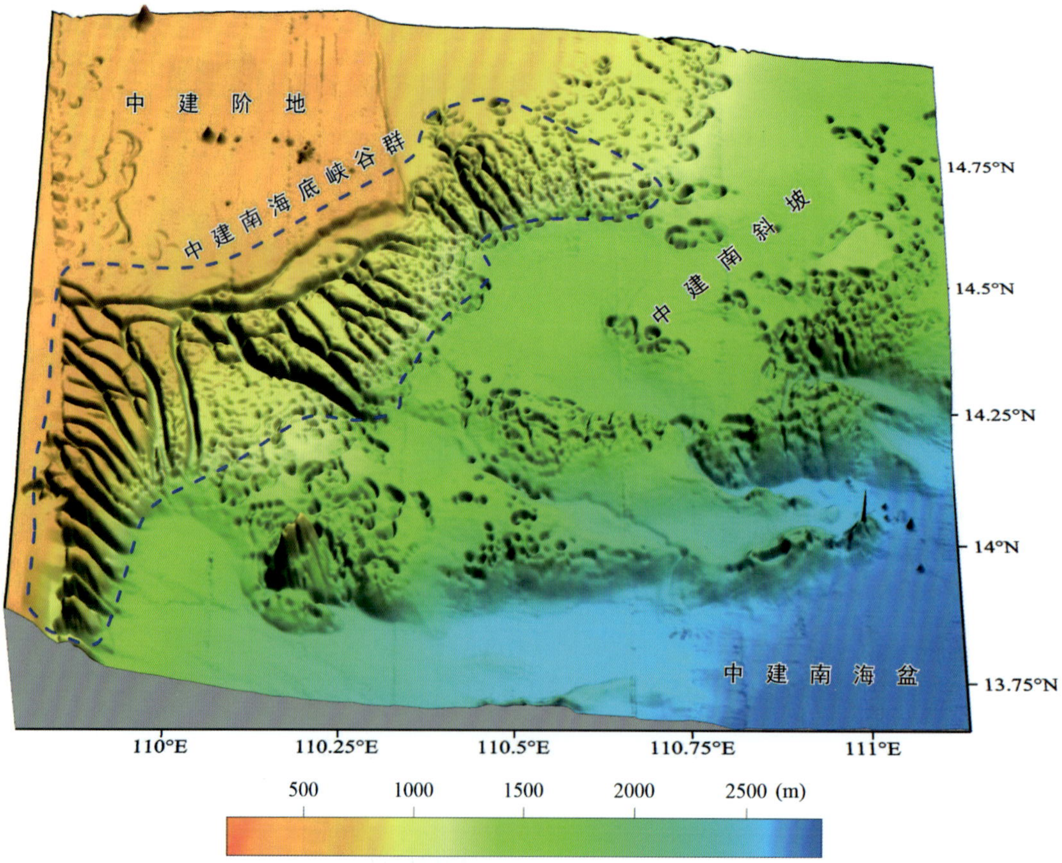

图 3.16 中建南海底峡谷群三维地形图

Fig. 3.16 3-D Topography Map of Zhongjiannan Haidixiaguqun

3.1.16 万安海底峡谷群

标准名称 Standard Name	万安海底峡谷群 Wan'an Haidixiaguqun	类型 Generic Term	峡谷群 Canyons
特征点坐标 Coordinates	10°30.0′ N，109°50.0′ E	规模（km） Dimension (km)	200 × 35
水深（m） Depth (m)	350 ~ 1500	总起伏（m） Total Relief (m)	1150
地貌形态 Feature Description	万安海底峡谷群发育于西部陆坡与西部陆架相邻区域，由 30 条海底峡谷构成，峡谷排列较为稀疏，整体上自东向西切割陆坡，水深 350 ~ 1500 m。峡谷长 10 ~ 30 km，最大切割深度 300 m（图 3.17）。 Wan'an Haidixiaguqun are located between the continental slope and continental shelf of Western SCS. These canyons consist of 30 individual canyons.		
命名释义 Reason for Choice of Name	邻近万安构造盆地，故名。 The canyons are adjacent to Wanan Structural Basin, so "Wanan" is used as the name of these canyons.		

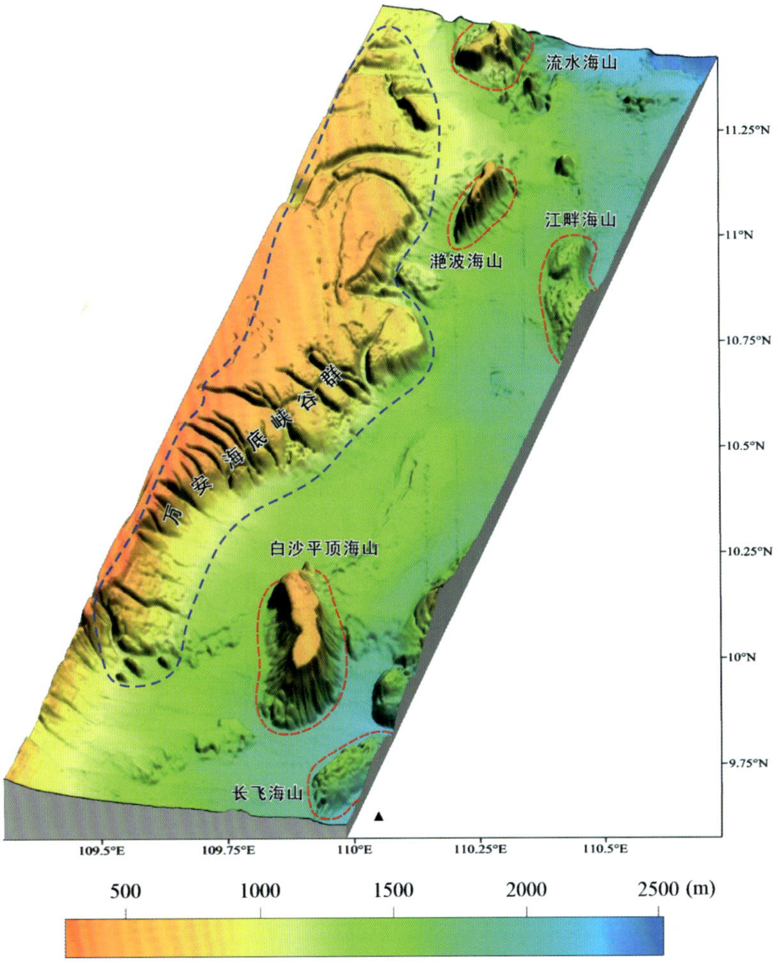

图 3.17　万安海底峡谷群三维地形图

Fig. 3.17　3-D Topography Map of Wan'an Haidixiaguqun

3.2 西沙群岛周边，以西沙岛礁命名

南海西北部海底突出大片隆起高地，并形成凸起的海山、海丘、海脊、海台和低洼的海谷地貌，一些海山和海台更是出露海面成岛礁和暗沙，构成西沙群岛。这片隆起高地形成两个海隆，即为永乐海隆和西沙海隆，两者之间被永乐海谷分隔。在此区域，万户海山群因为离西沙群岛较远，因此以古代科学家命名。除此外，其他地理实体均以西沙群岛的岛礁命名（表 3.2，图 3.18）。

表 3.2　西沙群岛周边三级地理实体

序号	标准地名	汉语拼音	英文名称	中心位置	水深（m）	高差（m）	命名理由
1	永兴海谷	Yǒngxīng Hǎigǔ	Yongxing Haigu	17°30.0′ N, 112°06.0′ E	1129 ~ 2499	1370	以西沙群岛的永兴岛命名
2	甘泉海谷	Gānquán Hǎigǔ	Ganquan Haigu	16°18.0′ N, 111°00.0′ E	1130 ~ 1483	353	以西沙群岛的甘泉岛命名
3	浪花海谷	Lànghuā Hǎigǔ	Langhua Haigu	16°12.0′ N, 112°52.0′ E	1199 ~ 2520	1321	以西沙群岛的浪花礁命名
4	浪花海山	Lànghuā Hǎishān	Langhua Haishan	15°60.4′ N, 112°59.9′ E	877 ~ 2662	1785	以西沙群岛的浪花礁命名
5	银砾海山	Yínlì Hǎishān	Yinli Haishan	15°47.5′ N, 112°42.5′ E	292 ~ 2662	2370	以西沙群岛的银砾滩命名
6	羚羊海山	Língyáng Hǎishān	Lingyang Haishan	15°26.5′ N, 112°04.2′ E	404 ~ 1758	1354	以西沙群岛的羚羊礁命名
7	晋卿海山	Jìnqīng Hǎishān	Jinqing Haishan	15°23.6′ N, 112°39.8′ E	1610 ~ 3025	1415	以西沙群岛的晋卿岛命名
8	晋卿西海山	Jìnqīngxī Hǎishān	Jinqingxi Haishan	15°17.8′ N, 112°29.2′ E	562 ~ 2890	2328	位于晋卿海山以西，故名
9	琛航海山	Chēnháng Hǎishān	Chenhang Haishan	15°00.0′ N, 112°16.7′ E	386 ~ 2516	2130	以西沙群岛的琛航岛命名
10	琛航东海山	Chēnhángdōng Hǎishān	Chenhangdong Haishan	15°04.9′ N, 112°22.4′ E	1254 ~ 2969	1715	位于琛航海山以东，故名
11	广金海脊	Guǎngjīn Hǎijǐ	Guangjin Haiji	15°40.5′ N, 112°29.2′ E	442 ~ 2559	2117	以西沙群岛的广金岛命名
12	湛涵海脊	Zhànhán Hǎijǐ	Zhanhan Haiji	15°29.5′ N, 112°28.2′ E	1412 ~ 2188	776	以西沙群岛的湛涵滩命名
13	湛涵北海丘	Zhànhánběi Hǎiqiū	Zhanhanbei Haiqiu	15°32.0′ N, 112°12.4′ E	1557 ~ 2023	466	位于湛涵海脊以北，故名

续表

序号	标准地名	汉语拼音	英文名称	中心位置	水深 (m)	高差 (m)	命名理由
14	甘泉海台	Gānquán Hǎitái	Ganquan Haitai	16°42.0′ N, 110°56.0′ E	566 ~ 1489	923	以西沙群岛的甘泉门水道命名
15	中建北海台	Zhōngjiànběi Hǎitái	Zhongjianbei Haitai	16°01.9′ N, 110°57.0′ E	378 ~ 1381	1003	位于中建岛以北，故名
16	金吒海丘	Jīnzhā Hǎiqiū	Jinzha Haiqiu	14°48.7′ N, 109°56.1′ E	148 ~ 561	413	以中国古代神话传说人物命名
17	木吒海丘	Mùzhā Hǎiqiū	Muzha Haiqiu	14°34.2′ N, 110°02.5′ E	253 ~ 546	293	以中国古代神话传说人物命名
18	哪吒海丘	Nézhā Hǎiqiū	Nezha Haiqiu	14°32.1′ N, 110°11.3′ E	326 ~ 608	282	以中国古代神话传说人物命名
19	羚羊南海山	Língyángnán Hǎishān	Lingyangnan Haishan	15°09.6′ N, 111°54.2′ E	215 ~ 1731	1516	位于羚羊海山以南，故名
20	杨柳西海丘	Yángliǔxī Hǎiqiū	Yangliuxi Haiqiu	14°48.5′ N, 111°38.9′ E	363 ~ 2016	1653	位于杨柳海山以西，故名
21	萦回海丘	Yínghuí Hǎiqiū	Yinghui Haiqiu	14°49.3′ N, 112°19.8′ E	1943 ~ 2466	523	取词于唐代诗人王勃的词《滕王阁序》
22	桂殿海山	Guìdiàn Hǎishān	Guidian Haishan	14°55.6′ N, 112°28.9′ E	1339 ~ 2714	1375	
23	兰宫洼地	Lángōng Wādì	Langong Wadi	15°14.0′ N, 112°35.0′ E	2835 ~ 3098	263	

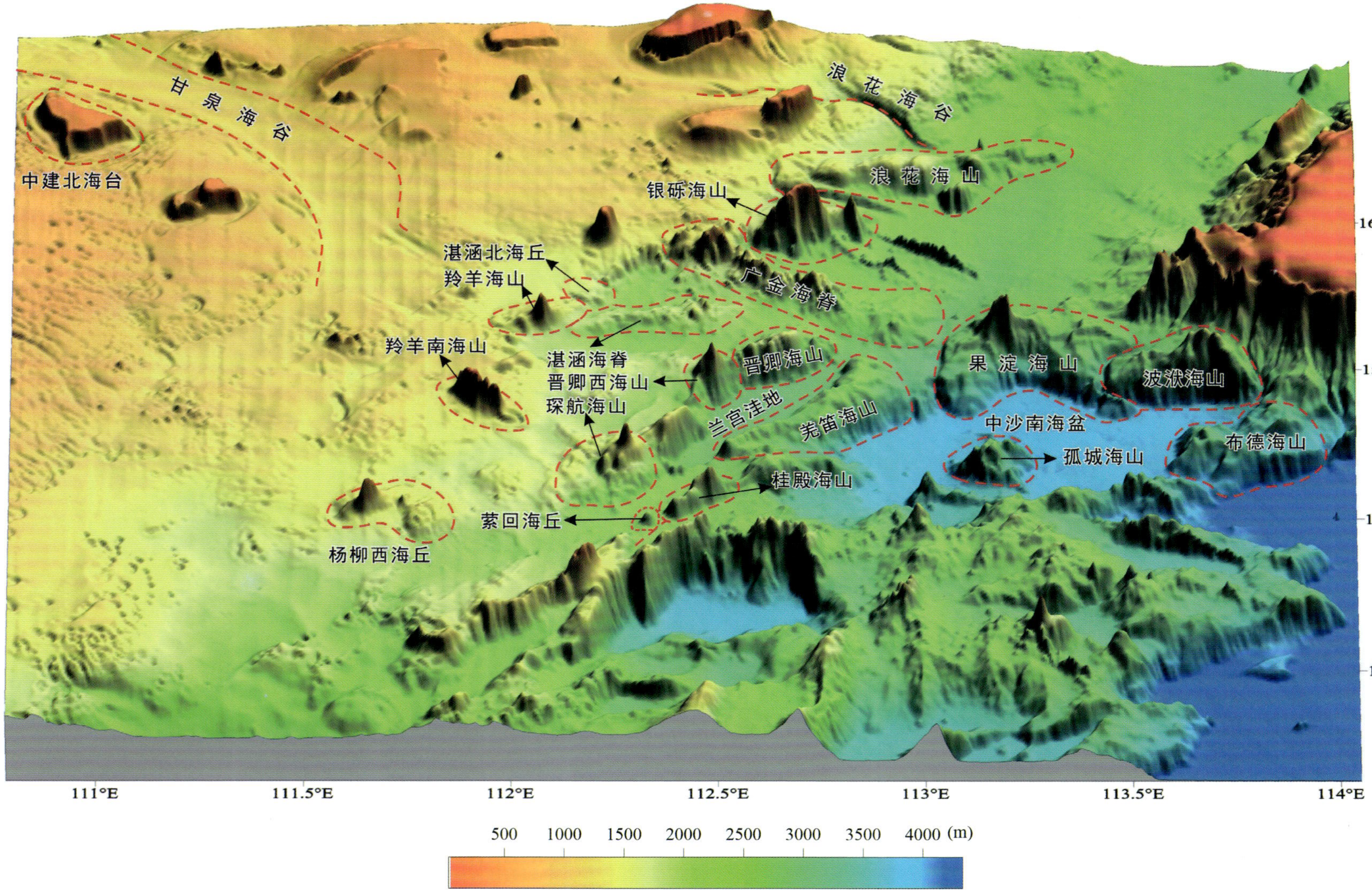

图 3.18　西沙群岛周边地理实体

Fig. 3.18　The Undeasea Features around the Xisha Qundao

3.2.1 永兴海谷

标准名称 Standard Name	永兴海谷 Yongxing Haigu	类型 Generic Term	海谷 Valley
特征点坐标 Coordinates	17°30.0′ N，112°06.0′ E	规模（km） Dimension (km)	83.3 × 10.8
水深（m） Depth (m)	1129 ～ 2499	总起伏（m） Total Relief (m)	1370
地貌形态 Feature Description	海谷为线状延伸，呈南北走向，全长 97 km，宽 2 ～ 21 km，海谷最小水深 880 m，谷底最大水深 2430 m，高差 1550 m（图 3.19）。 Yongxing Haigu extends from north to south in a linear pattern.		
命名释义 Reason for Choice of Name	以西沙群岛的永兴岛命名。 This valley is named after Yongxing Dao of Xisha Qundao in SCS.		

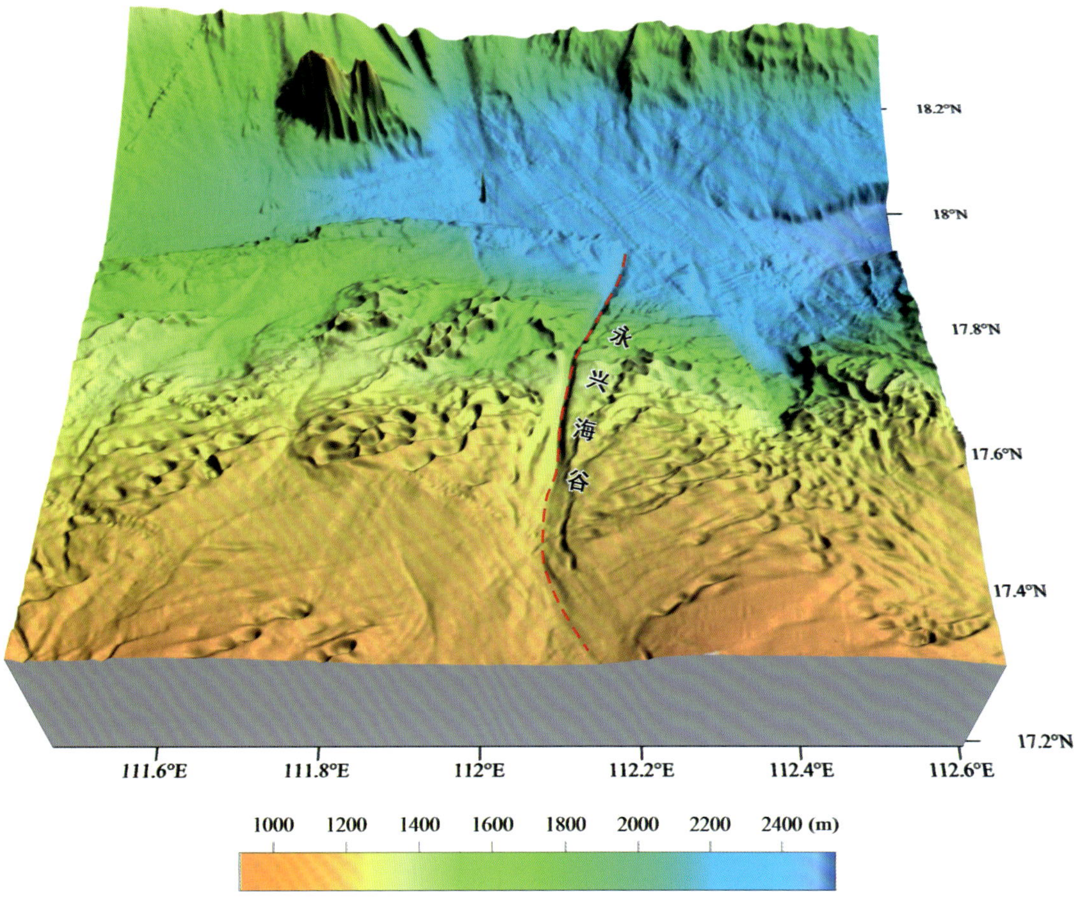

图 3.19 永兴海谷三维地形图

Fig. 3.19 3-D Topography Map of Yongxing Haigu

3.2.2 浪花海谷

标准名称 Standard Name	浪花海谷 Langhua Haigu	类型 Generic Term	海谷 Valley
特征点坐标 Coordinates	16°12.0′ N，112°52.0′ E	规模（km） Dimension (km)	73.4 × 6.1
水深（m） Depth (m)	1199 ~ 2520	总起伏（m） Total Relief (m)	1321
地貌形态 Feature Description	海谷为线状延伸，近东西走向，长 75 km，宽 5 km。海谷最小水深 1199 m，谷底最大水深 2520 m，高差 1321 m（图 3.20）。 Langhua Haigu extends from east to west with a linear pattern.		
命名释义 Reason for Choice of Name	以西沙群岛的浪花礁命名。 This valley is named after Langhua Jiao of Xisha Qundao in SCS.		

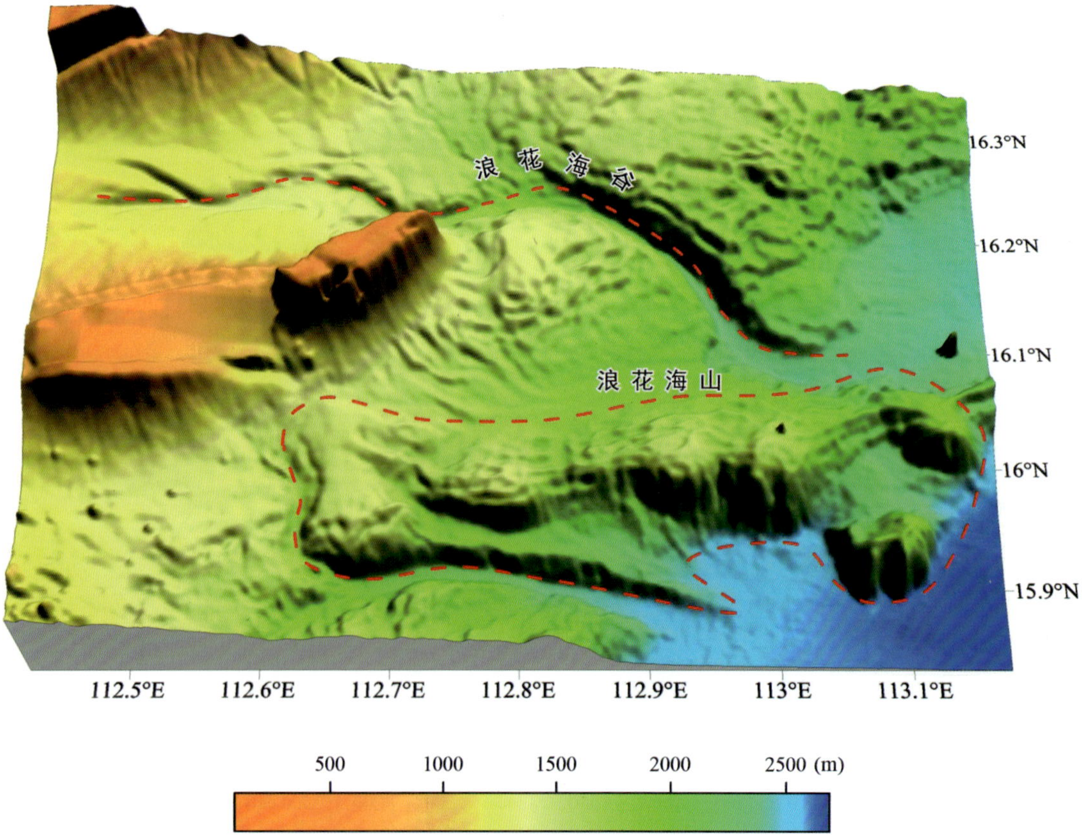

图 3.20 浪花海谷三维地形图

Fig. 3.20 3-D Topography Map of Langhua Haigu

3.2.3 甘泉海台

标准名称 Standard Name	甘泉海台 Ganquan Haitai	类型 Generic Term	海台 Plateau
特征点坐标 Coordinates	16°42.0′ N，110°56.0′ E	规模（km） Dimension (km)	52.2 × 23
水深（m） Depth (m)	566 ~ 1489	总起伏（m） Total Relief (m)	923
地貌形态 Feature Description	海台平面形态不规则，中间宽两边窄，呈北东—南西走向，长 51 km，宽 20 km，顶面平坦，水深 566 ~ 687 m，山麓水深 960 ~ 1489 m，海台高差为 923 m（图 3.21）。 The plane shape of Ganquan Haitai is irregular, extending from NE to SW.		
命名释义 Reason for Choice of Name	以西沙群岛的甘泉岛命名。 This plateau is named after Ganquan Island of Xisha Qundao in SCS.		

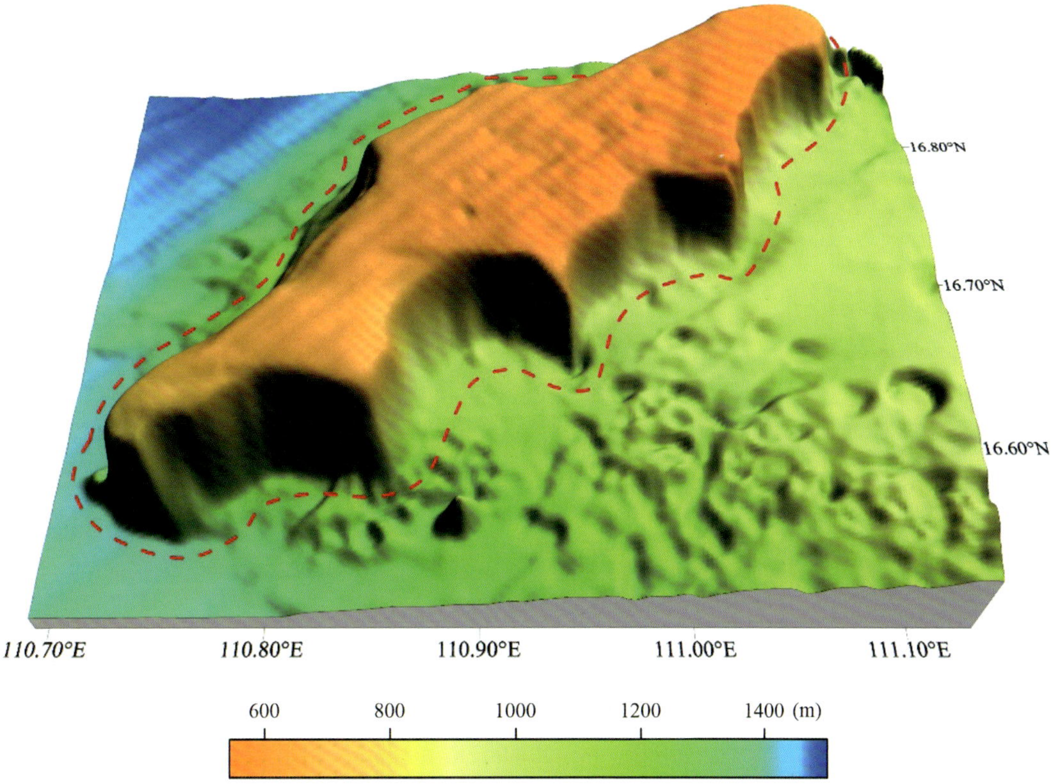

图 3.21 甘泉海台三维地形图

Fig. 3.21 3-D Topography Map of Ganquan Haitai

3.2.4 中建北海台

标准名称 Standard Name	中建北海台 Zhongjianbei Haitai	类型 Generic Term	海台 Plateau
特征点坐标 Coordinates	16°01.9′ N，110°57.0′ E	规模（km） Dimension (km)	29.1 × 17.3
水深（m） Depth (m)	378 ～ 1381	总起伏（m） Total Relief (m)	1003
地貌形态 Feature Description	海台平面呈三角形，北西向长 22 km，东北向宽 17 km，台面平坦，水深 360 ～ 450 m，山麓水深 820 ～ 1300 m，高差为 850 m（图 3.22）。 The plane shape of Zhongjianbei Haitai is triangular. The top of this plateau is flat.		
命名释义 Reason for Choice of Name	位于中建岛以北，故名。 “Bei” means “north” in Chinese. The plateau is located on the north of Zhongjian Dao, so “Zhongjianbei” is used as the name of this plateau.		

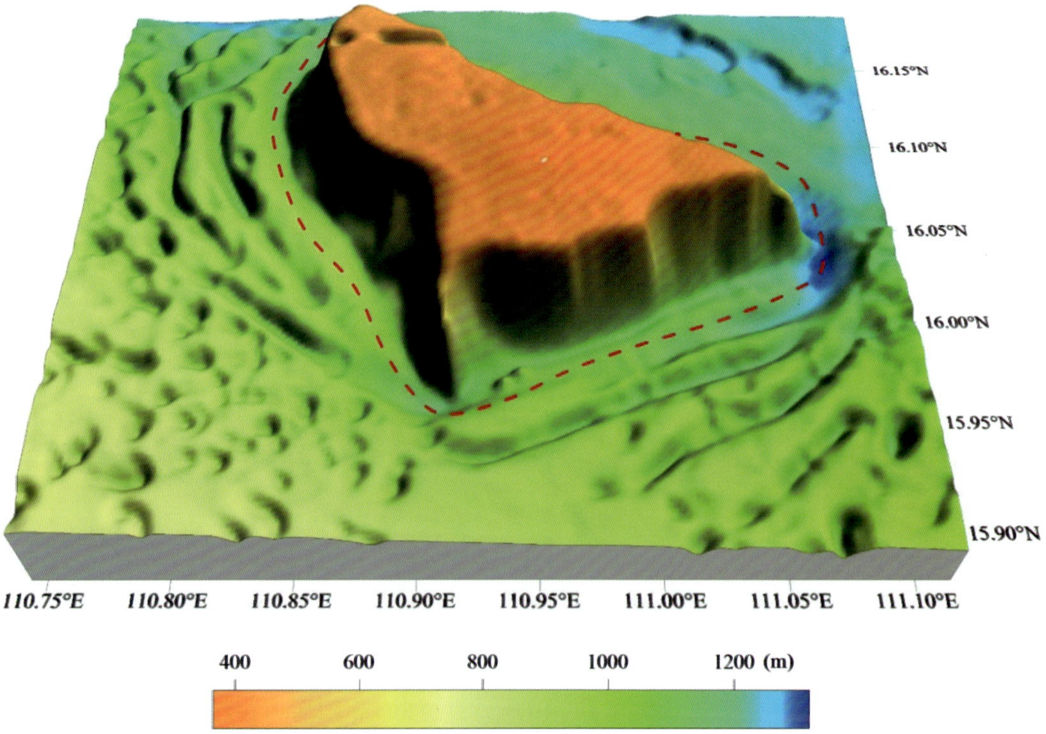

图 3.22　中建北海台三维地形图

Fig. 3.22　3-D Topography Map of Zhongjianbei Haitai

3.2.5 甘泉海谷

标准名称 Standard Name	甘泉海谷 Ganquan Haigu	类型 Generic Term	海谷 Valley
特征点坐标 Coordinates	16°18.0′ N，111°00.0′ E	规模（km） Dimension (km)	178.6 × 20.5
水深（m） Depth (m)	1130 ~ 1483	总起伏（m） Total Relief (m)	353
地貌形态 Feature Description	海谷呈圆弧线形由东南向西北方向延伸，长 128 km，宽 13 ~ 20 km，上游最小水深 1130 m，下游最大水深 1483 m，高差 353 m（图 3.23）。 The plane shape of this valley is curved from ES to WN, and ultimately extending to Xisha Haicao.		
命名释义 Reason for Choice of Name	以西沙群岛的甘泉岛命名。 This valley is named after Ganquan Dao of Xisha Qundao in SCS.		

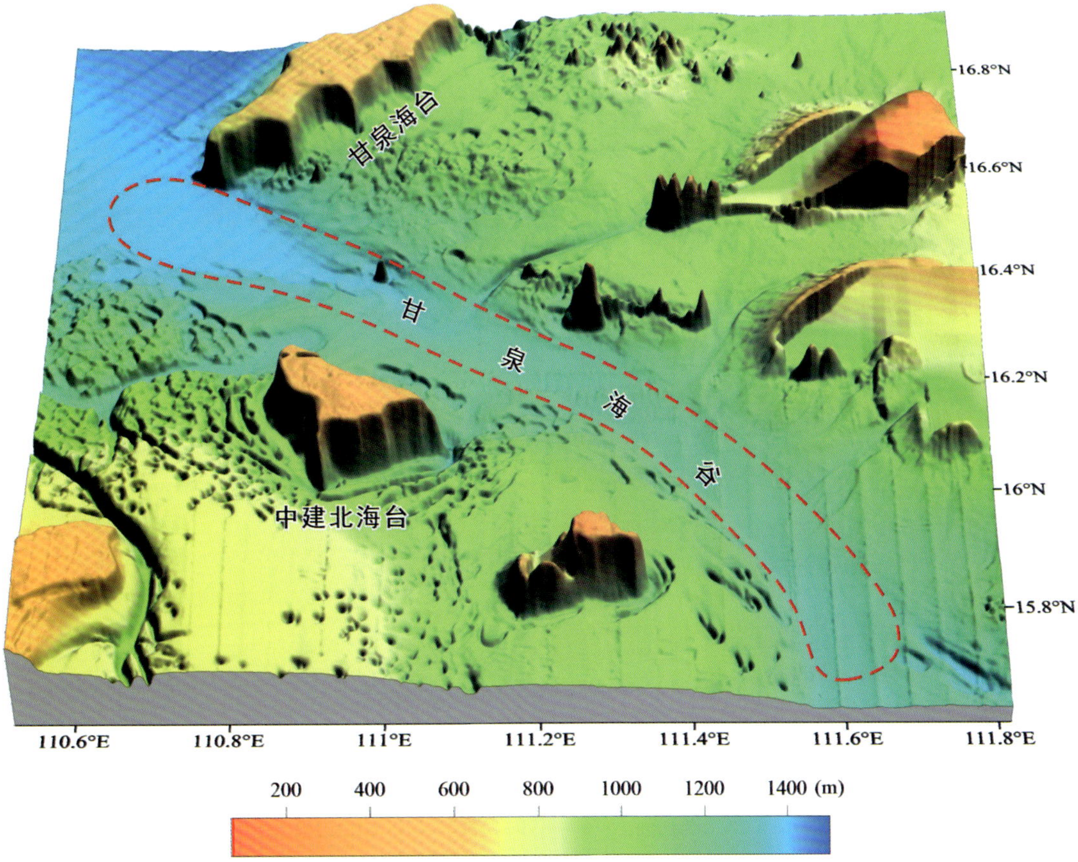

图 3.23 甘泉海台、中建北海台和甘泉海谷三维地形图

Fig. 3.23 3-D Topography Map of Ganquan Haitai, Zhongjianbei Haitai and Ganquan Haigu

3.3 永乐海隆和西沙海隆，以西沙岛礁命名

永乐海隆和西沙海隆分别识别和命名 7 个地理实体，均以西沙群岛的岛礁命名（表 3.3）。

表 3.3 永乐海隆与西沙海隆三级地理实体名列表

序号	标准地名	汉语拼音	英文名称	中心位置	水深(m)	高差(m)	命名理由
永乐海隆							
1	高尖海山	Gāojiān Hǎishān	Gaojian Haishan	18°05.2′ N, 113°39.6′ E	1503 ~ 2583	1080	以西沙群岛的高尖石命名
2	赵述海山	Zhàoshù Hǎishān	Zhaoshu Haishan	17°22.3′ N, 112°55.3′ E	298 ~ 1414	1116	以西沙群岛的赵述岛命名
3	珊瑚海山	Shānhú Hǎishān	Shanhu Haishan	17°54.9′ N, 113°04.1′ E	1523 ~ 2609	1086	以西沙群岛的珊瑚岛命名
4	红草海丘	Hóngcǎo Hǎiqiū	Hongcao Haiqiu	17°45.6′ N, 114°00.1′ E	2657 ~ 3508	851	以西沙群岛的红草门水道命名
5	金银海脊	Jīnyín Hǎijǐ	Jinyin Haiji	15°44.7′ N, 113°01.0′ E	1867 ~ 2737	870	以西沙群岛的金银岛命名
6	赵述海谷	Zhàoshù Hǎigǔ	Zhaoshu Haigu	17°52.0′ N, 112°56.0′ E	1974 ~ 2559	585	以西沙群岛的赵述岛命名
7	赵述海台	Zhàoshù Hǎitái	Zhaoshu Haitai	17°27.6′ N, 112°43.6′ E	291 ~ 1600	1309	以西沙群岛的赵述门水道命名
西沙海隆							
1	华光海山	Huáguāng Hǎishān	Huaguang Haishan	17°03.4′ N, 113°35.4′ E	2145 ~ 3605	1460	以西沙群岛的华光礁命名
2	西渡海山	Xīdù Hǎishān	Xidu Haishan	16°47.7′ N, 113°15.1′ E	651 ~ 2033	1382	以西沙群岛的西渡滩命名
3	盘石海山	Pánshí Hǎishān	Panshi Haishan	17°04.9′ N, 113°54.3′ E	2722 ~ 3642	920	以西沙群岛的盘石屿命名
4	东新海丘	Dōngxīn Hǎiqiū	Dongxin Haiqiu	16°47.3′ N, 113°52.9′ E	2512 ~ 3262	750	以西沙群岛的东新沙州命名
5	西新海丘	Xīxīn Hǎiqiū	Xixin Haiqiu	16°51.7′ N, 113°29.9′ E	1799 ~ 2370	571	以西沙群岛的西新沙州命名
6	永乐海底峡谷	Yǒnglè Hǎidǐxiágǔ	Yongle Haidixiagu	16°53.0′ N, 113°00.0′ E	1215 ~ 3297	2082	以西沙群岛的永乐群岛命名
7	湛涵海台	Zhànhán Hǎitái	Zhanhan Haitai	16°30.4′ N, 112°57.0′ E	297 ~ 1237	940	以西沙群岛的湛涵滩命名

3.3.1 珊瑚海山

标准名称 Standard Name	珊瑚海山 Shanhu Haishan	类型 Generic Term	海山 Seamount
特征点坐标 Coordinates	17°54.9′ N，113°04.1′ E	规模（km） Dimension (km)	50 × 21.8
水深（m） Depth (m)	1523 ~ 2609	总起伏（m） Total Relief (m)	1086
地貌形态 Feature Description	海山俯视平面不规则，呈北东—南西走向（图 3.24）。 The plane shape of Shanhu Haishan is irregular, extending from NE to SW.		
命名释义 Reason for Choice of Name	以西沙群岛的珊瑚岛命名。 This seamount is named after Shanhu Dao of Xisha Qundao in SCS.		

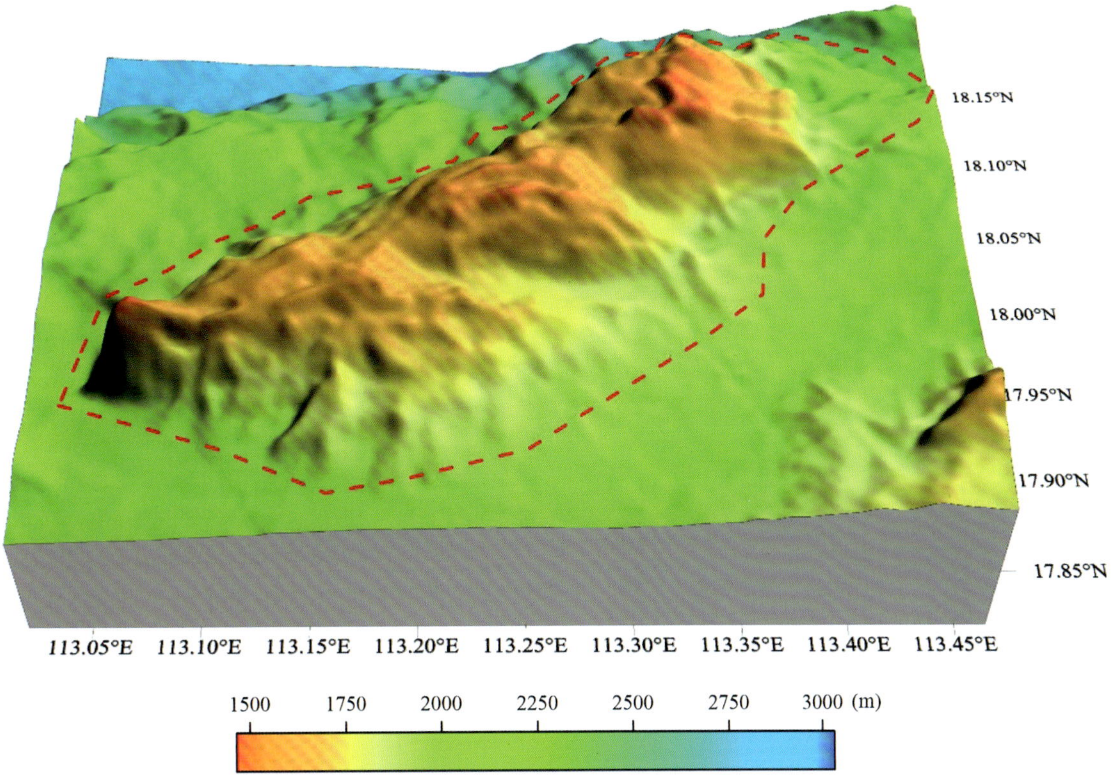

图 3.24 珊瑚海山三维地形图

Fig. 3.24 3-D Topography Map of Shanhu Haishan

3.3.2 高尖海山

标准名称 Standard Name	高尖海山 Gaojian Haishan	类型 Generic Term	海山 Seamount
特征点坐标 Coordinates	18°05.2′ N，113°39.6′ E	规模（km） Dimension (km)	26.2 × 6.8
水深（m） Depth (m)	1503 ～ 2583	总起伏（m） Total Relief (m)	1080
地貌形态 Feature Description	海山形态狭长，呈东西走向（图 3.25）。 The plane shape of Gaojian Haishan is long and narrow, extending from east to west.		
命名释义 Reason for Choice of Name	以西沙群岛的高尖石命名。 This seamount is named after Gaojian Shi (Pyramid Rock) in Xisha Qundao in SCS.		

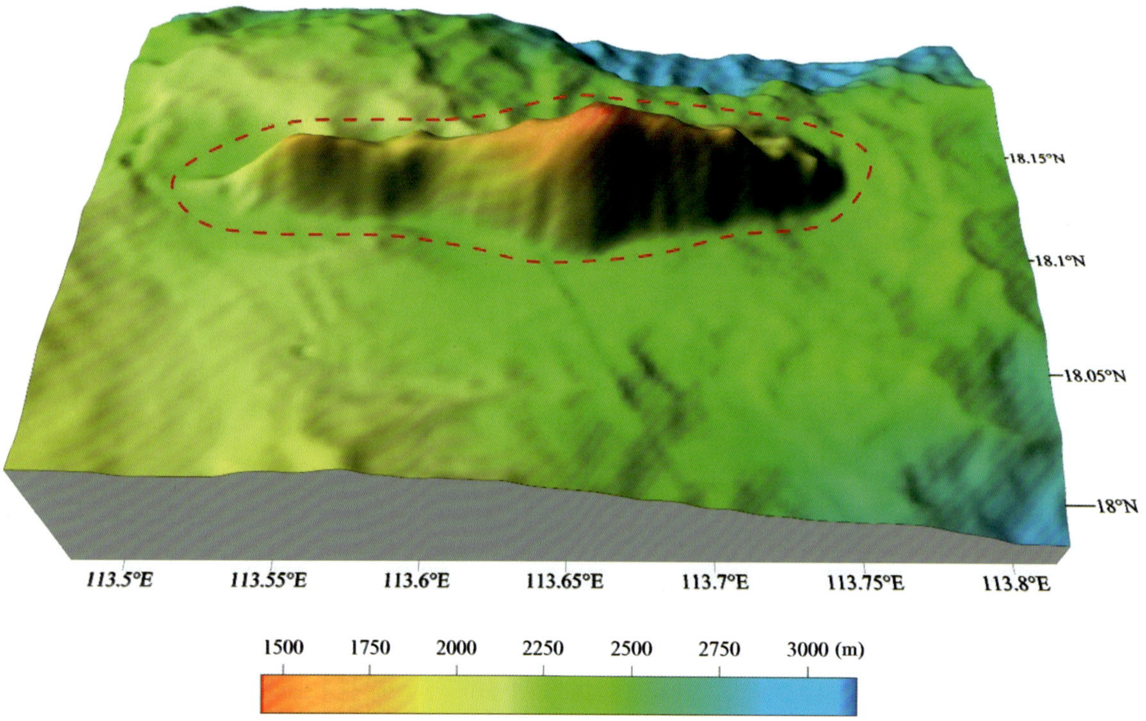

图 3.25　高尖海山三维地形图

Fig. 3.25　3-D Topography Map of Gaojian Haishan

3.3.3 赵述海台

标准名称 Standard Name	赵述海台 Zhaoshu Haitai	类型 Generic Term	海台 Plateau
特征点坐标 Coordinates	17°27.6′ N，112°43.6′ E	规模（km） Dimension (km)	28 × 17.4
水深（m） Depth (m)	291 ～ 1600	总起伏（m） Total Relief (m)	1309
地貌形态 Feature Description	海台平面形态不规则，整体呈西北—南东走向，长 25 km，宽 10 ～ 17 km，海台顶面水深 291 ～ 370 m，地形整体平坦，中部有一些小凹坑发育（图 3.26）。 The plane shape of Zhaoshu Haitai is irregular, extending from NW to SE. There are small depressions on the top of this plateau.		
命名释义 Reason for Choice of Name	以西沙群岛的赵述门水道命名。 This plateau is named after Zhaoshu Dao of Xisha Qundao in SCS.		

3.3.4 赵述海山

标准名称 Standard Name	赵述海山 Zhaoshu Haishan	类型 Generic Term	海山 Seamount
特征点坐标 Coordinates	17°22.3′ N，112°55.3′ E	规模（km） Dimension (km)	15.2 × 7.2
水深（m） Depth (m)	298 ～ 1414	总起伏（m） Total Relief (m)	1116
地貌形态 Feature Description	山体呈长条形，呈东西走向（图 3.26）。 The plane shape of Zhaoshu Haishan is strip-like, extending from east to west.		
命名释义 Reason for Choice of Name	以西沙群岛的赵述岛命名。 This seamount is named after Zhaoshu Dao of Xisha Qundao in SCS.		

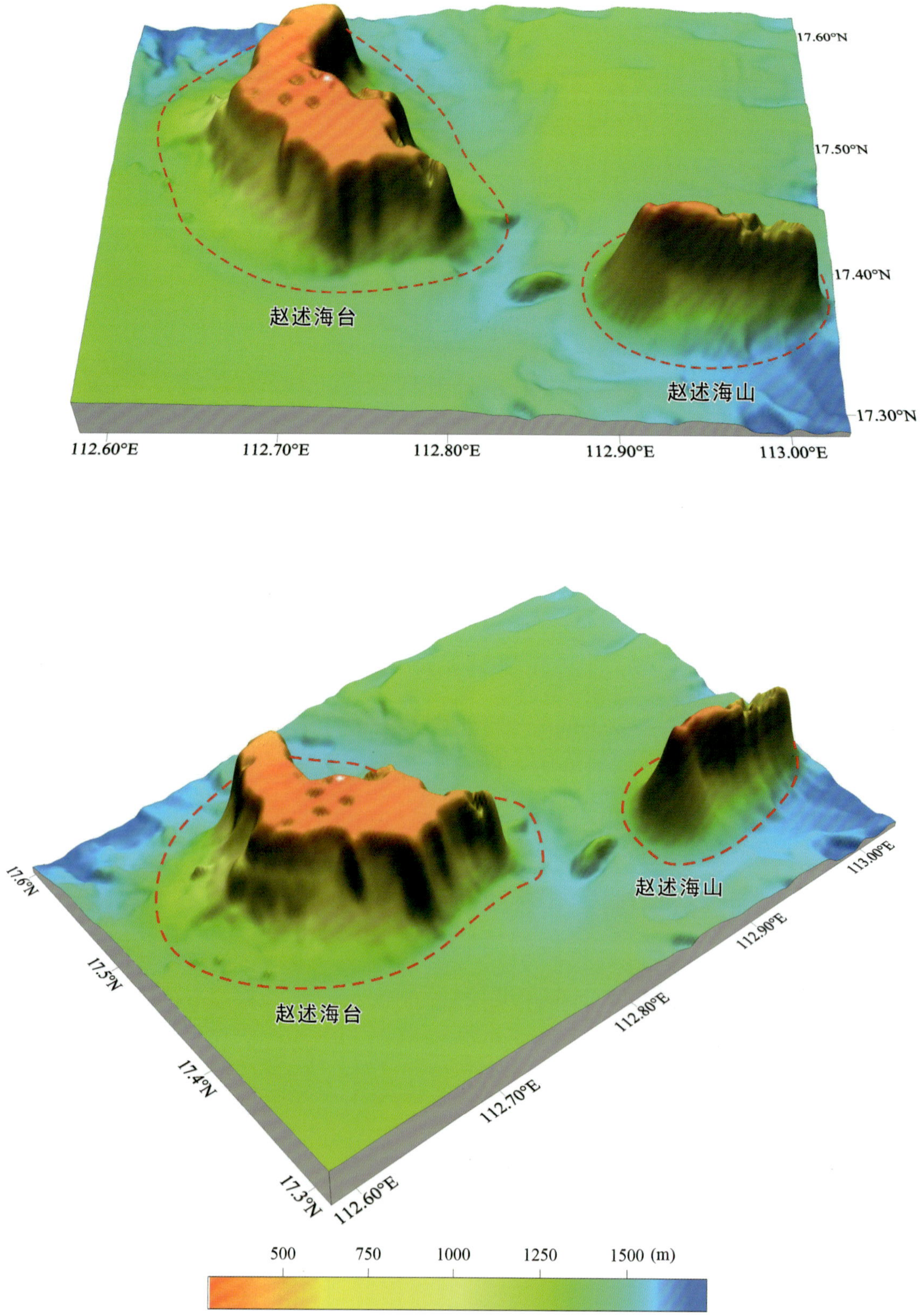

图 3.26　赵述海台和赵述海山三维地形图

Fig. 3.26　3-D Topography Map of Zhaoshu Haitai and Zhaoshu Haishan

3.3.5 永乐海底峡谷

标准名称 Standard Name	永乐海底峡谷 Yongle Haidixiagu	类型 Generic Term	海底峡谷 Canyon
特征点坐标 Coordinates	16°53.0′ N，113°00.0′ E	规模（km） Dimension (km)	111.9 × 7.8
水深（m） Depth (m)	1215 ~ 3297	总起伏（m） Total Relief (m)	2082
地貌形态 Feature Description	永乐海底峡谷总体由西向东线状延伸，长 112 km，宽 2 ~ 8 km，峡谷上游最小水深 1215 m，下游最大水深 3297 m，高差 2082 m（图 3.27）。 Yongle Haidixiagu extend from west to east with a linear pattern.		
命名释义 Reason for Choice of Name	以西沙群岛的永乐群岛命名。 This canyon is named after Yongle Qundao of Xisha Qundao in SCS.		

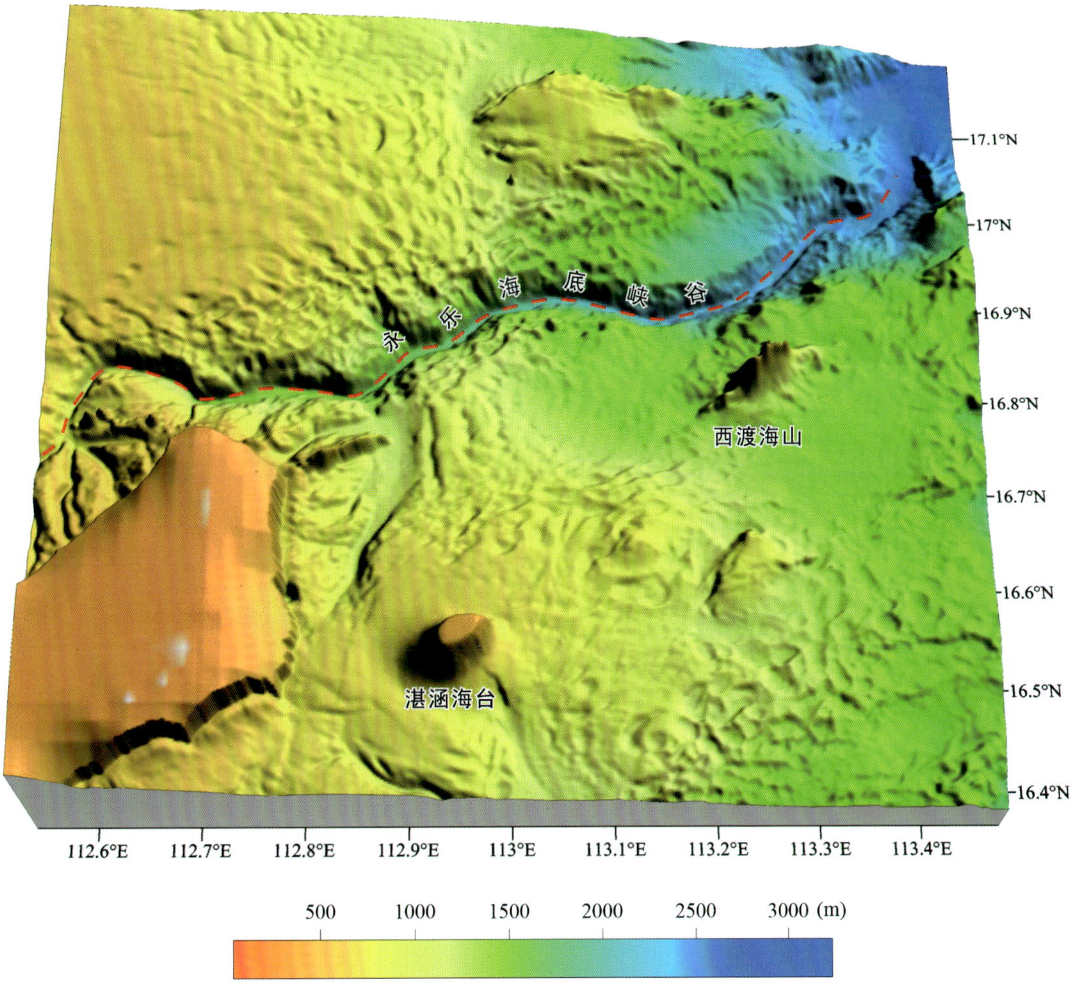

图 3.27 永乐海底峡谷三维地形图

Fig. 3.27 3-D Topography Map of Yongle Haidixiagu

3.4 中沙北海隆，以中沙岛礁命名

中沙海台和中沙北海隆构成一个整体北东—南西向延展的隆起地貌，其西北为低陷的中沙海槽，东南为海盆深渊。中沙海台耸立在海槽和海盆之间，台面地形平缓，发育 26 个暗沙。中沙北海隆上发育多座海山、海丘和海脊，中沙海台周边也发育多座海山和海丘。中沙北海隆共识别和命名 24 个地理实体，均以中沙海台上的暗沙命名（表 3.4）。

表 3.4　中沙北海隆三级地理实体

序号	标准地名	汉语拼音	英文名称	中心位置	水深 (m)	高差 (m)	命名理由
1	隐矶海山	Yǐnjī Hǎishān	Yinji Haishan	17°04.8′ N, 115°01.4′ E	651 ~ 4158	3507	以中沙群岛的隐矶滩命名
2	屏南海山	Píngnán Hǎishān	Pingnan Haishan	16°51.3′ N, 114°50.1E	494 ~ 4161	3667	以中沙群岛的屏南暗沙命名
3	美滨海山	Měibīn Hǎishān	Meibin Haishan	17°17.9′ N, 115°09.3′ E	1890 ~ 3198	1308	以中沙群岛的美滨暗沙命名
4	比微海山	Bǐwēi Hǎishān	Biwei Haishan	17°11.5′ N, 115°43.5′ E	2872 ~ 4158	1286	以中沙群岛的比微暗沙命名
5	南扉海山	Nánfēi Hǎishān	Nanfei Haishan	16°45.9′ N, 115°11.1′ E	2484 ~ 3780	1296	以中沙群岛的南扉暗沙命名
6	西门海山	Xīmén Hǎishān	Ximen Haishan	16°57.2′ N, 114°32.9′ E	2023 ~ 3461	1438	以中沙群岛的西门暗沙命名
7	漫步海山	Mànbù Hǎishān	Manbu Haishan	16°45.7′ N, 114°37.0′ E	762 ~ 2854	2092	以中沙群岛的漫步暗沙命名
8	果淀海山	Guǒdiàn Hǎishān	Guodian Haishan	15°29.1′ N, 113°11.8′ E	941 ~ 3998	3057	以中沙群岛的果淀暗沙命名
9	波洑海山	Bōfú Hǎishān	Bofu Haishan	15°24.2′ N, 113°41.1′ E	1515 ~ 3602	2087	以中沙群岛的波洑暗沙命名
10	美溪海山	Měixī Hǎishān	Meixi Haishan	15°18.8′ N, 114°36.5′ E	2742 ~ 4503	1761	以中沙海台的美溪暗沙命名
11	布德海山	Bùdé Hǎishān	Bude Haishan	15°10.0′ N, 113°40.9′ E	2802 ~ 4450	1648	以中沙群岛的布德暗沙命名
12	鲁班海丘	Lǔbān Hǎiqiū	Luban Haiqiu	17°06.8′ N, 114°48.3′ E	1803 ~ 2702	899	以中沙群岛的鲁班暗沙命名
13	排洪海丘	Páihóng Hǎiqiū	Paihong Haiqiu	16°42.1′ N, 114°09.5′ E	2538 ~ 3358	820	以中沙群岛的排洪暗沙命名

续表

序号	标准地名	汉语拼音	英文名称	中心位置	水深(m)	高差(m)	命名理由
14	漫步东海丘	Mànbùdōng Hǎiqiū	Manbudong Haiqiu	16°46.3′ N, 114°42.2′ E	1941 ~ 2877	936	位于漫步海山以东，故名。
15	涛静海丘	Tāojìng Hǎiqiū	Taojing Haiqiu	16°32.6′ N, 114°24.3′ E	1985 ~ 2880	895	以中沙群岛的涛静暗沙命名
16	武勇海丘	Wǔyǒng Hǎiqiū	Wuyong Haiqiu	16°20.0′ N, 113°57.6′ E	1954 ~ 2888	934	以中沙群岛的武勇暗沙命名
17	美滨海脊	Měibīn Hǎijǐ	Meibin Haiji	17°22.7′ N, 115°21.5′ E	1944 ~ 4092	2148	以中沙群岛的美滨暗沙命名
18	指掌海脊	Zhǐzhǎng Hǎijǐ	Zhizhang Haiji	17°31.7′ N, 114°49.9′ E	2752 ~ 3854	1102	以中沙群岛的指掌暗沙命名
19	中北海脊	Zhōngběi Hǎijǐ	Zhongbei Haiji	17°19.8′ N, 114°45.2′ E	2578 ~ 3657	1079	以中沙群岛的中北暗沙命名
20	南扉海脊	Nánfēi Hǎijǐ	Nanfei Haiji	16°56.1′ N, 115°26.1′ E	3125 ~ 4242	1117	以中沙群岛的南扉暗沙命名
21	乐西海脊	Lèxī Hǎijǐ	Lexi Haiji	16°50.9′ N, 114°19.7′ E	2679 ~ 3420	741	以中沙群岛的乐西暗沙命名
22	控湃海脊	Kòngpài Hǎijǐ	Kongpai Haiji	16°32.4′ N, 114°07.8′ E	1785 ~ 3168	1383	以中沙群岛的控湃暗沙命名
23	控湃北海脊	Kòngpàiběi Hǎijǐ	Kongpaibei Haiji	16°33.6′ N, 114°05.0′ E	2051 ~ 3256	1205	位于控湃海脊以北，故名
24	排波海脊	Páibō Hǎijǐ	Paibo Haiji	16°01.8′ N, 113°53.2′ E	373 ~ 2647	2274	以中沙群岛的排波暗沙命名

3.4.1 隐矶海山

标准名称 Standard Name	隐矶海山 Yinji Haishan	类型 Generic Term	海山 Seamount
特征点坐标 Coordinates	17°04.8′ N，115°01.4′ E	规模（km） Dimension (km)	102.5 × 40.7
水深（m） Depth (m)	651 ~ 4158	总起伏（m） Total Relief (m)	3507
地貌形态 Feature Description	海山整体平面形态大致呈三角形，规模较大，海山发育多座山峰，整体上山坡地形南峭北缓（图 3.28）。 The plane shape of Yinji Haishan is almost triangular. This is a large seamount with several peaks on the top. The slope is gentle in the north side and steep in the south side.		
命名释义 Reason for Choice of Name	以中沙群岛的隐矶滩命名。 This seamount is named after Yinji Tan of Zhongsha Qundao in SCS.		

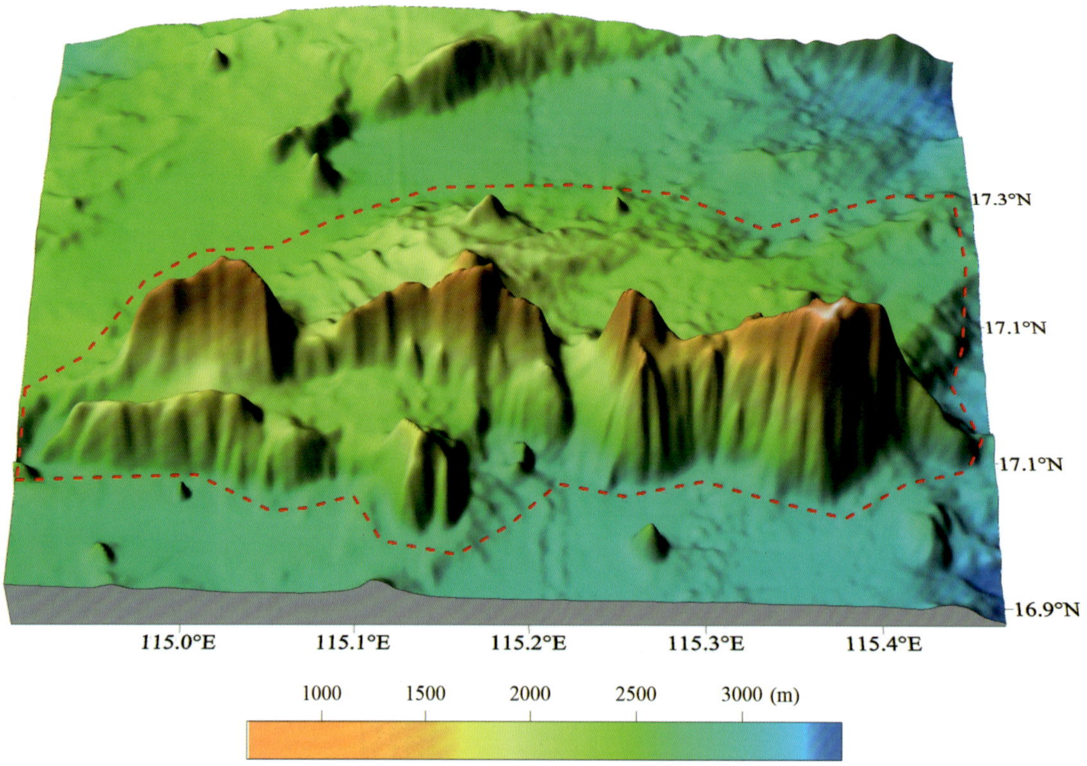

图 3.28　隐矶海山三维地形图

Fig. 3.28　3-D Topography Map of Yinji Haishan

3.4.2 美滨海山

标准名称 Standard Name	美滨海山 Meibin Haishan	类型 Generic Term	海山 Seamount
特征点坐标 Coordinates	17°17.9′ N，115°09.3′ E	规模（km） Dimension (km)	42.6 × 24.6
水深（m） Depth (m)	1890 ~ 3198	总起伏（m） Total Relief (m)	1308
地貌形态 Feature Description	海山平面形态不规则，呈东西走向，规模较大，西北坡较缓，东南坡较陡（图 3.29）。 The plane shape of Meibin Haishan is irregular, extending from east to west. This is a large seamount with steep slope on the southeast side and gentle slope on the northwest side.		
命名释义 Reason for Choice of Name	以中沙群岛的美滨暗沙命名。 This seamount is named after Meibin Ansha (Shoal) of Zhongsha Qundao in SCS.		

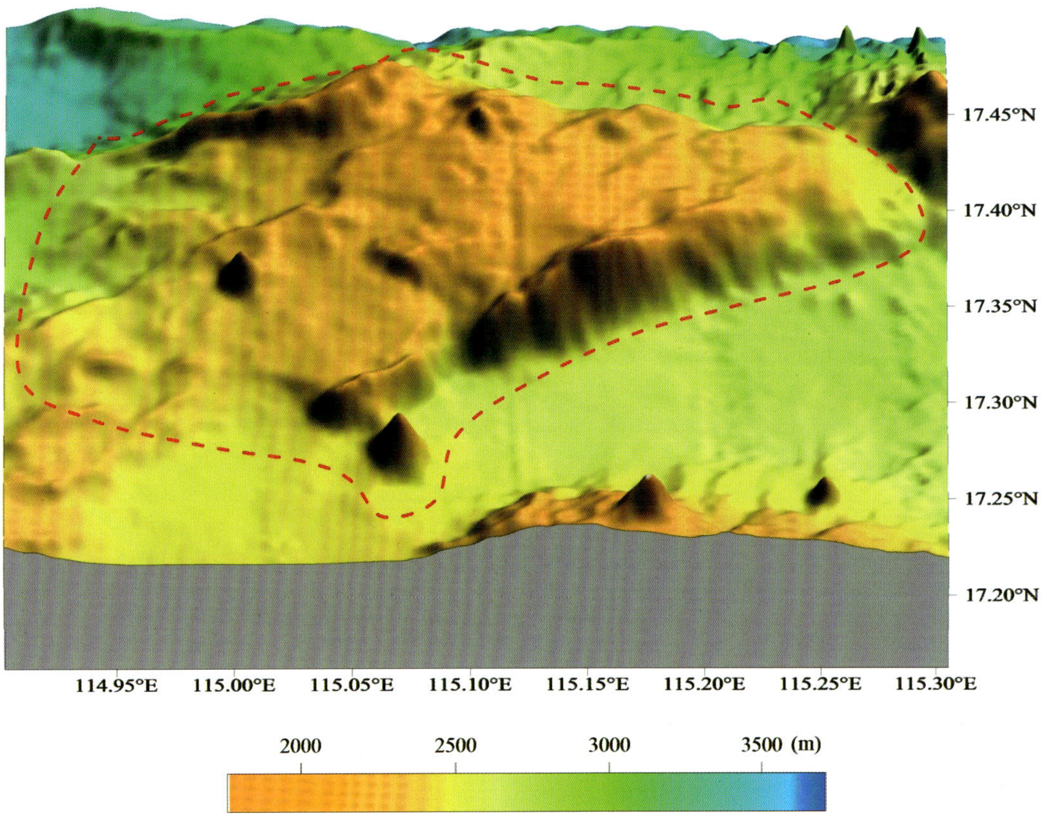

图 3.29 美滨海山三维地形图

Fig. 3.29 3-D Topography Map of Meibin Haishan

3.4.3 比微海山

标准名称 Standard Name	比微海山 Biwei Haishan	类型 Generic Term	海山 Seamount
特征点坐标 Coordinates	17°11.5′ N，115°43.5′ E	规模（km） Dimension (km)	28 × 9.5
水深（m） Depth (m)	2872 ~ 4158	总起伏（m） Total Relief (m)	1286
地貌形态 Feature Description	海山形态狭长，呈北东—南西走向（图 3.30）。 The plane shape of Biwei Haishan is long and narrow, extending from NE to SW.		
命名释义 Reason for Choice of Name	以中沙群岛的比微暗沙命名。 This seamount is named after Biwei Ansha (Shoal) of Zhongsha Qundao in SCS.		

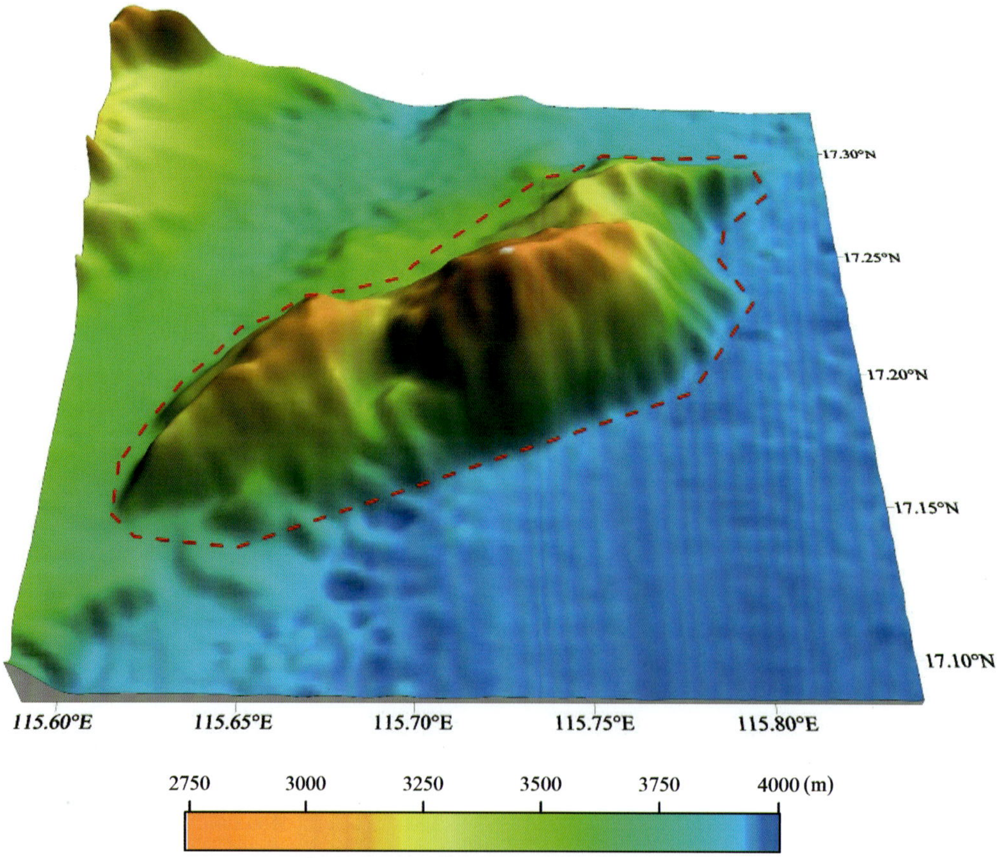

图 3.30 比微海山三维地形图

Fig. 3.30 3-D Topography Map of Biwei Haishan

3.4.4 屏南海山

标准名称 Standard Name	屏南海山 Pingnan Haishan	类型 Generic Term	海山 Seamount
特征点坐标 Coordinates	16°51.3′ N，114°50.1′ E	规模（km） Dimension (km)	87.3 × 24.1
水深（m） Depth (m)	494 ~ 4161	总起伏（m） Total Relief (m)	3667
地貌形态 Feature Description	海山形态呈长条链状，发育有多座山峰，呈北西—南西走向（图 3.31）。 The plane shape of Pingnan Haishan looks like a long chain, extending from NW to SE.		
命名释义 Reason for Choice of Name	以中沙群岛的屏南暗沙命名。 This seamount is named after Pingnan Ansha (Shoal) of Zhongsha Qundao in SCS.		

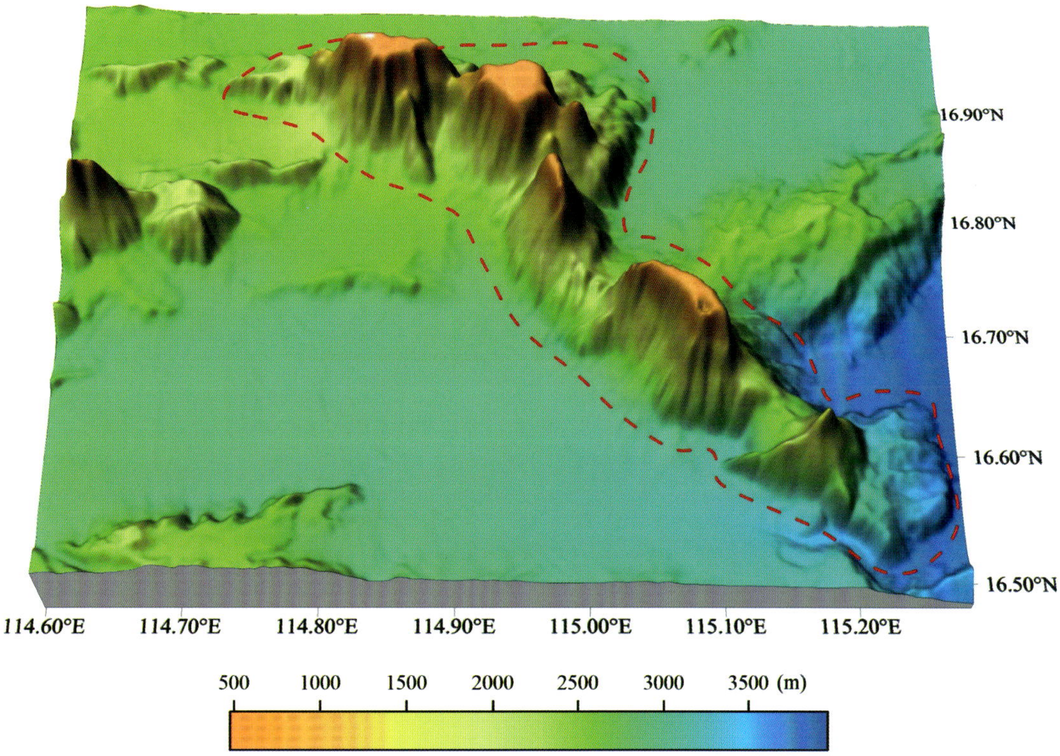

图 3.31 屏南海山三维地形图

Fig. 3.31 3-D Topography Map of Pingnan Haishan

3.4.5 波洑海山

标准名称 Standard Name	波洑海山 Bofu Haishan	类型 Generic Term	海山 Seamount
特征点坐标 Coordinates	15°24.2′ N，113°41.1′ E	规模（km） Dimension (km)	24.5 × 9.2
水深（m） Depth (m)	1515 ～ 3602	总起伏（m） Total Relief (m)	2087
地貌形态 Feature Description	海山形态狭长，近东西走向（图 3.32）。 The plane shape of Bofu Haishan is long and narrow, extending from east to west.		
命名释义 Reason for Choice of Name	以中沙群岛的波洑暗沙命名。 This seamount is named after Bofu Ansha (Shoal) of Zhongsha Qundao in SCS.		

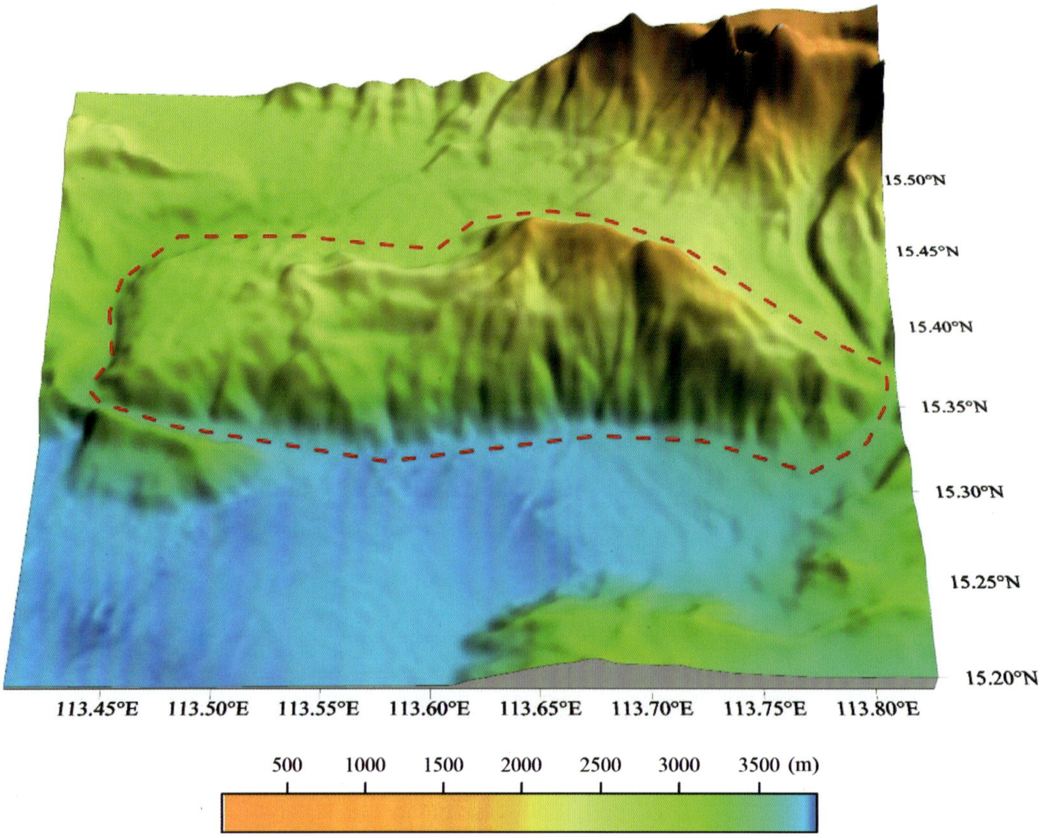

图 3.32 波洑海山三维地形图

Fig. 3.32 3-D Topography Map of Bofu Haishan

3.4.6 布德海山

标准名称 Standard Name	布德海山 Bude Haishan	类型 Generic Term	海山 Seamount
特征点坐标 Coordinates	15°10.0′ N，113°40.9′ E	规模（km） Dimension (km)	43.0 × 19.3
水深（m） Depth (m)	2802 ~ 4450	总起伏（m） Total Relief (m)	1648
地貌形态 Feature Description	海山平面形态不规则，呈东西走向（图 3.33）。 The plane shape of Bude Haishan is irregular, extending from east to west.		
命名释义 Reason for Choice of Name	以中沙群岛的布德暗沙命名。 This seamount is named after Bude Ansha (Shoal) of Zhongsha Qundao in SCS.		

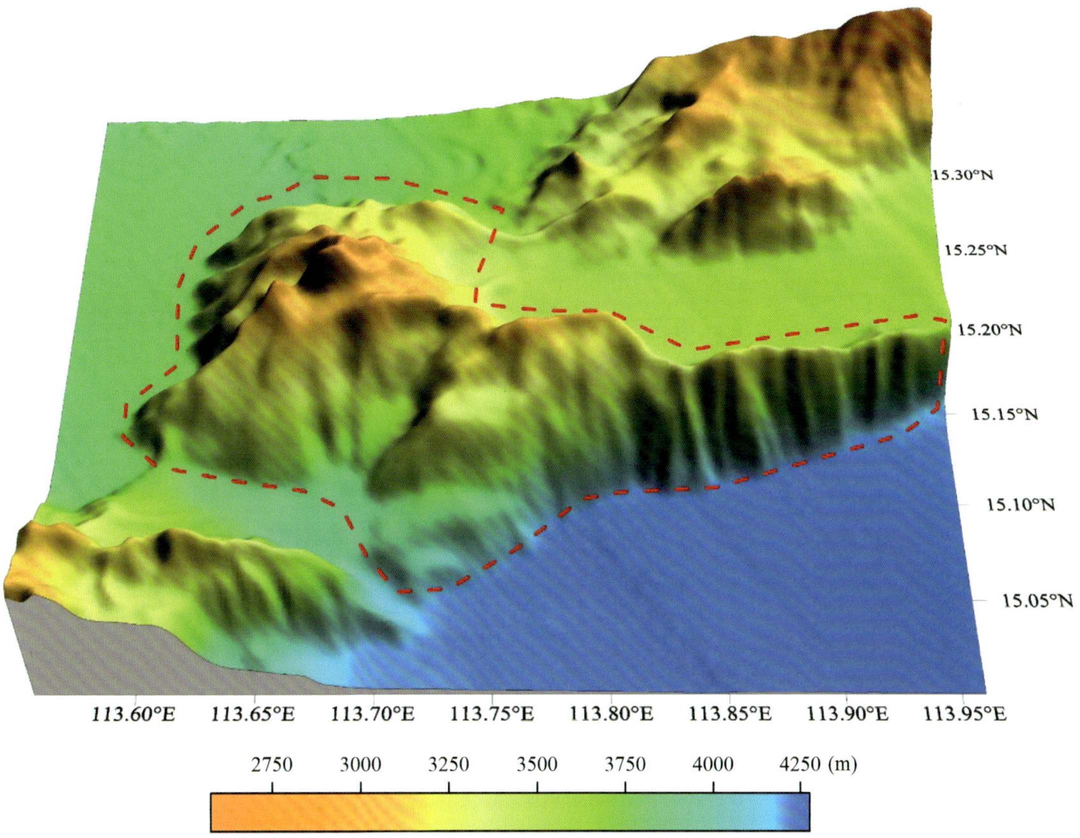

图 3.33 布德海山三维地形图

Fig. 3.33 3-D Topography Map of Bude Haishan

3.5 盆西海岭，铭刻《凉州词》《关山月》

盆西海岭西起中建南海盆和中建斜坡，东临南海海盆深渊，北面以低陷的中沙南海盆与中沙海台分隔，南面被盆西海谷切割与盆西南海岭分离。在盆西海岭，共识别和命名 29 个地理实体，大部分取词于唐代诗人王之涣的《凉州词》和李白的《关山月》，盆西海岭最南端的斜坡命名为岭南斜坡（表 3.5，图 3.34）。

凉州词

黄河远上白云间，一片孤城万仞山。

羌笛何须怨杨柳，春风不度玉门关。

王之涣（公元 688—742 年），《凉州词》是他初到凉州，面对黄河、边城的辽阔景象，又耳听着《折杨柳》乐曲有感而发，写成了这首表现戍守边疆的士兵思念家乡情怀的诗作。诗的前两句描绘了汹涌澎湃的黄河竟像一条丝带迤逦飞上云端的壮观景象，刻画西北边地广漠壮阔的风光。后两句描绘了边城的艰苦环境，阐述了戍边士兵们的思乡之愁。

本首诗调苍凉悲壮，虽写满抱怨但却并不消极颓废，表现了盛唐时期人们宽广豁达的胸襟。诗文中对比手法的运用使诗意的表现更有张力，用语委婉精确，表达思想感情恰到好处，为唐代戍边诗词的代表之作。

关山月

明月出天山，苍茫云海间。长风几万里，吹度玉门关。

汉下白登道，胡窥青海湾。由来征战地，不见有人还。

戍客望边色，思归多苦颜。高楼当此夜，叹息未应闲。

李白（公元 701—762 年），《关山月》是他的代表作之一。《关山月》是汉代乐府歌曲，属于“鼓角横吹曲”，是当时守边将士经常在马上奏唱的乐曲。李白这首诗在内容上仍继承古乐府，但笔法独到，翻古意而又有所创新。李白用广阔苍茫、深沉磅礴的图景描写了边塞的风光，抒写了古代边防战士的艰难困苦，抒发他们思乡的意境。此诗气势博大，意境深远，读来哀婉凄凉而又雄浑悲壮，是诗人博大的胸怀的自然流露。

这两首诗都描述了我国西北辽阔壮丽的景象，我们选取其中孤城、万仞、羌笛、杨柳、春风、玉门、明月、苍茫、云海、长风、万里、青海，边色等美好的词语来命名盆西海岭的地理实体，构成一个团组化命名体系。

表 3.5 盆西海岭三级地理实体名列表

序号	标准地名	汉语拼音	英文名称	中心位置	水深 (m)	高差 (m)	命名理由
1	羌笛海山	Qiāngdí Hǎishān	Qiangdi Haishan	15°04.4′ N, 112°31.2′ E	1321 ~ 3872	2551	取词于唐代诗人王之焕的诗歌《凉州词》（两首）
2	孤城海山	Gūchéng Hǎishān	Gucheng Haishan	15°05.4′ N, 113°09.8′ E	2461 ~ 4032	1571	
3	杨柳海山	Yángliǔ Hǎishān	Yangliu Haishan	14°34.8′ N, 112°10.2′ E	307 ~ 2450	2143	
4	春风海山	Chūnfēng Hǎishān	Chunfeng Haishan	14°12.6′ N, 112°28.1′ E	1263 ~ 3170	1907	
5	玉门海山	Yùmén Hǎishān	Yumen Haishan	14°46.1′ N, 112°37.7′ E	1329 ~ 2743	1414	
6	琵琶海山	Pípá Hǎishān	Pipa Haishan	13°53.4′ N, 111°58.3′ E	1094 ~ 2424	1330	
7	玉门海盆	Yùmén Hǎipén	Yumen Haipen	14°37.6′ N, 112°29.9′ E	3011 ~ 3913	902	
8	春风海谷	Chūnfēng Hǎigǔ	Chunfeng Haigu	13°52.0′ N, 112°16.0′ E	2286 ~ 2881	595	
9	万仞海脊	Wànrèn Hǎijǐ	Wanren Haiji	14°38.2′ N, 112°19.2′ E	1158 ~ 3798	2640	
10	玉门海脊	Yùmén Hǎijǐ	Yumen Haiji	14°29.3′ N, 112°39.4′ E	2505 ~ 3851	1346	
11	春风海脊	Chūnfēng Hǎijǐ	Chunfeng Haiji	14°12.1′ N, 112°01.7′ E	1579 ~ 2870	1291	
12	青海海山	Qīnghǎi Hǎishān	Qinghai Haishan	14°39.2′ N, 113°29.7′ E	1394 ~ 4522	3128	取词于唐代诗人李白的诗歌《关山月》
13	青海南海山群	Qīnghǎinán Hǎishānqún	Qinghainan Haishanqun	14°27.5′ N, 113°16.7′ E	588 ~ 4421	3833	
14	长风海山	Chángfēng Hǎishān	Changfeng Haishan	13°39.1′ N, 112°20.9′ E	331 ~ 3675	3344	
15	万里海山	Wànlǐ Hǎishān	Wanli Haishan	13°36.3′ N, 112°38.7′ E	887 ~ 3914	3027	
16	明月海山	Míngyuè Hǎishān	Mingyue Haishan	13°21.2′ N, 113°04.4′ E	625 ~ 4527	3902	
17	苍茫海山	Cāngmáng Hǎishān	Cangmang Haishan	13°57.6′ N, 113°12.6′ E	1015 ~ 4319	3304	

续表

序号	标准地名	汉语拼音	英文名称	中心位置	水深（m）	高差（m）	命名理由
18	云海海山	Yúnhǎi Hǎishān	Yunhai Haishan	14°33.1′ N, 112°57.0′ E	1335 ~ 2975	1640	取词于唐代诗人李白的诗歌《关山月》
19	明月北海山	Míngyuèběi Hǎishān	Mingyuebei Haishan	13°36.0′ N, 112°58.3′ E	2117 ~ 3525	1408	取词于唐代诗人李白的诗歌《关山月》
20	边色海脊	Biānsè Hǎijǐ	Bianse Haiji	14°52.8′ N, 113°14.6′ E	2264 ~ 4381	2117	取词于唐代诗人李白的诗歌《关山月》
21	青海北海脊	Qīnghǎiběi Hǎijǐ	Qinghaibei Haiji	14°51.0′ N, 113°33.2′ E	2312 ~ 4482	2170	取词于唐代诗人李白的诗歌《关山月》
22	长风海谷	Chángfēng Hǎigǔ	Changfeng Haigu	13°53.8′ N, 112°38.0′ E	1765 ~ 3694	1929	取词于唐代诗人李白的诗歌《关山月》
23	岭南斜坡	Lǐngnán Xiépō	Lingnan Xiepo	12°57.9′ N, 112°17.4′ E	3131 ~ 4591	1460	位于盆西海岭的南部，故名
24	天宝海山	Tiānbǎo Hǎishān	Tianbao Haishan	13°10.0′ N, 112°24.3′ E	1761 ~ 3734	1973	取词于唐代诗人王勃的词《滕王阁序》
25	腾蛟海山	Téngjiāo Hǎishān	Tengjiao Haishan	13°21.1′ N, 112°32.6′ E	1568 ~ 3058	1490	取词于唐代诗人王勃的词《滕王阁序》
26	起凤海丘	Qǐfèng Hǎiqiū	Qifeng Haiqiu	13°17.4′ N, 112°36.1′ E	2153 ~ 3228	1075	取词于唐代诗人王勃的词《滕王阁序》

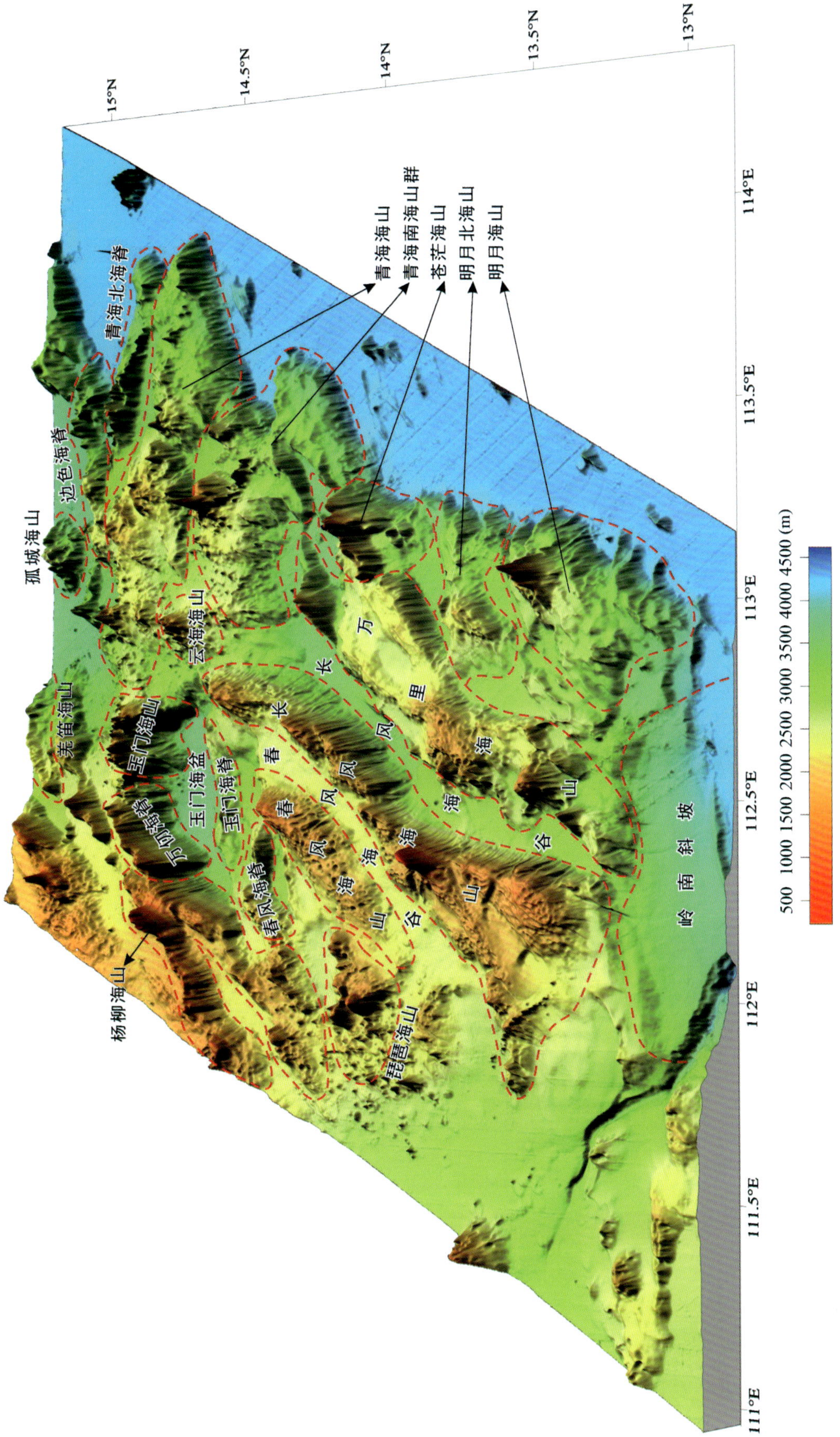

图 3.34 盆西海岭三级地貌分布图（部分）

Fig. 3.34 The Third-class Undersea Features of Penxi Ridge

3.5.1 羌笛海山

标准名称 Standard Name	羌笛海山 Qiangdi Haishan	类型 Generic Term	海山 Seamount
特征点坐标 Coordinates	15°04.4′N，112°31.2′E	规模（km） Dimension (km)	60.9 × 18.2
水深（m） Depth (m)	1321 ~ 3872	总起伏（m） Total Relief (m)	2551
地貌形态 Feature Description	海山呈长条状，呈北东—南西走向（图 3.35）。 The plane shape of Qiangdi Haishan is strip-like, extending from NE to SW.		
命名释义 Reason for Choice of Name	取词于唐代诗人王之涣的诗歌《凉州词》中“羌笛何须怨杨柳，春风不度玉门关”。羌笛是一种古羌族乐器。 The word “Qiangdi” is an ancient musical instrument in China. This word is from a famous Chinese poem, A Song From Liangzhou, written by Wang Zhihuan in Tang Dynasty.		

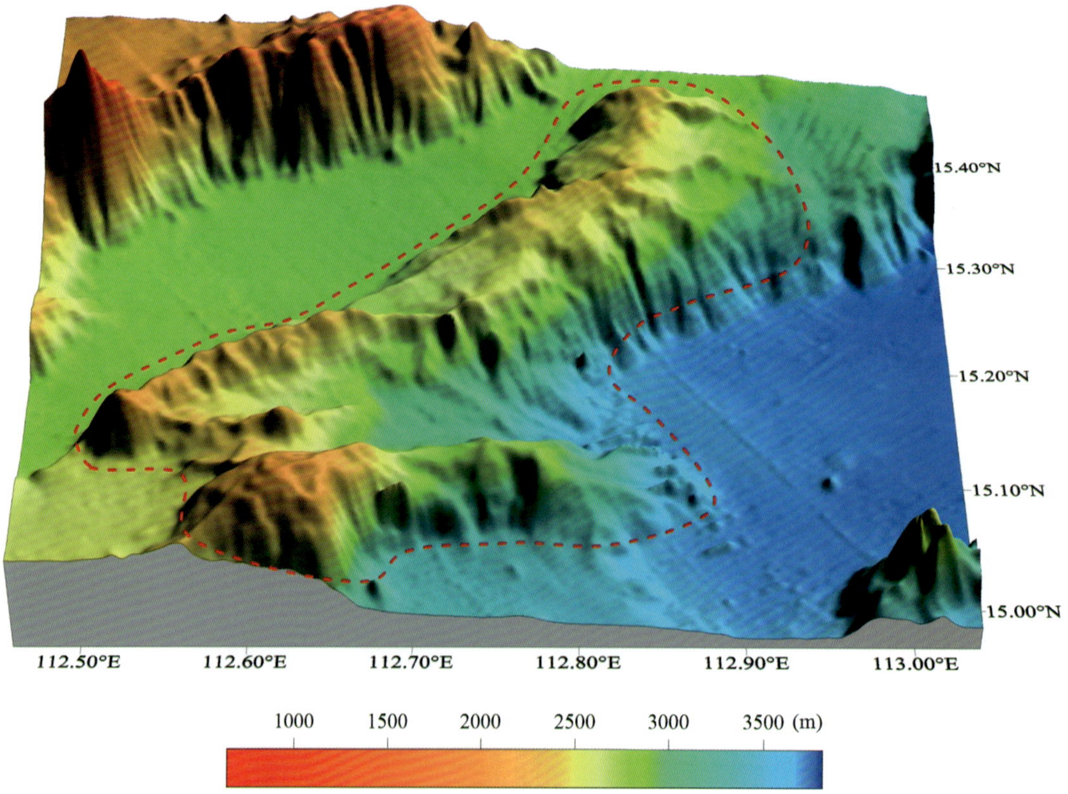

图 3.35 羌笛海山三维地形图

Fig. 3.35 3-D Topography Map of Qiangdi Haishan

3.5.2 孤城海山

标准名称 Standard Name	孤城海山 Gucheng Haishan	类型 Generic Term	海山 Seamount
特征点坐标 Coordinates	15°05.4′ N，113°09.8′ E	规模（km） Dimension (km)	25.9 × 20.7
水深（m） Depth (m)	2461 ~ 4032	总起伏（m） Total Relief (m)	1571
地貌形态 Feature Description	海山平面形态不规则，孤立于中沙南海盆中（图 3.36）。 The plane shape of Gucheng Haishan is irregular. This seamount is located on the middle of Zhongshanan Haipen.		
命名释义 Reason for Choice of Name	取词于唐代诗人王之焕的诗歌《凉州词》中“黄河远上白云间，一片孤城万仞山”。孤城指孤零零的戍边城堡玉门关。 “Gucheng” means lonely city of the fortified pass. This word is from a famous Chinese poem, *A Song From Liangzhou*, written by Wang Zhihuan in Tang Dynasty.		

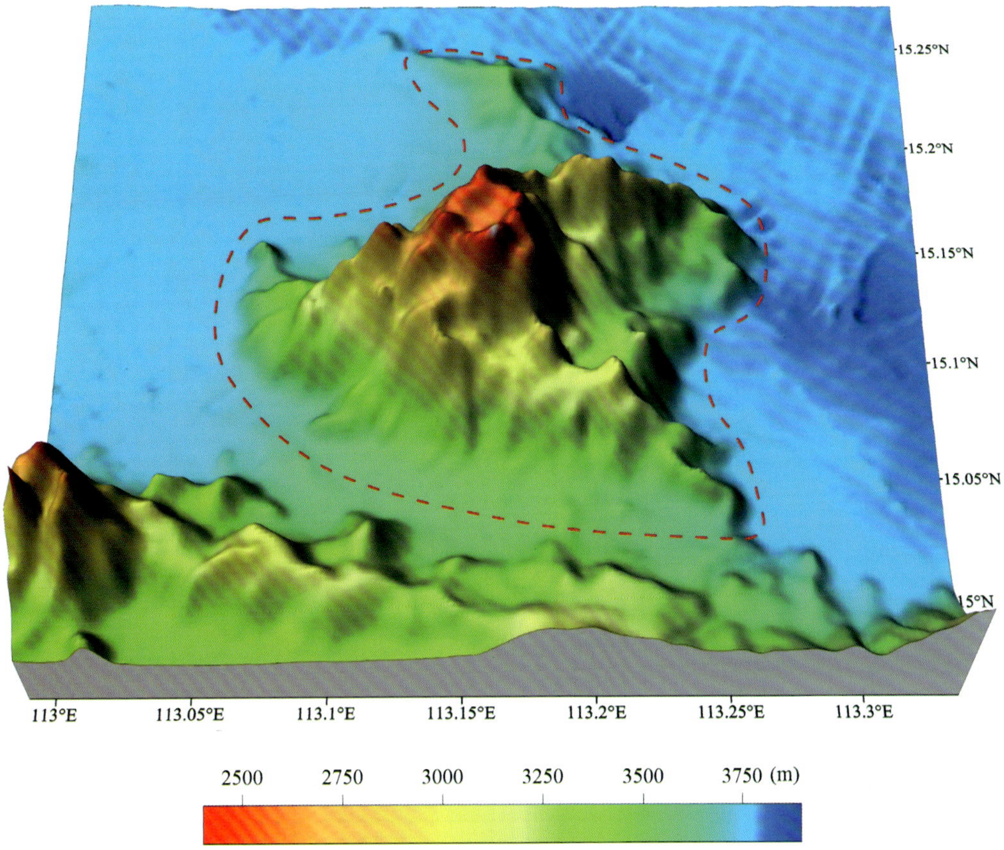

图 3.36　孤城海山三维地形图

Fig. 3.36　3-D Topography Map of Gucheng Haishan

3.5.3 杨柳海山

标准名称 Standard Name	杨柳海山 Yangliu Haishan	类型 Generic Term	海山 Seamount
特征点坐标 Coordinates	14°34.8′ N，112°10.2′ E	规模（km） Dimension (km)	63.6 × 28.5
水深（m） Depth (m)	307 ~ 2450	总起伏（m） Total Relief (m)	2143
地貌形态 Feature Description	海山平面形态不规则，总体呈北东—南西走向（图 3.37）。 The plane shape of Yangliu Haishan is irregular, extending from NE to SW.		
命名释义 Reason for Choice of Name	取词于唐代诗人王之焕的诗歌《凉州词》中“羌笛何须怨杨柳，春风不度玉门关”。杨柳是杨树的柳条，又指音乐《杨柳曲》。 “Yangliu” means “aspen adn willow trees” in Chinese. This word is from a famous Chinese poem, *A Song From Liangzhou*, written by Wang Zhihuan in Tang Dynasty.		

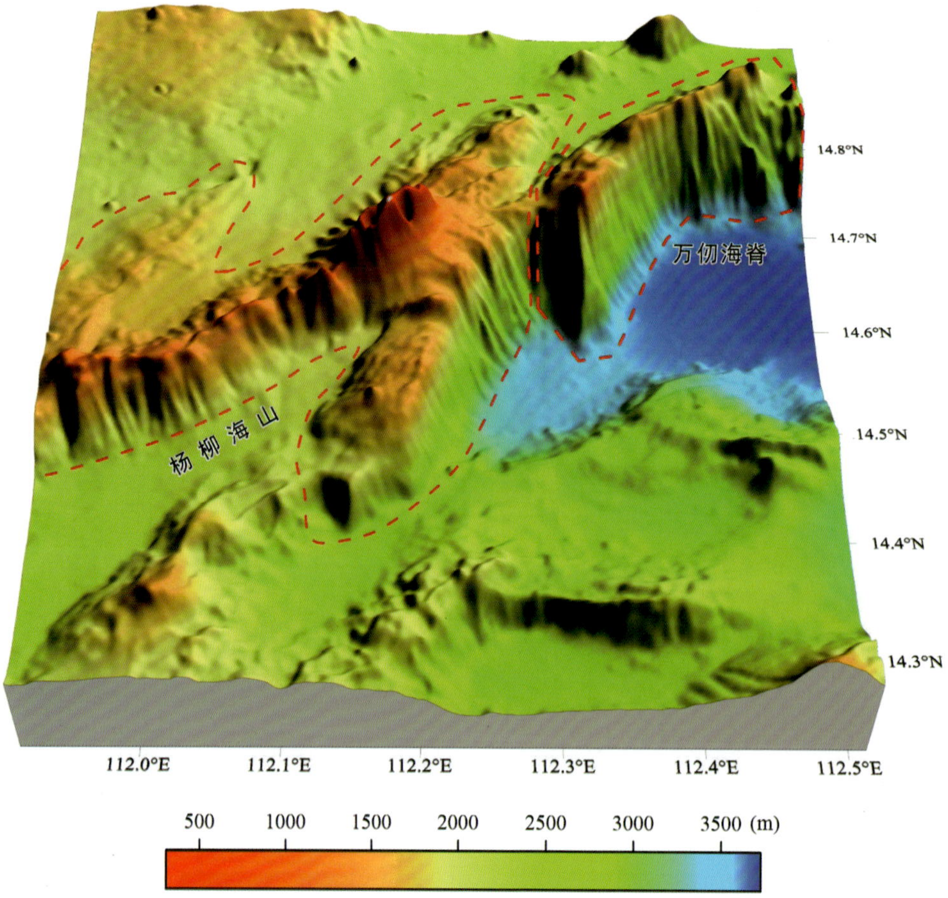

图 3.37 杨柳海山三维地形图

Fig. 3.37 3-D Topography Map of Yangliu Haishan

3.5.4 玉门海盆

标准名称 Standard Name	玉门海盆 Yumen Haipen	类型 Generic Term	海盆 Basin
特征点坐标 Coordinates	14°37.6′ N，112°29.9′ E	规模（km） Dimension (km)	58.3 × 22.3
水深（m） Depth (m)	3011 ～ 3913	总起伏（m） Total Relief (m)	902
地貌形态 Feature Description	海盆平面形态不规则，东西向长 52 km，南北向宽 12 km，海盆西高东低，盆地边缘水深 3291 m，最深点位于海盆东部，水深 3733 m，高差为 442 m（图 3.38）。 The plane shape of Yumen Haipen is irregular. The western bottom of this basin is slightly higher than the eastern.		
命名释义 Reason for Choice of Name	取词于唐代诗人王之焕的诗歌《凉州词》中“羌笛何须怨杨柳，春风不度玉门关”。玉门关为我国古代丝绸之路上的一个地名，故址在今甘肃敦煌西北小方盘城，是古代通往西域的要道。 “Yumen” is the name of a old city on the Silk Road. This word is from a famous Chinese poem, *A Song From Liangzhou*, written by Wang Zhihuan in Tang Dynasty.		

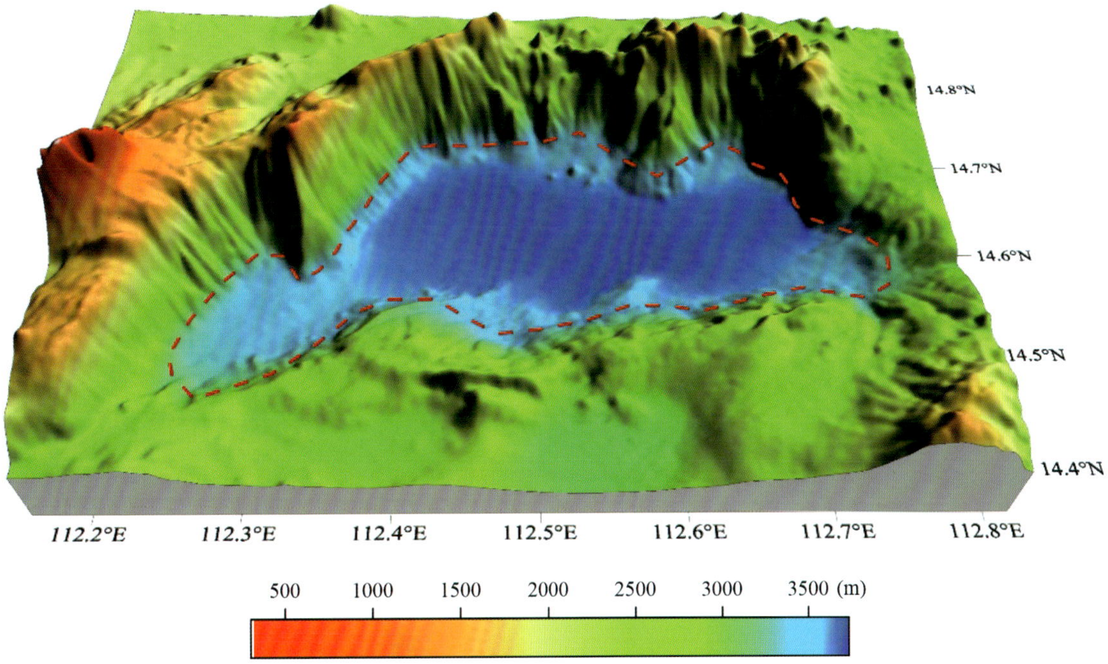

图 3.38 玉门海盆三维地形图

Fig. 3.38 3-D Topography Map of Yumen Haipen

3.5.5 长风海山

标准名称 Standard Name	长风海山 Changfeng Haishan	类型 Generic Term	海山 Seamount
特征点坐标 Coordinates	13°39.1′ N，112°20.9′ E	规模（km） Dimension (km)	173.5 × 37.4
水深（m） Depth (m)	331 ~ 3675	总起伏（m） Total Relief (m)	3344
地貌形态 Feature Description	海山呈长条状，近北东—南西走向（图 3.39）。 The plane shape of Changfeng Haishan is strip-like, extending from NE to SW.		
命名释义 Reason for Choice of Name	取词于唐代诗人李白的诗歌《关山月》中“长风几万里，吹度玉门关”。长风是指浩荡的西风。 “Changfeng” means “west gale” in Chinese. This word is from a famous Chinese poem, *The Moon at the Fortified Pass*, written by Li Bai in Tang Dynasty.		

3.5.6 长风海谷

标准名称 Standard Name	长风海谷 Changfeng Haigu	类型 Generic Term	海谷 Valley
特征点坐标 Coordinates	13°53.8′ N，112°38.0′ E	规模（km） Dimension (km)	175.1 × 16.9
水深（m） Depth (m)	1765 ~ 3694	总起伏（m） Total Relief (m)	1929
地貌形态 Feature Description	海谷呈线状延伸，呈北东—南西走向，全长 180 km，宽 7 ~ 10 km，起点水深 1765 m，终点水深 3694 m，高差为 798 m（图 3.39）。 Changfeng Haigu extend from NE to SW with a linear pattern.		
命名释义 Reason for Choice of Name	取词于唐代诗人李白的诗歌《关山月》中“长风几万里，吹度玉门关”。长风是指浩荡的西风。 “Changfeng” means “west gale” in Chinese. This word is from a famous Chinese poem, *The Moon At The Fortified Pass*, written by Li Bai in Tang Dynasty.		

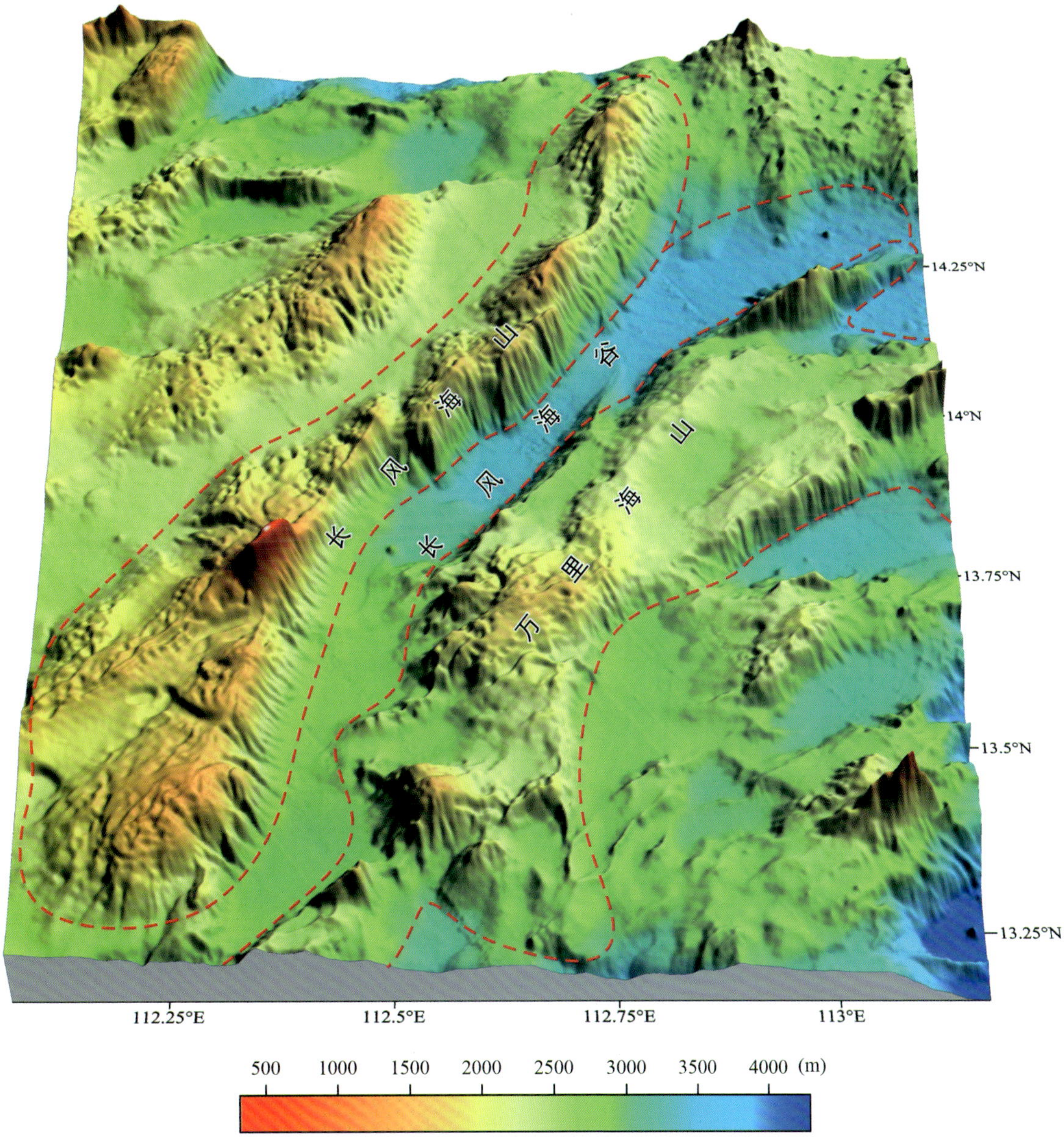

图 3.39　长风海山与长风海谷三维地形图

Fig. 3.39　3-D Topography Map of Changfeng Haishan and Changfeng Haigu

3.5.7 万里海山

标准名称 Standard Name	万里海山 Wanli Haishan	类型 Generic Term	海山 Seamount
特征点坐标 Coordinates	13°36.3′ N，112°38.7′ E	规模（km） Dimension (km)	157 × 37.2
水深（m） Depth (m)	887 ~ 3914	总起伏（m） Total Relief (m)	3027
地貌形态 Feature Description	海山平面形态不规则，呈北东—南西走向（图 3.40）。 The plane shape of Wanli Haishan is irregular, extending from NE to SW.		
命名释义 Reason for Choice of Name	取词于唐代诗人李白的诗歌《关山月》中“长风几万里，吹度玉门关”。万里是指西北地域宽广，西风直入。 “Wanli” means “vast” in Chinese. This word is from a famous Chinese poem, *The Moon at the Fortified Pass*, written by Li Bai in Tang Dynasty.		

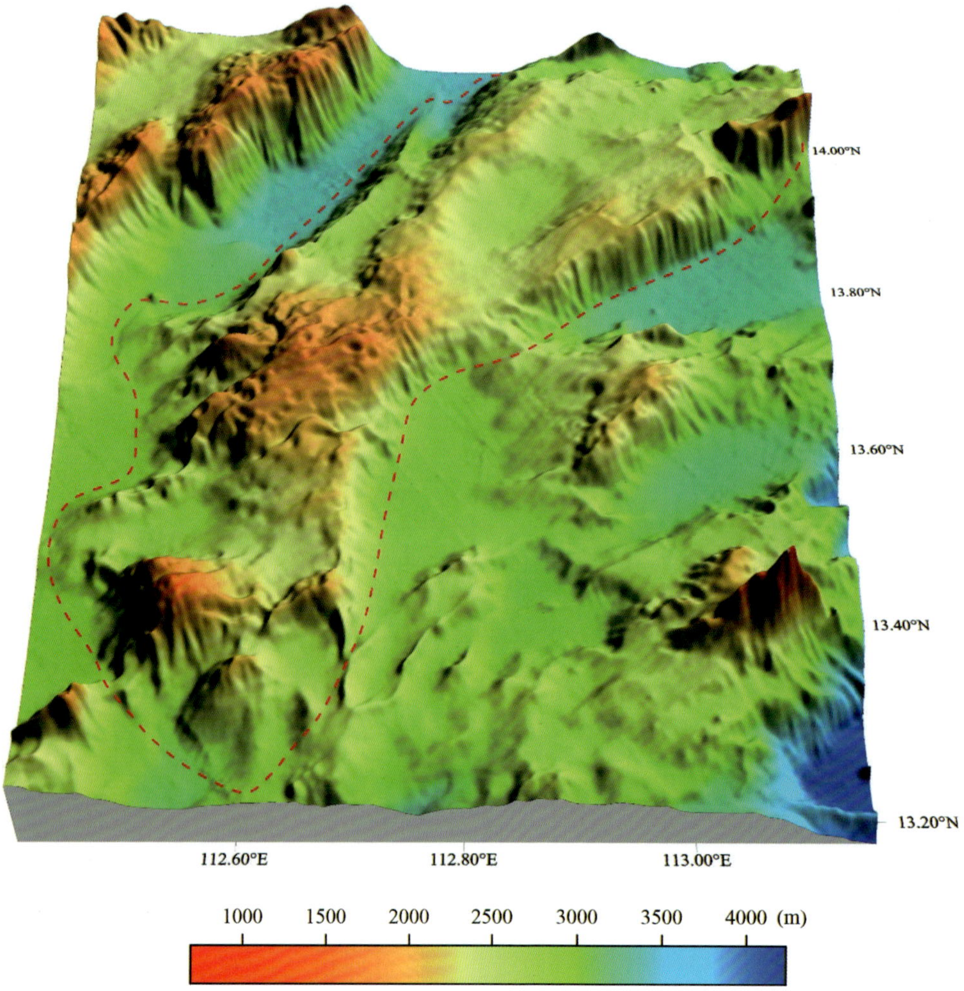

图 3.40 万里海山三维地形图

Fig. 3.40 3-D Topography Map of Wanli Haishan

3.5.8 春风海山

标准名称 Standard Name	春风海山 Chunfeng Haishan	类型 Generic Term	海山 Seamount
特征点坐标 Coordinates	14°12.6′ N，112°28.1′ E	规模（km） Dimension (km)	49.5 × 13.9
水深（m） Depth (m)	1263 ~ 3170	总起伏（m） Total Relief (m)	1907
地貌形态 Feature Description	海山呈长条状，呈北东—南西走向（图 3.41）。 The plane shape of Chunfeng Haishan is strip-like, extending from NE to SW.		
命名释义 Reason for Choice of Name	取词于唐代诗人王之焕的诗歌《凉州词》中“羌笛何须怨杨柳，春风不度玉门关”。春风是指春天的微风。 “Chunfeng” means “Spring wind” in Chinese. This word is from a famous Chinese poem, *The Moon at the Fortified Pass*, written by Li Bai in Tang Dynasty.		

3.5.9 春风海谷

标准名称 Standard Name	春风海谷 Chunfeng Haigu	类型 Generic Term	海谷 Valley
特征点坐标 Coordinates	13°52.0′ N，112°16.0′ E	规模（km） Dimension (km)	128.1 × 7.7
水深（m） Depth (m)	2286 ~ 2881	总起伏（m） Total Relief (m)	595
地貌形态 Feature Description	海脊呈长条状，整体呈北东—南西走向（图 3.41）。 The plane shape of Chunfeng Haigu is strip-like, extending from NE to SW.		
命名释义 Reason for Choice of Name	取词于唐代诗人王之焕的诗歌《凉州词》中“羌笛何须怨杨柳，春风不度玉门关”。春风是指春天的微风。 “Chunfeng” means “Spring wind” in Chinese. This word is from a famous Chinese poem, *The Moon at the Fortified Pass*, written by Li Bai in Tang Dynasty.		

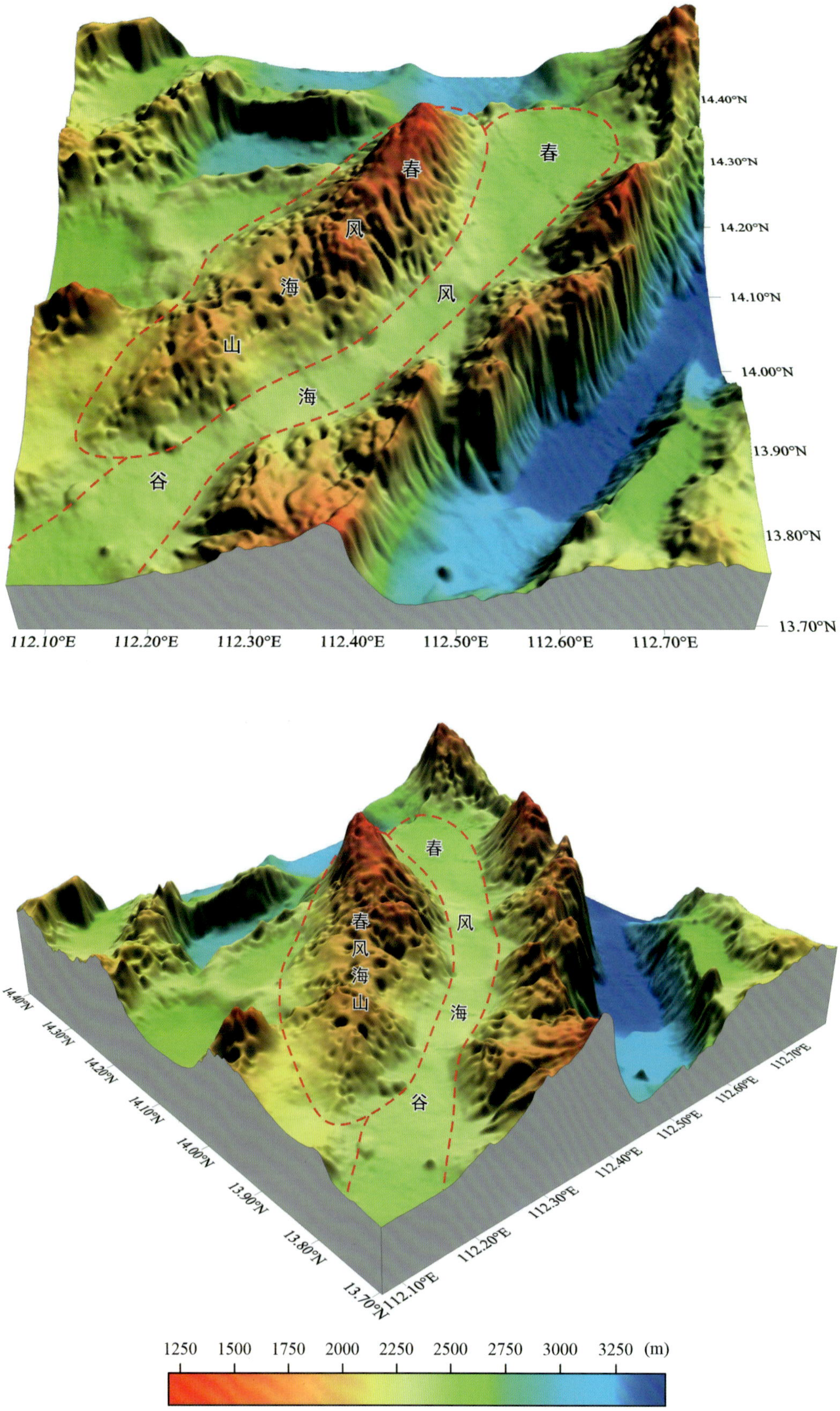

图 3.41 春风海山与春风海谷三维地形图

Fig. 3.41 3-D Topography Map of Chunfeng Haishan and Chunfeng Haigu

3.6 盆西南海岭，重现《春江花月夜》的湖光山色

西部陆坡南段，地貌突兀的盆西南海岭夹持在中建南海盆和南海海盆之间，北面是深切的盆西海谷，南面是平缓的广雅斜坡，数十个地理实体构成北东—南西走向的大型地貌单元，景象壮观。我们以唐代诗人张若虚的《春江花月夜》命名这些实体（表 3.6，图 3.42 和图 3.43）。

春江潮水连海平，海上明月共潮生。
滟滟随波千万里，何处春江无月明！
江流宛转绕芳甸，月照花林皆似霰。
空里流霜不觉飞，汀上白沙看不见。
江天一色无纤尘，皎皎空中孤月轮。
江畔何人初见月？江月何年初照人？
人生代代无穷已，江月年年望相似。
不知江月待何人，但见长江送流水。
白云一片去悠悠，青枫浦上不胜愁。
谁家今夜扁舟子？何处相思明月楼？
可怜楼上月徘徊，应照离人妆镜台。
玉户帘中卷不去，捣衣砧上拂还来。
此时相望不相闻，愿逐月华流照君。
鸿雁长飞光不度，鱼龙潜跃水成文。
昨夜闲潭梦落花，可怜春半不还家。
江水流春去欲尽，江潭落月复西斜。
斜月沉沉藏海雾，碣石潇湘无限路。
不知乘月几人归，落月摇情满江树。

张若虚（公元 660—720 年），唐朝诗人，《全唐诗》仅收录他的两首诗，《春江花月夜》为其中之一。此诗运用富有生活气息的清丽之笔，以月为主体，以江为场景，描绘了一幅幽美邈远、惝恍迷离的春江月夜图，抒写了游子和思妇真挚动人的离情别绪以及富有哲理意味的人生感慨，创造了一个深沉、寥廓、宁静的境界。全诗共三十六句，每四句一换韵，通篇融诗情、画意、哲理为一体，意境空明，想象奇特，语言自然隽永，韵律宛转悠扬，具有极高的审美价值，素有“孤篇盖全唐”之誉。

全诗紧扣春、江、花、月、夜的背景，展现出一幅充满人生哲理与生活情趣的画卷，从黑白相辅、虚实相生中显出绚烂多彩的艺术效果，宛如一幅淡雅的中国水墨画，体现出《春江花月夜》清幽的意境美。我们选取其中优美的词语分别命名盆西南海岭的地理实体，构成团组化命名。

表 3.6　盆西南海岭三级地理实体名列表

序号	标准地名	汉语拼音	英文名称	中心位置	水深 (m)	高差 (m)	命名理由
1	孤月海山	Gūyuè Hǎishān	Guyue Haishan	13°34.0′ N, 111°19.7′ E	1037 ~ 2953	1916	取词于唐代诗人张若虚的诗歌《春江花月夜》
2	皎月海丘	Jiǎoyuè Hǎiqiū	Jiaoyue Haiqiu	12°57.7′ N, 111°25.6′ E	2083 ~ 2892	809	
3	江月海山	Jiāngyuè Hǎishān	Jiangyue Haishan	12°54.8′ N, 111°42.5′ E	2123 ~ 3830	1707	
4	月华海丘	Yuèhuá Hǎiqiū	Yuehua Haiqiu	12°32.1′ N, 111°14.6′ E	1957 ~ 2774	817	
5	落月海丘	Luòyuè Hǎiqiū	Luoyue Haiqiu	12°21.8′ N, 110°38.3′ E	1803 ~ 2757	954	
6	斜月海山	Xiéyuè Hǎishān	Xieyue Haishan	12°20.7′ N, 111°18.5′ E	1901 ~ 3398	1497	
7	乘月海山	Chéngyuè Hǎishān	Chengyue Haishan	12°07.7′ N, 111°21.6′ E	1897 ~ 4036	2139	
8	月明海丘	Yuèmíng Hǎiqiū	Yueming Haiqiu	13°04.1′ N, 111°19.1′ E	1873 ~ 2861	988	
9	江流海丘	Jiāngliú Hǎiqiū	Jiangliu Haiqiu	12°05.7′ N, 110°34.7′ E	2030 ~ 3039	1009	
10	江天海山	Jiāngtiān Hǎishān	Jiangtian Haishan	11°47.1′ N, 111°05.4′ E	2305 ~ 4261	1956	
11	江水海丘	Jiāngshuǐ Hǎiqiū	Jiangshui Haiqiu	11°47.1′ N, 111°39.1′ E	3404 ~ 4376	972	
12	潮水海山	Cháoshuǐ Hǎishān	Chaoshui Haishan	11°51.6′ N, 110°23.9′ E	1401 ~ 2749	1348	
13	流水海山	Liúshuǐ Hǎishān	Liushui Haishan	11°18.4′ N, 110°14.5′ E	697 ~ 2018	1321	
14	江潭海山	Jiāngtán Hǎishān	Jiangtan Haishan	11°15.4′ N, 111°30.5′ E	2439 ~ 4385	1946	
15	滟波海山	Yànbō Hǎishān	Yanbo Haishan	10°59.2′ N, 110°15.0′ E	568 ~ 1637	1069	
16	春江海山	Chūnjiāng Hǎishān	Chunjiang Haishan	11°03.5′ N, 110°44.1′ E	1507 ~ 3011	1504	
17	春江海谷	Chūnjiāng Hǎigǔ	Chunjiang Haigu	10°38.5′ N, 110°35.6′ E	1856 ~ 2260	404	
18	江树海山	Jiāngshù Hǎishān	Jiangshu Haishan	10°52.5′ N, 111°11.1′ E	651 ~ 4091	3440	
19	飞霜平顶海山	Fēishuāng Píngdǐnghǎishān	Feishuang Pingdinghaishan	10°12.8′ N, 110°41.3′ E	506 ~ 3562	3056	
20	芳甸海山	Fāngdiàn Hǎishān	Fangdian Haishan	10°04.0′ N, 110°12.7′ E	429 ~ 2422	1993	

续表

序号	标准地名	汉语拼音	英文名称	中心位置	水深 (m)	高差 (m)	命名理由
21	白沙平顶海山	Báishā Píngdǐnghǎishān	Baisha Pingdinghaishan	10°02.2′ N, 109°53.3′ E	439 ~ 2057	1618	取词于唐代诗人张若虚的诗歌《春江花月夜》
22	月轮海丘	Yuèlún Hǎiqiū	Yuelun Haiqiu	13°03.4′ N, 111°05.4′ E	2161 ~ 2900	739	
23	海雾海丘	Hǎiwù Hǎiqiū	Haiwu Haiqiu	12°44.9′ N, 111°22.1′ E	1799 ~ 2773	974	
24	花林海山	Huālín Hǎishān	Hualin Haishan	12°36.1′ N, 111°43.2′ E	2162 ~ 3935	1773	取词于唐代诗人张若虚的诗歌《春江花月夜》
25	流霜海丘群	Liúshuāng Hǎiqiūqún	Liushuang Haiqiuqun	12°30.9′ N, 110°58.8′ E	1958 ~ 2756	798	
26	流春海山	Liúchūn Hǎishān	Liuchun Haishan	12°21.3′ N, 111°36.9′ E	2497 ~ 4005	1508	
27	青枫海丘	Qīngfēng Hǎiqiū	Qingfeng Haiqiu	11°55.2′ N, 111°05.5′ E	1987 ~ 2946	959	
28	闲潭海台	Xiántán Hǎitái	Xiantan Haitai	11°28.7′ N, 110°14.0′ E	1113 ~ 2310	1197	
29	潮生海丘群	Cháoshēng Hǎiqiūqún	Chaosheng Haiqiuqun	11°31.2′ N, 111°02.2′ E	2214 ~ 2972	758	
30	镜台海山	Jìngtái Hǎishān	Jingtai Haishan	11°24.0′ N, 111°20.5′ E	2171 ~ 4176	2005	
31	江畔海山	Jiāngpàn Hǎishān	Jiangpan Haishan	10°40.6′ N, 110°31.4′ E	797 ~ 2054	1257	
32	长飞海山	Chángfēi Hǎishān	Changfei Haishan	09°42.6′ N, 109°59.5′ E	1477 ~ 2440	963	
33	纤尘海丘	Xiānchén Hǎiqiū	Xianchen Haiqiu	09°38.7′ N, 110°23.7′ E	2298 ~ 3051	753	
34	潇湘海丘	Xiāoxiāng Hǎiqiū	Xiaoxiang Haiqiu	09°32.1′ N, 109°44.1′ E	957 ~ 1836	879	
35	孤月西海丘	Gūyuèxī Hǎiqiū	Guyuexi Haiqiu	13°40.3′ N, 110°30.3′ E	2328 ~ 2977	649	
36	月照海丘	Yuèzhào Hǎiqiū	Yuezhao Haiqiu	11°05.4′ N, 110°25.4′ E	1215 ~ 1736	521	
37	似霾海丘	Sìmái Hǎiqiū	Simai Haiqiu	10°38.5′ N, 110°51.1′ E	1626 ~ 2882	1256	
38	照人海丘	Zhàorén Hǎiqiū	Zhaoren Haiqiu	11°35.6′ N, 110°24.6′ E	1544 ~ 2696	1152	
39	扁舟海丘	Piānzhōu Hǎiqiū	Pianzhou Haiqiu	11°24.7′ N, 110°49.8′ E	1549 ~ 2670	1121	
40	玉户海丘	Yùhù Hǎiqiū	Yuhu Haiqiu	12°13.5′ N, 110°33.7′ E	2255 ~ 2842	587	
41	照君海丘	Zhàojūn Hǎiqiū	Zhaojun Haiqiu	13°09.0′ N, 111°26.2′ E	2287 ~ 2924	637	
42	碣石海丘	Jiéshí Hǎiqiū	Jieshi Haiqiu	13°11.7′ N, 111°17.1′ E	2495 ~ 2906	411	

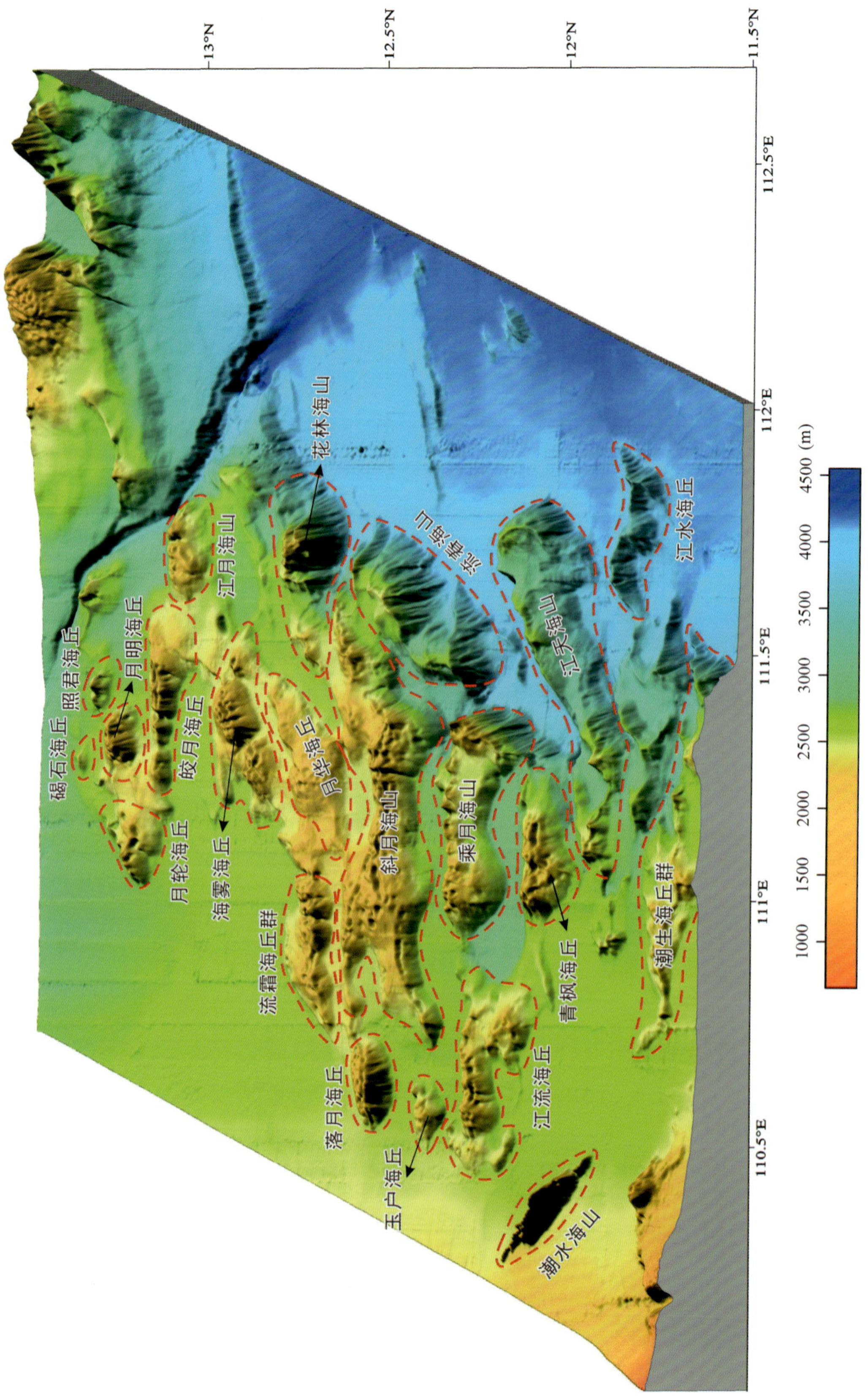

图 3.42　盆西南海岭北段三级地貌分布图

Fig. 3.42　The Third-class Undersea Features located on the Northern part of Penxinan Ridge

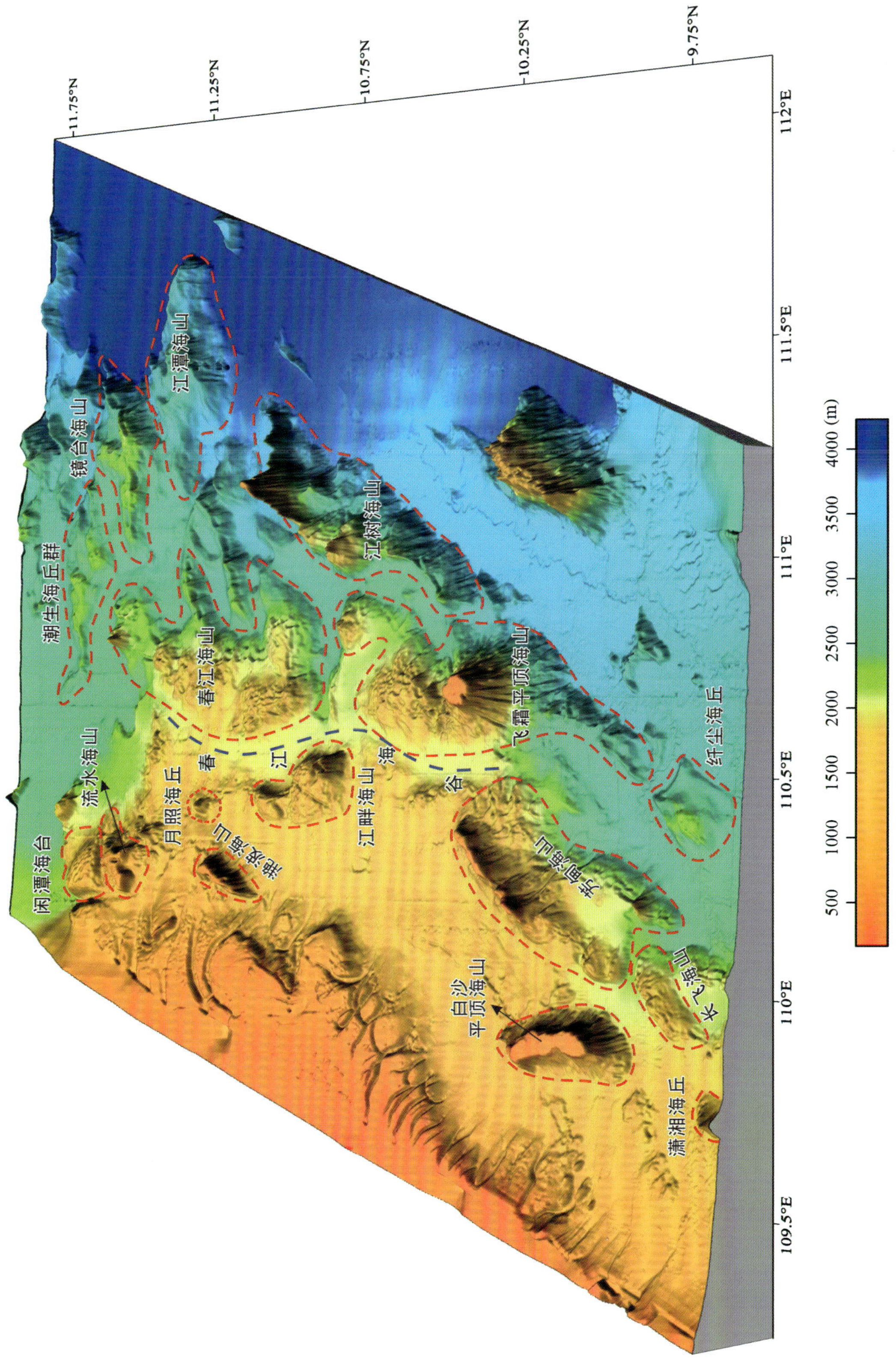

图 3.43 盆西南海岭南段三级地貌分布图

Fig. 3.43 The Third-class Undersea Features located on the Southern part of Penxinan Ridge

3.6.1 孤月海山

标准名称 Standard Name	孤月海山 Guyue Haishan	类型 Generic Term	海山 Seamount
特征点坐标 Coordinates	13°34.0′ N，111°19.7′ E	规模（km） Dimension (km)	29 × 20.1
水深（m） Depth (m)	1037 ～ 2953	总起伏（m） Total Relief (m)	1916
地貌形态 Feature Description	海山平面形态椭圆形，海山地形南陡北缓（图 3.44）。 The plane shape of the Guyue Haishan is almost oval, the slope on the north side is steep while the south slope is relatively gentle.		
命名释义 Reason for Choice of Name	取词于唐代诗人张若虚的诗歌《春江花月夜》中“江天一色无纤尘，皎皎空中孤月轮”。孤月指天空中悬挂的明月。 “Guyue” means “lonely moon” in Chinese. This word is from a famous Chinese poem, *The Moon over the River on a Spring Night*, written by Zhang Ruoxu in Tang Dynasty.		

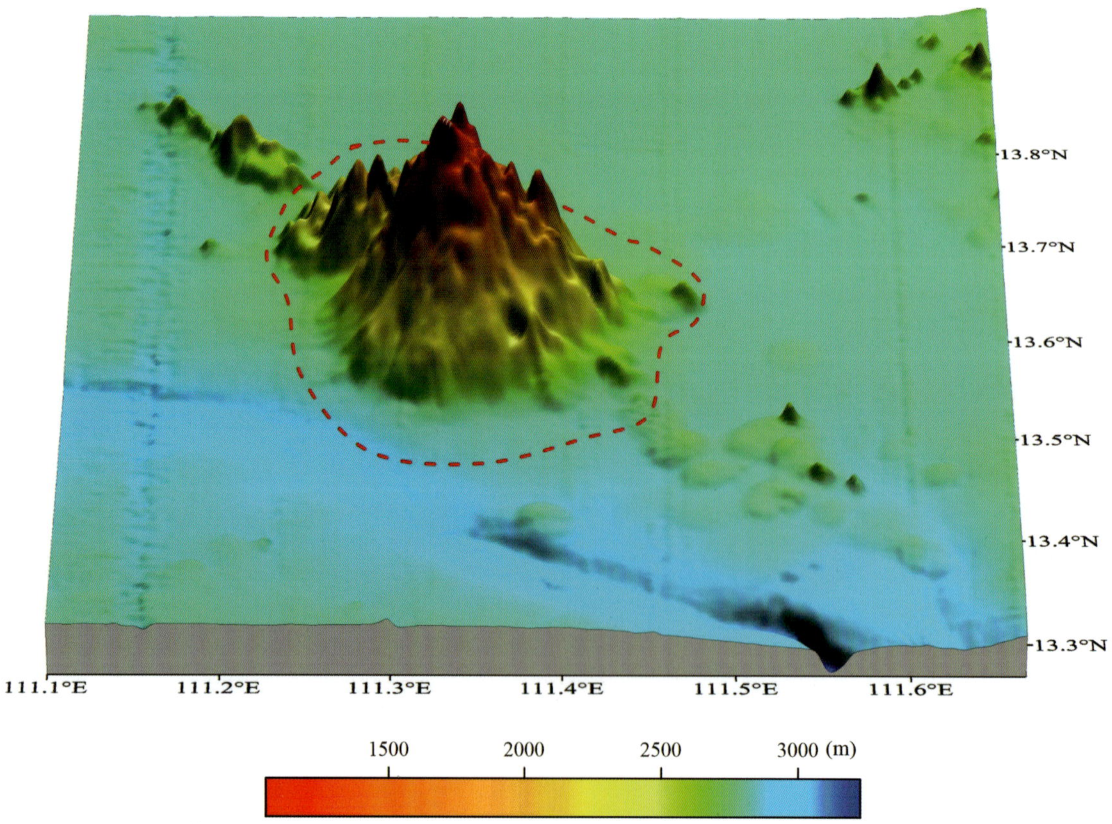

图 3.44　孤月海山三维地形图

Fig. 3.44　3-D Topography Map of Guyue Haishan

3.6.2 海雾海丘

标准名称 Standard Name	海雾海丘 Haiwu Haiqiu	类型 Generic Term	海丘 Hill
特征点坐标 Coordinates	12°44.9′ N，111°22.1′ E	规模（km） Dimension (km)	33.6 × 17.5
水深（m） Depth (m)	1799 ~ 2773	总起伏（m） Total Relief (m)	974
地貌形态 Feature Description	海丘平面形态不规则，呈东西走向（图 3.45）。 The plane shape of Haiwu Haiqiu is irregular, extending from east to west.		
命名释义 Reason for Choice of Name	取词于唐代诗人张若虚的诗歌《春江花月夜》“斜月沉沉藏海雾，碣石潇湘无限路”。“海雾”意为海面升起的雾气。 “Haiwu” means “fog over the ocean” in Chinese. This word is from a famous Chinese poem, *The Moon over the River on a Spring Night*, written by Zhang Ruoxu in Tang Dynasty.		

3.6.3 皎月海丘

标准名称 Standard Name	皎月海丘 Jiaoyue Haiqiu	类型 Generic Term	海丘 Hill
特征点坐标 Coordinates	12°57.7′ N，111°25.6′ E	规模（km） Dimension (km)	33 × 20.2
水深（m） Depth (m)	2083 ~ 2892	总起伏（m） Total Relief (m)	809
地貌形态 Feature Description	海丘俯视平面呈不规则状，呈东西走向（图 3.45）。 The plane shape of Jiaoyue Haiqiu is irregular, extending from east to west.		
命名释义 Reason for Choice of Name	取词于唐代诗人张若虚的诗歌《春江花月夜》中“江天一色无纤尘，皎皎空中孤月轮”。皎月指天空中明亮的月球。 “Jiaoyue” means “bright moon” in Chinese. This word is from a famous Chinese poem, *The Moon over the River on a Spring Night,* written by Zhang Ruoxu in Tang Dynasty.		

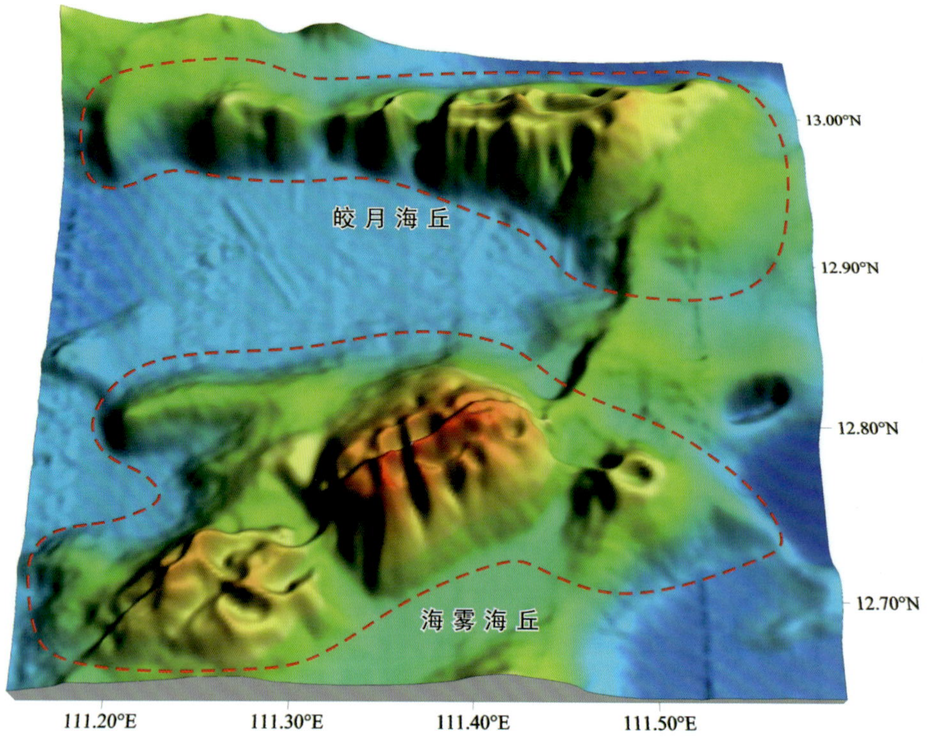

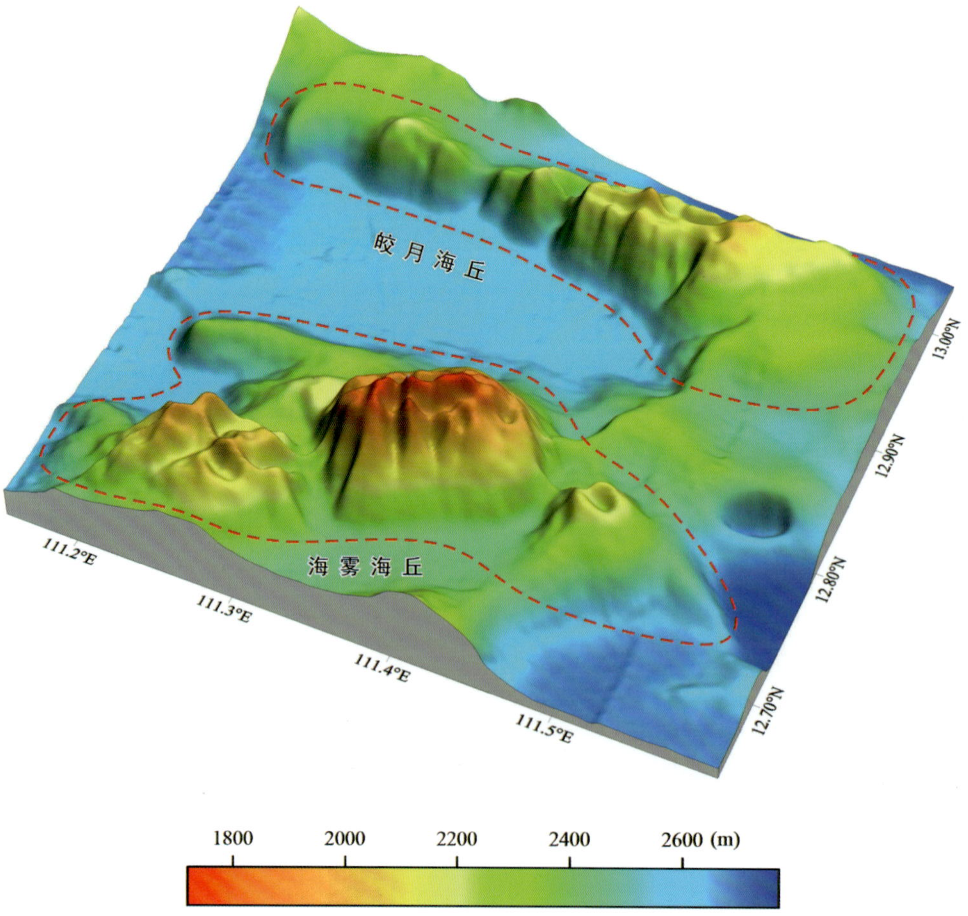

图 3.45　海雾海丘和皎月海丘三维地形图

Fig. 3.45　3-D Topography Map of Haiwu Haiqiu and Jiaoyue Haiqiu

3.6.4 江天海山

标准名称 Standard Name	江天海山 Jiangtian Haishan	类型 Generic Term	海山 Seamount
特征点坐标 Coordinates	11°47.1′ N，111°05.4′ E	规模（km） Dimension (km)	90.2 × 24.4
水深（m） Depth (m)	2305 ~ 4261	总起伏（m） Total Relief (m)	1956
地貌形态 Feature Description	海山平面形态呈长条形，呈北东—南西走向（图 3.46）。 The plane shape of Jiangtian Haishan is strip-like, extending from NE to SW.		
命名释义 Reason for Choice of Name	取词于唐代诗人张若虚的诗歌《春江花月夜》中“江天一色无纤尘，皎皎空中孤月轮”。江天指水天一色、透明无霾的壮观景象。 “Jiangtian” means “a distant view of water merge with the sky” in Chinese. This word is from a famous Chinese poem, *The Moon over the River on a Spring Night*, written by Zhang Ruoxu in Tang Dynasty.		

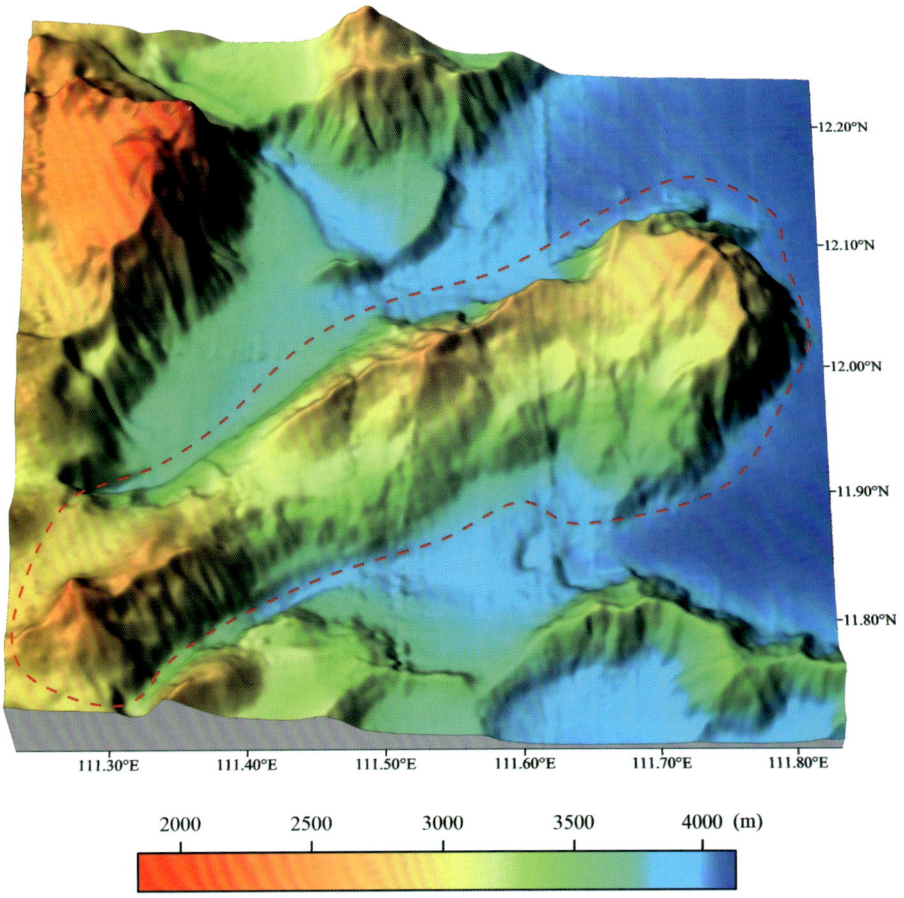

图 3.46 江天海山三维地形图

Fig. 3.46 3-D Topography Map of Jiangtian Haishan

3.6.5 飞霜平顶海山

标准名称 Standard Name	飞霜平顶海山 Feishuang Pingdinghaishan	类型 Generic Term	平顶海山 Guyot
特征点坐标 Coordinates	10°12.8′N，110°41.3′E	规模（km） Dimension (km)	63.7 × 33.2
水深（m） Depth (m)	506 ~ 3562	总起伏（m） Total Relief (m)	3056
地貌形态 Feature Description	海山平面形态呈椭圆形，长轴为南北走向，发育一座平顶山峰和一个圆丘形隆起（图 3.47）。 The plane shape of the Feishuang Pingdinghaishan is almost oval. There is a small bulge on the top of this guyot.		
命名释义 Reason for Choice of Name	取词于唐代诗人张若虚的诗歌《春江花月夜》“空里流霜不觉飞，汀上白沙看不见”。飞霜，即流霜，古人以为霜和雪一样都是从空中飘落，所以叫流霜，在这里比喻月光皎洁、月色朦胧的场景。 “Feishuang” means “frost” in Chinese. This word is from a famous Chinese poem, *The Moon over the River on a Spring Night*, written by Zhang Ruoxu in Tang Dynasty.		

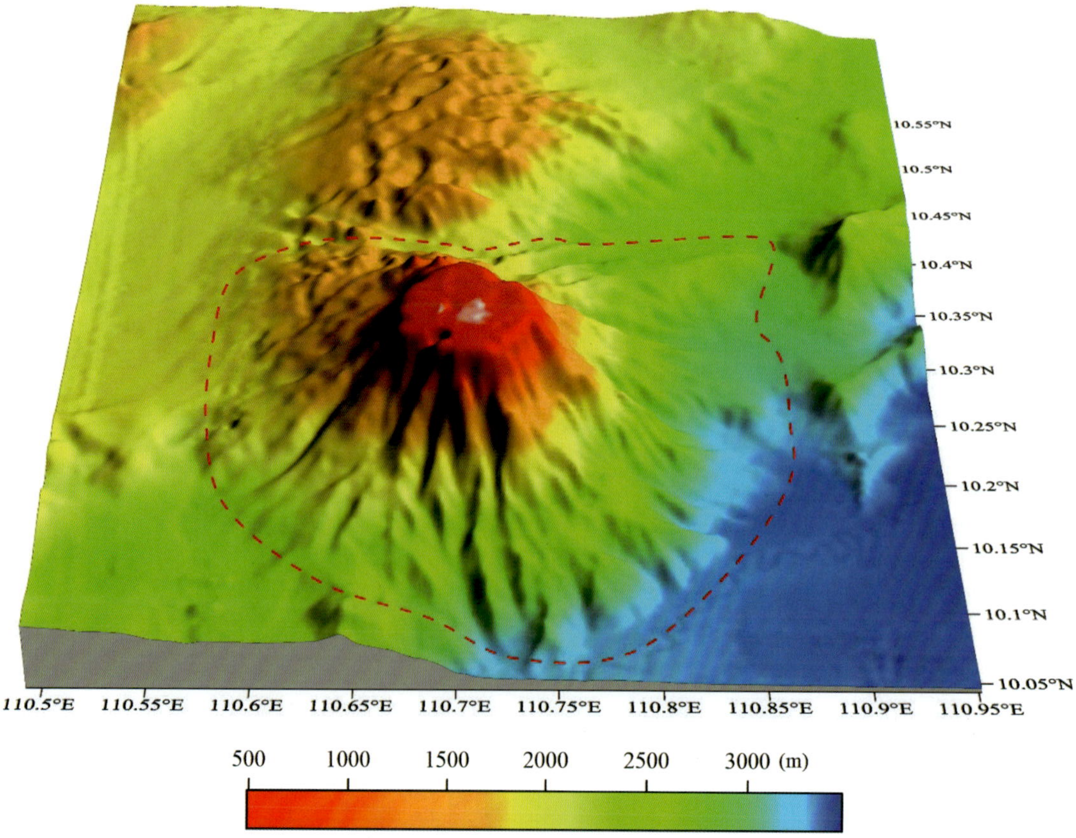

图 3.47　飞霜平顶海山三维地形图

Fig. 3.47 3-D Topography Map of Feishuang Pingdinghaishan

3.6.6 白沙平顶海山

标准名称 Standard Name	白沙平顶海山 Baisha Pingdinghaishan	类型 Generic Term	平顶海山 Guyot
特征点坐标 Coordinates	10°02.2′ N，109°53.3′ E	规模（km） Dimension (km)	39.7 × 17
水深（m） Depth (m)	439 ~ 2057	总起伏（m） Total Relief (m)	1618
地貌形态 Feature Description	海山平面形态为椭圆形，长轴近南北走向，顶部平坦（图 3.48）。 The plane shape of Baisha Pingdinghaishan is almost oval, extending from north to south. The top of this guyot is flat.		
命名释义 Reason for Choice of Name	取词于唐代诗人张若虚的诗歌《春江花月夜》“空里流霜不觉飞，汀上白沙看不见”。白沙指江边沙洲上的白色细沙。 “Baisha” means “white sand” in Chinese. This word is from a famous Chinese poem, *The Moon over the River on a Spring Night*, written by Zhang Ruoxu in Tang Dynasty.		

3.6.7 芳甸海山

标准名称 Standard Name	芳甸海山 Fangdian Haishan	类型 Generic Term	海山 Seamount
特征点坐标 Coordinates	10°04.0′ N，110°12.7′ E	规模（km） Dimension (km)	51.9 × 21.9
水深（m） Depth (m)	429 ~ 2422	总起伏（m） Total Relief (m)	1993
地貌形态 Feature Description	海山平面形态为椭圆形，长轴呈北东—南西走向，峰顶较平坦（图 3.48）。 The plane shape of Fangdian Haishan is almost oval, extending from NE to SW. The top of this seamount is relatively flat.		
命名释义 Reason for Choice of Name	取词于唐代诗人张若虚的诗歌《春江花月夜》“江流宛转绕芳甸，月照花林皆似霰”。芳甸指芳草丰茂的原野。 “Fangdian” means “field with lush grass” in Chinese. This word is from a famous Chinese poem, *The Moon over the River on a Spring Night*, written by Zhang Ruoxu in Tang Dynasty.		

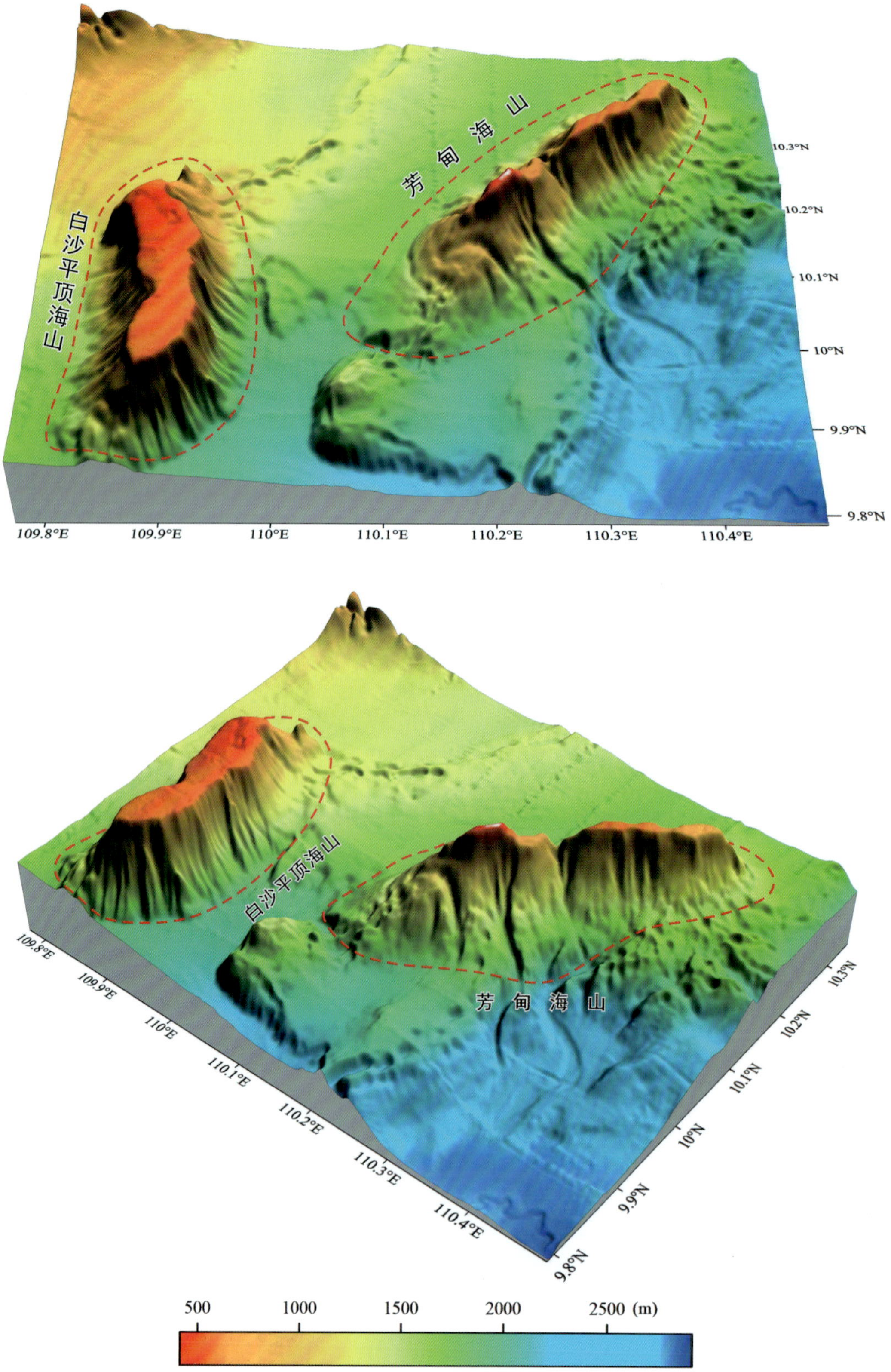

图 3.48　白沙平顶海山和芳甸海山三维地形图

Fig. 3.48　3-D Topography Map of Baisha Pingdinghaishan and Fangdian Haishan

3.6.8 月轮海丘

标准名称 Standard Name	月轮海丘 Yuelun Haiqiu	类型 Generic Term	海丘 Hill
特征点坐标 Coordinates	13°03.4′ N，111°05.4′ E	规模（km） Dimension (km)	18.3 × 12.7
水深（m） Depth (m)	2161 ～ 2900	总起伏（m） Total Relief (m)	739
地貌形态 Feature Description	海丘平面形态近椭圆形，长轴呈北东—南西走向（图 3.49）。 The plane shape of Yuelun Haiqiu is almost oval, extending from NE to SW.		
命名释义 Reason for Choice of Name	取词于唐代诗人张若虚的诗歌《春江花月夜》中“江天一色无纤尘，皎皎空中孤月轮”。月轮意为月亮。 “Yuelun” means “the round moon” in Chinese. This word is from a famous Chinese poem, *The Moon over the River on a Spring Night*, written by Zhang Ruoxu in Tang Dynasty.		

3.6.9 月明海丘

标准名称 Standard Name	月明海丘 Yueming Haiqiu	类型 Generic Term	海丘 Hill
特征点坐标 Coordinates	13°04.1′ N，111°19.1′ E	规模（km） Dimension (km)	25.0 × 15.6
水深（m） Depth (m)	1873 ～ 2861	总起伏（m） Total Relief (m)	988
地貌形态 Feature Description	海丘平面形态近椭圆形，长轴呈北西—南东走向（图 3.49）。 The plane shape of Yuelun Haiqiu is almost oval, extending from NW to SE.		
命名释义 Reason for Choice of Name	取词于唐代诗人张若虚的诗歌《春江花月夜》中“滟滟随波千万里，何处春江无月明”。月明意为明亮的月亮。 “Yueming” means “the bright moon” in Chinese. This word is from a famous Chinese poem, *The Moon over the River on a Spring Night*, written by Zhang Ruoxu in Tang Dynasty.		

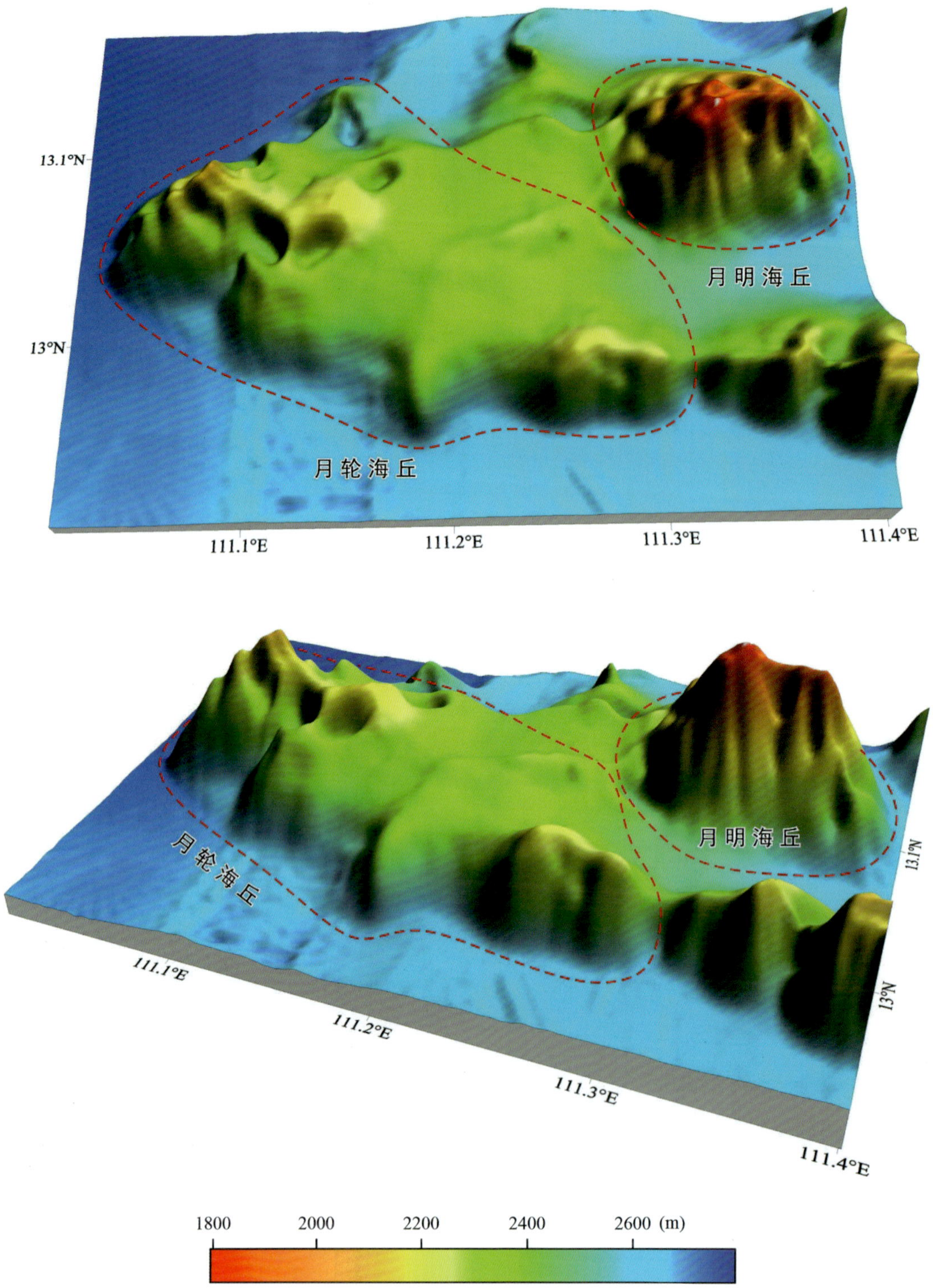

图 3.49　月轮海丘与月明海丘三维地形图

Fig. 3.49　3-D Topography Map of Yuelun Haiqiu and Yueming Haiqiu

NANSHA LUPO

第 4 章

南沙陆坡

4.1 二级地理实体，以南沙群岛命名

南沙陆坡以目前完成的多波束资料分析，共识别二级地理实体 5 个，以相邻的岛屿或浅滩命名，分别为广雅斜坡、南薇海盆、礼乐斜坡、礼乐西海槽、南沙海槽（表 4.1，图 4.1）。

表 4.1 南沙陆坡二级地理实体

序号	标准地名	汉语拼音	英文名称	中心位置	水深(m)	高差(m)	命名理由
1	广雅斜坡	Guǎngyǎ Xiépō	Guangya Xiepo	09°15.0′ N, 110°00.0′ E	180 ~ 3670	3490	邻近广雅滩，故名
2	南薇海盆	Nánwēi Hǎipén	Nanwei Haipen	06°50.0′ N, 110°30.0′ E	90 ~ 2170	2080	邻近南薇滩，故名
3	礼乐斜坡	Lǐyuè Xiépō	Liyue Xiepo	12°30.0′ N, 118°30.0′ E	2620 ~ 3170	550	邻近礼乐滩，故名
4	礼乐西海槽	Lǐyuèxī Hǎicáo	Liyuexi Haicao	11°09.0′ N, 115°36.0′ E	2190 ~ 4350	2160	位于礼乐滩以西，故名
5	南沙海槽	Nánshā Hǎicáo	Nansha Haicao	07°00.0′ N, 114°40.0′ E	2850 ~ 3000	150	以南沙群岛命名。1986 年中国地名委员会命名

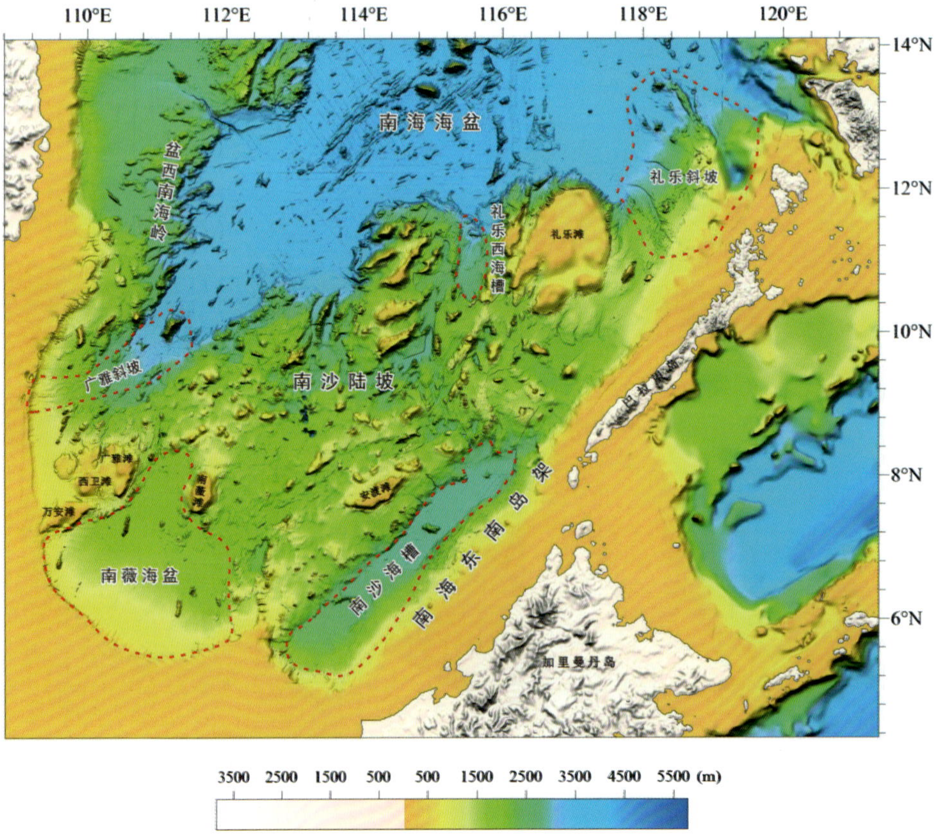

图 4.1 南海南部地貌分布图

Fig. 4.1 The Major Undeasea Features located on the Southern Part of the South China Sea

4.1.1 广雅斜坡

标准名称 Standard Name	广雅斜坡 Guangya Xiepo	类型 Generic Term	斜坡 Slope
特征点坐标 Coordinates	09°15.0′ N，110°00.0′ E	规模（km） Dimension (km)	175 × 344
水深（m） Depth (m)	180 ~ 3670	总起伏（m） Total Relief (m)	3490
地貌形态 Feature Description	位于广雅滩以北，呈长条状自南海西南陆架延伸至南海海盆，长约 344 km，宽约 60 km，最大宽度约 175 km。广雅斜坡水深变化范围为 180 ~ 3670 m，斜坡的不同水深段发育数个规模不一的海山和水道群，即广雅水道群（图 4.2）。 Guangya Xiepo is located on the north of Guangya Tan. It separates Nansha Lupo and the continental slope of western SCS. The plane shape of this slope is strip-like, extending from Xunta Continental Shelf to the SCS basin.		
命名释义 Reason for Choice of Name	邻近南沙群岛的广雅滩，故名。 This slope is adjacent to Guangya Bank of Nansha Qundao, so “Guangya” is used to name this slope.		

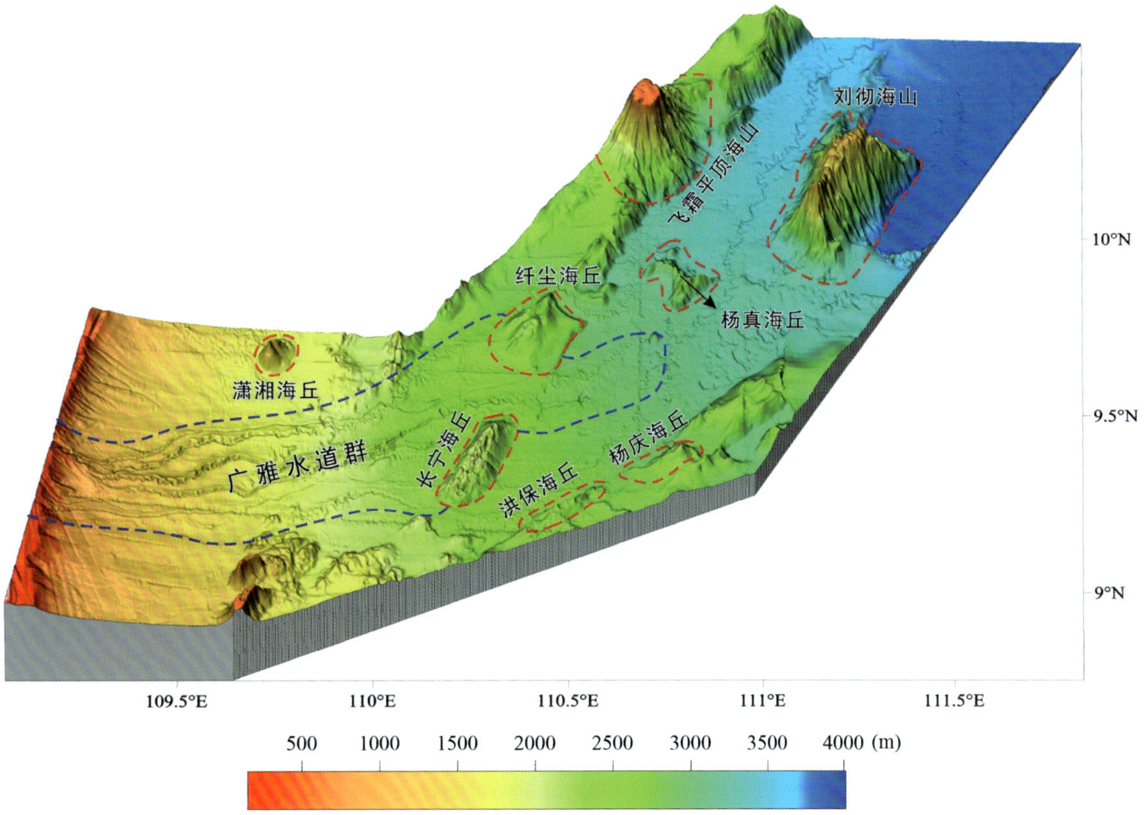

图 4.2 广雅斜坡三维地形图

Fig. 4.2 3-D Topography Map of Guangya Xiepo

4.1.2 南薇海盆

标准名称 Standard Name	南薇海盆 Nanwei Haipen	类型 Generic Term	海盆 Basin
特征点坐标 Coordinates	06°50.0′ N，110°30.0′ E	规模（km） Dimension (km)	220 × 280
水深（m） Depth (m)	90 ~ 2170	总起伏（m） Total Relief (m)	2080
地貌形态 Feature Description	海盆自南海西南陆架边缘向北延伸到万安滩、南薇滩和北康暗沙之间，形成中间低陷的盆地，以相邻的南薇滩命名为南薇海盆。海盆平面形态不规则，南北长约 115 km，宽 40 ~ 90 km。海盆地形平缓，中间发育多座小型海山和海丘（图 4.3）。 Nanwei Haipen is an irregular depression that located among the continental shelf of SW SCS, Wanan Bank, Nanwei Tan and Beikang Ansha (Shoal).		
命名释义 Reason for Choice of Name	邻近南沙群岛的南薇滩，故名。 This basin is adjacent to Nanwei Tan, so the word “Nanwei” is used to name this basin.		

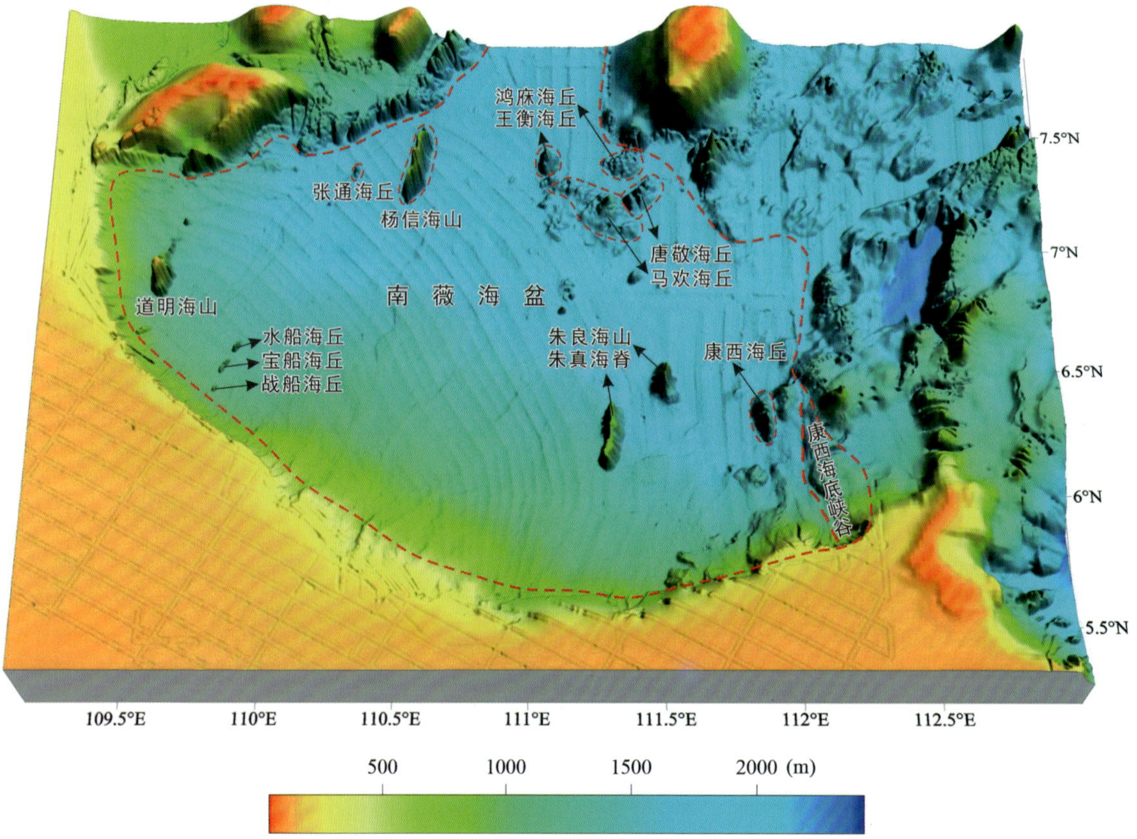

图 4.3 南薇海盆三维地形图

Fig. 4.3 3-D Topography Map of Nanwei Haipen

4.1.3 礼乐斜坡

标准名称 Standard Name	礼乐斜坡 Liyue Xiepo	类型 Generic Term	斜坡 Slope
特征点坐标 Coordinates	12°30.0′ N，118°30.0′ E	规模（km） Dimension (km)	170 × 270
水深（m） Depth (m)	2620 ~ 3170	总起伏（m） Total Relief (m)	550
地貌形态 Feature Description	礼乐斜坡平面形态不规则，自南海东南岛架延伸至南海海盆，长约 289 km，宽约 266 km，发育多个三级地理实体（图 4.4）。 Liyue Xiepo is located north to the Liyue Plateau, its plane shape is irregular, extending from Nasha Continental Slope to SCS basin.		
命名释义 Reason for Choice of Name	邻近南沙群岛的礼乐滩，故名。 This slope is adjacent to Liyue Tan of Nansha Qundao, so the name “Liyue” is used to name this slope.		

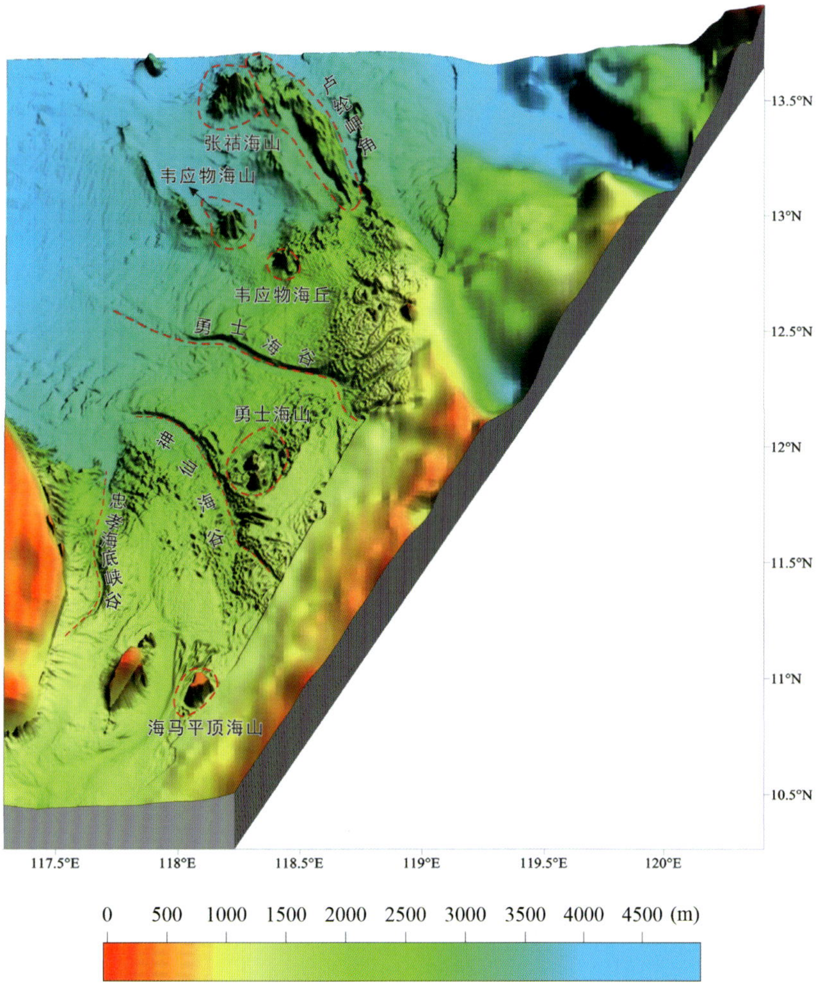

图 4.4 礼乐斜坡三维地形图

Fig. 4.4 3-D Topography Map of Liyue Xiepo

4.1.4 南沙海槽

标准名称 Standard Name	南沙海槽 Nansha Haicao	类型 Generic Term	海槽 Trough
特征点坐标 Coordinates	07°00.0′ N，114°40.0′ E	规模（km） Dimension (km)	145 × 569
水深（m） Depth (m)	2850 ~ 3000	总起伏（m） Total Relief (m)	150
地貌形态 Feature Description	南沙海槽是一长条状陆坡海槽，沿北东—南西向展布，长约 569 km，宽约 145 km。槽底平原水深在 2850 ~ 3000 m，宽 40 ~ 50 km，地形非常平坦。两侧槽坡都发育峡谷，槽底平原上矗立数个海山和海丘（图 4.5）。 Nansha Haicao is a strip-like trough on the continental slope, extending from NE to SW.		
命名释义 Reason for Choice of Name	我国政府于 1985 年命名，因其邻近南沙群岛，故名。 This trough is adjacent to Nansha Qundao, to the word “Nansha” is used to name this trough. It is firstly named by Chinese government in 1985.		

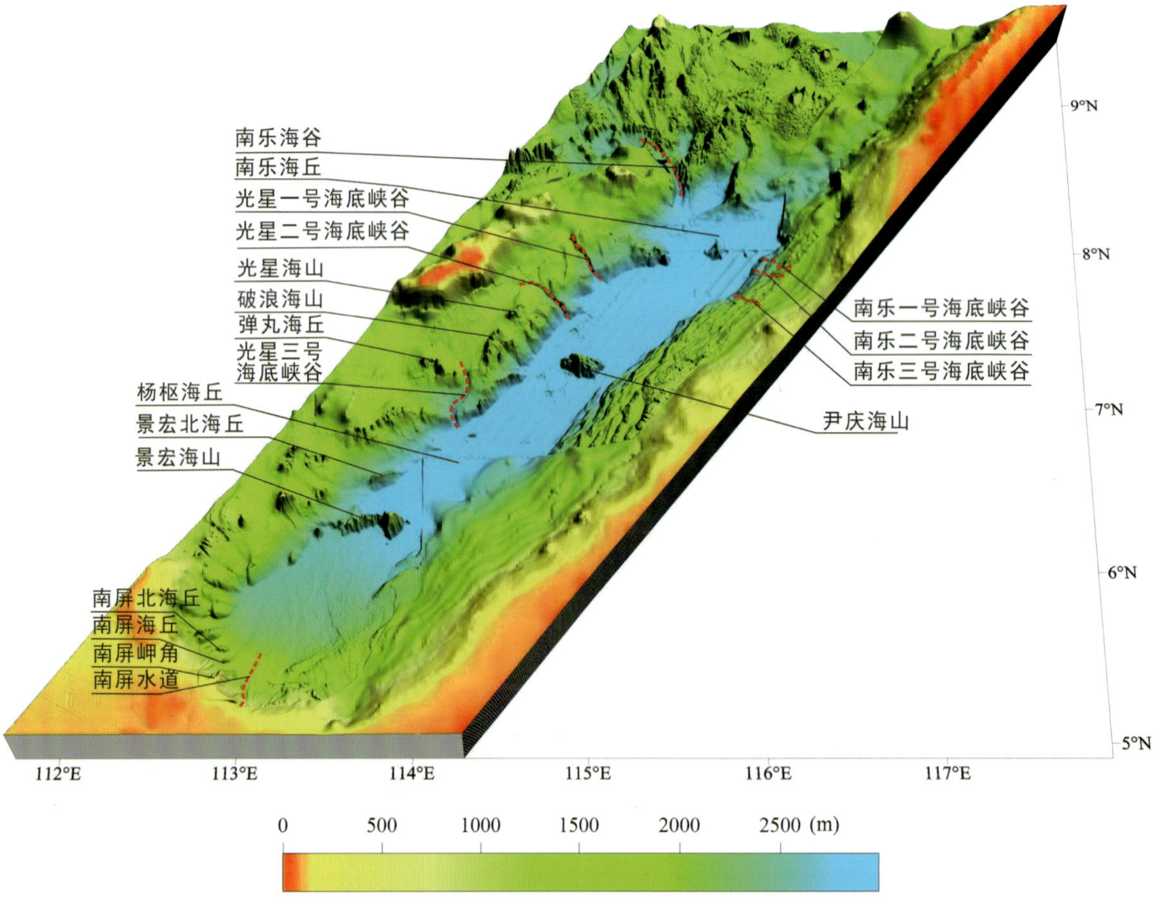

图 4.5 南沙海槽三维地形图

Fig. 4.5 3-D Topography Map of Nansha Haicao

4.2 广雅滩周边地理实体，铭记航海历史

广雅滩周边包括广雅斜坡和广雅滩以北海域，是南海西南陆架与南海海盆之间的过渡地带，总体地形自西南向东北方向倾斜下降。在此海域，我们识别海山、海丘、小型海山链和小型海台等地理实体共 40 个。这些实体或以相邻的岛礁、浅滩命名，或以我国古代航海相关词语命名。在中国绵长的航海历史中，有许多著名的航海家勇闯世界，做出了重大贡献。我们以这些航海家的名字命名南沙陆坡上的地理实体，以纪念他们在探索海洋上的丰功伟绩（表 4.2，图 4.6）。

表 4.2 广雅滩三级地理实体

序号	标准地名	汉语拼音	英文名称	中心位置	水深 (m)	高差 (m)	命名理由
1	刘彻海山	Liúchè Hǎishān	Liuche Haishan	09°58.4′ N, 111°08.7′ E	864 ~ 4130	3266	以汉武帝刘彻命名，他对航海有突出贡献
2	刘彻海丘	Liúchè Hǎiqiū	Liuche Haiqiu	09°56.8′ N, 111°31.0′ E	3181 ~ 4117	936	位于刘彻海山以东，故名
3	刘彻水道	Liúchè Shuǐdào	Liuche Shuidao	10°14.1′ N, 111°06.1′ E	3690 ~ 3750	60	位于刘彻海山以西，故名
4	甘英海山	Gānyīng Hǎishān	Ganying Haishan	10°07.4′ N, 112°05.4′ E	1926 ~ 4464	2538	以汉代航海家甘英命名
5	清和海山链	Qīnghé Hǎishānliàn	Qinghe Haishanlian	08°47.5′ N, 109°39.0′ E	545 ~ 2064	1519	以郑和下西洋的船队命名
6	清远海山链	Qīngyuǎn Hǎishānliàn	Qingyuan Haishanlian	08°31.5′ N, 109°49.7′ E	387 ~ 2598	2211	以郑和下西洋的船队命名
7	长宁海丘	Chángníng Hǎiqiū	Changning Haiqiu	09°15.8′ N, 110°15.5′ E	1982 ~ 2835	853	以郑和下西洋的船队命名
8	杨真海丘	Yángzhēn Hǎiqiū	Yangzhen Haiqiu	09°48.5′ N, 110°48.7′ E	2712 ~ 3476	764	以明代航海家杨真命名
9	洪保海丘	Hóngbǎo Hǎiqiū	Hongbao Haiqiu	09°08.9′ N, 110°28.1′ E	2302 ~ 2898	596	以明代航海家洪保命名
10	杨庆海丘	Yángqìng Hǎiqiū	Yangqing Haiqiu	09°08.7′ N, 110°45.9′ E	2100 ~ 3194	1094	以明代航海家杨庆命名
11	杨敏海山	Yángmǐn Hǎishān	Yangmin Haishan	08°44.9′ N, 110°49.6′ E	628 ~ 1911	1283	以明代航海家杨敏命名

续表

序号	标准地名	汉语拼音	英文名称	中心位置	水深（m）	高差（m）	命名理由
12	郑和海台	Zhènghé Hǎitái	Zhenghe Haitai	08°08.0′ N, 109°40.0′ E	429 ~ 1214	785	以明代航海家郑和命名
13	郑和海谷	Zhènghé Hǎigǔ	Zhenghe Haigu	08°15.0′ N, 109°50.0′ E	654 ~ 1250	596	
14	西卫海隆	Xīwèi Hǎilóng	Xiwei Hailong	08°40.0′ N, 110°08.0′ E	739 ~ 2411	1672	以相邻的西卫滩命名
15	西卫海底峡谷	Xīwèi Hǎidǐxiágǔ	Xiwei Haidixiagu	08°20.0′ N, 110°12.0′ E	397 ~ 2077	1680	
16	大西卫海台	Dàxīwèi Hǎitái	Daxiwei Haitai	08°11.9′ N, 109°58.8′ E	315 ~ 1411	1096	邻近西卫滩，规模较大，故名
17	小西卫海台	Xiǎoxīwèi Hǎitái	Xiaoxiwei Haitai	08°21.5′ N, 109°54.3′ E	399 ~ 830	431	位于大西卫海台西南侧，规模较小，故名
18	广雅海隆	Guǎngyǎ Hǎilóng	Guangya Hailong	08°40.0′ N, 110°32.0′ E	432 ~ 1975	1543	以相邻的广雅滩命名
19	广雅水道群	Guǎngyǎ Shuǐdàoqún	Guangya Shuidaoqun	09°15.0′ N, 110°00.0′ E	173 ~ 3326	3153	
20	刘彻南海丘群	Liúchènán Hǎiqiūqún	Liuchenan Haiqiuqun	09°30.7′ N, 111°00.5′ E	2537 ~ 2835	298	位于刘彻海山以南，故名
21	永暑海底峡谷	Yǒngshǔ Hǎidǐxiágǔ	Yongshu Haidixiagu	09°29.3′ N, 112°31.8′ E	2258 ~ 2388	130	邻近永暑礁，故名
22	碧落海山	Bìluò Hǎishān	Biluo Haishan	09°08.4′ N, 111°50.3′ E	256 ~ 2046	1790	碧落，“天”的雅称，泛指天空。与南侧的“方仪”海山对应
23	阡陌海丘	Qiānmò Hǎiqiū	Qianmo Haiqiu	09°00.8′ N, 111°47.0′ E	1101 ~ 1930	829	阡陌，田间的小路，泛指人间世俗。与其北侧的“碧落海山”和南侧的“方仪海山”对应
24	方仪海山	Fāngyí Hǎishān	Fangyi Haishan	08°53.1′ N, 111°44.6′ E	705 ~ 1785	1080	方仪，“地”的雅称，泛指大地。与北侧的“碧落海山”对应
25	朱应西海山	Zhūyìngxī Hǎishān	Zhuyingxi Haishan	08°31.8′ N, 111°21.7′ E	437 ~ 1986	1549	位于朱应滩以西，故名
26	朱应北海丘	Zhūyìngběi Hǎiqiū	Zhuyingbei Haiqiu	08°44.0′ N, 111°19.0′ E	1079 ~ 1680	601	位于朱应滩以北，故名

续表

序号	标准地名	汉语拼音	英文名称	中心位置	水深（m）	高差（m）	命名理由
27	朱应东滩	Zhūyìngdōng Tān	Zhuyingdong Tan	08°34.5′ N, 111°32.4′ E	192 ~ 1382	1190	位于朱应滩以东，故名
28	朱应西平顶海山	Zhūyìngxī Píngdǐnghǎishān	Zhuyingxi Pingdinghaishan	08°29.1′ N, 111°00.0′ E	452 ~ 1611	1159	位于朱应滩以西，故名
29	广雅北海丘	Guǎngyǎběi Hǎiqiū	Guangyabei Haiqiu	08°30.2′ N, 110°38.6′ E	517 ~ 1260	743	位于广雅滩以北，故名
30	杜环海丘	Dùhuán Hǎiqiū	Duhuan Haiqiu	08°23.1′ N, 110°16.1′ E	332 ~ 553	221	以唐代旅行家杜环命名
31	杜环东海丘	Dùhuándōng Hǎiqiū	Duhuandong Haiqiu	08°16.0′ N, 110°22.4′ E	498 ~ 638	140	位于杜环海丘以东，故名
32	广雅西海丘群	Guǎngyǎxī Hǎiqiūqún	Guangyaxi Haiqiuqun	08°20.0′ N, 110°04.1′ E	368 ~ 473	105	位于广雅滩以西，故名
33	和睦海山	Hémù Hǎishān	Hemu Haishan	07°16.9′ N, 109°43.1′ E	32 ~ 1260	1228	位于万安滩南侧，与“万安滩”的“万安”同是寓意美好，故以此命名
34	南薇东圆丘	Nánwēidōng Yuánqiū	Nanweidong Yuanqiu	07°55.0′ N, 112°08.1′ E	1026 ~ 1618	592	位于南薇滩以东，故名
35	康泰西海山	Kāngtàixī Hǎishān	Kangtaixi Haishan	09°13.8′ N, 111°29.3′ E	328 ~ 1693	1365	位于康泰滩以西，故名
36	李准海底崖	Lǐzhǔn Hǎidǐyá	Lizhun Haidiya	07°26.8′ N, 110°17.4′ E	1046 ~ 1911	865	邻近李准滩，故名
37	仙娥西海山	Xiānéxī Hǎishān	Xian’exi Haishan	09°35.1′ N, 114°44.2′ E	1348 ~ 2866	1518	位于仙娥礁以西，故名
38	美济西海山	Měijìxī Hǎishān	Meijixi Haishan	09°55.7′ N, 115°03.7′ E	428 ~ 2628	2200	位于美济礁以西，故名
39	毕生海山	Bìshēng Hǎishān	Bisheng Haishan	09°11.2′ N, 114°15.2′ E	820 ~ 2393	1573	邻近毕生礁，故名
40	北康海盆	Běikāng Hǎipén	Beikang Haipen	06°53.4′ N, 112°29.4′ E	2176 ~ 2303	127	位于北康海山以西，故名

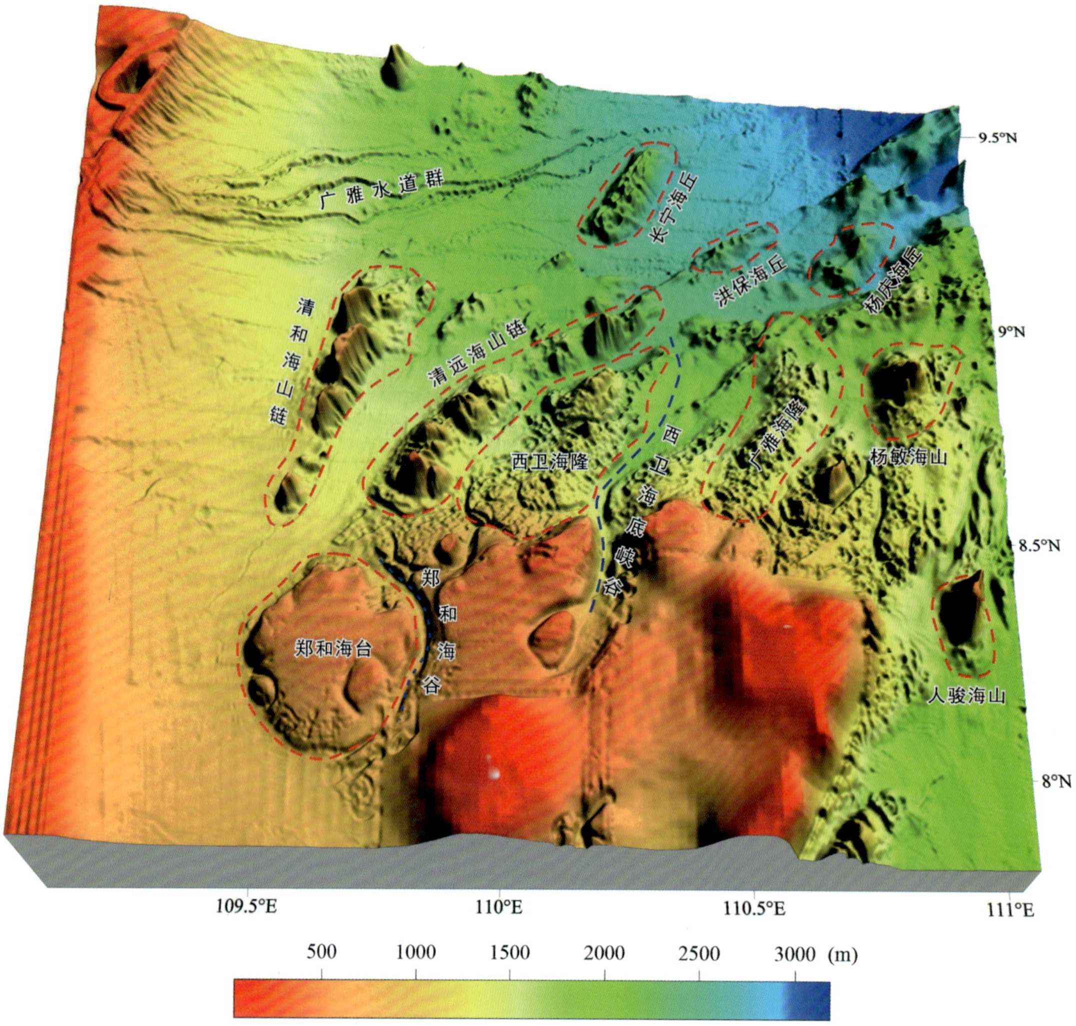

图 4.6　广雅滩三维地形图（部分）

Fig. 4.6　3-D Topography Map of Guangya Bank

4.2.1 广雅水道群

标准名称 Standard Name	广雅水道群 Guangya Shuidaoqun	类型 Generic Term	水道群 Channels
特征点坐标 Coordinates	09°15.0′ N，110°00.0′ E	规模（km） Dimension (km)	198 × 43
水深（m） Depth (m)	173 ～ 3326	总起伏（m） Total Relief (m)	3153
地貌形态 Feature Description	广雅水道群由 5 条水道组成，自西南向东北方向延伸，长 198 km，宽 43 km，水道顶底高差 30 ～ 100 m（图 4.7）。 Guangya Shuidaoqun consist of 5 channels. These channel extending from NE to SW.		
命名释义 Reason for Choice of Name	邻近广雅滩，且位于广雅斜坡上，故名。 These channels are adjacent to Guangya Bank and located on Guangya Xiepo. Therefore, the word "Guangya" is used to name these channels.		

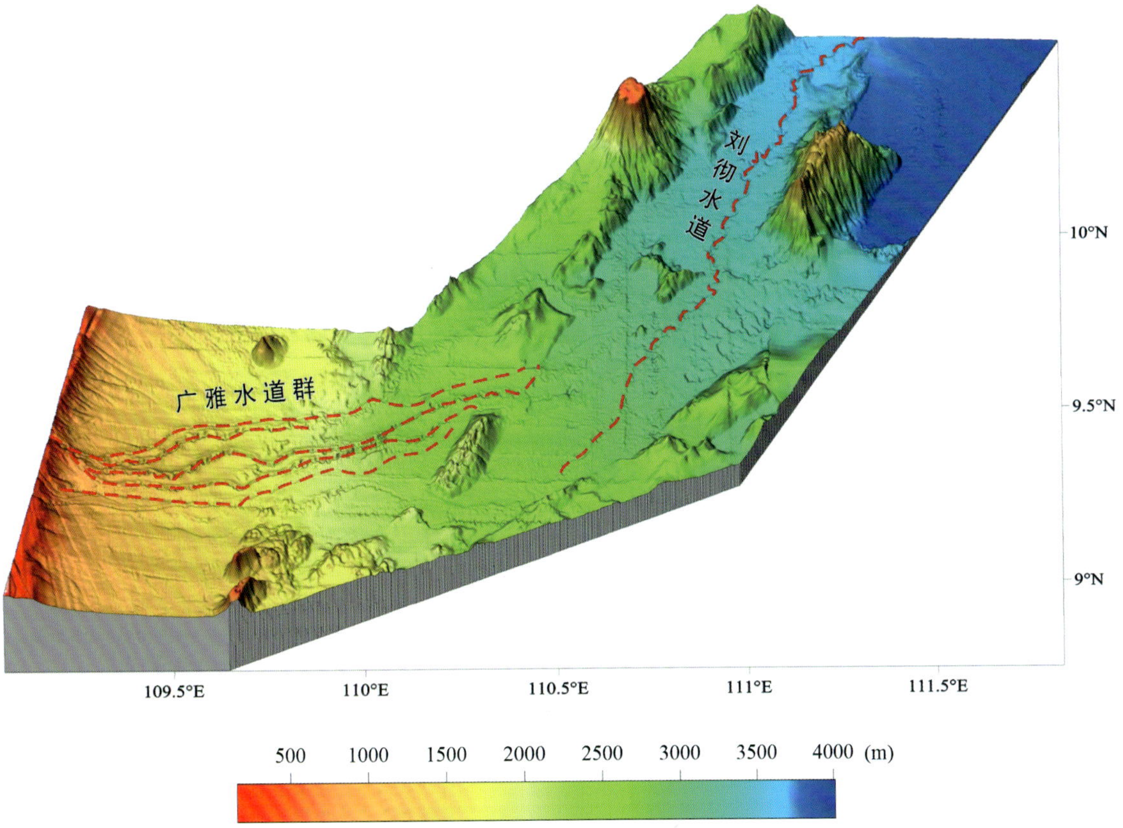

图 4.7　广雅水道群三维地形图

Fig. 4.7　3-D Topography Map of Guangya Shuidaoqun

4.2.2 刘彻海山

标准名称 Standard Name	刘彻海山 Liuche Haishan	类型 Generic Term	海山 Seamount
特征点坐标 Coordinates	09°58.4′ N，111°08.7′ E	规模（km） Dimension (km)	75.3 × 29.5
水深（m） Depth (m)	864 ~ 4130	总起伏（m） Total Relief (m)	3266
地貌形态 Feature Description	海山平面形态不规则，呈北北东—南南西走向，峰顶水深 864 m，山麓水深 2986 ~ 3266 m，山体高差 3110 m（图 4.8）。 The plane shape of Liuche Haishan is irregular, extending from NNE to SSW.		
命名释义 Reason for Choice of Name	以汉武帝刘彻命名。刘彻（公元前 156—公元前 87 年），开辟了古代“丝绸之路”。汉武帝对历史的影响深远而复杂，是中国封建王朝中最杰出的君王之一。 This seamount is named after Liu Che, an Emperor in Han Dynasty in China. He was one of the most outstanding emperor in all the dynasties in ancient China.		

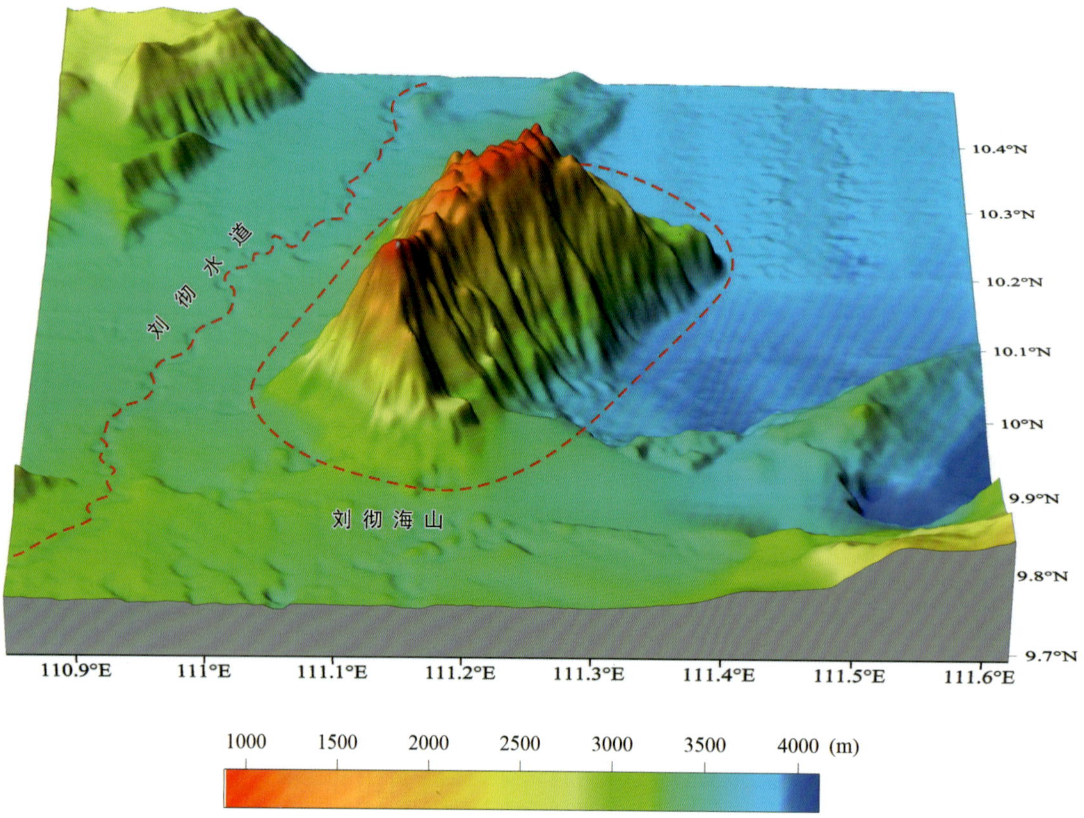

图 4.8 刘彻海山三维地形图

Fig. 4.8 3-D Topography Map of Liuche Haishan

4.2.3 杨真海丘

标准名称 Standard Name	杨真海丘 Yangzhen Haiqiu	类型 Generic Term	海丘 Hill
特征点坐标 Coordinates	09°48.5′ N，110°48.7′ E	规模（km） Dimension (km)	16.7 × 13.8
水深（m） Depth (m)	2712 ~ 3476	总起伏（m） Total Relief (m)	764
地貌形态 Feature Description	海丘平面形态呈“H”形，呈北东—南西走向，峰顶水深 2580 m，山麓水深 2721 ~ 3476 m，山体高差 764 m（图 4.9）。 The plane shape of Yangzhen Haiqiu looks like the alphabet “H”, in a direction of NE to SW.		
命名释义 Reason for Choice of Name	以明代航海家杨真命名，纪念他在航海和外交方面的贡献。杨真（生卒年不详），是郑和下西洋的随行人员。 This hill is named after Yang Zhen, a navigator in the fleet of the Ming treasure voyages led by Zheng He in Ming Dynasty.		

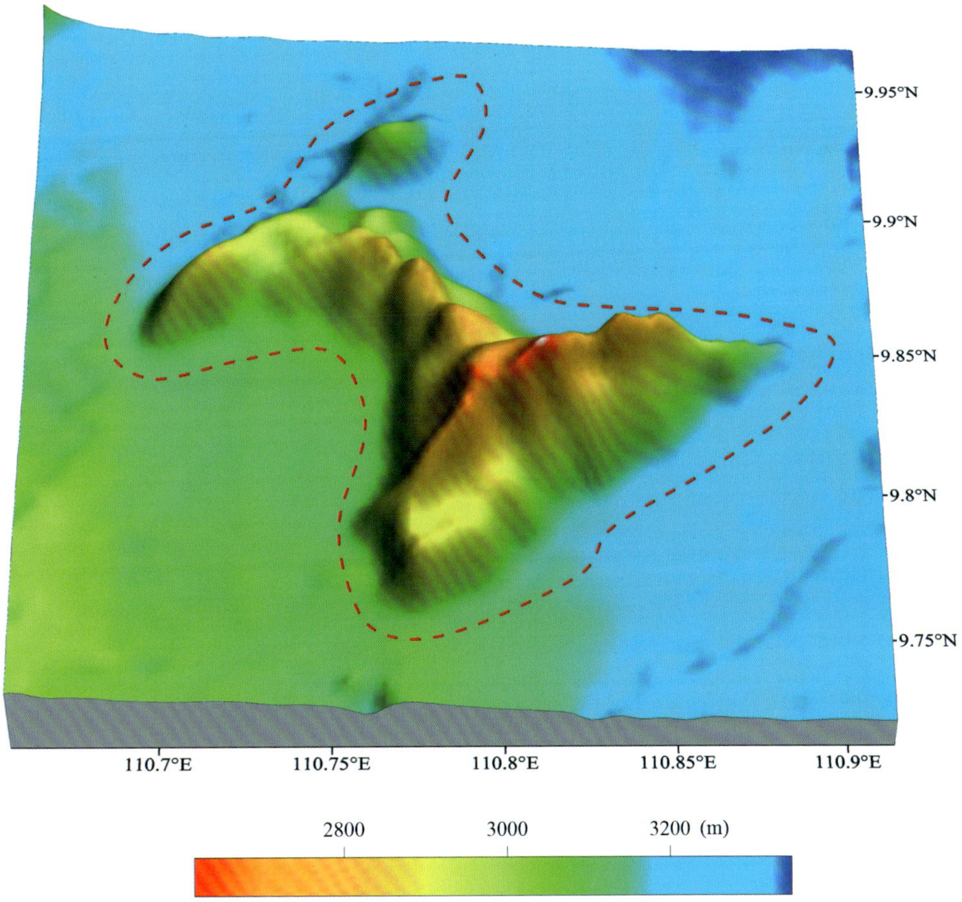

图 4.9 杨真海丘三维地形图

Fig. 4.9 3-D Topography Map of Yangzhen Haiqiu

4.2.4 洪保海丘

标准名称 Standard Name	洪保海丘 Hongbao Haiqiu	类型 Generic Term	海丘 Hill
特征点坐标 Coordinates	09°08.9′N，110°28.1′E	规模（km） Dimension (km)	26.5 × 8.2
水深（m） Depth (m)	2302 ～ 2898	总起伏（m） Total Relief (m)	596
地貌形态 Feature Description	海丘平面形态呈长条形，呈北东—南西走向（图 4.10）。 The plane shape of Hongbao Haiqiu is strip-like, extending from NE to SW.		
命名释义 Reason for Choice of Name	以明代航海家洪保命名，纪念他在航海和外交方面的贡献。洪保（生卒年不详），是郑和下西洋的随行人员。 This hill is named after Hong Bao, a navigator in the fleet of the Ming treasure voyages led by Zheng He in Ming Dynasty.		

4.2.5 杨庆海丘

标准名称 Standard Name	杨庆海丘 Yangqing Haiqiu	类型 Generic Term	海丘 Hill
特征点坐标 Coordinates	09°08.7′N，110°45.9′E	规模（km） Dimension (km)	38.6 × 19.7
水深（m） Depth (m)	2100 ～ 3194	总起伏（m） Total Relief (m)	1094
地貌形态 Feature Description	海丘平面形态不规则，整体呈南北走向（图 4.10）。 The plane shape of Yangqing Haiqiu is irregular, extending approximately from south to north.		
命名释义 Reason for Choice of Name	以明代航海家杨庆命名。杨庆（生卒年不详），明代航海家兼外交家，是郑和下西洋的随行人员。 This hill is named after Yang Qing, a navigator in the fleet of the Ming treasure voyages led by Zheng He in Ming Dynasty.		

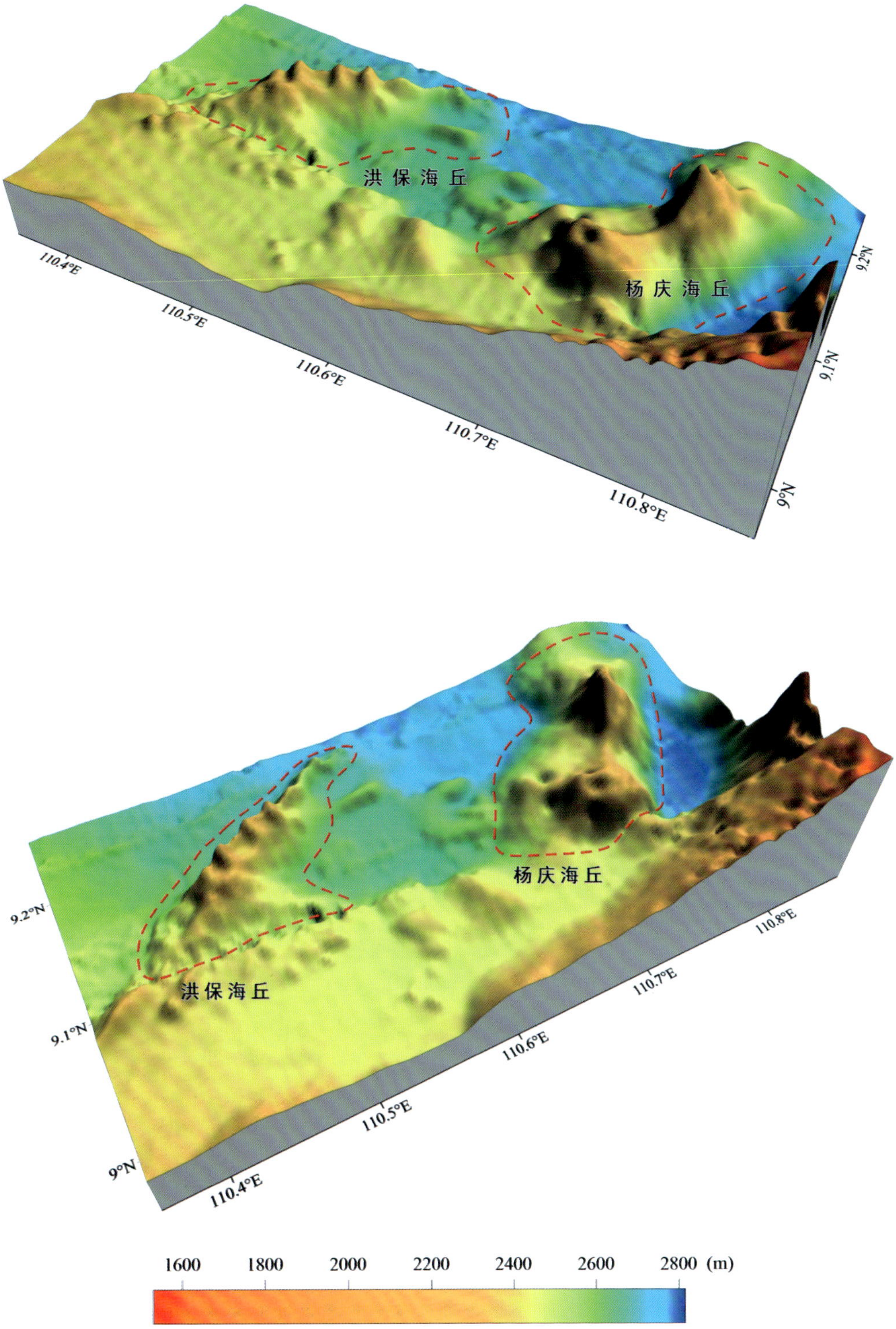

图 4.10 洪保海丘和杨庆海丘三维地形图

Fig. 4.10 3-D Topography Map of Hongbao Haiqiu and Yangqing Haiqiu

4.2.6 甘英海山

标准名称 Standard Name	甘英海山 Ganying Haishan	类型 Generic Term	海山 Seamount
特征点坐标 Coordinates	10°07.4′ N，112°05.4′ E	规模（km） Dimension (km)	153 × 55
水深（m） Depth (m)	1926 ~ 4464	总起伏（m） Total Relief (m)	2538
地貌形态 Feature Description	海山平面形态呈长条形，呈北东—南西走向（图 4.11）。 The plane shape of Ganying Haishan is strip-like, extending from NE to SW.		
命名释义 Reason for Choice of Name	以汉代航海家甘英命名。甘英（生卒年不详），是历史上第一个到达波斯湾的中国人，增进了中国人当时对中亚各国的了解。 This seamount is named after Gan Ying, a navigator in Han Dynasty. Gan Ying was the first Chinese who travelled to the Persian Gulf. He improved the knowledge of ancient Chinese about the Central Asian countries.		

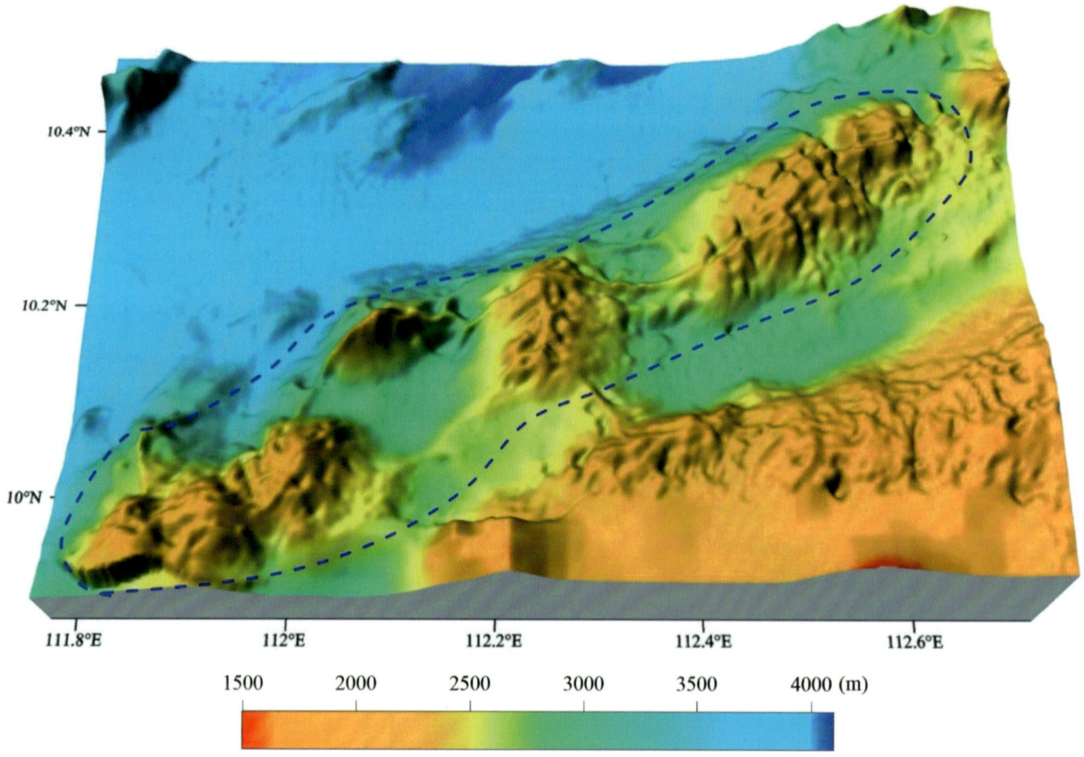

图 4.11　甘英海山三维地形图

Fig. 4.11　3-D Topography Map of Ganying Haishan

4.2.7 清和海山链

标准名称 Standard Name	清和海山链 Qinghe Haishanlian	类型 Generic Term	海山链 Seamount Chain
特征点坐标 Coordinates	08°47.5′ N，109°39.0′ E	规模（km） Dimension (km)	72.3 × 23.5
水深（m） Depth (m)	545 ~ 2064	总起伏（m） Total Relief (m)	1519
地貌形态 Feature Description	海山链平面形态不规则，由 4 座海山组成，呈北东—南西走向（图 4.12）。 The plane shape of Qinghe Haishanlian irregular. This seamount chain consists of 4 seamounts, extending from NE to SW.		
命名释义 Reason for Choice of Name	以郑和下西洋的一个船队命名。 This seamount is named after Qinghe, a fleet of Ming treasure voyages led by Zheng He in Ming Dynasty.		

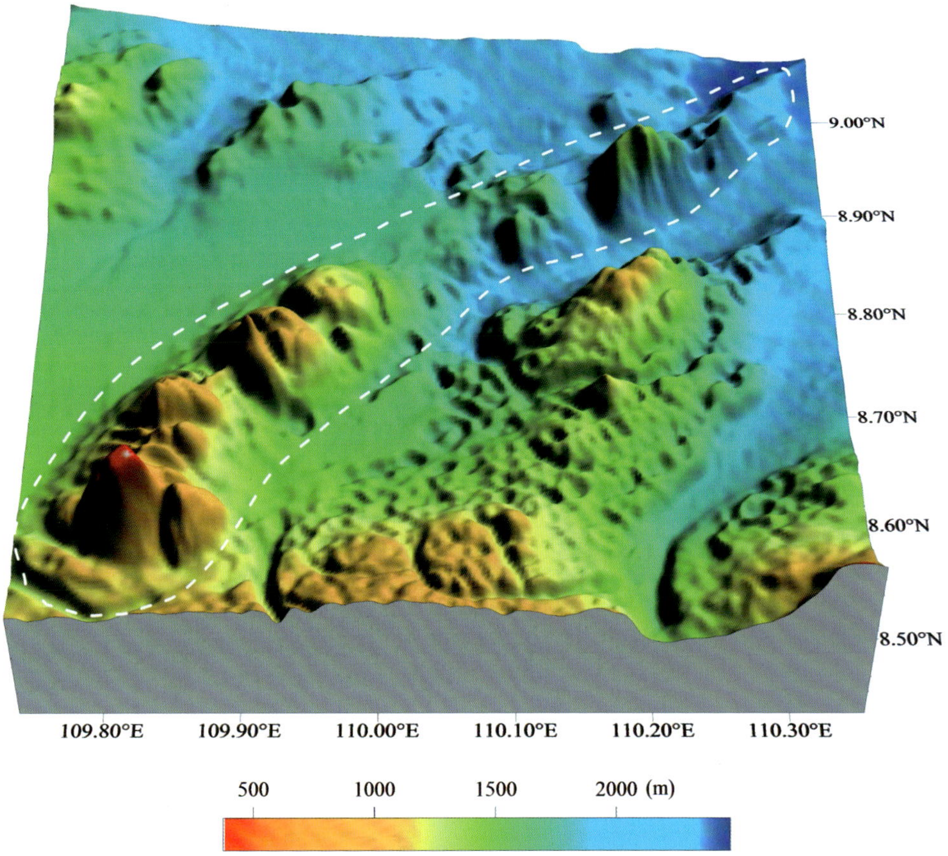

图 4.12　清和海山链三维地形图

Fig. 4.12　3-D Topography Map of Qinghe Haishanlian

4.2.8　清远海山链

标准名称 Standard Name	清远海山链 Qingyuan Haishanlian	类型 Generic Term	海山链 Seamount Chain
特征点坐标 Coordinates	08°31.5′ N，109°49.7′ E	规模（km） Dimension (km)	92.5 × 15.5
水深（m） Depth (m)	387 ~ 2598	总起伏（m） Total Relief (m)	2211
地貌形态 Feature Description	海山链平面形态呈长条带状，由 4 座海山组成，整体呈北东—南西走向（图 4.13）。 The plane shape of Qingyuan Haishanlian is irregular. This seamount chain consists of 4 seamounts, extending approximately from NE to SW.		
命名释义 Reason for Choice of Name	以郑和下西洋的一个船队命名。 This seamount is named after Qingyuan, a fleet of Ming treasure voyages led by Zheng He in Ming Dynasty.		

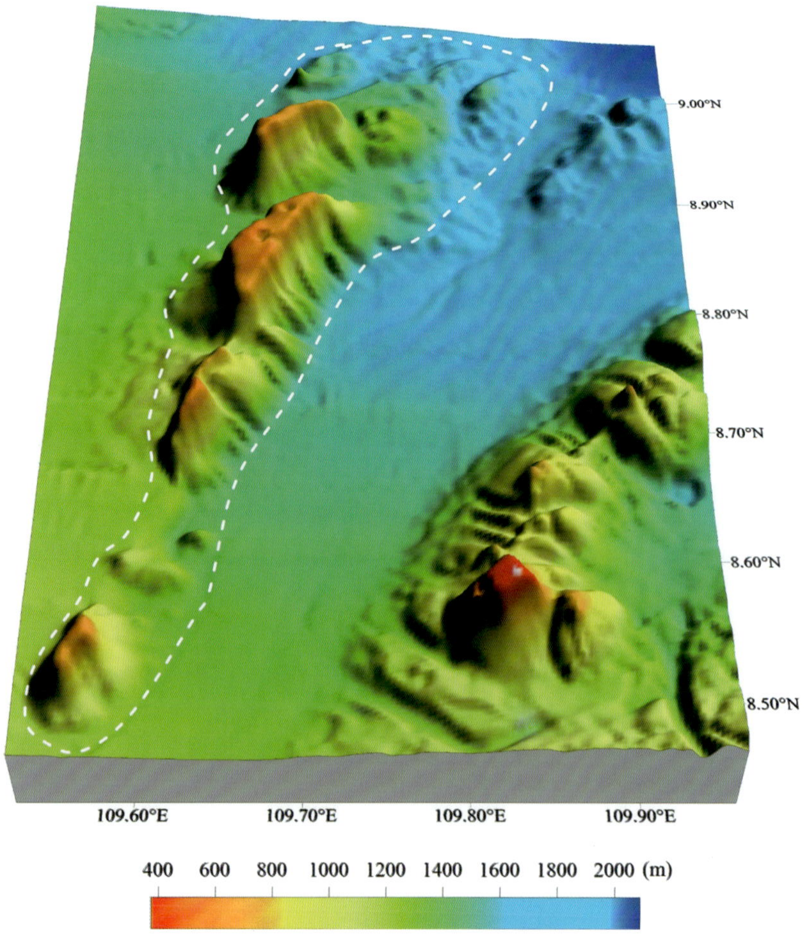

图 4.13　清远海山链三维地形图

Fig. 4.13　3-D Topography Map of Qingyuan Haishanlian

4.2.9 郑和海台

标准名称 Standard Name	郑和海台 Zhenghe Haitai	类型 Generic Term	海台 Plateau
特征点坐标 Coordinates	08°08.0′ N，109°40.0′ E	规模（km） Dimension (km)	46.5 × 37.7
水深（m） Depth (m)	429 ~ 1214	总起伏（m） Total Relief (m)	785
地貌形态 Feature Description	海台平面形态呈圆形，顶面水深 410 m，基底水深 429 ~ 1214 m，高差为 785 m。海台顶面平坦，台缘坡度变化较大（图 4.14）。 The plane shape of Zhenghe Haitai is almost circular. The top of this plateau is flat.		
命名释义 Reason for Choice of Name	以明代航海家郑和命名。郑和（公元 1371—1433 年）是我国历史上伟大的航海家，曾 7 次率领船队远航西洋，史料记载其到达的国家和地区达 36 个。以“郑和”命名此海台，纪念其在和平外交、传播中华文明等方面做出的重要贡献。 Zheng He was a famous navigator in Ming Dynasty of China. Zheng He led the Ming treasure voyages. This grand project resulted in 7 far-reaching ocean voyages to over 36 countries. This plateau is named after Zheng He to commemorate his outstanding achievement in diplomacy and cultural exchange.		

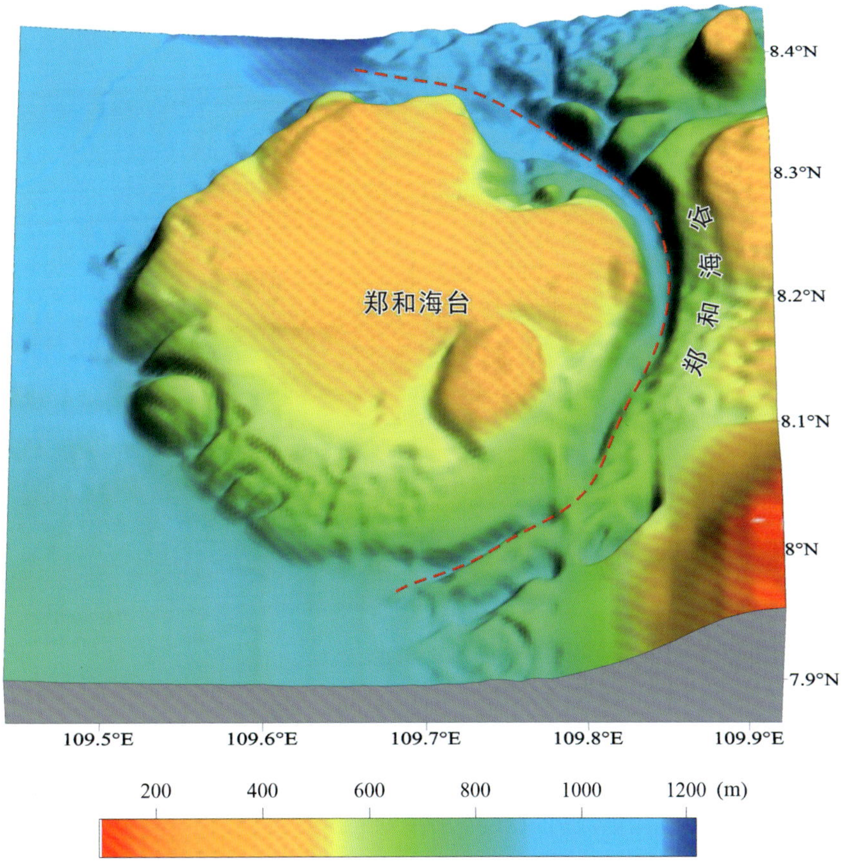

图 4.14 郑和海台三维地形图

Fig. 4.14 3-D Topography Map of Zhenghe Haitai

4.2.10 郑和海谷

标准名称 Standard Name	郑和海谷 Zhenghe Haigu	类型 Generic Term	海谷 Valley
特征点坐标 Coordinates	08°15.0′ N，109°50.0′ E	规模（km） Dimension (km)	54.7 × 2.9
水深（m） Depth (m)	654 ~ 1250	总起伏（m） Total Relief (m)	596
地貌形态 Feature Description	海谷呈弧线形由南向北延伸，长 54.7 km，宽 2.9 km。海谷最小水深 654 m，最大水深 1250 m，海谷顶底最大高差为 596 m（图 4.15）。 The plane shape of Zhenghe Haigu looks like an arc, extending from south to north.		
命名释义 Reason for Choice of Name	以明代航海家郑和命名。 Zheng He was a famous navigator in Ming Dynasty of China. Zheng He led the Ming treasure voyages.		

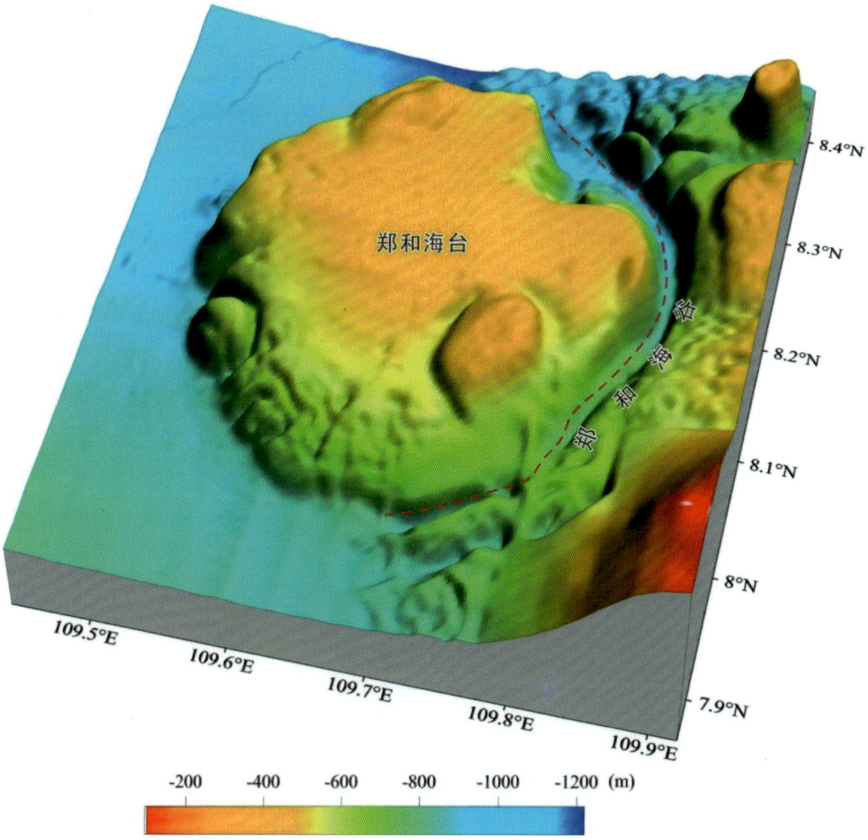

图 4.15 郑和海谷三维地形图

Fig. 4.15 3-D Topography Map of Zhenghe Haigu

4.2.11 杨敏海山

标准名称 Standard Name	杨敏海山 Yangmin Haishan	类型 Generic Term	海山 Seamount
特征点坐标 Coordinates	08°44.9′ N，110°49.6′ E	规模（km） Dimension (km)	34.6 × 19.7
水深（m） Depth (m)	628 ~ 1911	总起伏（m） Total Relief (m)	1283
地貌形态 Feature Description	海山平面形态为椭圆形，呈南北走向（图 4.16）。 The plane shape of Yangmin Haishan is almost oval, extending from south to north.		
命名释义 Reason for Choice of Name	以明代航海家杨敏命名，纪念他在航海方面的突出贡献。杨敏（生卒年不详），为郑和第六次下西洋船队的重要领导成员。 This Seamount is named after Yang Min, a navigator in the fleet of the Ming treasure voyages led by Zheng He in Ming Dynasty.		

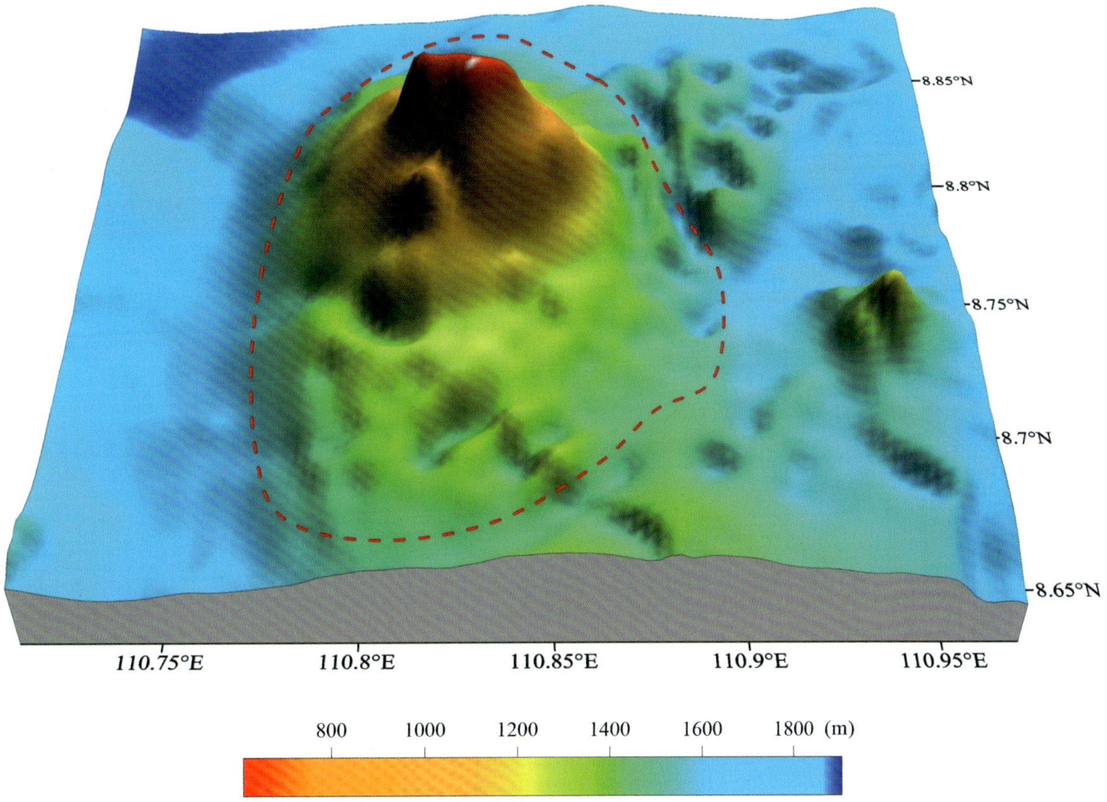

图 4.16 杨敏海山三维地形图

Fig. 4.16 3-D Topography Map of Yangmin Haishan

4.2.12 李准海底崖

标准名称 Standard Name	李准海底崖 Lizhun Haidiya	类型 Generic Term	海底崖 Escarpment
特征点坐标 Coordinates	07°26.8′ N，110°17.4′ E	规模（km） Dimension (km)	77 × 19.3
水深（m） Depth (m)	1046 ～ 1911	总起伏（m） Total Relief (m)	865
地貌形态 Feature Description	海底崖平面形态不规则，整体呈北东—南西走向（图 4.17）。 The plane shape of Lizhun Haidiya is irregular, extending from NE to SW.		
命名释义 Reason for Choice of Name	邻近李准滩，故名。 This escarpment is adjacent to Lizhun Tan, so the word “Lizhun” is used to name this escarpment.		

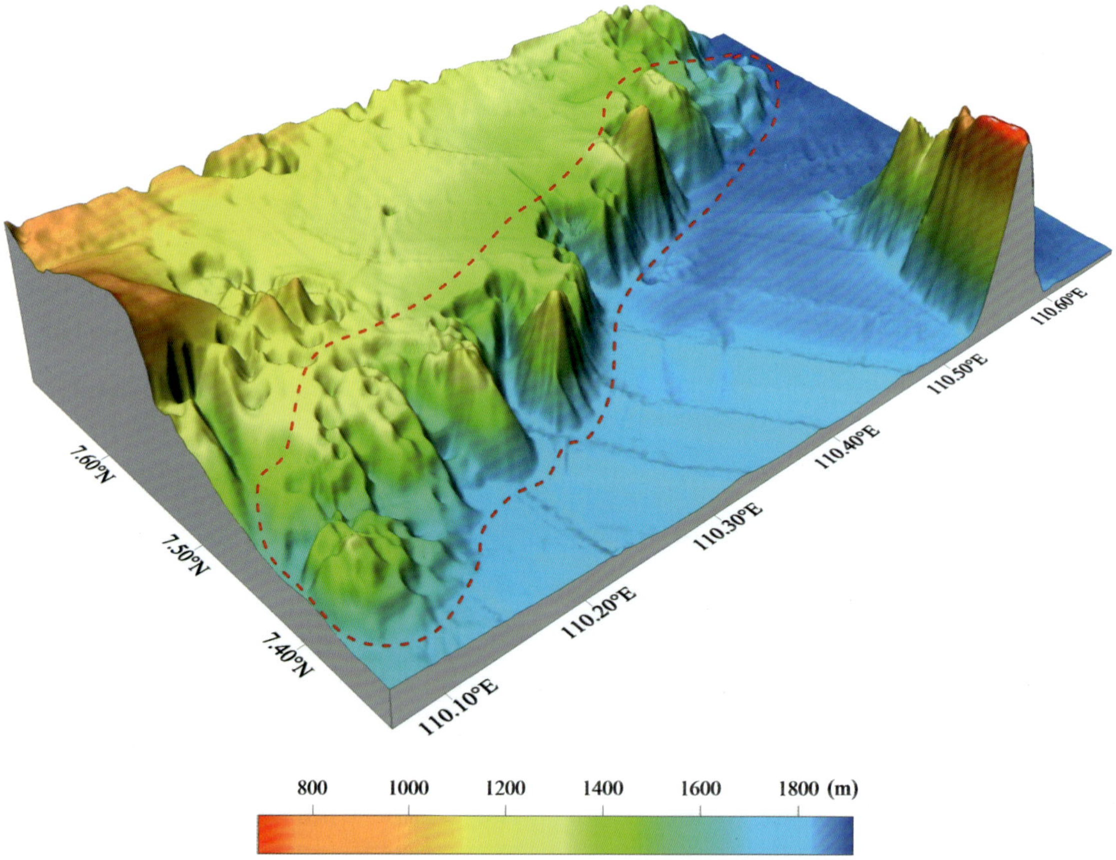

图 4.17 李准海底崖三维地形图

Fig. 4.17 3-D Topography Map of Lizhun Haidiya

4.3 南薇海盆及其周边地理实体，以航海人物和南沙群岛命名

南薇海盆是一个大型的陆坡海盆，盆底地形平缓开阔，中间和周边发育海山、海丘、海脊、海谷等地理实体。北康暗沙附近的地理实体，我们以岛礁和暗沙命名，海盆中间和周边的其他地理实体，我们以中国古代著名航海人物命名（表 4.3）。

表 4.3　南薇海盆及周边三级地理实体

序号	标准地名	汉语拼音	英文名称	中心位置	水深 (m)	高差 (m)	命名理由
1	李准海山	Lǐzhǔn Hǎishān	Lizhun Haishan	07°49.6′ N, 110°40.0′ E	868 ~ 2042	1174	以清代广东水师提督李准命名
2	鸿庥海丘	Hóngxiū Hǎiqiū	Hongxiu Haiqiu	07°20.7′ N, 111°21.3′ E	1742 ~ 2087	345	以海军军官杨鸿庥命名
3	人骏海山	Rénjùn Hǎishān	Renjun Haishan	08°15.5′ N, 110°54.6′ E	489 ~ 2048	1559	以清代两江总督张人骏命名
4	张通海丘	Zhāngtōng Hǎiqiū	Zhangtong Haiqiu	07°17.2′ N, 110°18.1′ E	1549 ~ 1892	343	以明代航海家张通命名
5	杨信海山	Yángxìn Hǎishān	Yangxin Haishan	07°14.7′ N, 110°32.6′ E	256 ~ 1993	1737	以明代航海家杨信命名
6	王衡海丘	Wánghéng Hǎiqiū	Wangheng Haiqiu	07°20.6′ N, 111°03.6′ E	1335 ~ 2065	730	以明代航海家王衡命名
7	常骏海山	Chángjùn Hǎishān	Changjun Haishan	07°20.5′ N, 111°41.8′ E	213 ~ 2147	1934	以隋朝外交家常骏命名
8	马欢海丘	Mǎhuān Hǎiqiū	Mahuan Haiqiu	07°07.7′ N, 111°17.8′ E	1119 ~ 2115	996	以明代航海家马欢命名
9	唐敬海丘	Tángjìng Hǎiqiū	Tangjing Haiqiu	07°12.7′ N, 111°26.2′ E	1575 ~ 2087	512	以明代航海家唐敬命名
10	道明海山	Dàomíng Hǎishān	Daoming Haishan	06°46.9′ N, 109°34.8′ E	96 ~ 1436	1340	以明代航海家梁道明命名
11	费信海丘	Fèixìn Hǎiqiū	Feixin Haiqiu	06°46.7′ N, 111°08.5′ E	1637 ~ 1877	240	以明代航海家费信命名
12	大渊海丘	Dàyuān Hǎiqiū	Dayuan Haiqiu	06°41.2′ N, 111°07.5′ E	1456 ~ 1824	368	以元朝航海家汪大渊命名
13	康泰海丘	Kāngtài Hǎiqiū	Kangtai Haiqiu	06°50.0′ N, 111°23.6′ E	1626 ~ 2025	399	以三国时期航海家康泰命名

续表

序号	标准地名	汉语拼音	英文名称	中心位置	水深 (m)	高差 (m)	命名理由
14	朱真海脊	Zhūzhēn Hǎijǐ	Zhuzhen Haiji	06°15.4′ N, 111°18.4′ E	845 ~ 1735	890	以明代航海家朱真命名
15	朱良海山	Zhūliáng Hǎishān	Zhuliang Haishan	06°24.1′ N, 111°30.2′ E	554 ~ 2020	1466	以明代航海家朱良命名
16	水船海丘	Shuǐchuán Hǎiqiū	Shuichuan Haiqiu	06°30.1′ N, 109°52.6′ E	1028 ~ 1425	397	以郑和船队的船类型命名
17	宝船海丘	Bǎochuán Hǎiqiū	Baochuan Haiqiu	06°26.2′ N, 109°50.7′ E	1046 ~ 1324	278	
18	战船海丘	Zhànchuán Hǎiqiū	Zhanchuan Haiqiu	06°19.5′ N, 109°48.6′ E	984 ~ 1208	224	
19	安渡海山	Āndù Hǎishān	Andu Haishan	07°23.3′ N, 112°51.5′ E	591 ~ 2388	1797	邻近安渡滩，故名
20	奥南海丘	Àonán Hǎiqiū	Aonan Haiqiu	07°06.7′ N, 112°05.0′ E	1920 ~ 2153	233	邻近奥南暗沙，故名
21	北安海丘	Běi'ān Hǎiqiū	Bei'an Haiqiu	06°41.0′ N, 112°11.7′ E	1431 ~ 2379	948	邻近北安礁，故名
22	南安海山	Nán'ān Hǎishān	Nan'an Haishan	06°18.0′ N, 112°08.8′ E	332 ~ 2039	1707	邻近南安礁，故名
23	海康海丘	Hǎikāng Hǎiqiū	Haikang Haiqiu	06°59.1′ N, 112°19.5′ E	1600 ~ 2400	800	邻近海康暗沙，故名
24	北康海山	Běikāng Hǎishān	Beikang Haishan	06°37.7′ N, 112°39.2′ E	164 ~ 2385	2221	邻近北康暗沙，故名
25	南康海丘	Nánkāng Hǎiqiū	Nankang Haiqiu	06°13.3′ N, 112°30.8′ E	731 ~ 1621	890	邻近南康暗沙，故名
26	康西海丘	Kāngxī Hǎiqiū	Kangxi Haiqiu	06°14.7′ N, 111°52.7′ E	1210 ~ 2021	811	邻近康西暗沙，故名
27	康西海底峡谷	Kāngxī Hǎidǐxiágǔ	Kangxi Haidixiagu	05°57.1′ N, 112°02.0′ E	235 ~ 1890	1655	邻近康西暗沙，故名
28	康西岬角	Kāngxī Jiǎjiǎo	Kangxi Jiajiao	05°43.9′ N, 111°56.1′ E	220 ~ 1650	1430	邻近康西海底峡谷，故名
29	石塘海脊	Shítáng Hǎijǐ	Shitang Haiji	10°18.7′ N, 113°28.7′ E	405 ~ 3308	2903	石塘为中国古代对南沙群岛的称谓，此海脊邻近南沙群岛，故名
30	石塘西海脊	Shítángxī Hǎijǐ	Shitangxi Haiji	10°06.1′ N, 113°08.5′ E	1204 ~ 3518	2314	位于石塘海脊以西，故名

续表

序号	标准地名	汉语拼音	英文名称	中心位置	水深 (m)	高差 (m)	命名理由
31	石塘西海谷	Shítángxī Hǎigǔ	Shitangxi Haigu	10°15.8′ N, 113°17.7′ E	1936 ~ 3409	1473	位于石塘海脊以西，故名
32	石塘东海脊	Shítángdōng Hǎijǐ	Shitangdong Haiji	10°13.0′ N, 113°37.0′ E	582 ~ 4678	4096	位于石塘海脊以东，故名
33	石塘东海谷	Shítángdōng Hǎigǔ	Shitangdong Haigu	10°07.6′ N, 113°29.8′ E	1867 ~ 3206	1339	位于石塘海脊以东，故名
34	安波西海丘群	Ānbōxī Hǎiqiūqún	Anboxi Haiqiuqun	07°39.2′ N, 112°11.7′ E	1383 ~ 2075	692	位于安波沙洲以西，故名
35	道明北海丘	Dàomíngběi Hǎiqiū	Daomingbei Haiqiu	07°01.2′ N, 109°39.7′ E	910 ~ 1300	390	位于道明海山以北，故名
36	道明南海丘	Dàomíngnán Hǎiqiū	Daomingnan Haiqiu	06°32.1′ N, 109°31.0′ E	720 ~ 1030	310	位于道明海山以南，故名
37	南薇海底峡谷群	Nánwēi Hǎidǐxiágǔqún	Nanwei Haidixiaguqun	6°20.1′ N, 109°38.4′ E	180 ~ 1180	1000	位于南薇海盆南部，故名
38	义净海丘	Yìjìng Hǎiqiū	Yijing Haiqiu	05°39.4′ N, 111°35.8′ E	930 ~ 1210	280	邻近义净礁，故名

4.3.1 人骏海山

标准名称 Standard Name	人骏海山 Renjun Haishan	类型 Generic Term	海山 Seamount
特征点坐标 Coordinates	08°15.5′ N，110°54.6′ E	规模（km） Dimension (km)	21.6 × 15.4
水深（m） Depth (m)	489 ~ 2048	总起伏（m） Total Relief (m)	1559
地貌形态 Feature Description	海山平面形态呈椭圆形，近南北走向（图 4.18）。 The plane shape of Renjun Haishan is almost oval, extending from south to north.		
命名释义 Reason for Choice of Name	以清代两江总督张人骏命名。张人骏（公元 1846—1927 年）命名，1909 年，张人骏率 170 余人乘 3 艘军舰巡视南海，重申我国对南海诸岛的领土主权，并给岛屿命名。此海山命名为“人骏”，以纪念他在维护国家主权方面做出的重要贡献。 Zhang Renjun was a government officer who led 3 warships to inspect SCS in Qing Dynasty of ancient China. This seamount is named after Renjun, to commemorate his significant contribution on safeguarding the national territorial rights.		

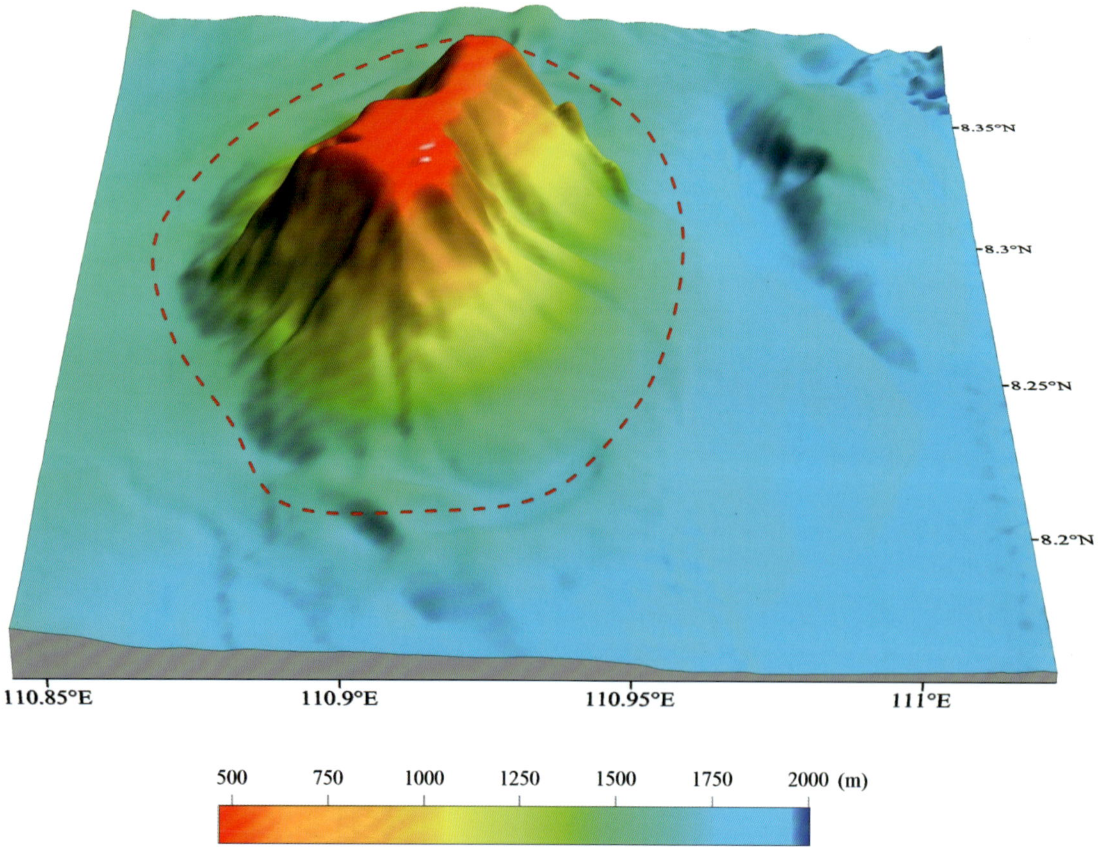

图 4.18 人骏海山三维地形图

Fig. 4.18 3-D Topography Map of Renjun Haishan

4.3.2 李准海山

标准名称 Standard Name	李准海山 Lizhun Haishan	类型 Generic Term	海山 Seamount
特征点坐标 Coordinates	07°49.6′ N，110°40.0′ E	规模（km） Dimension (km)	30.2 × 16.0
水深（m） Depth (m)	868 ~ 2042	总起伏（m） Total Relief (m)	1174
地貌形态 Feature Description	海山平面形态呈椭圆形，呈北东—南西走向（图 4.19）。 The plane shape of Lizhun Haishan is almost oval, extending from NE to SW.		
命名释义 Reason for Choice of Name	以清代广东水师提督李准命名。李准（公元 1871—1936 年），曾乘坐兵舰巡视南海诸岛。此海山以“李准”命名，纪念他在维护国家主权方面做出的重要贡献。 Li Zhun was a government officer who have inspected the islands on SCS in Qing Dynasty of ancient China. This seamount is named after Li Zhun, to commemorate his significant contribution on safeguarding the national territorial rights.		

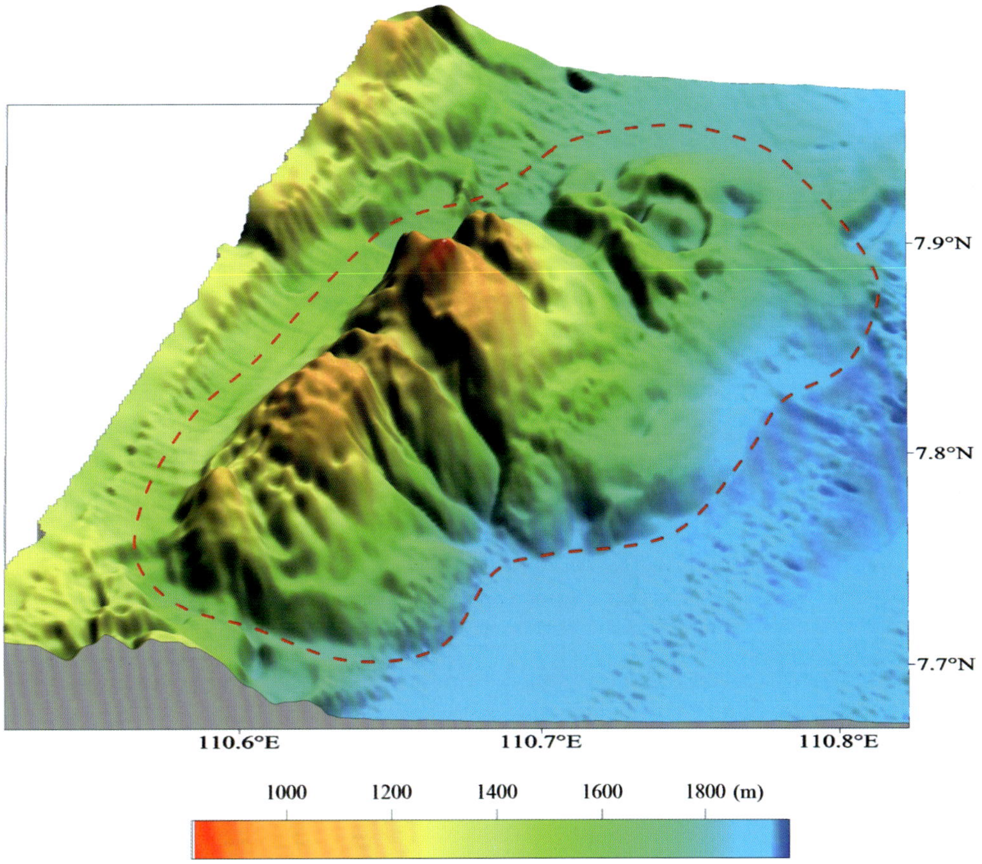

图 4.19 李准海山三维地形图

Fig. 4.19 3-D Topography Map of Lizhun Haishan

4.3.3 杨信海山

标准名称 Standard Name	杨信海山 Yangxin Haishan	类型 Generic Term	海山 Seamount
特征点坐标 Coordinates	07°14.7′ N，110°32.6′ E	规模（km） Dimension (km)	36.2 × 8.3
水深（m） Depth (m)	256 ～ 1993	总起伏（m） Total Relief (m)	1737
地貌形态 Feature Description	海山平面形态呈长条形，呈南北走向（图 4.20）。 The plane shape of Yangxin Haishan is strip-like, extending from south to north.		
命名释义 Reason for Choice of Name	杨信（公元 14—15 世纪，生卒年不详），中国明代使臣，曾受明成祖朱棣指派乘船渡过南海前往三佛齐（Samboja，古国名，今马来半岛和巽他群岛一带）招梁道明回国入朝。此海山以“杨信”命名，以纪念其功绩。 This seamount is named after Yang Xin, a diplomat in Ming Dynasty of ancient China, to commemorate his significant contribution on the diplomacy between China Southeast (SE).		

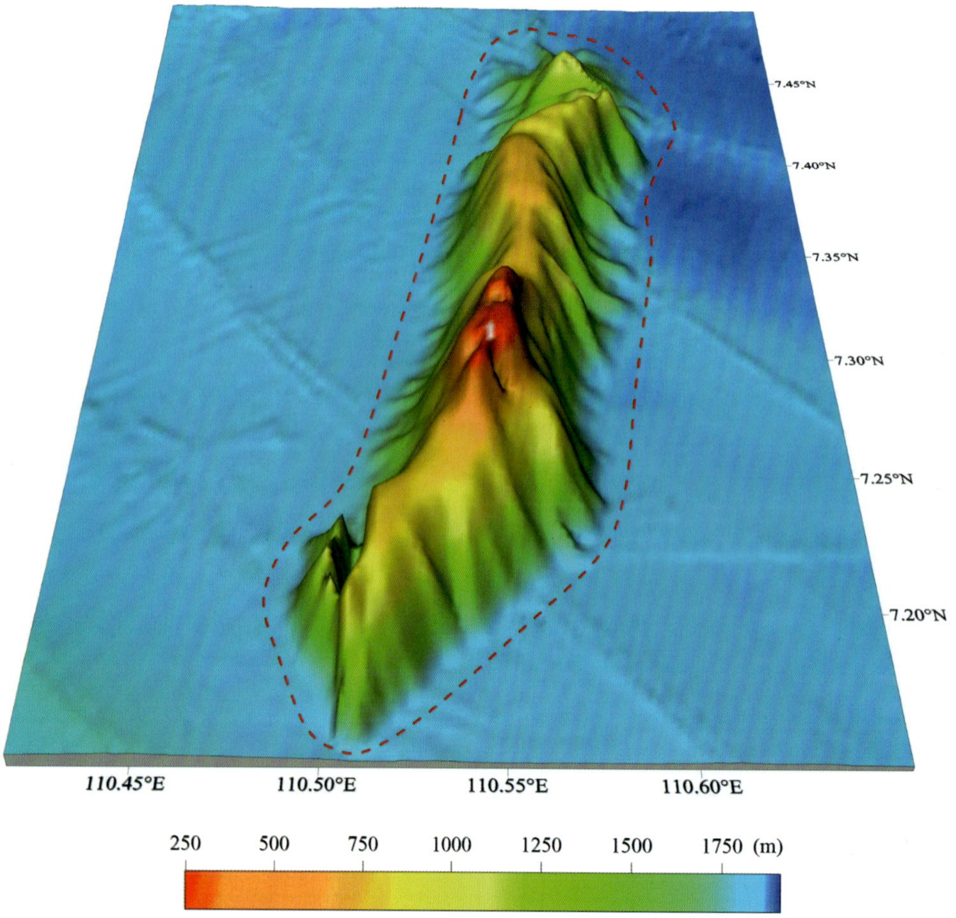

图 4.20 杨信海山三维地形图

Fig. 4.20 3-D Topography Map of Yangxin Haishan

4.3.4 道明海山

标准名称 Standard Name	道明海山 Daoming Haishan	类型 Generic Term	海山 Seamount
特征点坐标 Coordinates	06°46.9′ N，109°34.8′ E	规模（km） Dimension (km)	26.6 × 9.8
水深（m） Depth (m)	96 ~ 1436	总起伏（m） Total Relief (m)	1340
地貌形态 Feature Description	海山平面形态不规则，呈南北走向（图 4.21）。 The plane shape of Daoming Haishan is irregular, extending from south to north.		
命名释义 Reason for Choice of Name	梁道明（公元 14—15 世纪，生卒年不详），明初时三佛齐（Samboja, 今马来半岛和巽他群岛一带）的华人领袖。因支持郑和航海有功，被召回国入朝封赏。此海山以“道明”命名，以纪念梁道明对古代航海做出的贡献。 Liang Daoming was a leader of Samboja, a SE Asian country in the period of early Ming Dynasty. This seamount is named after Liang Daoming, to commemorate his support on the Ming treasure voyages.		

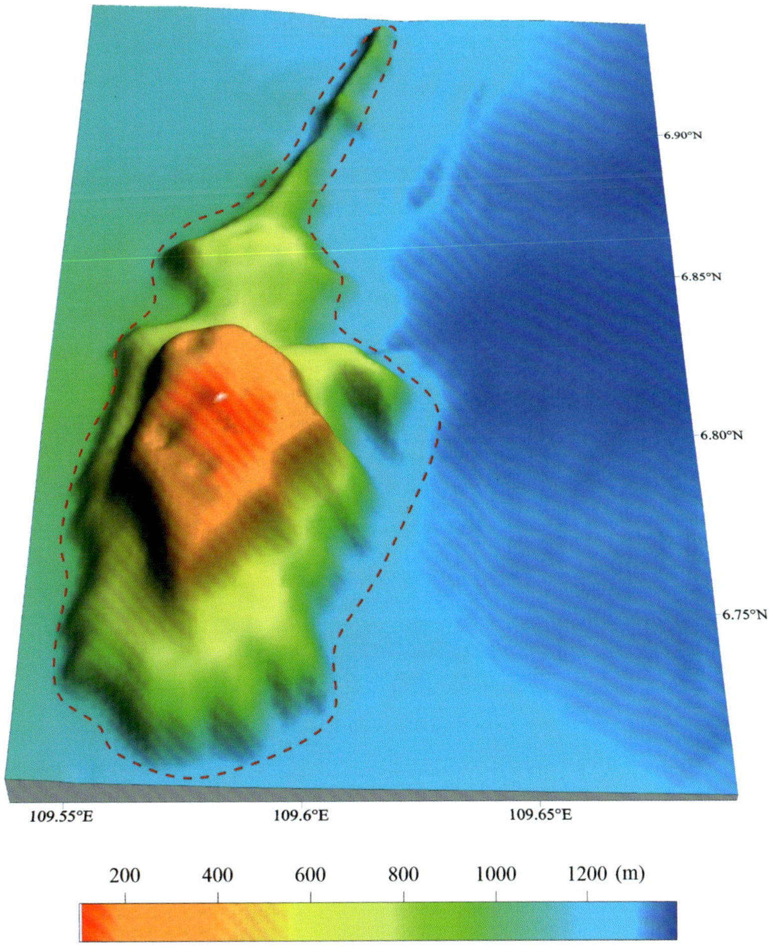

图 4.21 道明海山三维地形图

Fig. 4.21 3-D Topography Map of Daoming Haishan

4.3.5 道明北海丘

标准名称 Standard Name	道明北海丘 Daomingbei Haiqiu	类型 Generic Term	海丘 Hill
特征点坐标 Coordinates	07°01.2′ N，109°39.7′ E	规模（km） Dimension (km)	3.7 × 3.4
水深（m） Depth (m)	910 ~ 1300	总起伏（m） Total Relief (m)	390
地貌形态 Feature Description	海丘整体形态呈圆锥形（图 4.22）。 The overall shape of Daomingbei Haiqiu is conical.		
命名释义 Reason for Choice of Name	位于道明海山以北，故名。 This hill is located on the north of Daoming Seamount. “Bei” means “north” in Chinese. Therefore, “Daomingbei” is used as the name of this hill.		

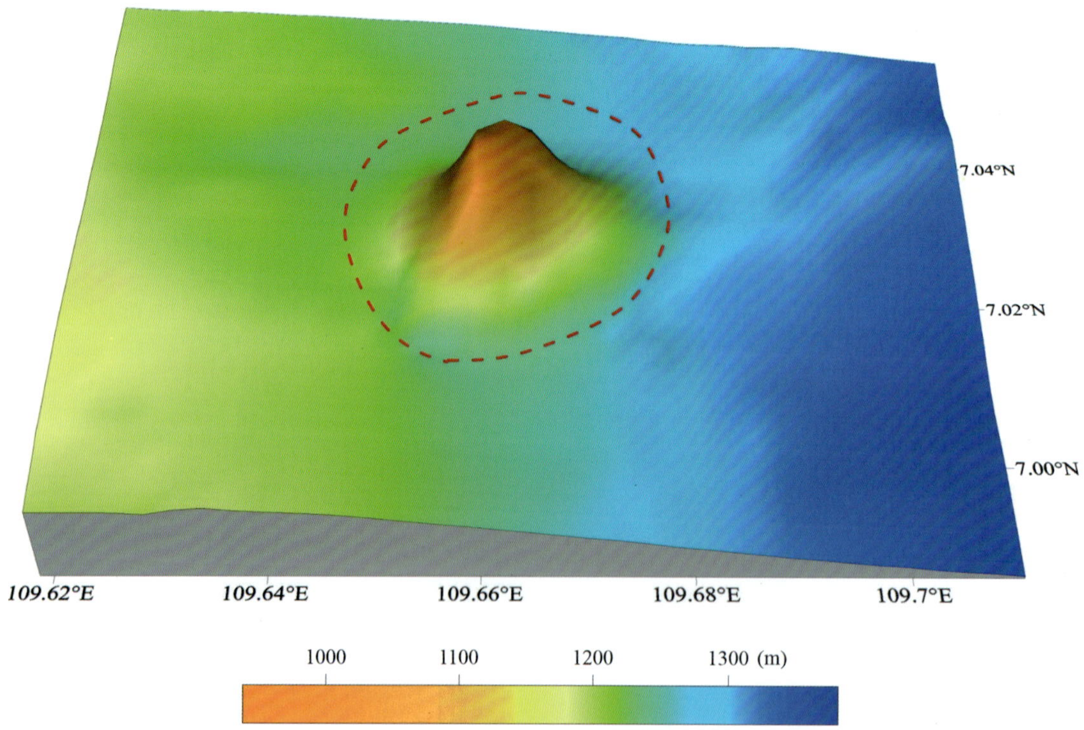

图 4.22 道明海丘三维地形图

Fig. 4.22 3-D Topography Map of Daomingbei Haiqiu

4.3.6 道明南海丘

标准名称 Standard Name	道明南海丘 Daomingnan Haiqiu	类型 Generic Term	海丘 Hill
特征点坐标 Coordinates	06°32.1′N，109°31.0′E	规模（km） Dimension (km)	7.4 × 3.4
水深（m） Depth (m)	720 ~ 1030	总起伏（m） Total Relief (m)	310
地貌形态 Feature Description	海丘平面形态近椭圆形（图 4.23）。 The plane shape of Daomingnan Haiqiu is almost oval.		
命名释义 Reason for Choice of Name	位于道明海山以南，故名。 This hill is located on the south of Daoming Seamount. “Nan” means “south” in Chinese. Therefore, “Daomingnan” is used as the name of this hill.		

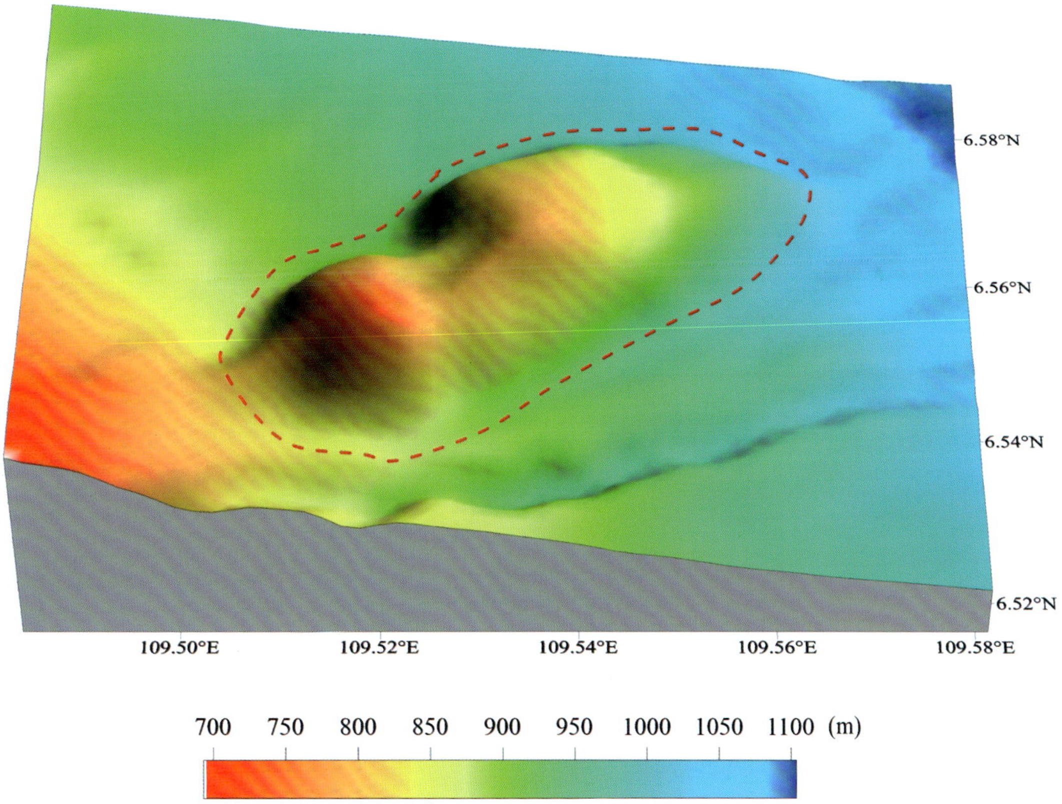

图 4.23 道明南海丘三维地形图

Fig. 4.23 3-D Topography Map of Daomingnan Haiqiu

4.3.7 南薇海底峡谷群

标准名称 Standard Name	南薇海底峡谷群 Nanwei Haidixiaguqun	类型 Generic Term	峡谷群 Canyons
特征点坐标 Coordinates	06°20.1′ N，109°38.4′ E	规模（km） Dimension (km)	99.1 × 21.9
水深（m） Depth (m)	180 ~ 1180	总起伏（m） Total Relief (m)	1000
地貌形态 Feature Description	海底峡谷群内部发育有多条峡谷，各峡谷呈北东—南西走向，近平行排列（图 4.24）。 There are several canyons laying parallel with NE direction in Nanwei Haidixiaguqun.		
命名释义 Reason for Choice of Name	位于南薇海盆南部，故名。 These canyons are located on the south of Nanwei Haipen, so the word “Nanwei” is used to name these canyons.		

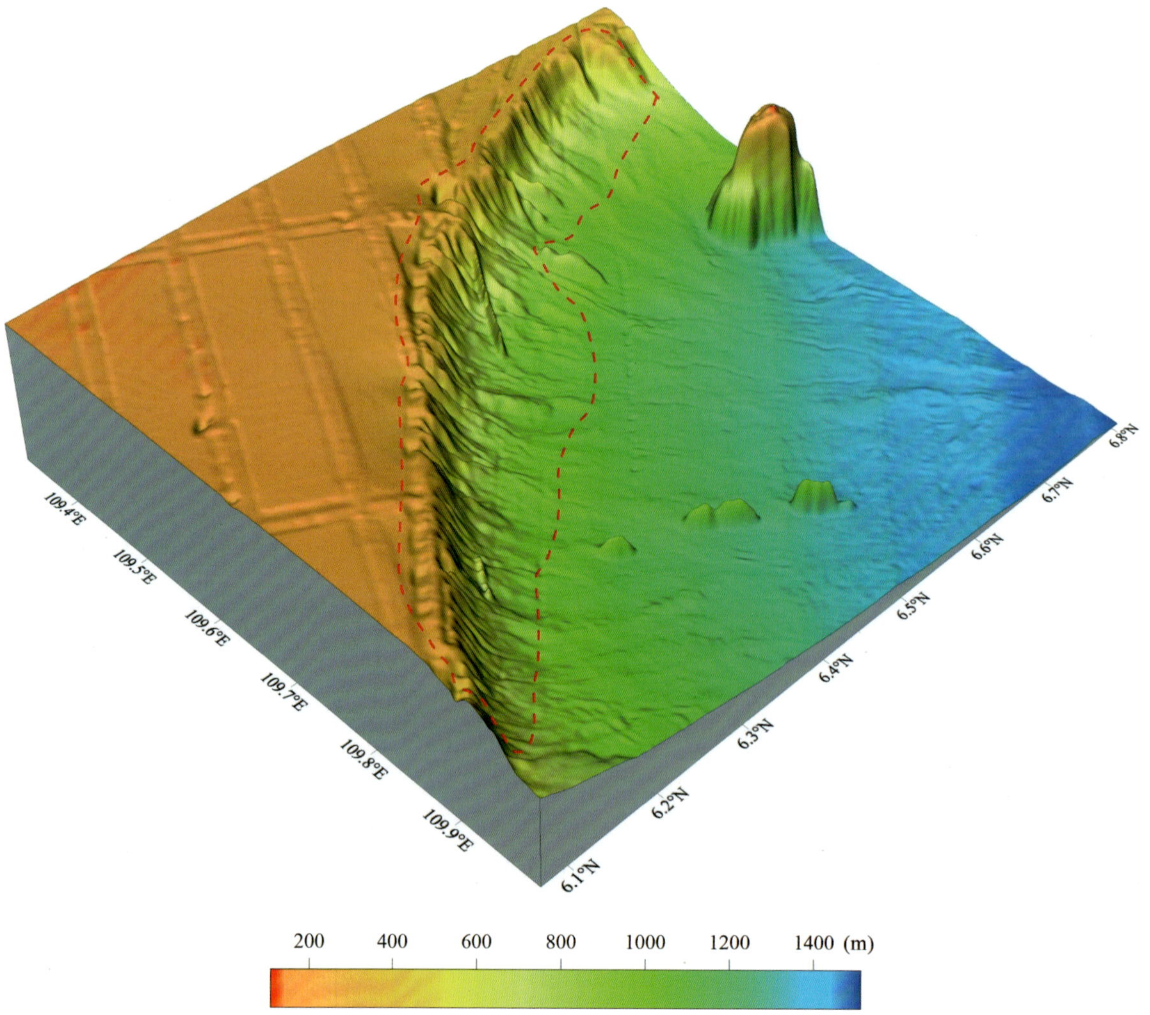

图 4.24 南薇海底峡谷群三维地形图

Fig. 4.24 3-D Topography Map of Nanwei Haidixiaguqun

4.3.8 水船海丘

标准名称 Standard Name	水船海丘 Shuichuan Haiqiu	类型 Generic Term	海丘 Hill
特征点坐标 Coordinates	06°30.1′N，109°52.6′E	规模（km） Dimension (km)	7.3 × 2.0
水深（m） Depth (m)	1028 ~ 1425	总起伏（m） Total Relief (m)	397
地貌形态 Feature Description	海丘呈狭长条状，呈北东—南西走向（图 4.25）。 The plane shape of Shuichuan Haiqiu is strip-like, extending from NE to SW.		
命名释义 Reason for Choice of Name	中国明代航海家郑和率领船队多次远洋航行，途经南海。水船、宝船和战船为郑和船队中船的 3 种类型。以此命名 3 座相邻海丘，以纪念郑和下西洋对古代航海做出的贡献。 This seamount is named after Shuichuan, a model of vessel used in the Ming treasure voyages led by Zheng He in Ming Dynasty.		

4.3.9 宝船海丘

标准名称 Standard Name	宝船海丘 Baochuan Haiqiu	类型 Generic Term	海丘 Hill
特征点坐标 Coordinates	06°26.2′N，109°50.7′E	规模（km） Dimension (km)	8.5 × 2.5
水深（m） Depth (m)	1046 ~ 1324	总起伏（m） Total Relief (m)	278
地貌形态 Feature Description	海丘呈狭长条状，呈北东—南西走向（图 4.25）。 The plane shape of Baochuan Haiqiu is strip-like, extending from NE to SW.		
命名释义 Reason for Choice of Name	中国明代航海家郑和率领船队多次远洋航行，途经南海。水船、宝船和战船为郑和船队中船的 3 种类型。以此命名 3 座相邻海丘，以纪念郑和下西洋对古代航海做出的贡献。 This seamount is named after Baochuan, a model of vessel used in the Ming treasure voyages led by Zheng He in Ming Dynasty.		

4.3.10 战船海丘

标准名称 Standard Name	战船海丘 Zhanchuan Haiqiu	类型 Generic Term	海丘 Hill
特征点坐标 Coordinates	06°19.5′ N，109°48.6′ E	规模（km） Dimension (km)	4.4 × 2.4
水深（m） Depth (m)	984 ~ 1208	总起伏（m） Total Relief (m)	224
地貌形态 Feature Description	海丘平面形态呈椭圆形，呈北东—南西走向（图 4.25）。 The plane shape of Zhanchuan Haiqiu is almost oval, extending from NE to SW.		
命名释义 Reason for Choice of Name	中国明代航海家郑和率领船队多次远洋航行，途经南海。水船、宝船和战船为郑和船队中船的 3 种类型。以此命名 3 座相邻海丘，以纪念郑和下西洋对古代航海做出的贡献。 This seamount is named after Zhanchuan, a model of vessel used in the Ming treasure voyages led by Zheng He in Ming Dynasty.		

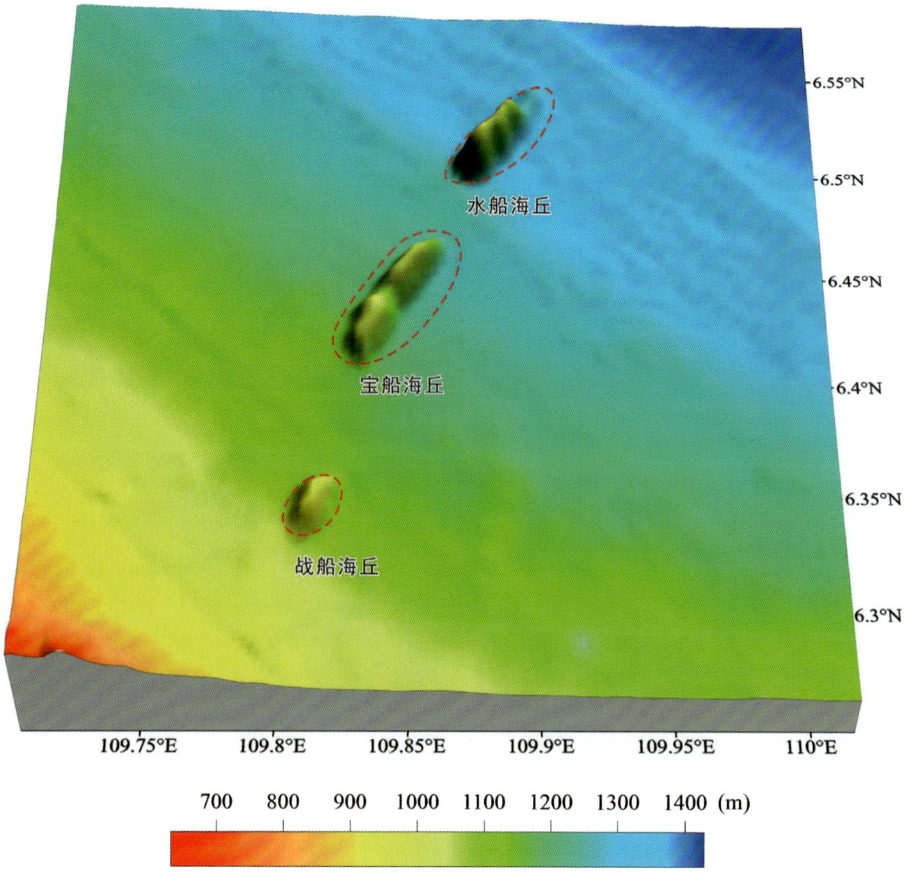

图 4.25 水船海丘、宝船海丘和战船海丘三维地形图
Fig. 4.25 3-D Topography Map of Shuichuan Haiqiu, Baochuan Haiqiu and Zhanchuan Haiqiu

4.3.11 马欢海丘

标准名称 Standard Name	马欢海丘 Mahuan Haiqiu	类型 Generic Term	海丘 Hill
特征点坐标 Coordinates	07°07.7′ N，111°17.8′ E	规模（km） Dimension (km)	49.8 × 21.3
水深（m） Depth (m)	1119 ~ 2115	总起伏（m） Total Relief (m)	996
地貌形态 Feature Description	海丘平面形态不规则，呈北西—南东走向（图 4.26）。 The plane shape of Mahuan Haiqiu is irregular, extending from NW to SE.		
命名释义 Reason for Choice of Name	马欢（公元 14—15 世纪，生卒年不详），明代航海家，曾 3 次随郑和船队远洋航行，途经南海。他的著作《瀛涯胜览》是研究 15 世纪亚非地区和中西交通的主要资料。此海丘以“马欢”命名，以纪念其对古代航海做出的贡献。 This hill is named after Ma Huan, a navigator in the fleet of the Ming treasure voyages led by Zheng He in Ming Dynasty.		

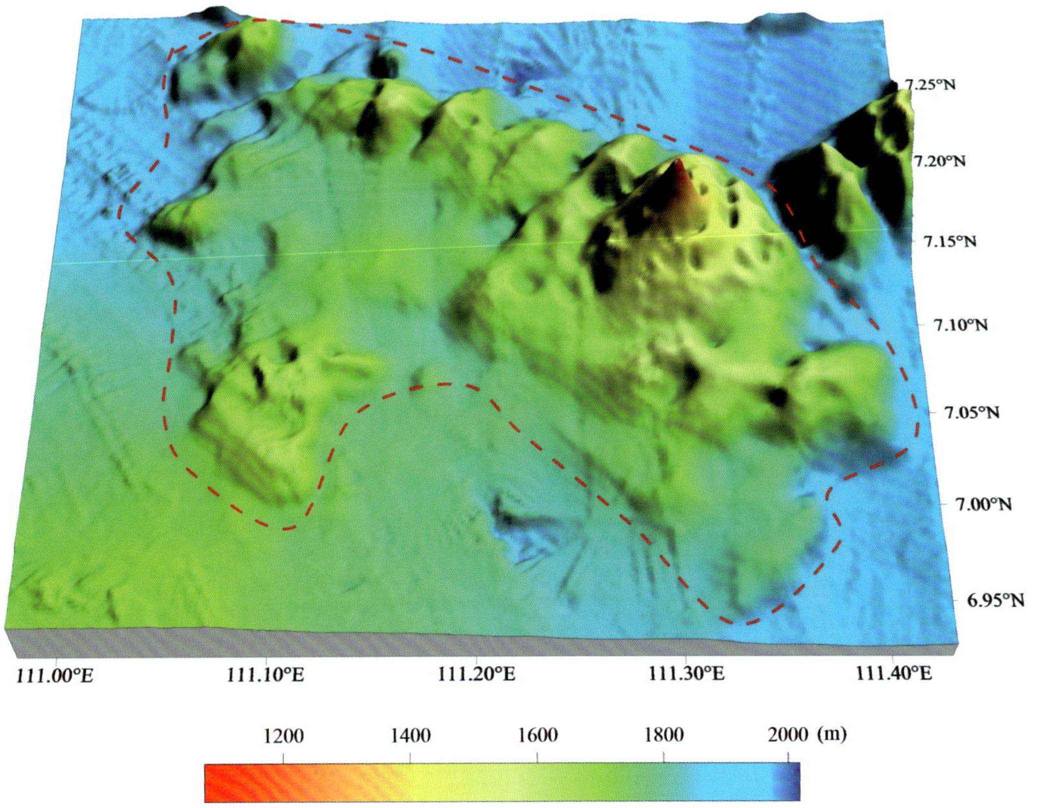

图 4.26 马欢海丘三维地形图

Fig. 4.26 3-D Topography Map of Mahuan Haiqiu

4.3.12 王衡海丘

标准名称 Standard Name	王衡海丘 Wangheng Haiqiu	类型 Generic Term	海丘 Hill
特征点坐标 Coordinates	07°20.6′ N，111°03.6′ E	规模（km） Dimension (km)	13.0 × 10.5
水深（m） Depth (m)	1335 ~ 2065	总起伏（m） Total Relief (m)	730
地貌形态 Feature Description	海丘山体呈圆锥状（图 4.27）。 The overall shape of Wangheng Haiqiu is conical.		
命名释义 Reason for Choice of Name	王衡（公元 14—15 世纪，生卒年不详），明代航海家，曾多次随郑和船队远洋航行，途经南海。此海丘以“王衡”命名，以纪念其对古代航海做出的贡献。 This hill is named after Wang Heng, a navigator in the fleet of the Ming treasure voyages led by Zheng He in Ming Dynasty.		

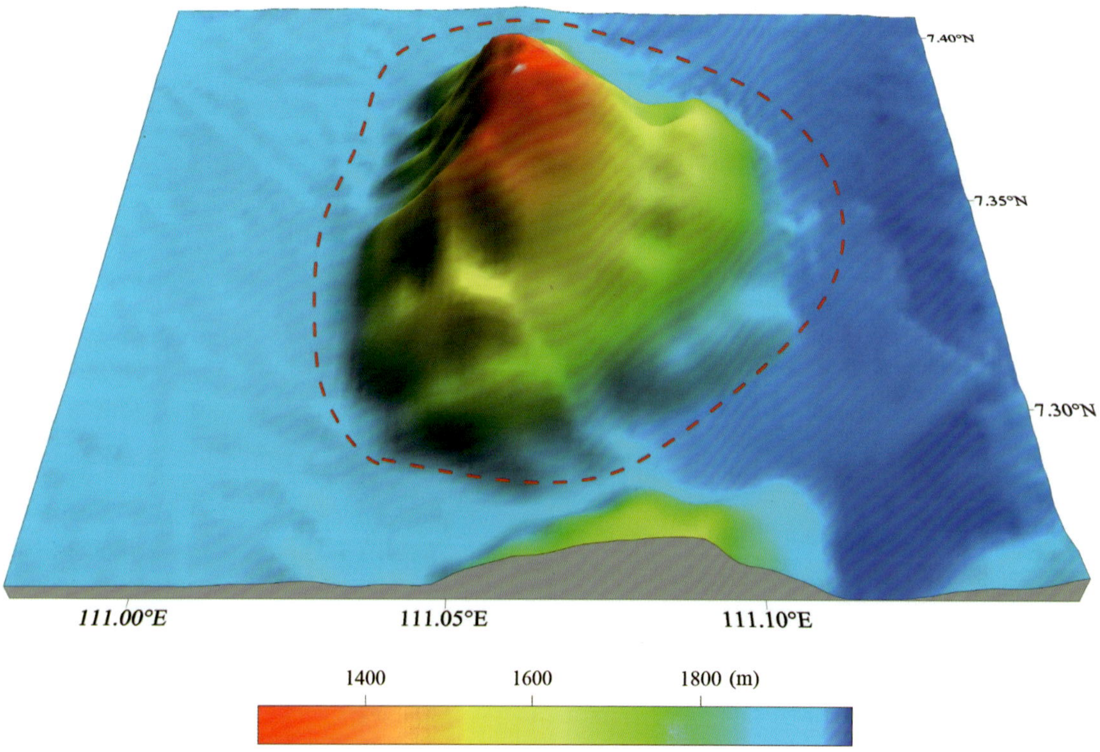

图 4.27 王衡海丘三维地形图

Fig. 4.27 3-D Topography Map of Wangheng Haiqiu

4.3.13 鸿庥海丘

标准名称 Standard Name	鸿庥海丘 Hongxiu Haiqiu	类型 Generic Term	海丘 Hill
特征点坐标 Coordinates	07°20.7′ N，111°21.3′ E	规模（km） Dimension (km)	17.9 × 13.5
水深（m） Depth (m)	1742 ～ 2087	总起伏（m） Total Relief (m)	345
地貌形态 Feature Description	海丘平面形态不规则（图 4.28）。 The plane shape of Hongxiu Haiqiu is irregular.		
命名释义 Reason for Choice of Name	杨鸿庥（公元 19—20 世纪，生卒年不详），中国海军军官。1946 年中国政府派“中业”号等两艘军舰前往南海接收第二次世界大战时曾被日本侵占的南沙群岛，杨鸿庥当时任“中业”号副舰长。此海丘以“鸿庥”命名，以纪念杨鸿庥对维护南海和平做出的贡献。 This hill is named after Hong Xiu, a Chinese naval officer during World War Ⅱ, to commemorate his contribution on safeguarding the peace and right of Nansha Qundao.		

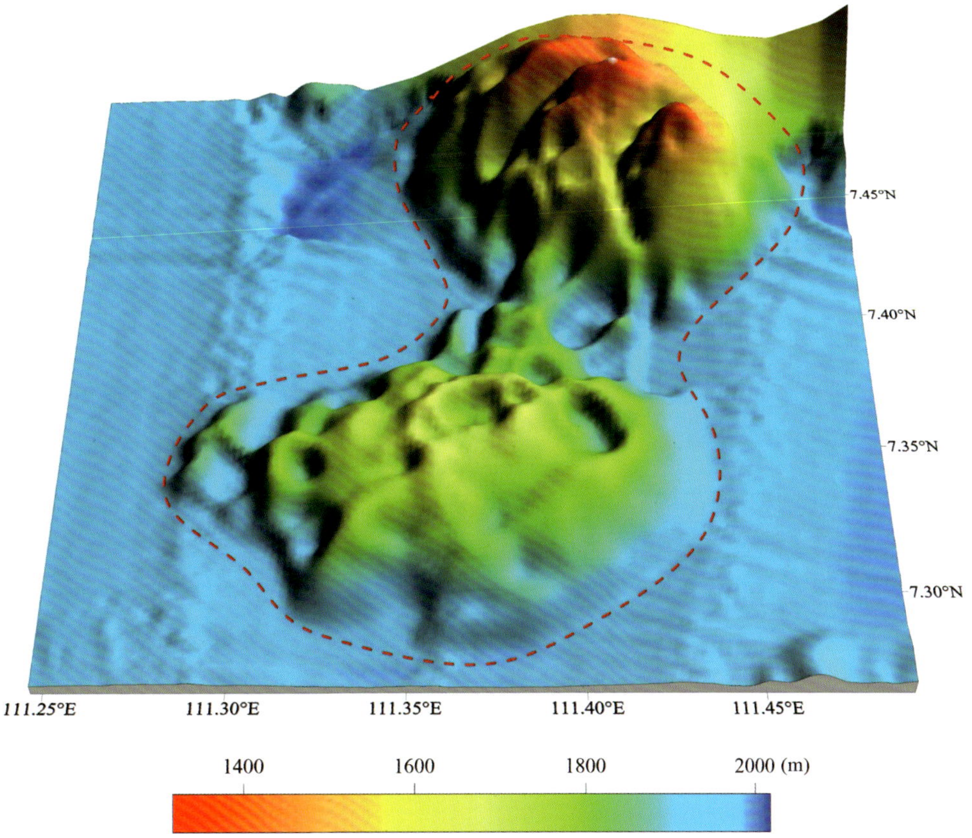

图 4.28 鸿庥海丘三维地形图

Fig. 4.28 3-D Topography Map of Hongxiu Haiqiu

4.3.14 唐敬海丘

标准名称 Standard Name	唐敬海丘 Tangjing Haiqiu	类型 Generic Term	海丘 Hill
特征点坐标 Coordinates	07°12.7′ N，111°26.2′ E	规模（km） Dimension (km)	19.6 × 10.5
水深（m） Depth (m)	1575 ~ 2087	总起伏（m） Total Relief (m)	512
地貌形态 Feature Description	海丘平面呈椭圆形，呈北东—南西走向（图 4.29）。 The plane shape of Tangjing Haiqiu is almost oval, extending from NE to SW.		
命名释义 Reason for Choice of Name	唐敬（公元 14—15 世纪，生卒年不详），明代航海家，曾两次随郑和船队远洋航行，途经南海。此海丘以“唐敬”命名，以纪念其对古代航海做出的贡献。 This hill is named after Tang Jing, a navigator in the fleet of the Ming treasure voyages led by Zheng He in Ming Dynasty.		

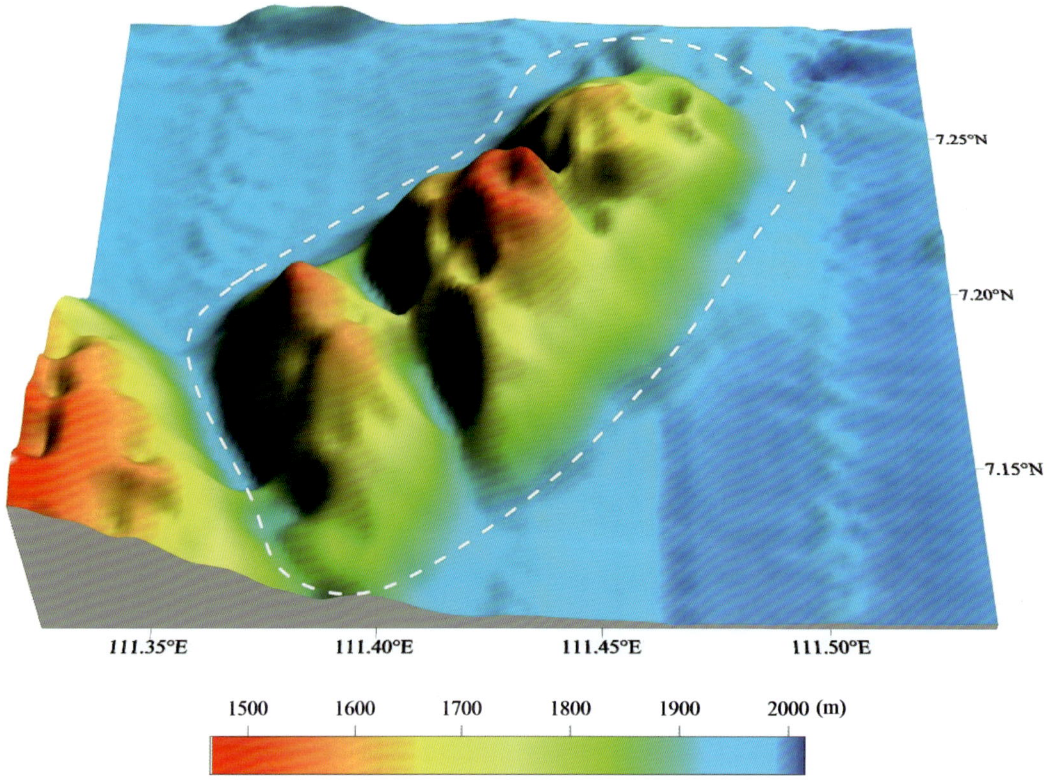

图 4.29 唐敬海丘三维地形图

Fig. 4.29 3-D Topography Map of Tangjing Haiqiu

4.3.15 朱良海山

标准名称 Standard Name	朱良海山 Zhuliang Haishan	类型 Generic Term	海山 Seamount
特征点坐标 Coordinates	06°24.1′ N，111°30.2′ E	规模（km） Dimension (km)	21.0 × 11.7
水深（m） Depth (m)	554 ~ 2020	总起伏（m） Total Relief (m)	1466
地貌形态 Feature Description	海山平面形态呈椭圆形，呈南北走向（图 4.30）。 The plane shape of Zhuliang Haishan is almost oval, extending from south to north.		
命名释义 Reason for Choice of Name	以明代航海家朱良命名。朱良（生卒年不详），明代航海家兼外交家，是郑和下西洋的随行人员。 This seamount is named after Zhu Liang, a navigator in the fleet of the Ming treasure voyages led by Zheng He in Ming Dynasty.		

4.3.16 朱真海脊

标准名称 Standard Name	朱真海脊 Zhuzhen Haiji	类型 Generic Term	海脊 Ridge
特征点坐标 Coordinates	06°15.4′ N，111°18.4′ E	规模（km） Dimension (km)	30.4 × 11.0
水深（m） Depth (m)	845 ~ 1735	总起伏（m） Total Relief (m)	890
地貌形态 Feature Description	海脊呈长条形，呈南北走向（图 4.30）。 The plane shape of Zhuzhen Haiji is strip-like, extending from south to north.		
命名释义 Reason for Choice of Name	以明代航海家朱真命名。朱真（生卒年不详），明代航海家兼外交家，是郑和第五次下西洋的船队将领。 This ridge is named after Zhu Zhen, a navigator in the fleet of the Ming treasure voyages led by Zheng He in Ming Dynasty.		

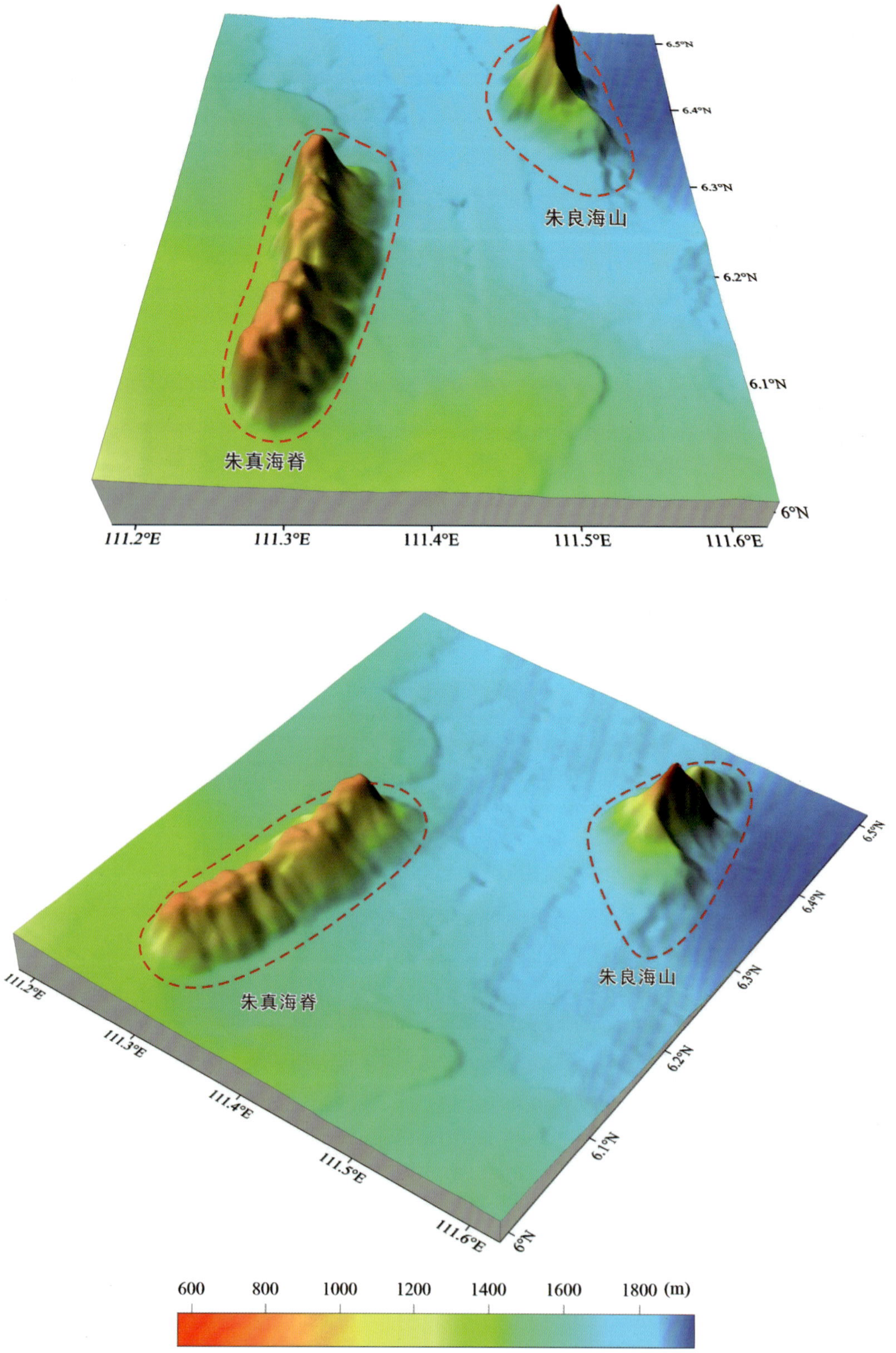

图 4.30　朱良海山和朱真海脊三维地形图

Fig. 4.30　3-D Topography Map of Zhuliang Haishan and Zhuzhen Haiji

4.3.17 常骏海山

标准名称 Standard Name	常骏海山 Changjun Haishan	类型 Generic Term	海山 Seamount
特征点坐标 Coordinates	07°20.5′ N，111°41.8′ E	规模（km） Dimension (km)	48.9 × 21.2
水深（m） Depth (m)	213 ～ 2147	总起伏（m） Total Relief (m)	1934
地貌形态 Feature Description	海山平面形态不规则，近南北走向（图 4.31）。 The plane shape of Changjun Haishan is irregular, extending almost from south to north.		
命名释义 Reason for Choice of Name	常骏（公元 6—7 世纪，生卒年不详），我国隋朝外交使臣，曾受隋炀帝派遣乘船穿越南海出使赤土国（古国名，位于马来半岛），并代表隋与赤土国建立外交关系。此海山以“常骏”命名，以纪念其对古代航海和外交做出的贡献。 This seamount is named after Chang Jun, a diplomat in Sui Dynasty of ancient China, to commemorate his outstanding achivement in navigation and diplomacy.		

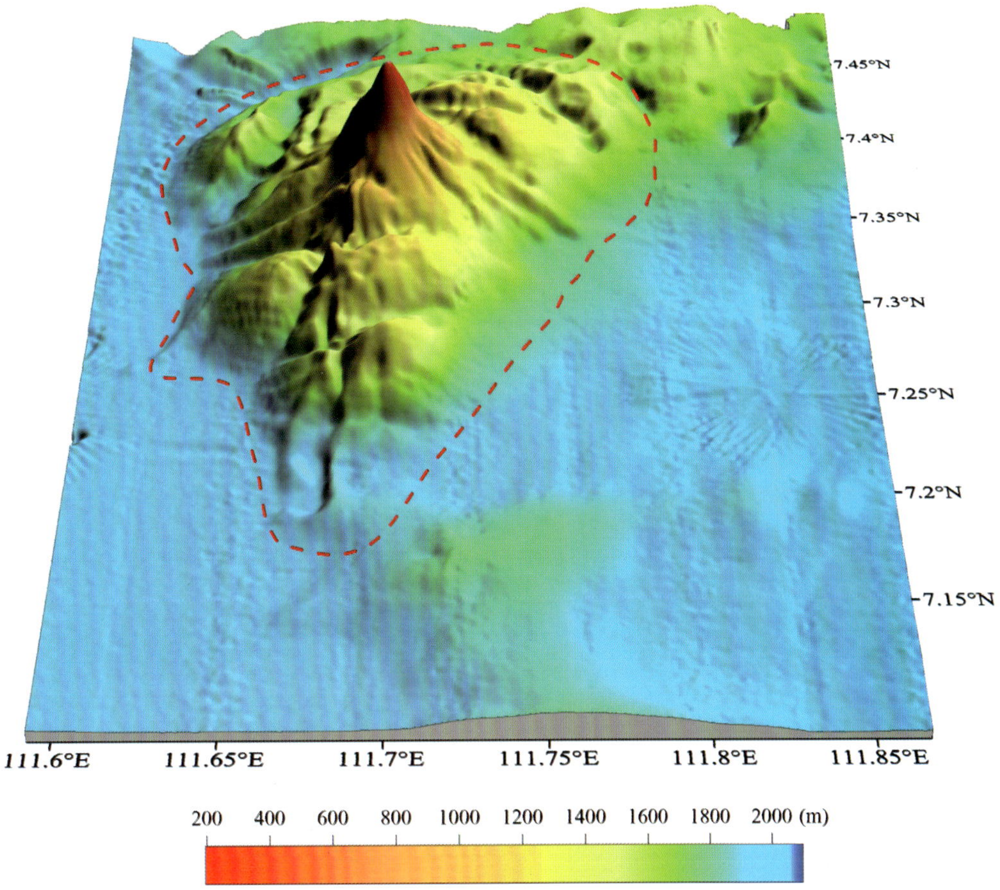

图 4.31　常骏海山三维地形图

Fig. 4.31　3-D Topography Map of Changjun Haishan

4.3.18　费信海丘

标准名称 Standard Name	费信海丘 Feixin Haiqiu	类型 Generic Term	海丘 Hill
特征点坐标 Coordinates	06°46.7′ N，111°08.5′ E	规模（km） Dimension (km)	12.2 × 7.1
水深（m） Depth (m)	1637 ～ 1877	总起伏（m） Total Relief (m)	240
地貌形态 Feature Description	海丘平面形态呈椭圆形，呈南北走向（图 4.32）。 The plane shape of Feixin Haiqiu is almost oval, extending from north to south.		
命名释义 Reason for Choice of Name	以明代航海家费信命名，纪念他在航海史上的重要贡献。费信（1388 年—？），先后 4 次参加郑和下西洋活动。费信著有《星搓胜览》，记述了下西洋所途径 40 余国的政治、经济、历史、地理、社会生活和风土人情。 This ridge is named after Fei Xin, a navigator in the fleet of the Ming treasure voyages led by Zheng He in Ming Dynasty.		

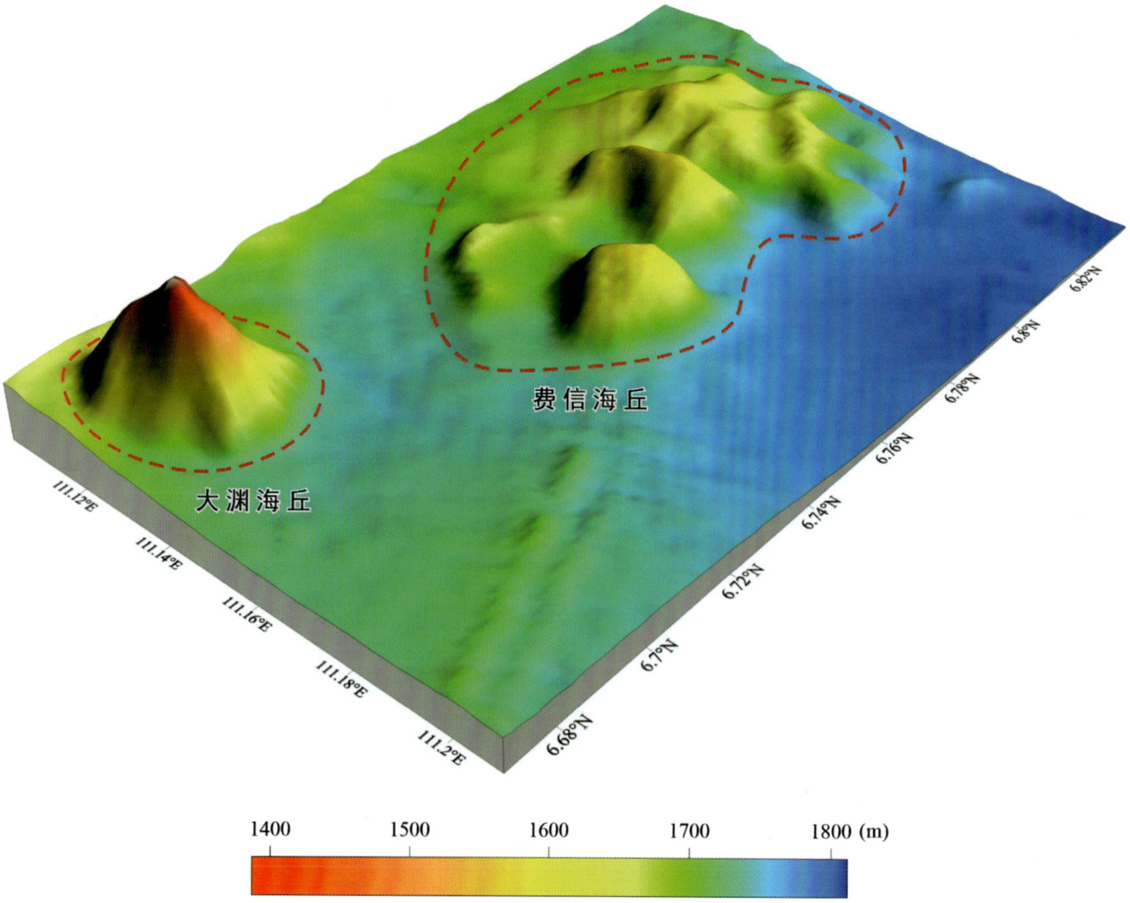

图 4.32　费信海丘三维地形图

Fig. 4.32　3-D Topography Map of Feixin Haiqiu

4.3.19 大渊海丘

标准名称 Standard Name	大渊海丘 Dayuan Haiqiu	类型 Generic Term	海丘 Hill
特征点坐标 Coordinates	06°41.2′N，111°07.5′E	规模（km） Dimension (km)	4.3 × 3.5
水深（m） Depth (m)	1456 ~ 1824	总起伏（m） Total Relief (m)	368
地貌形态 Feature Description	海丘平面形态呈椭圆形，长轴呈北东—南西走向（图 4.33）。 The plane shape of Dayuan Haiqiu is almost oval, extending from NE to SW.		
命名释义 Reason for Choice of Name	以元朝航海家汪大渊命名。汪大渊（1311 年—？），曾航海到达过东南亚及印度洋沿岸、地中海沿岸等地区，著有《岛夷志略》，涉及的国家和地区 220 余个，对研究元代中西交通和诸国历史、地理有重要参考价值，引起世界重视。1867 年以后，西方许多学者研究该书，并将其译成多种文字流传，公认其对世界历史、地理的伟大贡献。 This hill is named after Wang Dayuan, a famous navigator who have travelled to SE Asia, Indian Ocean and Mediterranean Sea in Yuan Dynasty, to commemorate his outstanding achievement in navigation and cultural exchange.		

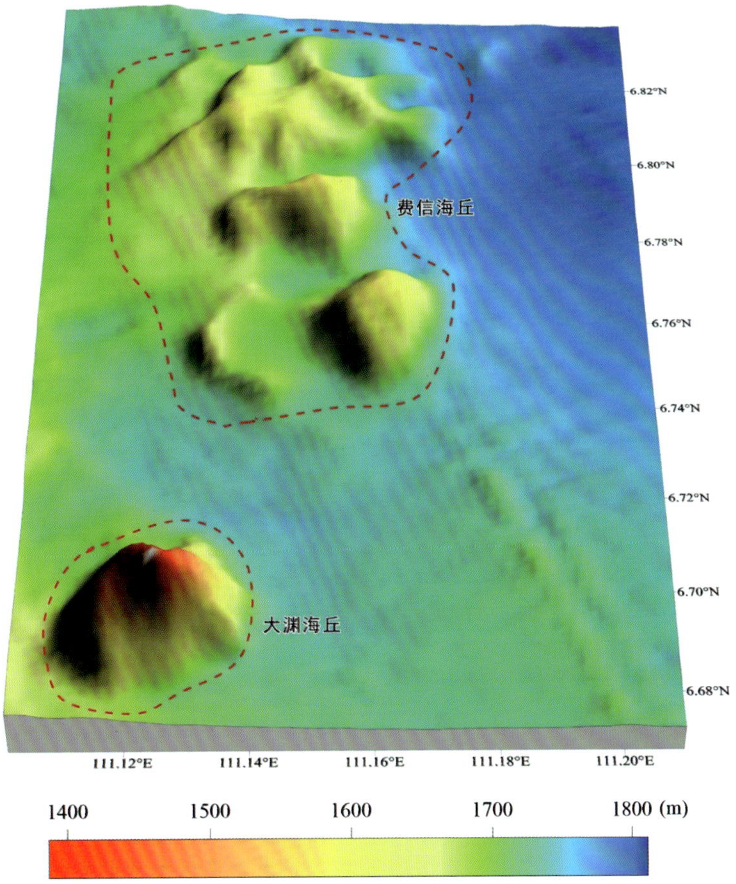

图 4.33 大渊海丘三维地形图

Fig. 4.33 3-D Topography Map of Dayuan Haiqiu

4.3.20 康泰海丘

标准名称 Standard Name	康泰海丘 Kangtai Haiqiu	类型 Generic Term	海丘 Hill
特征点坐标 Coordinates	06°50.0′ N，111°23.6′ E	规模（km） Dimension (km)	12.0 × 6.0
水深（m） Depth (m)	1626 ~ 2025	总起伏（m） Total Relief (m)	399
地貌形态 Feature Description	海丘平面形态不规则，呈北东—南西走向（图 4.34）。 The plane shape of Kangtai Haiqiu is irregular, extending almost from NE to SW.		
命名释义 Reason for Choice of Name	以三国时期航海家康泰命名。康泰（生卒年不详），三国吴人，奉命巡游南海和扶南（中南半岛古国，今柬埔寨），著有《扶南传》，记录了出使南海时所经历和听闻的各国情况。 This hill is named after Kang Tai, a navigator who have travelled to SCS and Cambodia in the Three Kingdoms period in ancient China, to commemorate his outstanding achievement in navigation and cultural exchange.		

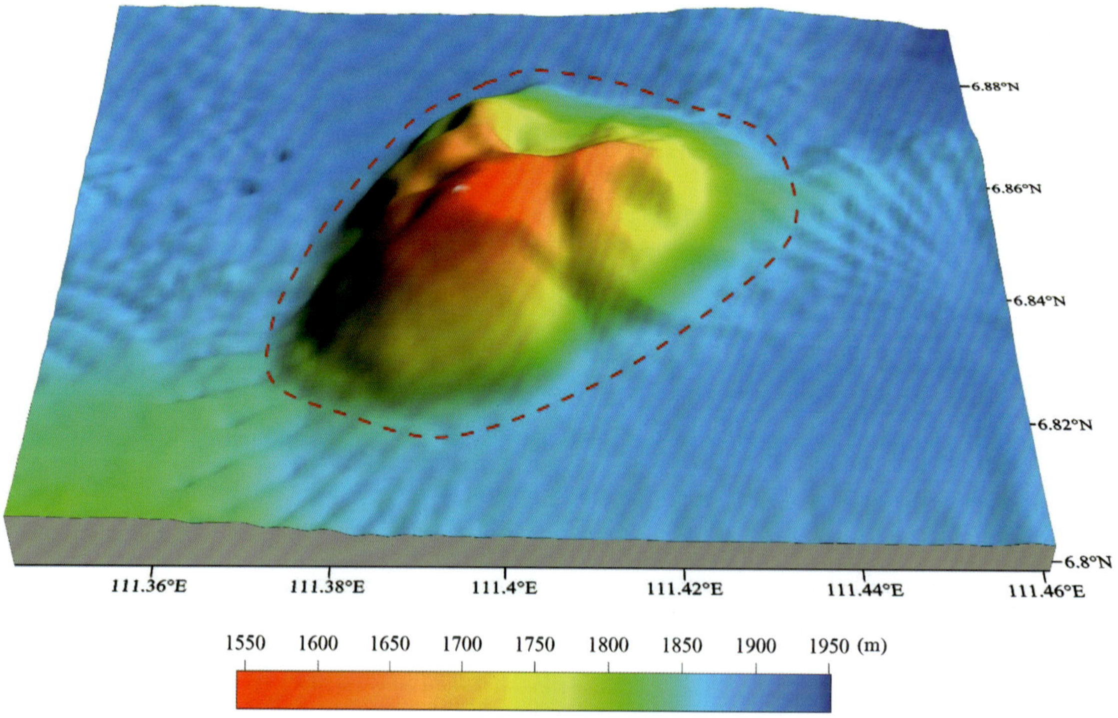

图 4.34　康泰海丘三维地形图

Fig. 4.34　3-D Topography Map of Kangtai Haiqiu

4.3.21 康西海底峡谷

标准名称 Standard Name	康西海底峡谷 Kangxi Haidixiagu	类型 Generic Term	峡谷 Canyon
特征点坐标 Coordinates	05°57.1′ N，112°02.0′ E	规模（km） Dimension (km)	65.5 × 12.6
水深（m） Depth (m)	235 ~ 1890	总起伏（m） Total Relief (m)	1655
地貌形态 Feature Description	峡谷呈长条状由南向北延伸（图 4.35）。 The plane shape of Kangxi Haidixiagu is strip-like, extending from south to north.		
命名释义 Reason for Choice of Name	邻近康西暗沙，故名。 This canyon is adjacent to Kangxi Ansha (Shoal), so the word “Kangxi” is used to name this canyon.		

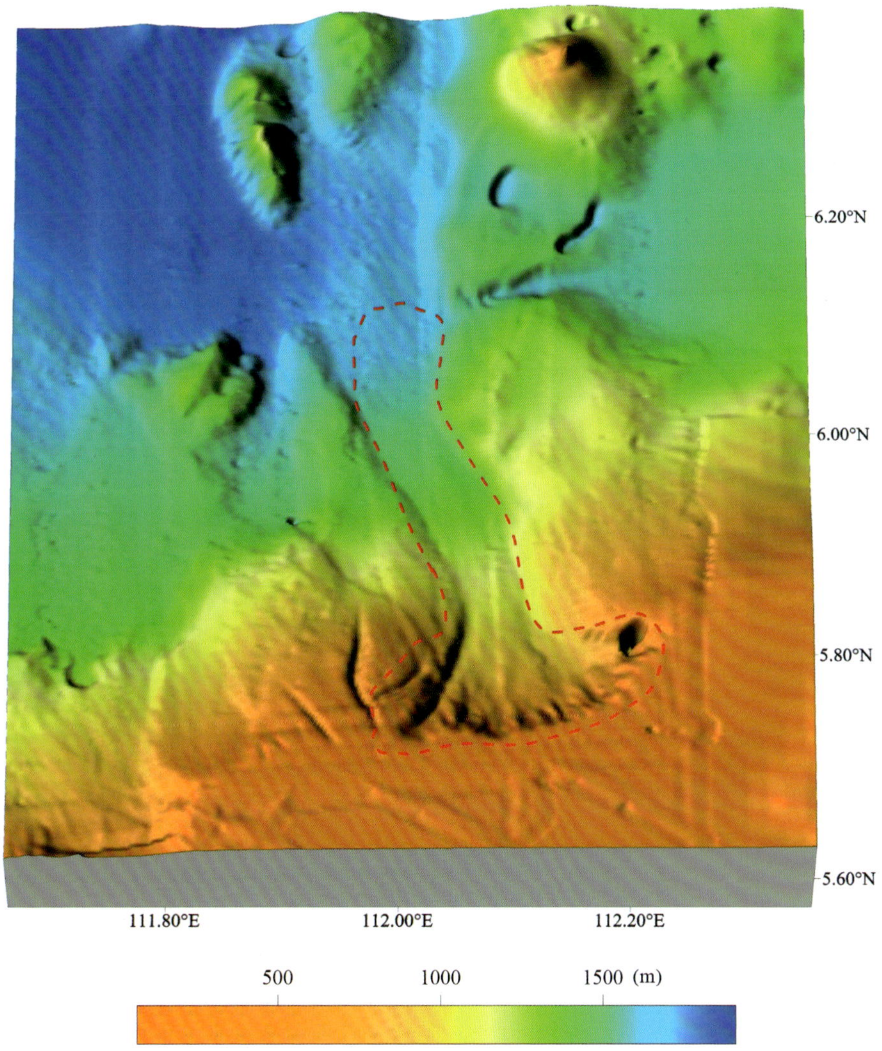

图 4.35 康西海底峡谷三维地形图

Fig. 4.35 3-D Topography Map of Kangxi Haidixiagu

4.3.22 康西岬角

标准名称 Standard Name	康西岬角 Kangxi Jiajiao	类型 Generic Term	岬角 Spur
特征点坐标 Coordinates	05°43.9′ N，111°56.1′ E	规模（km） Dimension (km)	48.8 × 40.9
水深（m） Depth (m)	220 ~ 1650	总起伏（m） Total Relief (m)	1430
地貌形态 Feature Description	岬角平面形态呈不规则（图 4.36）。 The plane shape of of Kangxi Jiajiao is irregular.		
命名释义 Reason for Choice of Name	邻近康西海底峡谷，故名。 This spur is adjacent to Kangxi Haidixiagu, so the word “Kangxi” is used to name this spur.		

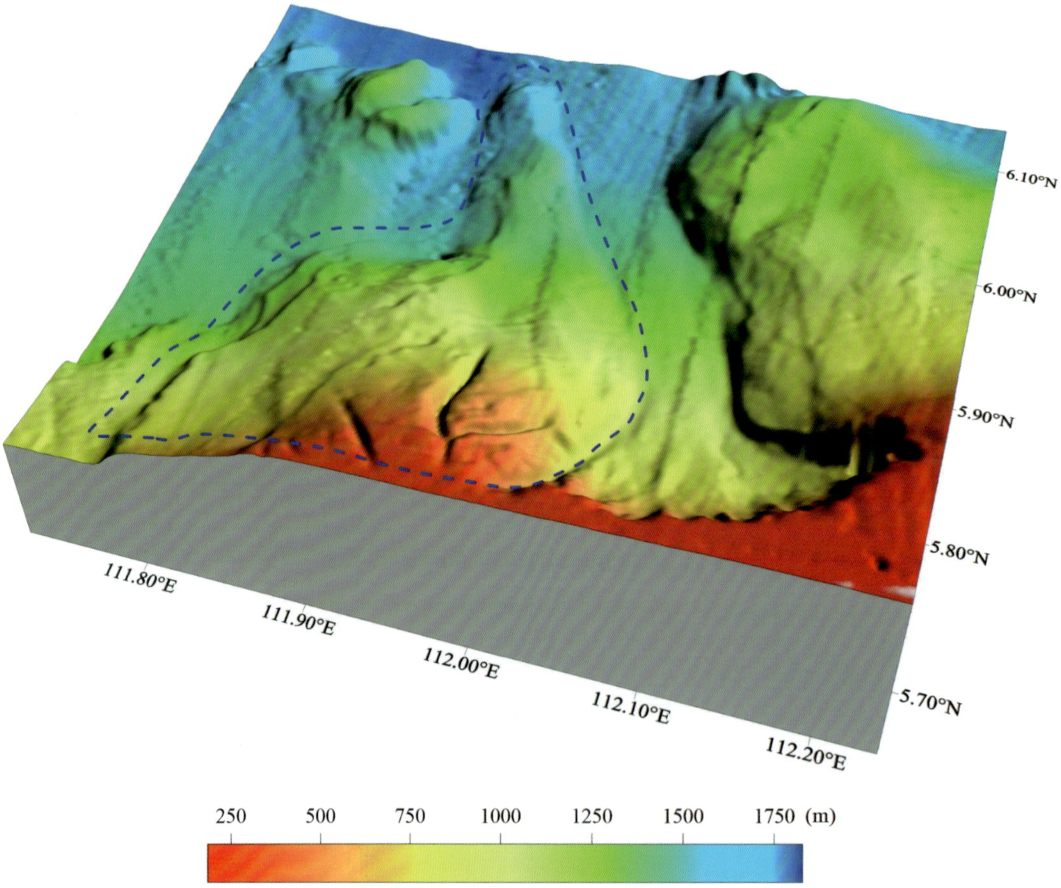

图 4.36 康西岬角三维地形图

Fig. 4.36 3-D Topography Map of Kangxi Jiajiao

4.3.23 石塘海脊

标准名称 Standard Name	石塘海脊 Shitang Haiji	类型 Generic Term	海脊 Ridge
特征点坐标 Coordinates	10°18.7′ N，113°28.7′ E	规模（km） Dimension (km)	99.0 × 20.3
水深（m） Depth (m)	405 ～ 3308	总起伏（m） Total Relief (m)	2903
地貌形态 Feature Description	石塘西海脊、石塘西海谷、石塘海脊、石塘东海谷、石塘东海脊 5 个地理实体平行排列，呈南北走向，构成脊谷相间、高低起伏的地貌组合体。 石塘海脊呈长条形，呈南北走向（图 4.37）。 The plane shape of Shitang Haiji is strip-like, extending from south to north.		
命名释义 Reason for Choice of Name	石塘为中国古代对南沙群岛的称谓，此海脊邻近南沙群岛，故名。 "Shitang" is the ancient Chinese name for Nansha Qundao. This ridge is adjacent to Nansha Qundao, so the word "Shitang" is used as its name.		

4.3.24 石塘东海谷

标准名称 Standard Name	石塘东海谷 Shitangdong Haigu	类型 Generic Term	海谷 Valley
特征点坐标 Coordinates	10°07.6′ N，113°29.8′ E	规模（km） Dimension (km)	64.3 × 11.5
水深（m） Depth (m)	1867 ～ 3206	总起伏（m） Total Relief (m)	1339
地貌形态 Feature Description	海谷呈长条状，呈南北走向（图 4.37）。 The plane shape of Shitangdong Haigu is strip-like, extending from south to north.		
命名释义 Reason for Choice of Name	位于石塘海脊以东，故名。 This valley is located on the east of Shitang Haiji. "Dong" means "east" in Chinese. Therefore, "Shitangdong" is used to name this valley.		

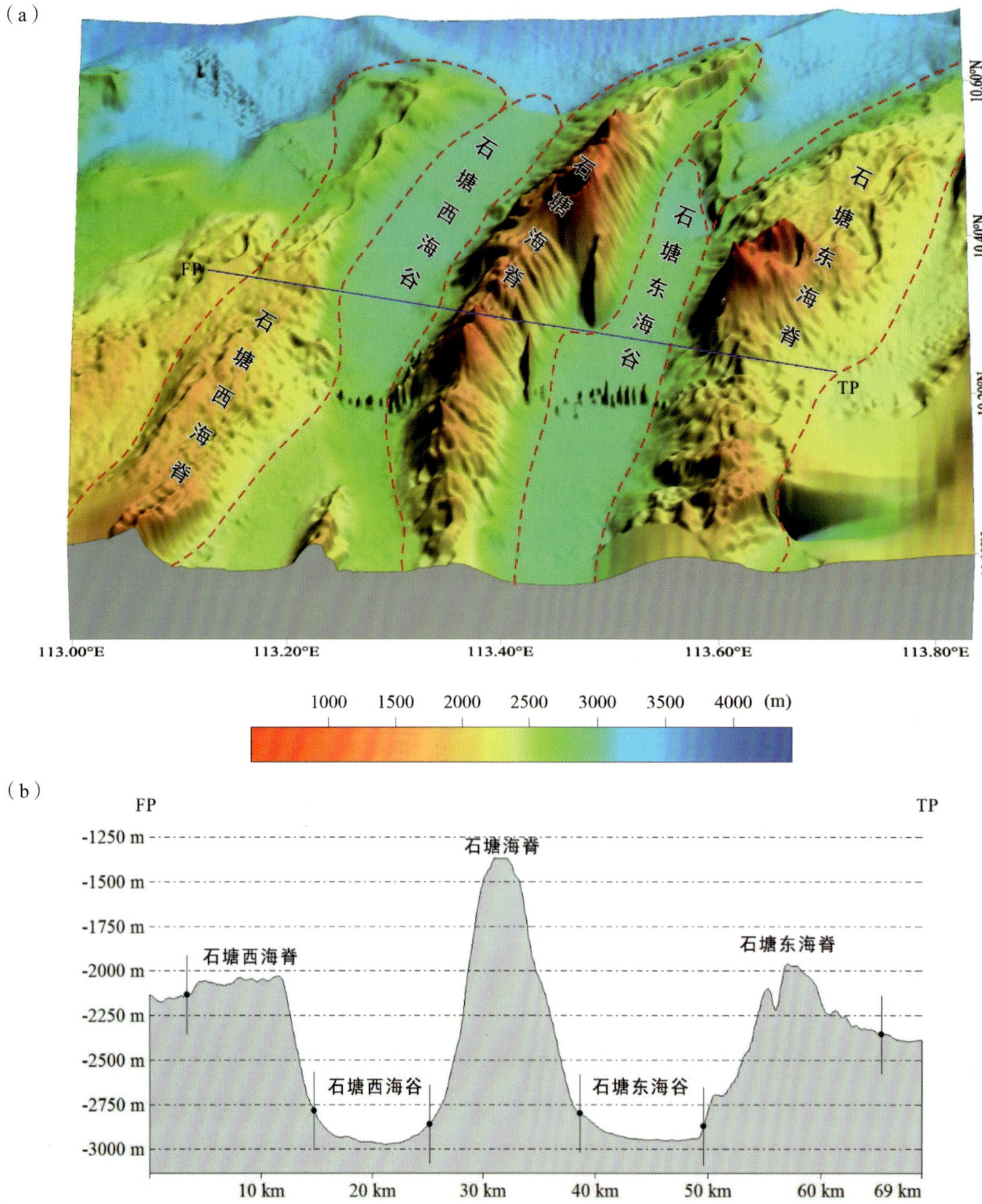

图 4.37 石塘海脊、石塘东海谷、石塘东海脊、石塘西海谷和石塘西海脊三维地形图（a）和地形剖面图（b）

Fig. 4.37 3-D Topography Map (a) and Profile Map (b) of Shitang Haiji, Shitangdong Haigu, Shitangdong Haiji, Shitangxi Haigu and Shitangxi Haiji

4.3.25 义净海丘

标准名称 Standard Name	义净海丘 Yijing Haiqiu	类型 Generic Term	海丘 Hill
特征点坐标 Coordinates	05°39.4′ N，111°35.8′ E	规模（km） Dimension (km)	11.8 × 6.9
水深（m） Depth (m)	930 ~ 1210	总起伏（m） Total Relief (m)	280
地貌形态 Feature Description	海丘平面形态呈椭圆形，呈北西—南东走向（图 4.38）。 The plane shape of Yijing Haiqiu is almost oval, extending from NW to SE.		
命名释义 Reason for Choice of Name	邻近义净礁，故名。 This hill is adjacent to Yijing Jiao, so the word “Yijing” is used to name this hill.		

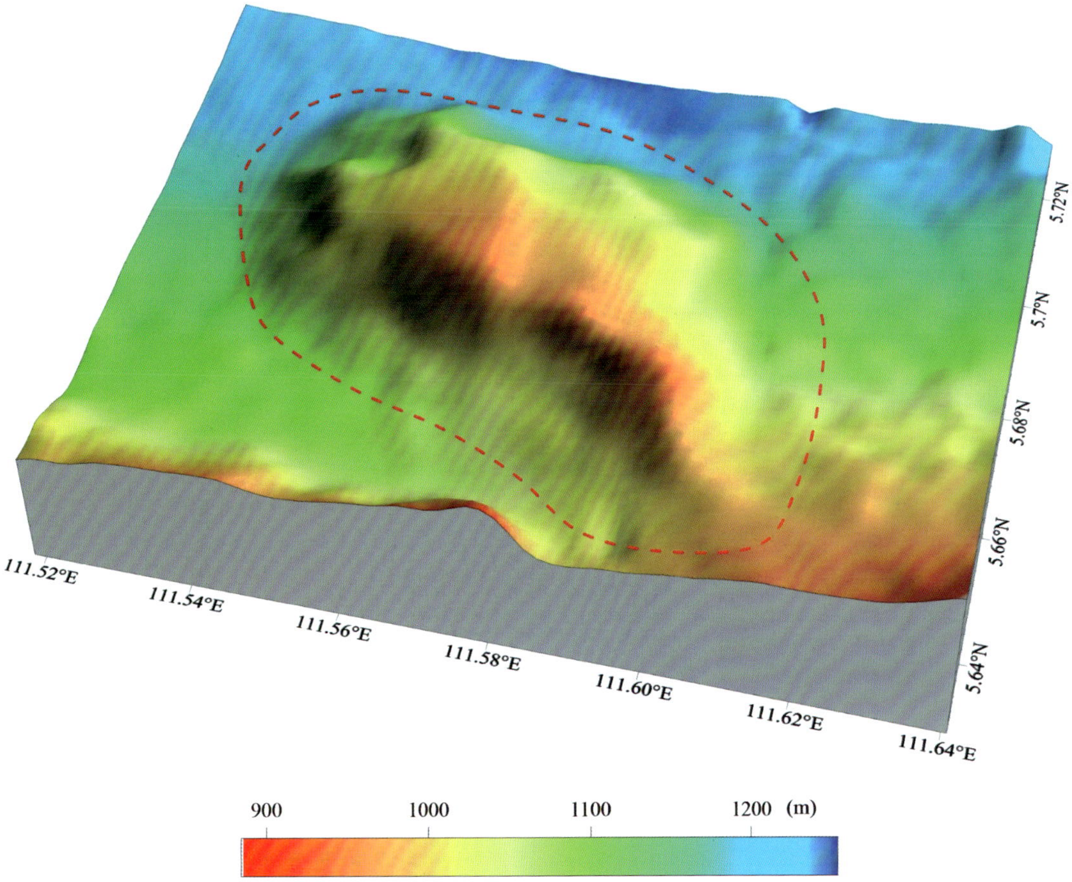

图 4.38 义净海丘三维地形图

Fig. 4.38 3-D Topography Map of Yijing Haiqiu

4.4 南沙海槽周边，以南沙岛礁命名

南沙海槽是一个长条形的地形低陷地貌单元，平坦的海槽底部耸立数座海山和海丘，陡峭的槽坡上发育有峡谷和小型海山、海丘。在此海域中，我们识别和命名 19 个地理实体，其中，以古代航海人物命名的有 3 个，以岛礁暗沙命名的有 8 个。6 条海底峡谷可分为两组，分别以岛礁加序号命名。第一组为光星一号海底峡谷、光星二号海底峡谷和光星三号海底峡谷；第二组为南乐一号海底峡谷、南乐二号海底峡谷和南乐三号海底峡谷（表 4.4）。

表 4.4　南沙海槽周边三级地理实体

序号	标准地名	汉语拼音	英文名称	中心位置	水深 (m)	高差 (m)	命名理由
1	南乐海丘	Nánlè Hǎiqiū	Nanle Haiqiu	08°00.7′ N, 115°47.0′ E	2529 ~ 3135	606	邻近南乐暗沙，故名
2	南乐海谷	Nánlè Hǎigǔ	Nanle Haigu	08°25.2′ N, 115°33.0′ E	2286 ~ 2995	709	邻近南乐暗沙，故名
3	破浪海山	Pòlàng Hǎishān	Polang Haishan	07°18.6′ N, 114°24.9′ E	930 ~ 3079	2149	邻近破浪礁，故名
4	尹庆海山	Yǐnqìng Hǎishān	Yinqing Haishan	07°15.3′ N, 114°56.5′ E	1680 ~ 3087	1407	以明代航海家尹庆命名
5	景宏海山	Jǐnghóng Hǎishān	Jinghong Haishan	06°16.2′ N, 113°52.8′ E	1546 ~ 2970	1424	以明代航海家王景宏命名
6	景宏北海丘	Jǐnghóngběi Hǎiqiū	Jinghongbei Haiqiu	06°32.7′ N, 113°45.4′ E	2317 ~ 2962	645	位于景宏海山以北，故名
7	杨枢海丘	Yángshū Hǎijiū	Yangshu Haiqiu	06°38.8′ N, 114°14.9′ E	2644 ~ 3009	365	以元代航海家杨枢命名
8	弹丸海丘	Dànwán Hǎijiū	Danwan Haiqiu	07°12.7′ N, 114°01.7′ E	1156 ~ 2042	886	邻近弹丸礁，故名
9	光星海山	Guāngxīng Hǎishān	Guangxing Haishan	07°29.6′ N, 114°32.4′ E	836 ~ 2624	1788	以南沙群岛的光星礁命名
10	光星一号海底峡谷	Guāngxīngyīhào Hǎidǐxiágǔ	Guangxingyihao Haidixiagu	07°57.2′ N, 114°58.0′ E	1677 ~ 3065	1388	邻近光星海山，以光星加系列编号命名
11	光星二号海底峡谷	Guāngxīng’èrhào Hǎidǐxiágǔ	Guangxing’erhao Haidixiagu	07°41.0′ N, 114°46.0′ E	1887 ~ 3060	1173	
12	光星三号海底峡谷	Guāngxīngsānhào Hǎidǐxiágǔ	Guangxingsanhao Haidixiagu	07°02.0′ N, 114°15.0′ E	2021 ~ 3018	997	

续表

序号	标准地名	汉语拼音	英文名称	中心位置	水深 (m)	高差 (m)	命名理由
13	南乐一号海底峡谷	Nánlèyīhào Hǎidǐxiágǔ	Nanleyihao Haidixiagu	07°54.0′ N, 116°06.0′ E	1782 ~ 3039	1257	邻近南乐海丘，以南乐加系列编号命名
14	南乐二号海底峡谷	Nánlè'èrhào Hǎidǐxiágǔ	Nanle'erhao Haidixiagu	07°48.0′ N, 116°04.0′ E	1782 ~ 3006	1224	
15	南乐三号海底峡谷	Nánlèsānhào Hǎidǐxiágǔ	Nanlesanhao Haidixiagu	07°40.0′ N, 115°53.7′ E	1596 ~ 3057	1461	
16	南屏海丘	Nánpíng Hǎiqiū	Nanping Haiqiu	05°24.0′ N, 112°56.3′ E	1317 ~ 1845	528	邻近南屏礁，故名
17	南屏岬角	Nánpíng Jiǎjiǎo	Nanping Jiajiao	05°14.5′ N, 112°55.2′ E	166 ~ 1637	1471	
18	南屏水道	Nánpíng Shuǐdào	Nanping Shuidao	05°14.3′ N, 113°04.9′ E	732 ~ 2164	1432	
19	南屏北海丘	Nánpíngběi Hǎiqiū	Nanpingbei Haiqiu	05°28.0′ N, 112°53.8′ E	1467 ~ 2050	583	位于南屏海丘以北，故名

4.4.1 景宏海山

标准名称 Standard Name	景宏海山 Jinghong Haishan	类型 Generic Term	海山 Seamount
特征点坐标 Coordinates	06°16.2′ N，113°52.8′ E	规模（km） Dimension (km)	50.7 × 20.8
水深（m） Depth (m)	1546 ~ 2970	总起伏（m） Total Relief (m)	1424
地貌形态 Feature Description	海山呈长条形，呈东西走向（图 4.39）。 The plane shape of Jinghong Haishan is strip-like, extending from east to west.		
命名释义 Reason for Choice of Name	王景宏（公元 14—15 世纪，生卒年不详），明代航海家，曾多次随郑和船队远洋航行，途经南海。此海山以“景宏”命名，以纪念其对古代航海做出的贡献。 This hill is named after Wang Jinghong, a navigator in the fleet of the Ming treasure voyages led by Zheng He in Ming Dynasty.		

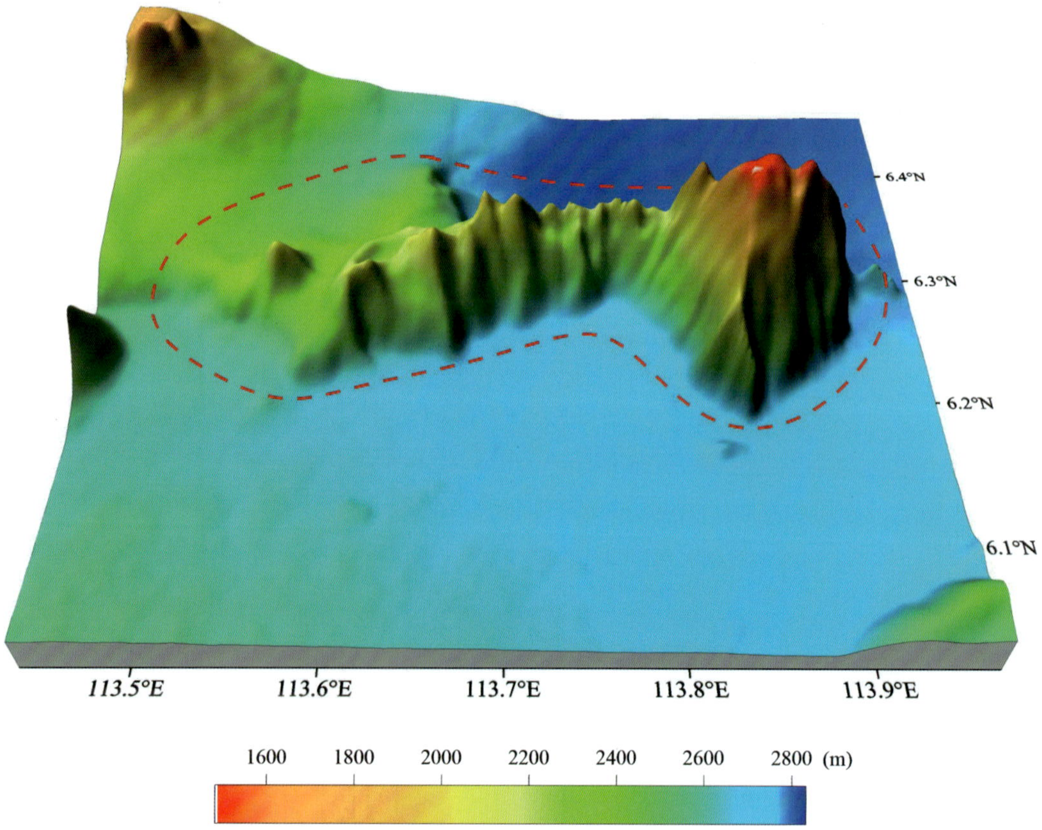

图 4.39　景宏海山三维地形图

Fig. 4.39　3-D Topography Map of Jinghong Haishan

4.4.2 尹庆海山

标准名称 Standard Name	尹庆海山 Yinqing Haishan	类型 Generic Term	海山 Seamount
特征点坐标 Coordinates	07°15.3′ N，114°56.5′ E	规模（km） Dimension (km)	30.6 × 17.3
水深（m） Depth (m)	1680 ~ 3087	总起伏（m） Total Relief (m)	1407
地貌形态 Feature Description	海山平面形态呈长形，呈北西西—南南东走向（图 4.40）。 The plane shape of Yinqing Haishan is strip-like, extending NWW to SSE.		
命名释义 Reason for Choice of Name	尹庆（公元 14—15 世纪，生卒年不详），为明代官员。在郑和航海以前，尹庆受明成祖朱棣派遣，渡过南海前往爪哇岛满剌加国（今马来西亚一带），建立两国的外交关系。此海山以“尹庆”命名，以纪念其对外交做出的贡献。 This seamount is named after Ying Qing, a governmental officer in Ming Dynasty who travelled to SE Asia before the Ming treasure voyages, to commemorate his significant contribution on diplomacy and navigation.		

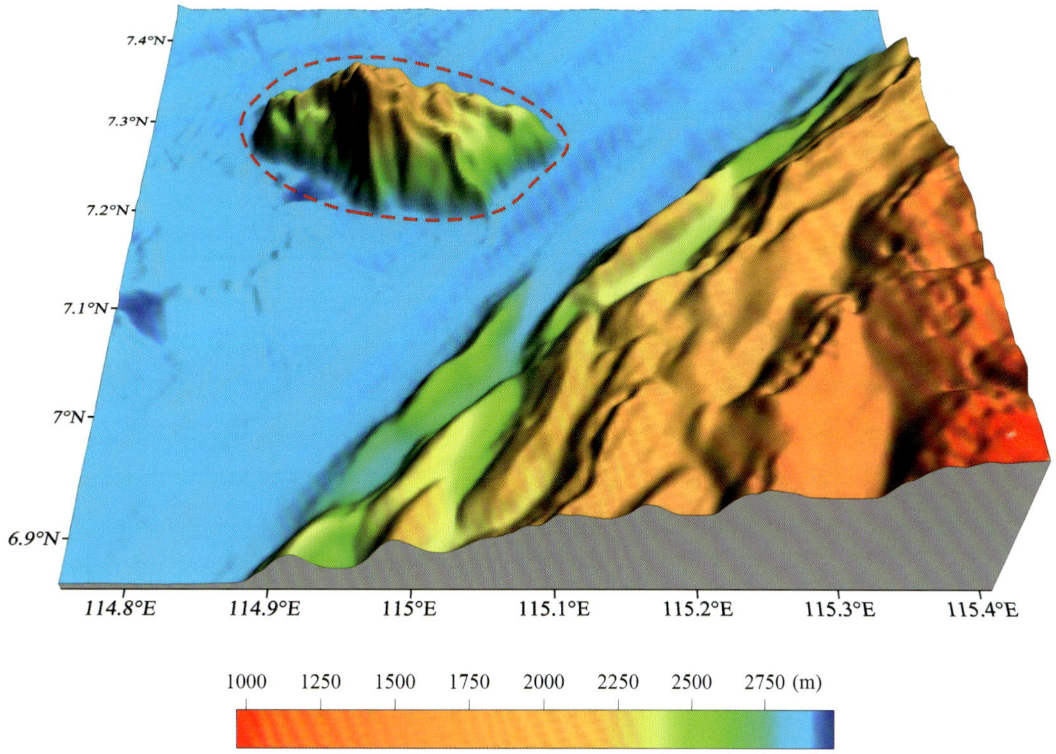

图 4.40 尹庆海山三维地形图

Fig. 4.40 3-D Topography Map of Yinqing Haishan

4.4.3 光星一号海底峡谷

标准名称 Standard Name	光星一号海底峡谷 Guangxingyihao Haidixiagu	类型 Generic Term	海底峡谷 Canyon
特征点坐标 Coordinates	07°57.2′ N，114°58.0′ E	规模（km） Dimension (km)	33.9 × 4.1
水深（m） Depth (m)	1677 ～ 3065	总起伏（m） Total Relief (m)	1388
地貌形态 Feature Description	峡谷呈线状由西北向东南方向延伸（图 4.41）。 Guangxingyihao Haidixiagu extend from WN to ES in a linear pattern.		
命名释义 Reason for Choice of Name	邻近光星海山，以光星加系列编号命名，方便查找和使用。 There are three canyons adjacent to Guangxing Seamount, so the word “Guangxing” followed with a number is used to name this canyon. “Yihao” means “No. 1” in Chinese.		

4.4.4 光星二号海底峡谷

标准名称 Standard Name	光星二号海底峡谷 Guangxing’erhao Haidixiagu	类型 Generic Term	海底峡谷 Canyon
特征点坐标 Coordinates	07°41.0′ N，114°46.0′ E	规模（km） Dimension (km)	42.2 × 3.1
水深（m） Depth (m)	1887 ～ 3060	总起伏（m） Total Relief (m)	1173
地貌形态 Feature Description	峡谷呈线状由西北向东南方向延伸（图 4.41）。 Guangxing’erhao Haidixiagu extend from WN to ES in a linear pattern.		
命名释义 Reason for Choice of Name	邻近光星海山，以光星加系列编号命名，方便查找和使用。 There are three canyons adjacent to Guangxing Seamount, so the word “Guangxing” followed with a number is used to name this canyon. “Erhao” means “No. 2” in Chinese.		

(a)

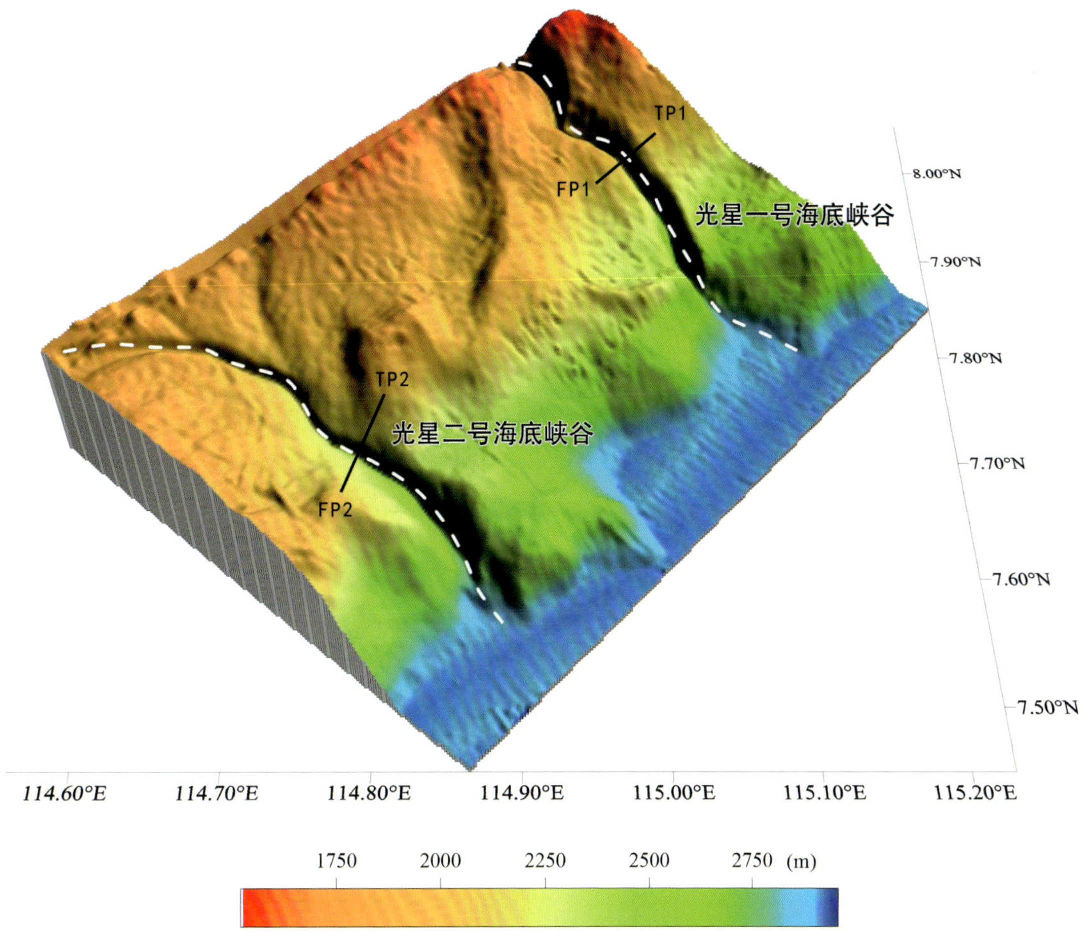

(b)

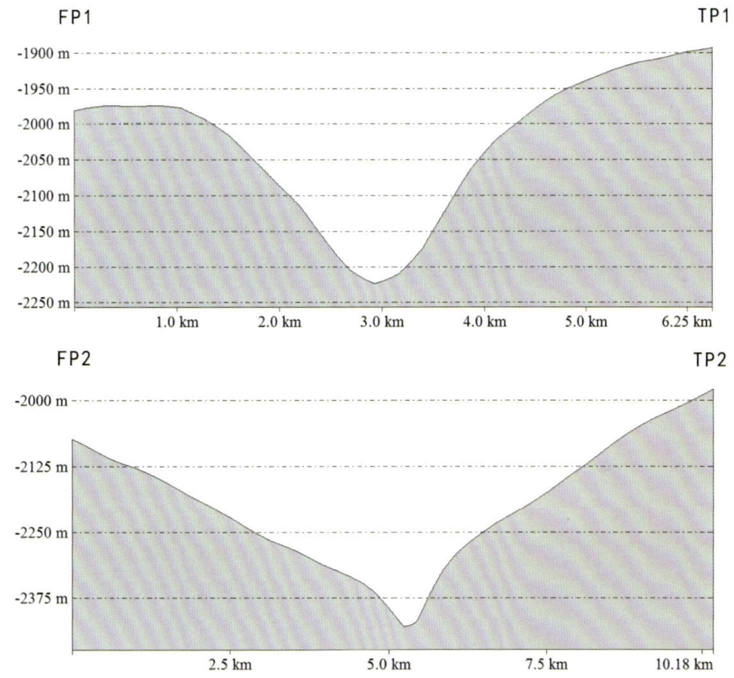

图 4.41 光星一号海底峡谷和光星二号海底峡谷三维地形图（a）和地形剖面图（b）

Fig. 4.41 3-D Topography Map (a) and Profile Map (b) of Guangxingyihao Haidixiagu and Guangxing'erhao Haidixiagu

4.4.5 光星三号海底峡谷

标准名称 Standard Name	光星三号海底峡谷 Guangxingsanhao Haidixiagu	类型 Generic Term	海底峡谷 Canyon
特征点坐标 Coordinates	07°02.0′ N，114°15.0′ E	规模（km） Dimension (km)	43.4 × 5.1
水深（m） Depth (m)	2021 ～ 3018	总起伏（m） Total Relief (m)	997
地貌形态 Feature Description	峡谷呈线状由北向南方向延伸（图 4.42）。 Guangxingsanhao Haidixiagu extend from north to south in a linear pattern.		
命名释义 Reason for Choice of Name	邻近光星海山，以光星加系列编号命名，方便查找和使用。 There are three canyons adjacent to Guangxing Seamount, so the word “Guangxing” followed with a number is used to name this canyon. “Sanhao” means “No. 3” in Chinese.		

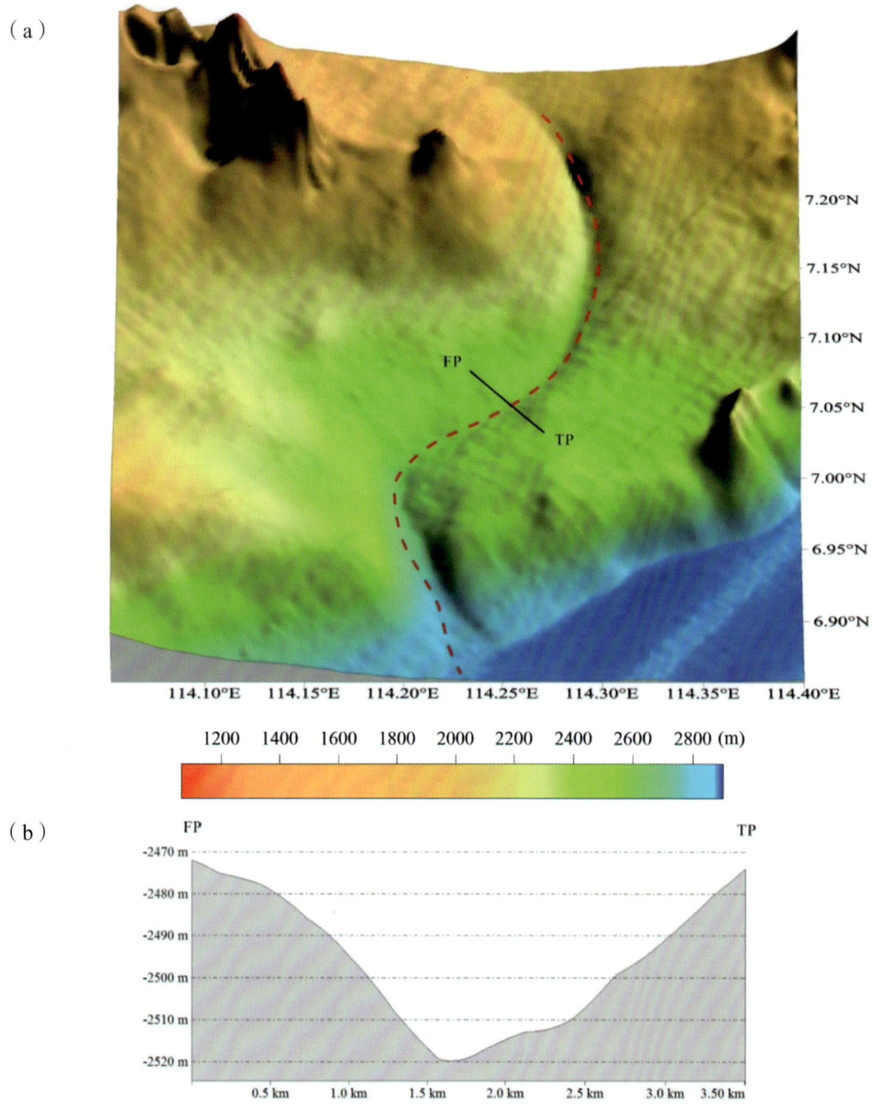

图 4.42 光星三号海底峡谷三维地形图（a）和地形剖面图（b）

Fig. 4.42 3-D Topography Map (a) and Profile Map (b) of Guangxingsanhao Haidixiagu

4.4.6 杨枢海丘

标准名称 Standard Name	杨枢海丘 Yangshu Haiqiu	类型 Generic Term	海丘 Hill
特征点坐标 Coordinates	06°38.8′ N，114°14.9′ E	规模（km） Dimension (km)	7.8 × 5.0
水深（m） Depth (m)	2644 ~ 3009	总起伏（m） Total Relief (m)	365
地貌形态 Feature Description	海丘平面形态不规则，呈北东—南西走向（图 4.43）。 The plane shape of Yangshu Haiqiu is irregular, extending from NE to SW.		
命名释义 Reason for Choice of Name	以元代航海家杨枢命名。杨枢（公元 1283—1331 年），元代航海家，曾航海至印度洋一带进行贸易。 This hill is named after Yang Shu, a navigator who have travelled to Indian Ocean in Yuan Dynasty, to commemorate his outstanding contribution in navigation and trade.		

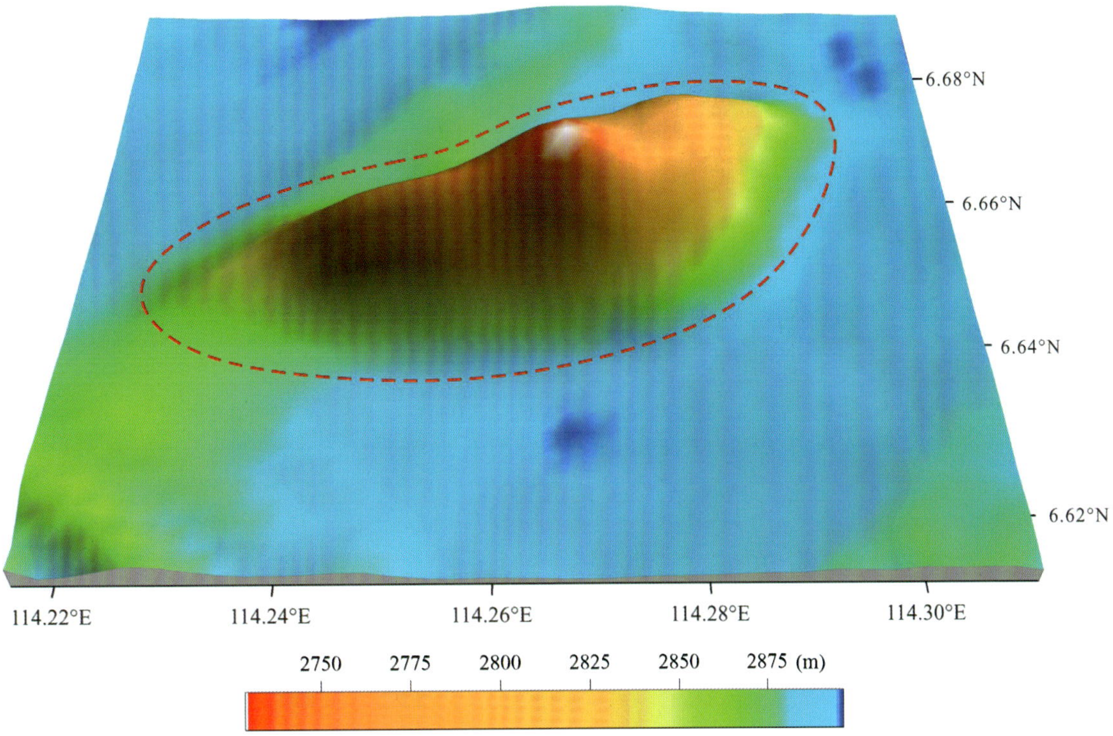

图 4.43 杨枢海丘三维地形图

Fig. 4.43 3-D Topography Map of Yangshu Haiqiu

4.4.7 南屏海丘

标准名称 Standard Name	南屏海丘 Nanle Haiqiu	类型 Generic Term	海丘 Hill
特征点坐标 Coordinates	05°24.0′ N，112°56.3′ E	规模（km） Dimension (km)	8.5 × 5.8
水深（m） Depth (m)	1317 ～ 1845	总起伏（m） Total Relief (m)	528
地貌形态 Feature Description	海丘平面形态呈椭圆形，长轴呈北东—南西走向（图 4.44）。 The plane shape of Nanle Haiqiu is almost oval, extending from NE to SW.		
命名释义 Reason for Choice of Name	邻近南屏礁，故名。 This hill is adjacent to Nanping Jiao, so the word “nanping” is used to name this hill.		

4.4.8 南屏水道

标准名称 Standard Name	南屏水道 Nanping Shuidao	类型 Generic Term	水道 Channel
特征点坐标 Coordinates	05°14.3′ N，113°04.9′ E	规模（km） Dimension (km)	43.3 × 4.2
水深（m） Depth (m)	732 ～ 2164	总起伏（m） Total Relief (m)	1432
地貌形态 Feature Description	水道呈条带状，自南向北方向延伸（图 4.44）。 The plane shape of Nanping Shuidao is strip-like, extending from south to north.		
命名释义 Reason for Choice of Name	邻近南屏礁，故名。 This channel is adjacent to Nanping Jiao, so the word “nanping” is used to name this channel.		

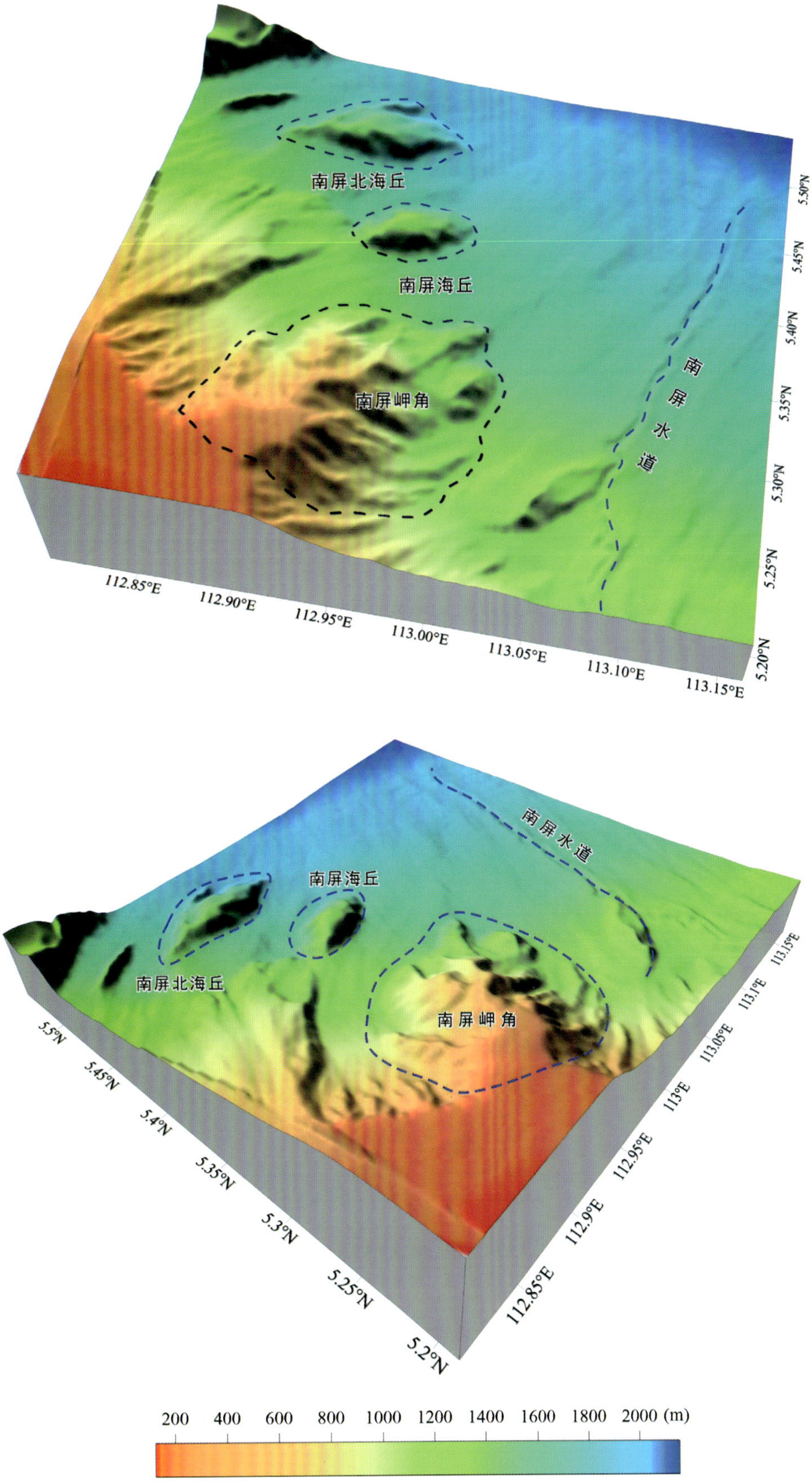

图 4.44　南屏海丘和南屏水道三维地形图

Fig. 4.44　3-D Topography Map of Nanping Haiqiu and Nanping Shuidao

4.5 礼乐斜坡及周边，以航海人物、古代诗人和南沙岛礁命名

礼乐斜坡是礼乐滩以东的海域，为叙述方便，我们将南沙陆坡北部边缘的海山也纳入此节。在这里，我们识别和命名 14 个海底地理实体。部分实体以相邻的岛礁、航海人物或南沙群岛的古称谓命名。斜坡下坡段与南海海盆相邻的实体，以唐代诗人卢纶、韦应物、白居易命名，与海盆东南部的实体构成一个团组化命名体系（表 4.5）。

表 4.5　礼乐斜坡三级地理实体

序号	标准地名	汉语拼音	英文名称	中心位置	水深(m)	高差(m)	命名理由
1	雄南海山	Xióngnán Hǎishān	Xiongnan Haishan	12°03.2′ N, 116°29.1′ E	1208 ~ 3883	2675	邻近雄南礁，故名
2	永登海山	Yǒngdēng Hǎishān	Yongdeng Haishan	11°42.8′ N, 114°45.3′ E	1893 ~ 4583	2690	邻近永登暗沙，故名
3	双子海山	Shuāngzǐ Hǎishān	Shuangzi Haishan	11°38.7′ N, 114°15.0′ E	2316 ~ 4625	2309	邻近双子群礁，故名
4	卢纶岬角	Lúlún Jiǎjiǎo	Lulun Jiajiao	13°13.7′ N, 118°34.0′ E	2381 ~ 4057	1676	以唐代诗人卢纶命名
5	韦应物海山	Wéiyìngwù Hǎishān	Weiyingwu Haishan	12°50.4′ N, 118°11.9′ E	1959 ~ 3482	1523	以唐代诗人韦应物命名
6	韦应物海丘	Wéiyìngwù Hǎiqiū	Weiyingwu Haiqiu	12°39.8′ N, 118°26.1′ E	1831 ~ 3128	1297	以唐代诗人韦应物命名
7	海马平顶海山	Hǎimǎ Píngdǐnghǎishān	Haima Píngdinghaishan	10°45.2′ N, 118°05.7′ E	347 ~ 1828	1481	位于海马浅滩的东侧，故名
8	海马海底峡谷	Hǎimǎ Hǎidǐxiágǔ	Haima Haidixiagu	11°14.0′ N, 118°24.8′ E	1386 ~ 2133	747	位于海马浅滩的北侧，故名
9	忠孝海底峡谷	Zhōngxiào Hǎidǐxiágǔ	Zhongxiao Haidixiagu	11°07.2′ N, 117°39.5′ E	1418 ~ 2978	1560	位于忠孝浅滩的东侧，故名
10	安塘海底峡谷	Āntáng Hǎidǐxiágǔ	Antang Haidixiagu	10°47.4′ N, 116°30.5′ E	594 ~ 1925	1331	位于安塘浅滩的东侧，故名
11	南方海底峡谷	Nánfāng Hǎidǐxiágǔ	Nanfang Haidixiagu	10°16.6′ N, 116°55.9′ E	818 ~ 1844	1026	位于南方浅滩的南侧，故名

续表

序号	标准地名	汉语拼音	英文名称	中心位置	水深 (m)	高差 (m)	命名理由
12	勇士海谷	Yǒngshì Hǎigǔ	Yongshi Haigu	12°13.0′ N, 118°23.5′ E	1065 ～ 3625	2560	邻近勇士滩，故名
13	勇士海山	Yǒngshì Hǎishān	Yongshi Haishan	11°45.5′ N, 118°18.5′ E	831 ～ 2558	1727	邻近勇士滩，故名
14	神仙海谷	Shénxiān Hǎigǔ	Shenxian Haigu	11°40.0′ N, 118°10.0′ E	1668 ～ 3525	1857	邻近神仙暗沙，故名

4.5.1 勇士海谷

标准名称 Standard Name	勇士海谷 Yongshi Haigu	类型 Generic Term	海谷 Valley
特征点坐标 Coordinates	12°13.0′ N，118°23.5′ E	规模（km） Dimension (km)	139.8 × 11.0
水深（m） Depth (m)	1065 ～ 3625	总起伏（m） Total Relief (m)	2560
地貌形态 Feature Description	海谷呈线状由东南向西北方向延伸（图 4.45）。 Yongshi Haigu extend from SE to NW with a linear pattern.		
命名释义 Reason for Choice of Name	邻近勇士滩，故名。 This valley is adjacent to Yongshi Tan, so the word “Yongshi” is used to name this valley.		

4.5.2 神仙海谷

标准名称 Standard Name	神仙海谷 Shenxian Haigu	类型 Generic Term	海谷 Valley
特征点坐标 Coordinates	11°40.0′ N，118°10.0′ E	规模（km） Dimension (km)	112.2 × 11.4
水深（m） Depth (m)	1668 ~ 3525	总起伏（m） Total Relief (m)	1857
地貌形态 Feature Description	海谷呈弧线形由西南向西北方向延伸（图 4.45）。 The plane shape of Shenxian Haigu looks like an arc, extending from WS to WN.		
命名释义 Reason for Choice of Name	邻近神仙暗沙，故名。 This valley is adjacent to Shenxian Ansha (Shoal), so the word “Shenxian” is used to name this valley.		

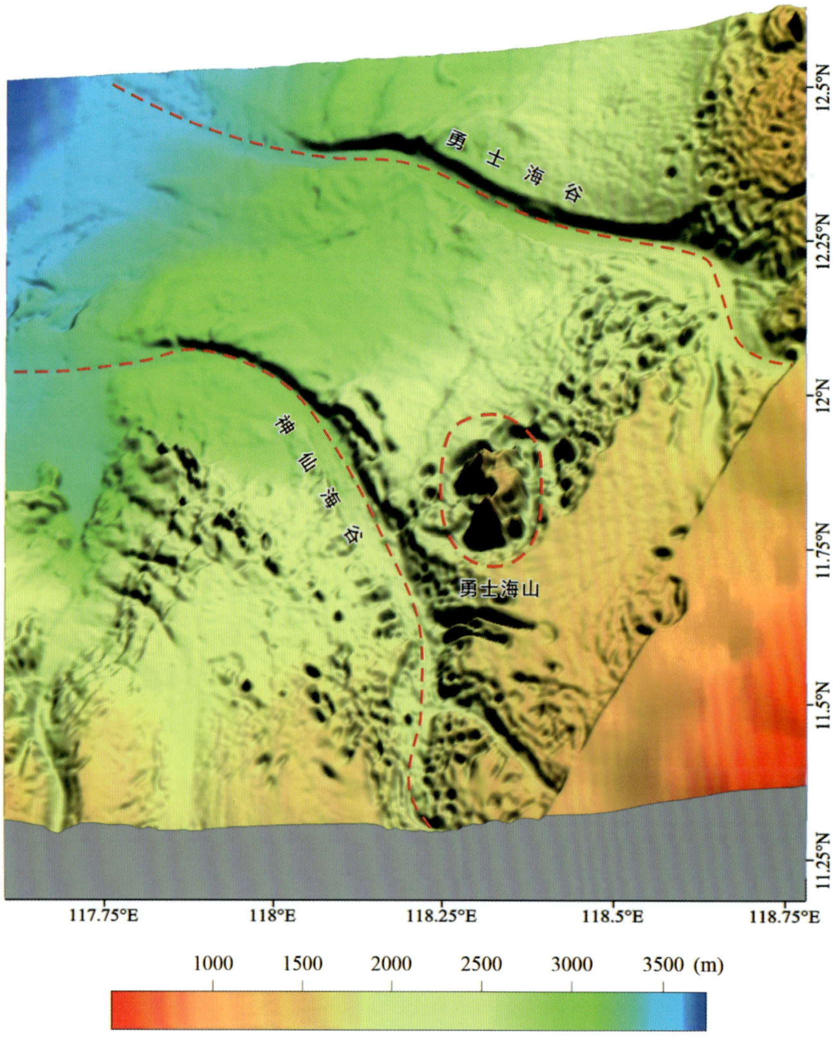

图 4.45 勇士海谷和神仙海谷三维地形图

Fig. 4.45 3-D Topography Map of Yongshi Haigu and Shenxian Haigu

4.5.3 雄南海山

标准名称 Standard Name	雄南海山 Xiongnan Haishan	类型 Generic Term	海山 Seamount
特征点坐标 Coordinates	12°03.2′ N，116°29.1′ E	规模（km） Dimension (km)	39.4 × 13.8
水深（m） Depth (m)	1208 ~ 3883	总起伏（m） Total Relief (m)	2675
地貌形态 Feature Description	海山形态狭长，呈北东—南西走向（图 4.46）。 The plane shape of Xiongnan Haishan is long and narrow, extending from NE to SW.		
命名释义 Reason for Choice of Name	邻近南沙群岛雄南礁，故名。 This seamount is adjacent to Xiongnan Jiao in Nansha Qundao, so the word “Xiongnan” is used to name this seamount.		

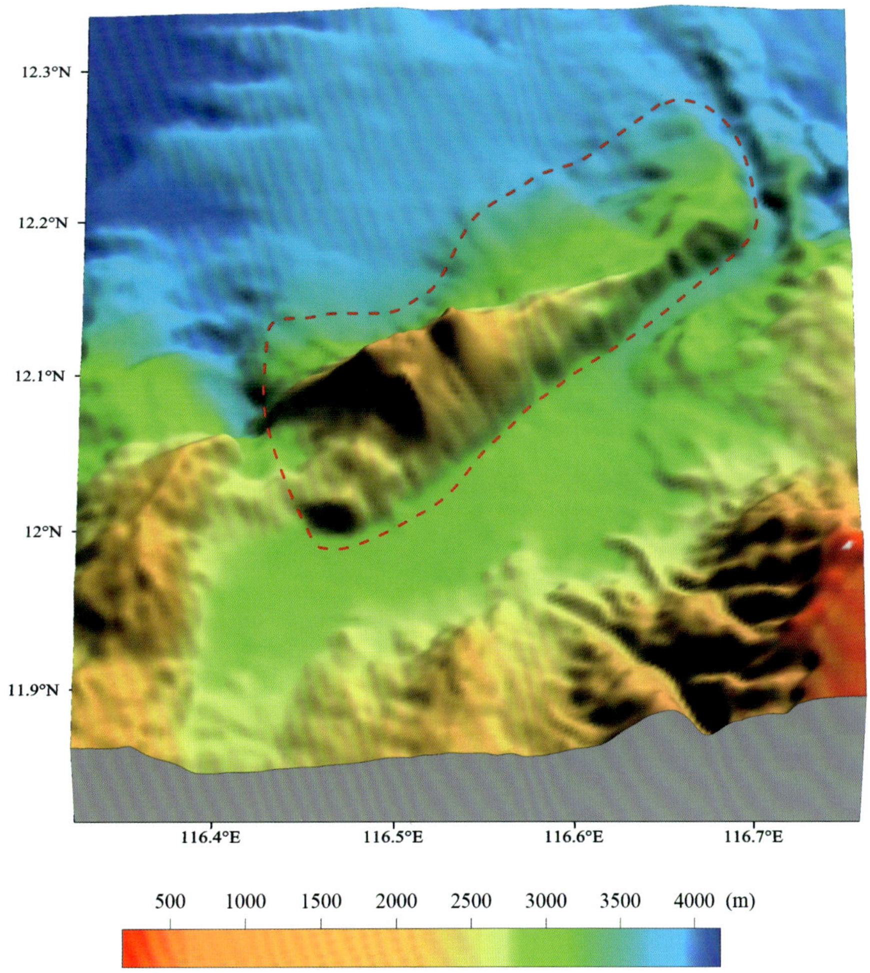

图 4.46 雄南海山三维地形图

Fig. 4.46 3-D Topography Map of Xiongnan Haishan

4.5.4 卢纶岬角

标准名称 Standard Name	卢纶岬角 Lulun Jiajiao	类型 Generic Term	岬角 Spur
特征点坐标 Coordinates	13°13.7′ N，118°34.0′ E	规模（km） Dimension (km)	96.6 × 25.6
水深（m） Depth (m)	2381 ~ 4057	总起伏（m） Total Relief (m)	1676
地貌形态 Feature Description	岬角呈长条形，呈北西—南东走向（图 4.47）。 The plane shape of Lulun Jiajiao is strip-like, extending from NW to SE.		
命名释义 Reason for Choice of Name	以唐代诗人卢纶命名。卢纶（公元 739—799 年），他一生波折，仕途极不顺利，但诗名远播，著有今存《卢户部诗集》10 卷，代表作有《晚次鄂州》《送李端》《长安春望》等。 This spur is named after Lu Lun, a prominent poet in Tang Dynasty of ancient China.		

4.5.5 韦应物海山

标准名称 Standard Name	韦应物海山 Weiyingwu Haishan	类型 Generic Term	海山 Seamount
特征点坐标 Coordinates	12°50.4′ N，118°11.9′ E	规模（km） Dimension (km)	19.9 × 17.1
水深（m） Depth (m)	1959 ~ 3482	总起伏（m） Total Relief (m)	1523
地貌形态 Feature Description	海山平面形态不规则（图 4.47）。 The plane shape of Weiyingwu Haishan is irregular.		
命名释义 Reason for Choice of Name	以唐代诗人韦应物命名。韦应物（公元 737—792 年），著有《韦江州集》《韦苏州集》等，代表作有《滁州西涧》《观田家》等。 This seamount is named after Wei Yingwu, a prominent poet in Tang Dynasty of ancient China.		

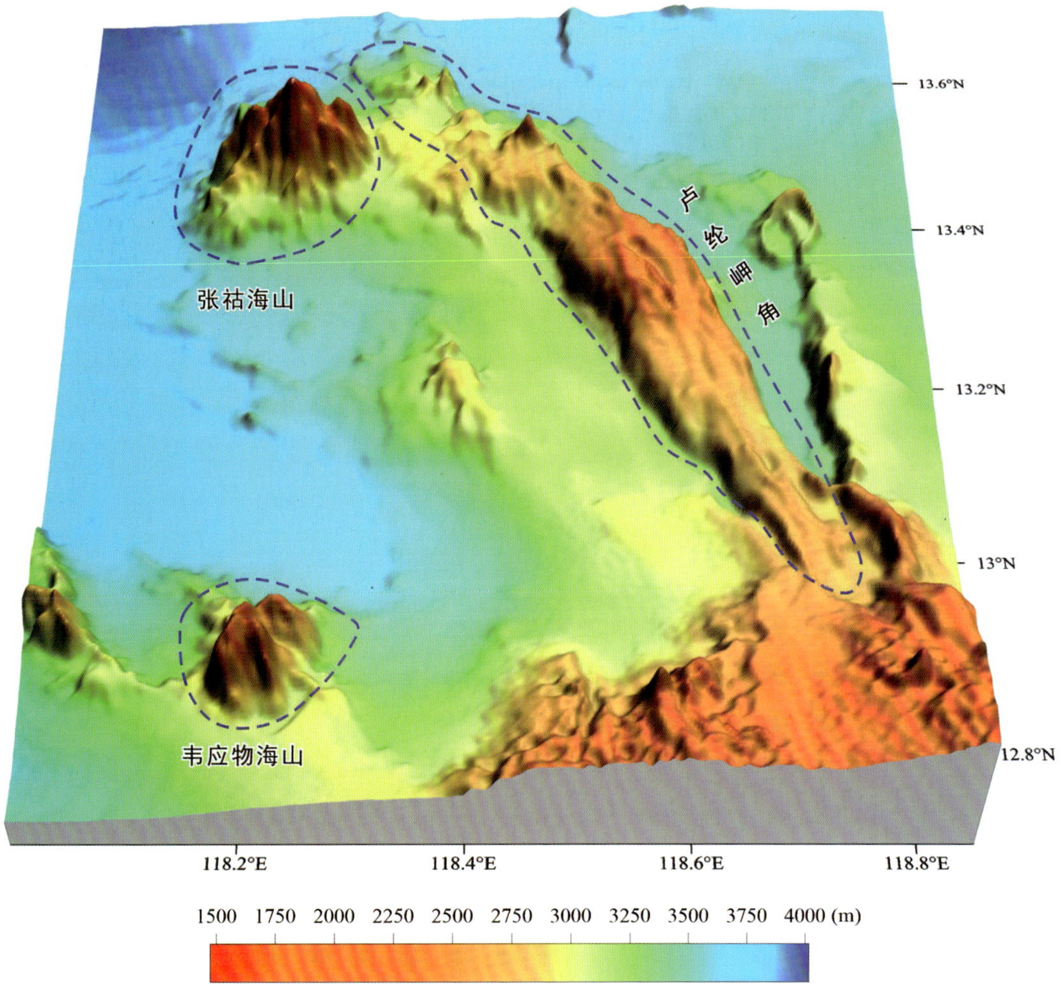

图4.47 卢纶岬角和韦应物海山三维地形图

Fig. 4.47 3-D Topography Map of Lulun Jiajiao and Weiyingwu Haishan

NANHAI HAIPEN

第 5 章

南海海盆

5.1 二级地理实体，以地貌形态命名

南海海盆水深 3400 ~ 5000 m，盆地中深海平原地形相对平坦开阔，平均坡度小于 0.1°，但耸立众多海山和海丘。一些海山和海丘或相对聚集成为海山群，或呈线状排列成为海山链。盆地中海山群（链）有东西向展布的珍贝—黄岩海山链、近南北向展布的中南海山及周边和东北向平行展布的长龙海山链、飞龙海山链。海盆已完成多波束水深全覆盖测量，识别二级地理实体 3 个，分别为珍贝—黄岩海山链、长龙海山链、飞龙海山链，按其地貌形态赋予中国特色的名称（表 5.1）。

表 5.1　南海海盆二级地理实体

序号	标准地名	汉语拼音	英文名称	中心位置	水深（m）	高差（m）	命名理由
1	珍贝—黄岩海山链	Zhēnbèi-Huángyán Hǎishānliàn	Zhenbei-Huangyan Haishanlian	15°11.6′ N, 117°45.7′ E	140 ~ 5020	4880	海山链包含珍贝海山、黄岩岛，故名。1987 年出版地图上已使用此名称
2	长龙海山链	Chánglóng Hǎishānliàn	Changlong Haishanlian	13°37.6′ N, 114°59.7′ E	3290 ~ 4630	1340	1986 年中国地名委员会命名为长龙海山。地貌上为海山链，故更名
3	飞龙海山链	Fēilóng Hǎishānliàn	Feilong Haishanlian	13°02.7′ N, 114°41.1′ E	3580 ~ 4480	900	俯视平面形态呈长条状，故名。与长龙海山链相对应

5.1.1 珍贝—黄岩海山链

标准名称 Standard Name	珍贝—黄岩海山链 Zhenbei—Huangyan Haishanlian	类型 Generic Term	海山链 Seamounts Chain
特征点坐标 Coordinates	15°11.6′ N，117°45.7′ E	规模（km） Dimension (km)	40 × 375
水深（m） Depth (m)	140 ~ 5020	总起伏（m） Total Relief (m)	4880
地貌形态 Feature Description	珍贝—黄岩海山链位于南海海盆中部，由珍贝海山、紫贝海山等 6 个大小不一的海山呈长条链状排列组成，北东东—南西西向展布，长约 375 km，宽 40 ~ 90 km（图 5.1）。 Zhenbei—Huangyan Haishanlian Chain is located on the middle of SCS basin, extending from NEE to SWW.		
命名释义 Reason for Choice of Name	海山链包含珍贝海山和黄岩岛，故名。 This seamounts chain include Zhenbei Haishan and Huangyan Dao, so the words “Zhenbei” and “Huangyan” are used to name this seamounts chain.		

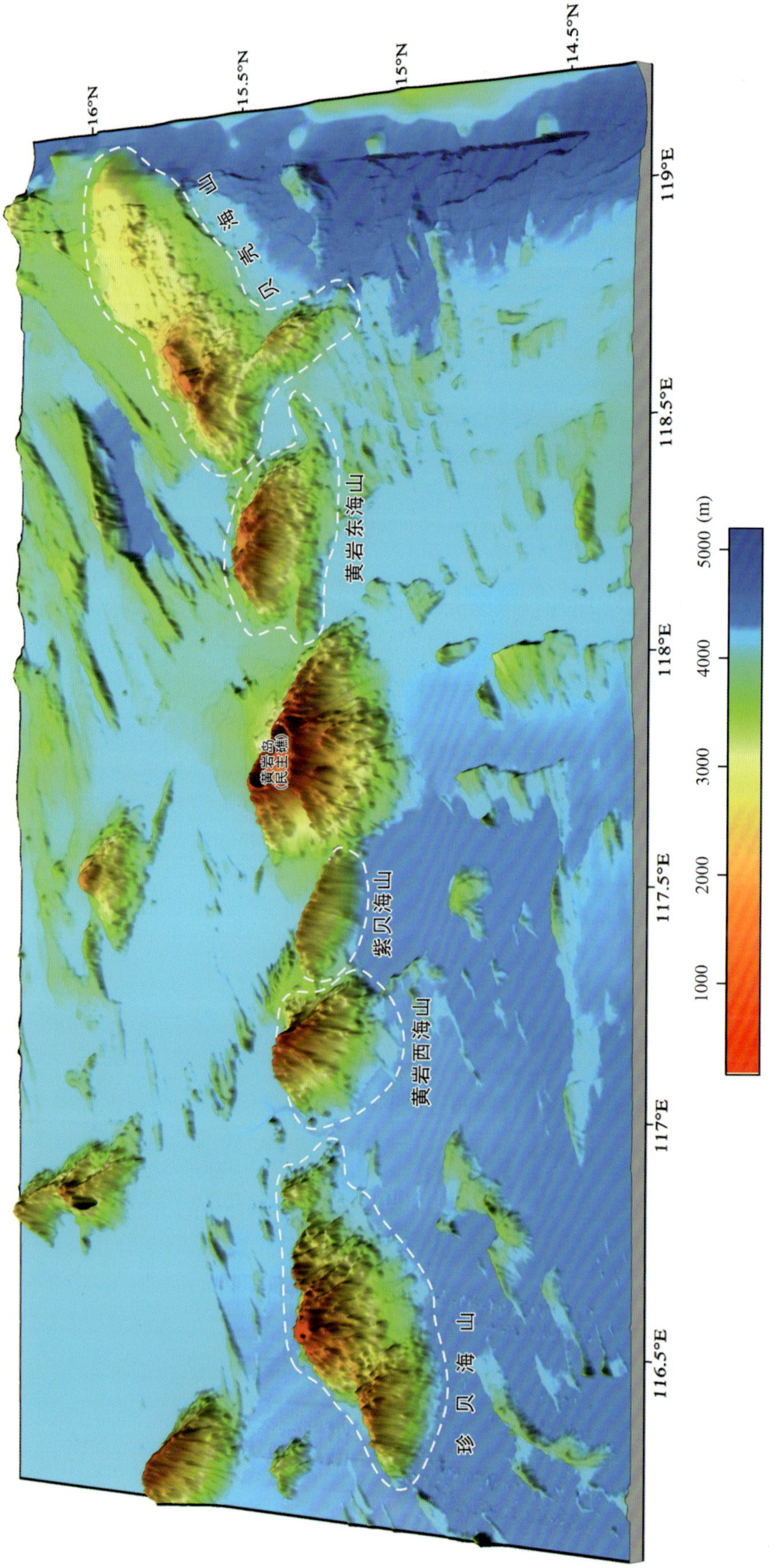

图 5.1 珍贝—黄岩海山链三维地形图

Fig. 5.1 3-D Topography Map of Zhenbei—Huangyan Haishanlian

5.1.2 长龙海山链

标准名称 Standard Name	长龙海山链 Changlong Haishanlian	类型 Generic Term	海山链 Seamounts Chain
特征点坐标 Coordinates	13°37.6′ N，114°59.7′ E	规模（km） Dimension (km)	35 × 245
水深（m） Depth (m)	3290 ~ 4630	总起伏（m） Total Relief (m)	1340
地貌形态 Feature Description	俯视平面形态上呈长条形，呈北东—南西向展布，大体与飞龙海山链平行，两者被长龙海盆相隔，包含有一系列北东向线状海山、海丘（图 5.2）。 Changlong Haishanlian is located on the southwest of SCS basin. The plane shape of this seamounts chain is strip-like, extending from NE to SW. There are several seamounts and hills laying on this seamounts chain with NE direction.		
命名释义 Reason for Choice of Name	1986 年中国政府已命名为长龙海山，现重新确认为海山链，沿用原专名。 Chinese government named this undersea feature as Changlong Haishan in 1986. Now its topography was re-measured and defined as a seamounts chain with its original naming. “Changlong” means “long dragon” in Chinese.		

5.1.3 飞龙海山链

标准名称 Standard Name	飞龙海山链 Feilong Haishanlian	类型 Generic Term	海山链 Seamounts Chain
特征点坐标 Coordinates	13°02.7′ N，114°41.1′ E	规模（km） Dimension (km)	40 × 325
水深（m） Depth (m)	3580 ~ 4480	总起伏（m） Total Relief (m)	900
地貌形态 Feature Description	俯视平面形态上呈长条形，呈北东—南西向展布，大体与长龙海山链平行，两者被长龙海盆相隔，包含有一系列北东向线状海山、海丘（图 5.2）。 Feilong Haishanlian is located on the southwest of SCS basin. The plane shape of this seamounts chain is strip-like, extending from NE to SW. There are several seamounts and hills laying on this seamounts chain with NE direction.		
命名释义 Reason for Choice of Name	俯视平面形态呈长条状，且与长龙海山链相对应，故名。 The plane shape of this seamounts chain is long and almost parallel to Changlong Haishanlian. The word “Feilong” means “flying dragon” in Chinese.		

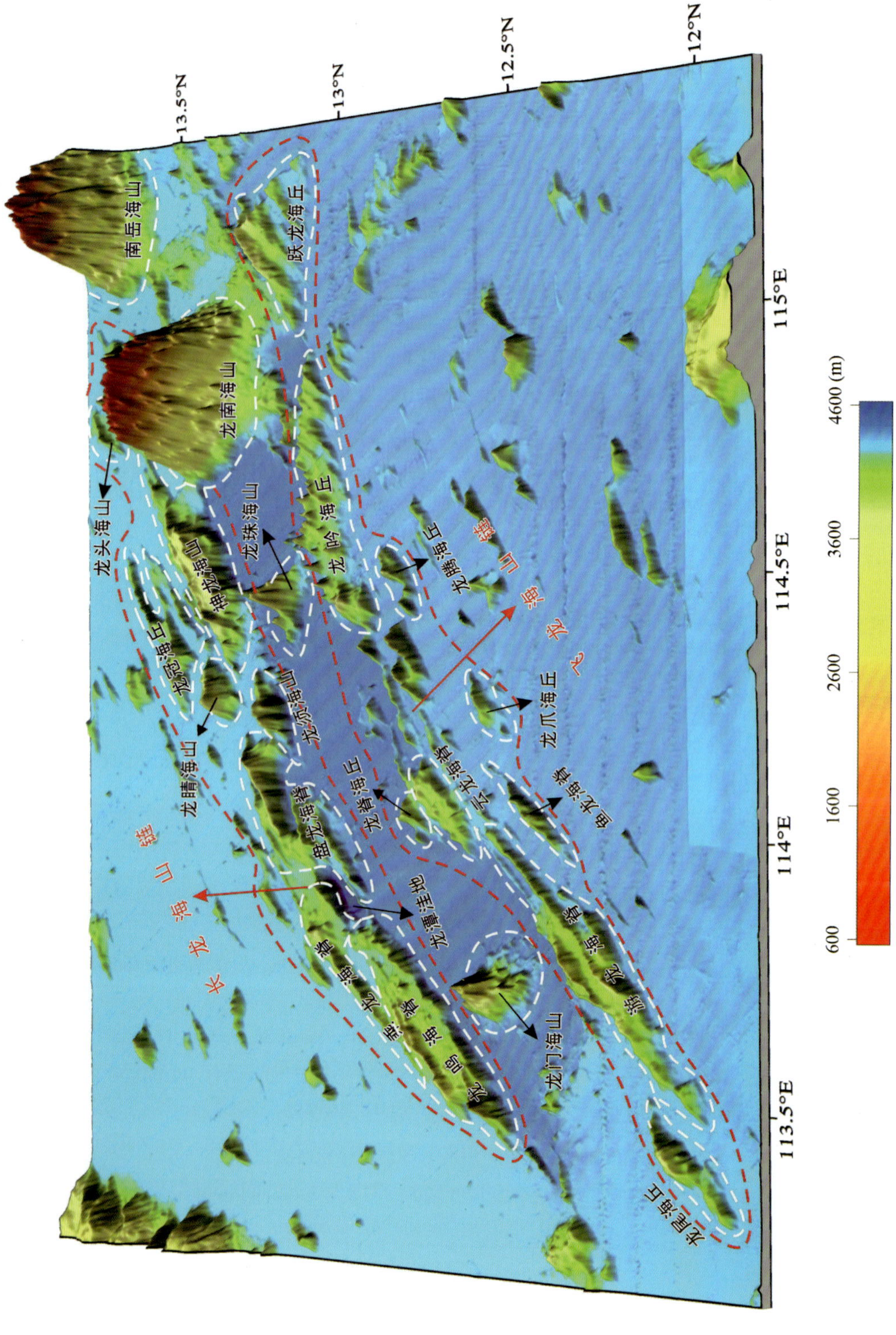

图 5.2 长龙海山链与飞龙海山链三维地形图

Fig. 5.2 3-D Topography Map of Changlong Haishanlian and Feilong Haishanlian

5.2 海盆北部，地名多姿多彩

南海海盆北部，地形自陆坡坡脚线向东南方向缓缓下降，形成平坦的深海平原。在此平原上散落着数十个大小不一的地理实体，我们命名其中 20 个较大的海山和海丘。部分实体以中国古代科学家或以现代调查设备命名，双峰海山、玳瑁海山、宪北海山、宪南海山、石星海山群、涨中海山保留 1986 年的命名，西侧的 6 个小型实体以毛泽东诗词《七绝 · 为女民兵题照》中的词语命名（表 5.2，图 5.3）。

表 5.2　海盆北部三级地理实体

序号	标准地名	汉语拼音	英文名称	中心位置	水深（m）	高差（m）	命名理由
1	双峰海山	Shuāngfēng Hǎishān	Shuangfeng Haishan	18°17.4′ N, 115°04.9′ E	2508 ~ 3915	1407	海山顶部发育两个山峰，故名。1986 年中国地名委员会命名
2	双峰西海丘	Shuāngfēngxī Hǎiqiū	Shuangfengxi Haiqiu	18°08.9′ N, 114°49.5′ E	3204 ~ 3834	630	位于双峰海山以西，故名
3	玳瑁海山	Dàimào Hǎishān	Daimao Haishan	17°37.0′ N, 117°05.6′ E	2073 ~ 4237	2164	以南海的一种生物命名，1986 年中国地名委员会命名
4	宪北海山	Xiànběi Hǎishān	Xianbei Haishan	16°36.8′ N, 116°42.4′ E	222 ~ 4309	4087	意为宪法暗沙以北，1986 年中国地名委员会命名
5	宪南海山	Xiànnán Hǎishān	Xiannan Haishan	15°54.5′ N, 116°46.9′ E	1633 ~ 4926	3293	意为宪法暗沙以南，1986 年中国地名委员会命名
6	石星海山群	Shíxīng Hǎishānqún	Shixing Haishanqun	16°24.8′ N, 116°15.6′ E	1449 ~ 4375	2926	中沙群岛在郑和航海图中标注为石星，此海山临近中沙群岛，故名。1986 年中国地名委员会命名
7	石星北海丘	Shíxīngběi Hǎiqiū	Shixingbei Haiqiu	16°34.8′ N, 116°23.0′ E	3415 ~ 4298	883	位于石星海山群以北，故名
8	涨中海山	Zhǎngzhōng Hǎishān	Zhangzhong Haishan	15°34.1′ N, 116°11.1′ E	683 ~ 4508	3825	南海古名之一为涨海，此海山位于南海中部，故名涨中海山。1986 年中国地名委员会命名

续表

序号	标准地名	汉语拼音	英文名称	中心位置	水深（m）	高差（m）	命名理由
9	蛟龙海丘	Jiāolóng Hǎiqiū	Jiaolong Haiqiu	17°33.8′ N, 117°45.6′ E	3560 ~ 4204	644	我国“蛟龙”号载人深潜器在此下潜考察，故名，文献已使用
10	潜龙海丘	Qiánlóng Hǎiqiū	Qianlong Haiqiu	17°28.4′ N, 117°31.0′ E	3964 ~ 4186	222	以我国自主研发的无人水下航行器“潜龙一号”命名
11	王祯海山	Wángzhēn Hǎishān	Wangzhen Haishan	18°09.5′ N, 115°49.5′ E	2772 ~ 4014	1242	以元代科学家王祯命名
12	一行海山	Yìxíng Hǎishān	Yixing Haishan	16°58.6′ N, 116°13.9′ E	2427 ~ 4244	1817	以唐代科学家一行命名
13	祖冲之海丘	Zǔchōngzhī Hǎiqiū	Zuchongzhi Haiqiu	17°02.8′ N, 118°15.0′ E	3311 ~ 4226	915	以南北朝数学家祖冲之命名
14	苏颂海丘	Sūsòng Hǎiqiū	Susong Haiqiu	16°57.1′ N, 117°25.9′ E	3925 ~ 4297	372	以宋代天文学家苏颂命名
15	英姿海丘	Yīngzī Běihǎiqiū	Yingzi Haiqiu	17°05.0′ N, 117°25.8′ E	3837 ~ 4198	361	取词自毛泽东诗词《七绝·为女民兵题照》“飒爽英姿五尺枪，曙光初照演兵场。中华儿女多奇志，不爱红装爱武装。”
16	红装海丘	Hóngzhuāng Hǎiqiū	Hongzhuang Haiqiu	16°57.2′ N, 116°04.0′ E	3825 ~ 4234	409	
17	曙光海山	Shǔguāng Hǎishān	Shuguang Haishan	17°16.7′ N, 118°28.1′ E	2473 ~ 4196	1723	
18	飒爽海丘	Sàshuǎng Hǎiqiū	Sashuang Haiqiu	17°07.4′ N, 117°11.3′ E	3738 ~ 4212	474	
19	初照海丘链	Chūzhào Hǎiqiūliàn	Chuzhao Haiqiulian	16°53.7′ N, 118°00.6′ E	3799 ~ 4194	395	
20	奇志海丘	Qízhì Hǎiqiū	Qizhi Haiqiu	16°46.8′ N, 117°27.1′ E	3984 ~ 4230	246	

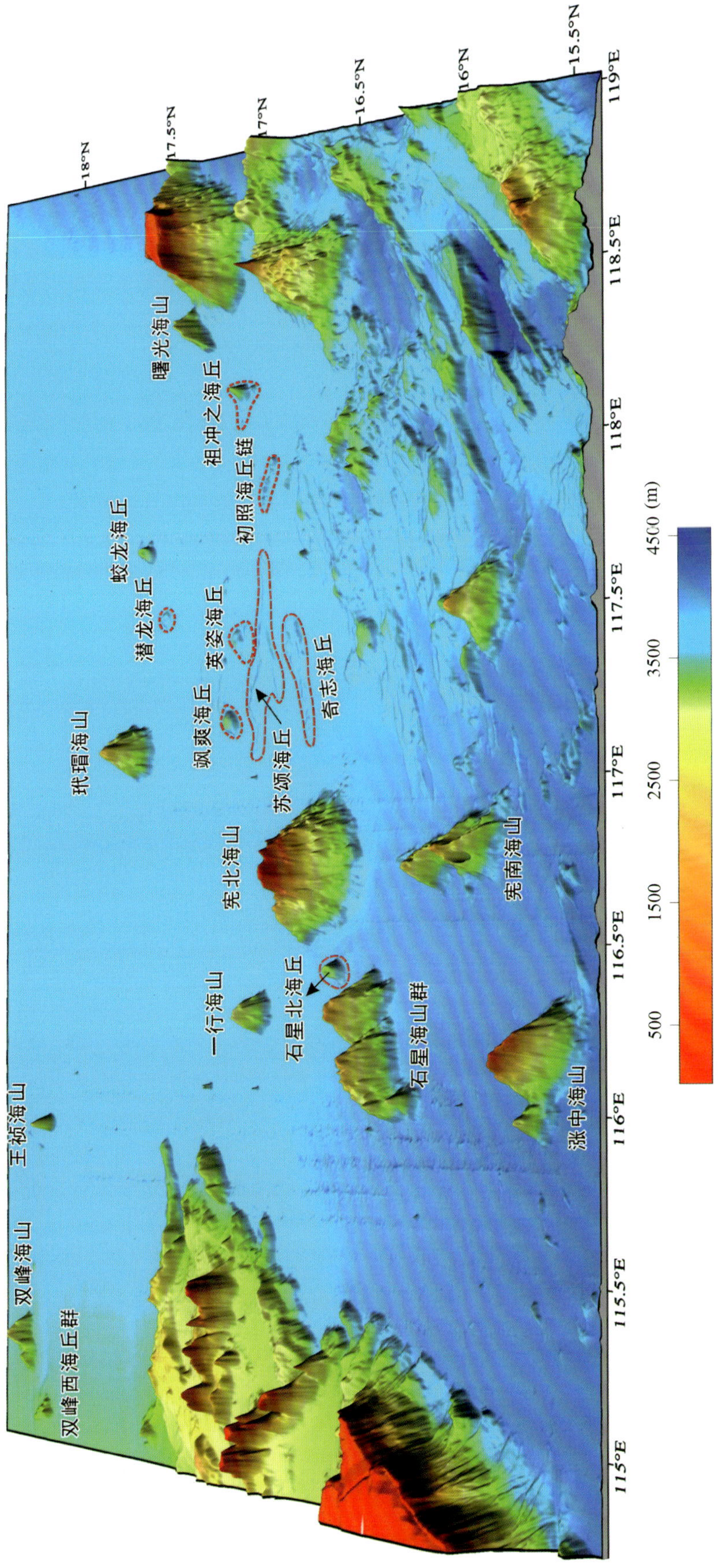

图 5.3　南海海盆北部地形图

Fig. 5.3　Topography Map of Northern SCS Basin

5.2.1 王祯海山

标准名称 Standard Name	王祯海山 Wangzhen Haishan	类型 Generic Term	海山 Seamount
特征点坐标 Coordinates	18°09.5′ N，115°49.5′ E	规模（km） Dimension (km)	9.9 × 7.9
水深（m） Depth (m)	2772 ~ 4014	总起伏（m） Total Relief (m)	1242
地貌形态 Feature Description	海山平面形态不规则，呈南北走向（图 5.4）。 The plane shape of Wangzhen Haishan is irregular, extending from south to north.		
命名释义 Reason for Choice of Name	以中国元代科学家王祯命名。王祯（公元 1271—1368 年），著有《王祯农书》，总结和改良农作物种植、畜牧养殖等生产技术，并大力推广，增加农民收成。此海山命名为王祯，以纪念他对中国古代农业发展做出的巨大贡献。 This seamount is named after Wang Zhen, a famous scientist in Yuan Dynasty of ancient China, to commemorate his significant contribution in the development of agriculture.		

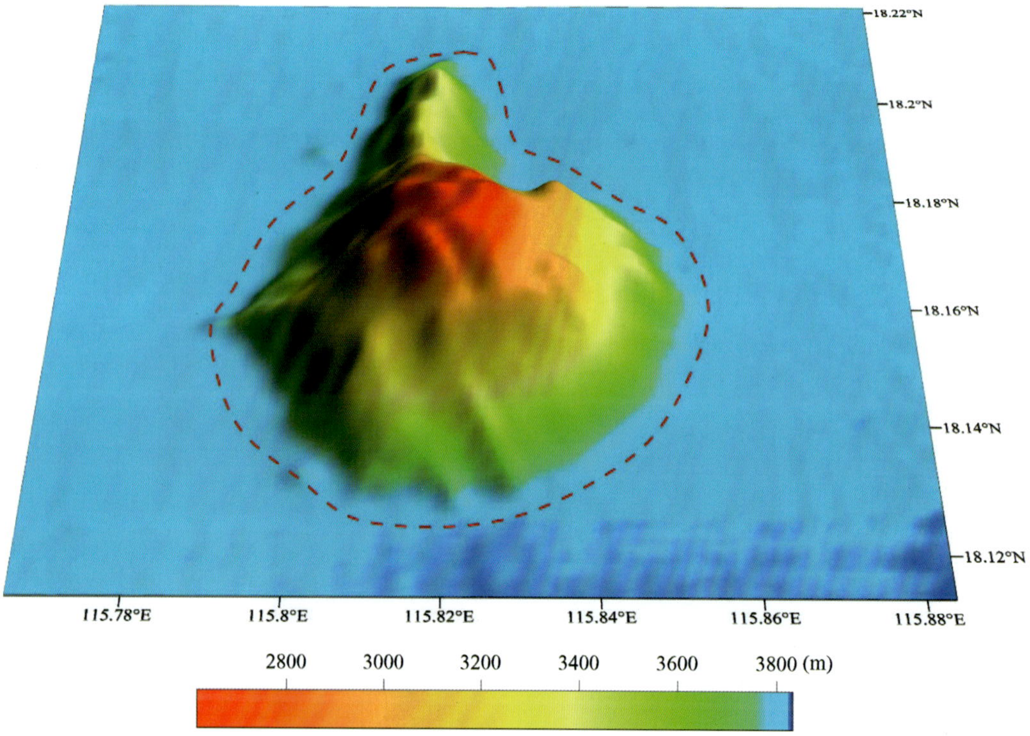

图 5.4 王祯海山三维地形图

Fig. 5.4 3-D Topography Map of Wangzhen Haishan

5.2.2　一行海山

标准名称 Standard Name	一行海山 Yixing Haishan	类型 Generic Term	海山 Seamount
特征点坐标 Coordinates	16°58.6′ N，116°13.9′ E	规模（km） Dimension (km)	18.1 × 13.0
水深（m） Depth (m)	2427 ~ 4244	总起伏（m） Total Relief (m)	1817
地貌形态 Feature Description	海山平面形态近椭圆形，呈北西—南东走向（图 5.5）。 The plane shape of Yixing Haishan is almost oval, extending from NW to SE.		
命名释义 Reason for Choice of Name	以我国唐代佛学家和天文学家一行命名。一行（公元 683—727 年）曾翻译过多种印度佛经，后成为佛教密宗的领袖。一行主持编制《大衍历》，是我国古代重要的天文著作，他在制造天文仪器和观测天象方面也有颇多贡献。 This seamount is named after Yixing, a buddhist and astronomer in Tang Dynasty of ancient China, to commemorate his outstanding achievement in literature and astronomy.		

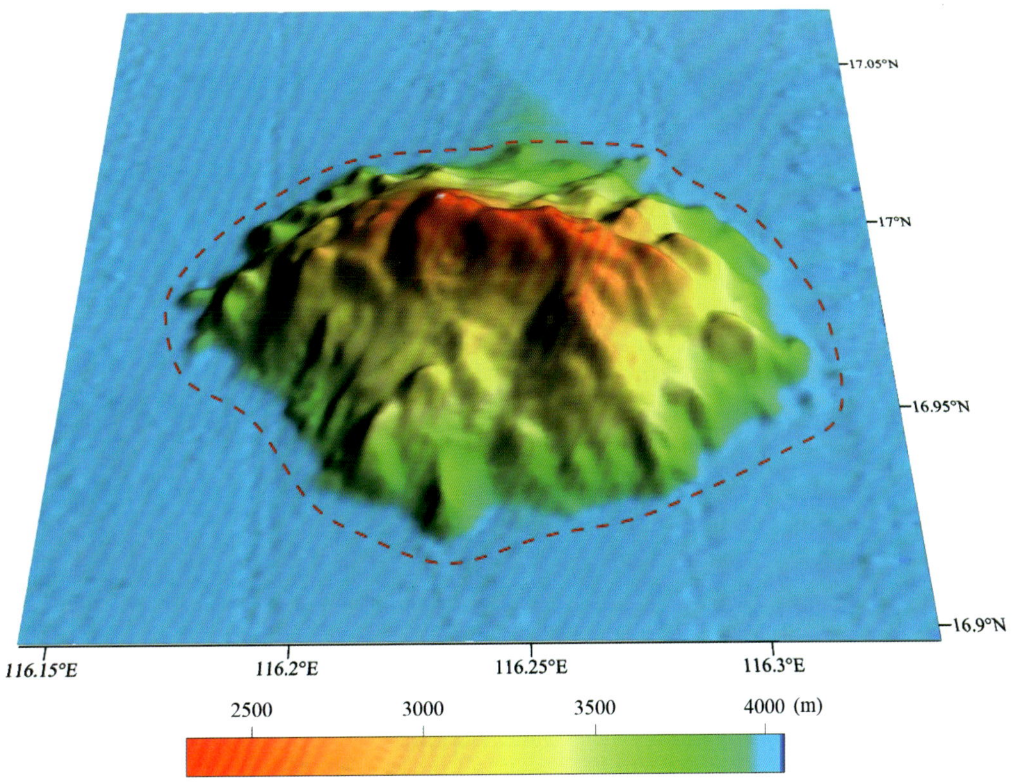

图 5.5　一行海山三维地形图

Fig. 5.5　3-D Topography Map of Yixing Haishan

5.2.3 祖冲之海丘

标准名称 Standard Name	祖冲之海丘 Zuchongzhi Haiqiu	类型 Generic Term	海丘 Hill
特征点坐标 Coordinates	17°02.8′ N，118°15.0′ E	规模（km） Dimension (km)	15.9 × 10.4
水深（m） Depth (m)	3311 ～ 4226	总起伏（m） Total Relief (m)	915
地貌形态 Feature Description	海丘平面形态不规则，整体呈南北走向（图 5.6）。 The plane shape of Zuchongzhi Haiqiu is irregular, extending from north to south.		
命名释义 Reason for Choice of Name	以我国南北朝时期数学家祖冲之命名。祖冲之（公元 429—500 年），中国南北朝时期杰出的数学家，他首次将圆周率精算到小数点后第七位，提出的“祖率”对数学的研究有重要意义。 This hill is named after Zu Chongzhi, a famous mathematician in Northern and Southern Dynasties of ancient China, to commemorate his outstanding achievement in mathematics and astronomy.		

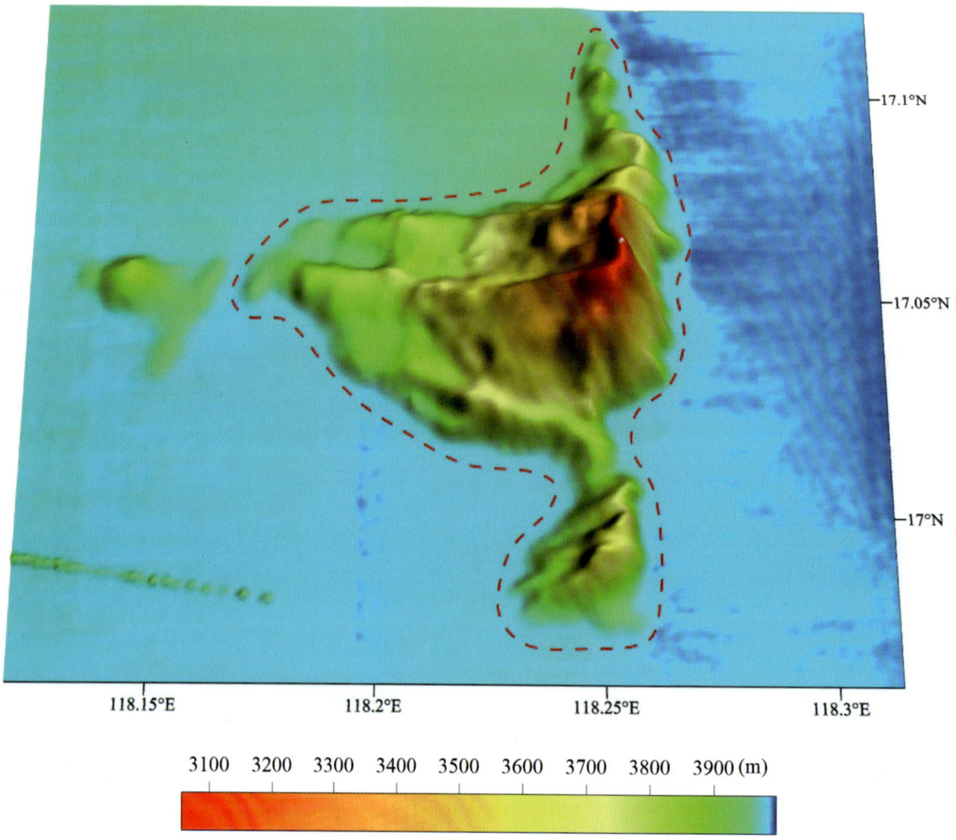

图 5.6 祖冲之海丘三维地形图

Fig. 5.6 3-D Topography Map of Zuchongzhi Haiqiu

5.2.4 苏颂海丘

标准名称 Standard Name	苏颂海丘 Susong Haiqiu	类型 Generic Term	海丘 Hill
特征点坐标 Coordinates	16°57.1′ N，117°25.9′ E	规模（km） Dimension (km)	72.7 × 12.1
水深（m） Depth (m)	3925 ~ 4297	总起伏（m） Total Relief (m)	372
地貌形态 Feature Description	海丘呈长条状，整体呈东西走向（图 5.7）。 The plane shape of Susong Haiqiu is strip-like, extending from east to west.		
命名释义 Reason for Choice of Name	以我国宋代天文学家苏颂命名。苏颂（公元 1020—1101 年），北宋时期杰出的天文学家，他和韩公廉合作制成了天象仪及水运仪象台，是中国古代第一架天象仪。 This hill is named after Su Song, a famous astronomer in Song Dynasty of ancient China, to commemorate his outstanding achievement in astronomy.		

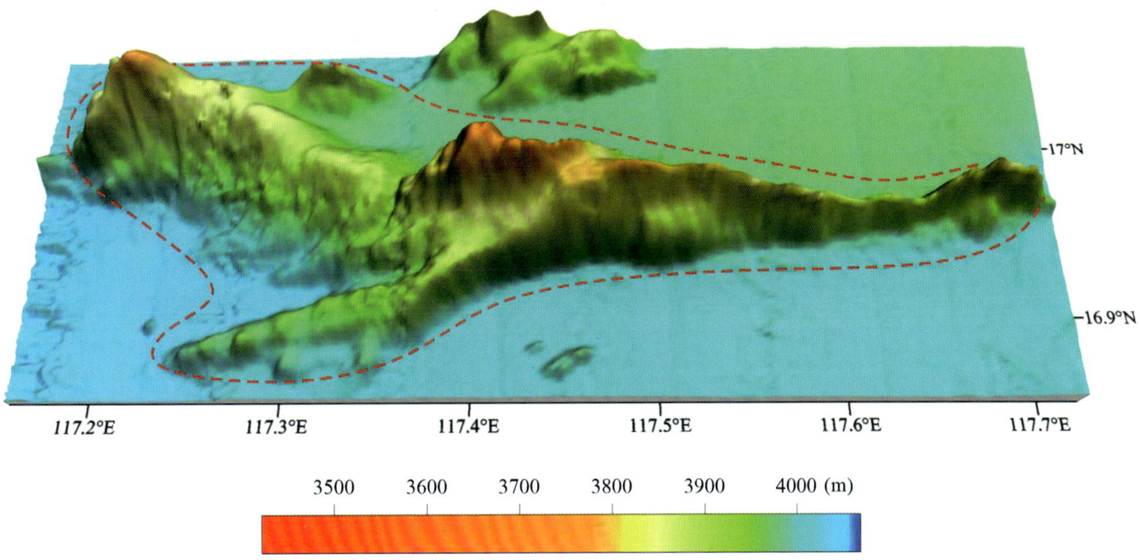

图 5.7 苏颂海丘三维地形图

Fig. 5.7 3-D Topography Map of Susong Haiqiu

5.2.5 曙光海山

标准名称 Standard Name	曙光海山 Shuguang Haishan	类型 Generic Term	海山 Seamount
特征点坐标 Coordinates	17°16.7′ N，118°28.1′ E	规模（km） Dimension (km)	20.4 × 9.7
水深（m） Depth (m)	2473 ~ 4196	总起伏（m） Total Relief (m)	1723
地貌形态 Feature Description	海山形态狭长，呈北东—南西走向（图 5.8）。 The plane shape of Shuguang Haishan is long and narrow, extending from NE to SW.		
命名释义 Reason for Choice of Name	取词自毛泽东诗词《七绝・为女民兵题照》，曙光即破晓时的阳光。 "Shuguang" means "dawn" in Chinese. This word is from Chinese poem, *Seven-Character-Quatrain: Militia Women-Inscription on a Photo*, written by Mao Zedong, the first leader of the People's Republic of China.		

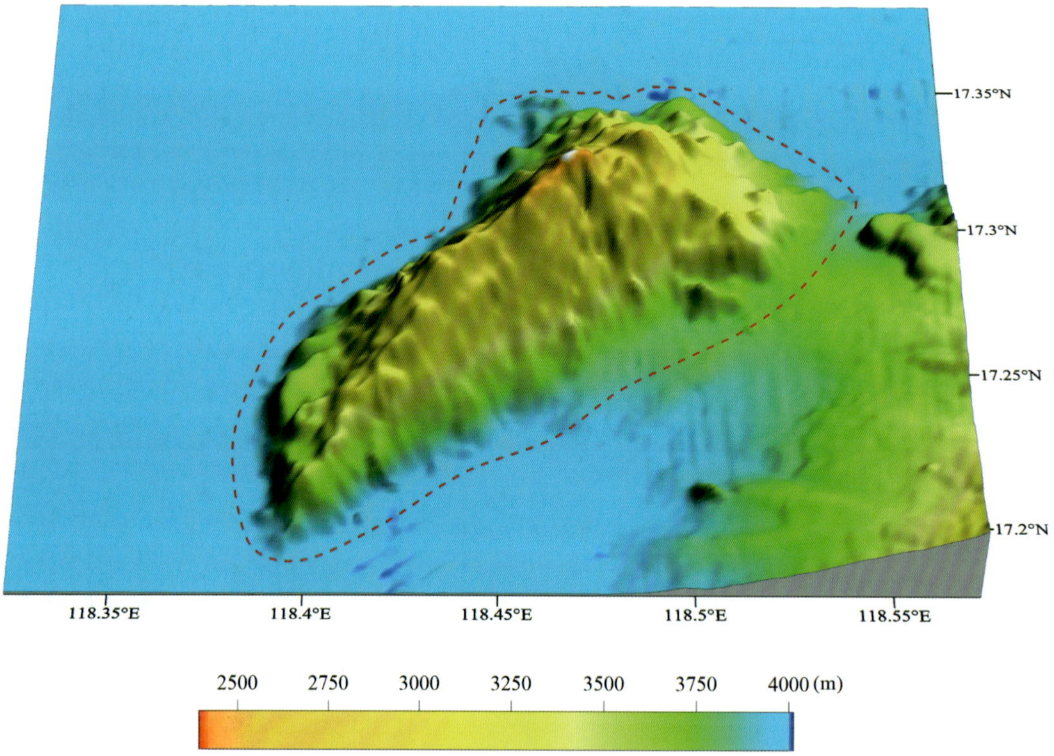

图 5.8 曙光海山三维地形图

Fig. 5.8 3-D Topography Map of Shuguang Haishan

5.2.6 初照海丘链

标准名称 Standard Name	初照海丘链 Chuzhao Haiqiulian	类型 Generic Term	海丘链 Hill Chain
特征点坐标 Coordinates	16°53.7′ N，118°00.6′ E	规模（km） Dimension (km)	19.4 × 5.3
水深（m） Depth (m)	3799 ~ 4194	总起伏（m） Total Relief (m)	395
地貌形态 Feature Description	海丘链平面形态呈长条形，呈北西—南东走向，由多座海丘呈直线排列组成，最南边的海丘顶部发育火山口（图 5.9）。 The plane shape of Chuzhao Haiqiulian is strip-like, extending from NW to SE. This hill chain consist of several small hills in a linear pattern. There is a crater in the top of the southernmost hill.		
命名释义 Reason for Choice of Name	取词自毛泽东诗词《七绝·为女民兵题照》，“初照”即刚刚照到。 “Chuzhao” means “the sunshine firstly brighten up something” in Chinese. This word is from Chinese poem, *Seven-Character-Quatrain: Militia Women-Inscription on a Photo*, written by Mao Zedong, the first leader of the People’s Republic of China.		

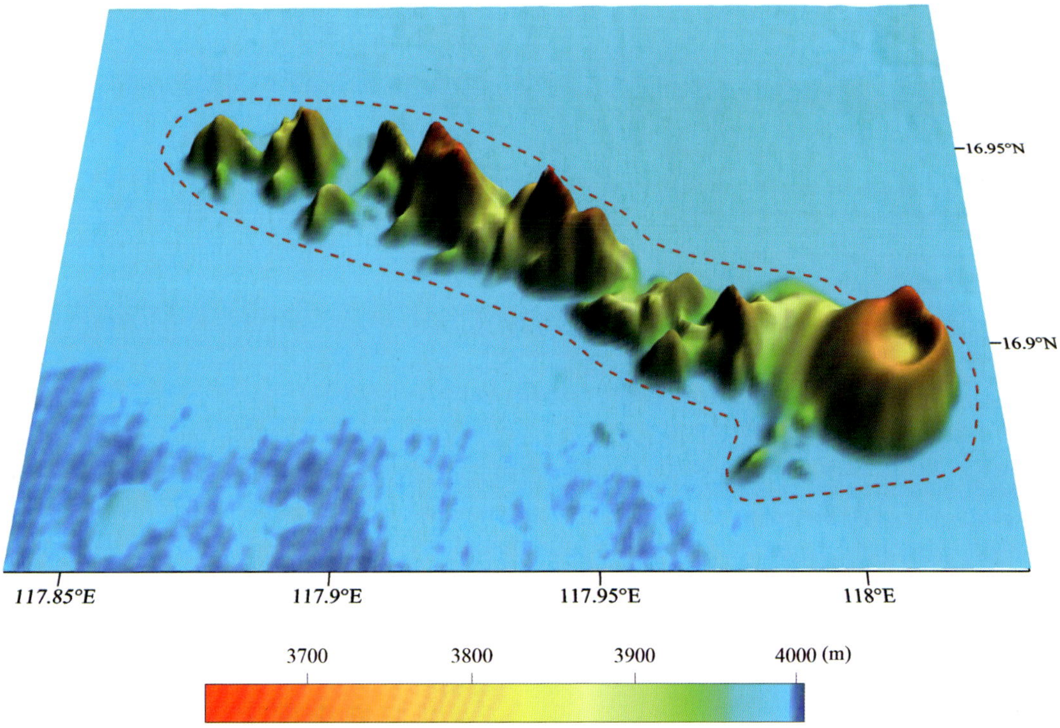

图 5.9 初照海丘链三维地形图

Fig. 5.9 3-D Topography Map of Chuzhao Haiqiulian

5.2.7 红装海丘

标准名称 Standard Name	红装海丘 Hongzhuang Haiqiu	类型 Generic Term	海丘 Hill
特征点坐标 Coordinates	16°57.2′ N，116°43.0′ E	规模（km） Dimension (km)	5.4 × 5.7
水深（m） Depth (m)	3825 ～ 4234	总起伏（m） Total Relief (m)	409
地貌形态 Feature Description	海丘平面形态呈圆形（图 5.10）。 The plane shape of Hongzhuang Haiqiu is almost oval.		
命名释义 Reason for Choice of Name	取词自毛泽东诗词《七绝・为女民兵题照》，“红装”即女性的红色装饰。 “Hongzhuang” means “women’s wear in red” in Chinese. This word is from Chinese poem, *Seven-Character-Quatrain: Militia Women-Inscription on a Photo*, written by Mao Zedong, the first leader of the People’s Republic of China.		

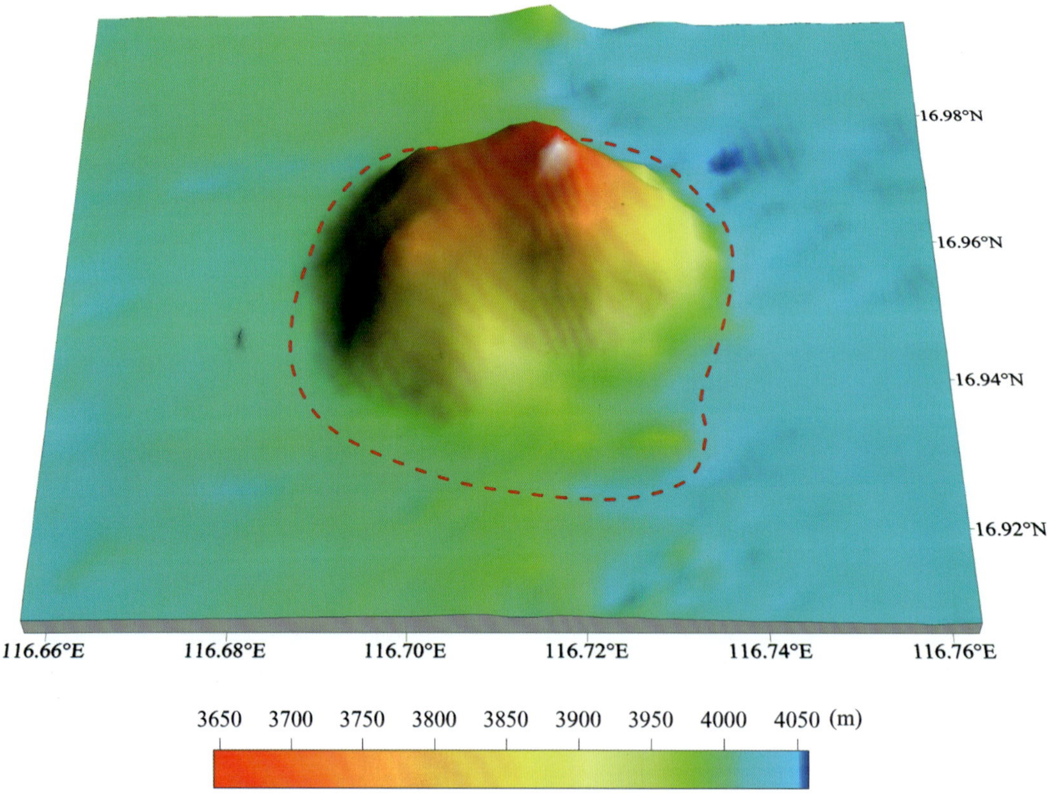

图 5.10 红装海丘三维地形图

Fig. 5.10 3-D Topography Map of Hongzhuang Haiqiu

5.2.8 玳瑁海山

标准名称 Standard Name	玳瑁海山 Daimao Haishan	类型 Generic Term	海山 Seamount
特征点坐标 Coordinates	17°37.0′ N，117°05.6′ E	规模（km） Dimension (km)	20.7 × 21.3
水深（m） Depth (m)	2073 ~ 4237	总起伏（m） Total Relief (m)	2164
地貌形态 Feature Description	海山山体呈圆锥状，山坡陡峭（图 5.11）。 The overall shape of Daimao Haishan is conical and the slope is steep.		
命名释义 Reason for Choice of Name	1986 年，中国地名委员会命名此海山为玳瑁海山。玳瑁是一种海龟，国家一级重点保护野生动物。 "Daimao" means hawksbill sea turtle in Chinese. This is one of the China's national second-class protected animals. Daimao Haishan is named by Chinese government in 1986.		

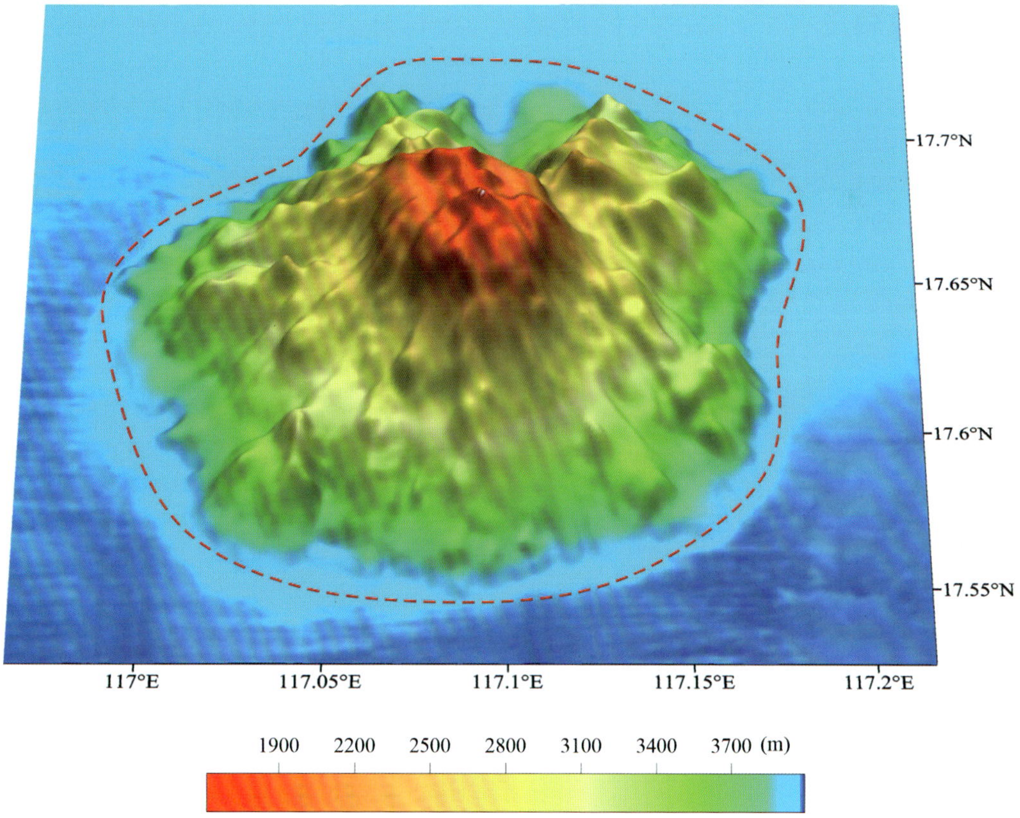

图 5.11 玳瑁海山三维地形图

Fig. 5.11 3-D Topography Map of Daimao Haishan

5.2.9 蛟龙海丘

标准名称 Standard Name	蛟龙海丘 Jiaolong Haiqiu	类型 Generic Term	海丘 Hill
特征点坐标 Coordinates	17°33.8′ N，117°45.6′ E	规模（km） Dimension (km)	11.9 × 9.1
水深（m） Depth (m)	3560 ~ 4204	总起伏（m） Total Relief (m)	644
地貌形态 Feature Description	海丘平面形态不规则，近南北走向，山体由南北两部分组成，主峰位于南侧，峰顶发育一塌陷火山口（图 5.12）。 The plane shape of Jiaolong Haiqiu is irregular. There is a crater in the top of this hill.		
命名释义 Reason for Choice of Name	2013 年，我国“蛟龙”号载人深潜器在此下潜考察，故以此命名。 “Jiaolong” means “flood dragon” in Chinese. It is also the name of a Chinese manned deep-sea research submersible that can dive to a depth over 7000 m. Jiaolong Submersible has been to this hill in 2013, so “Jiaolong” was used to name this hill.		

5.2.10 潜龙海丘

标准名称 Standard Name	潜龙海丘 Qianlong Haiqiu	类型 Generic Term	海丘 Hill
特征点坐标 Coordinates	17°28.4′ N，117°31.0′ E	规模（km） Dimension (km)	6.9 × 7.0
水深（m） Depth (m)	3964 ~ 4186	总起伏（m） Total Relief (m)	222
地貌形态 Feature Description	海丘平面形态呈圆形，顶部发育有火山口（图 5.12）。 The plane shape of Qianlong Haiqiu is almost circular. There is a crater in the top of this hill.		
命名释义 Reason for Choice of Name	以我国自主研发的无人水下航行器“潜龙一号”命名。 Qian Long Yi Hao is the name of a Chinese self-developed autonomous underwater vehicle (AUV), so “Qianlong” is used to name this hill.		

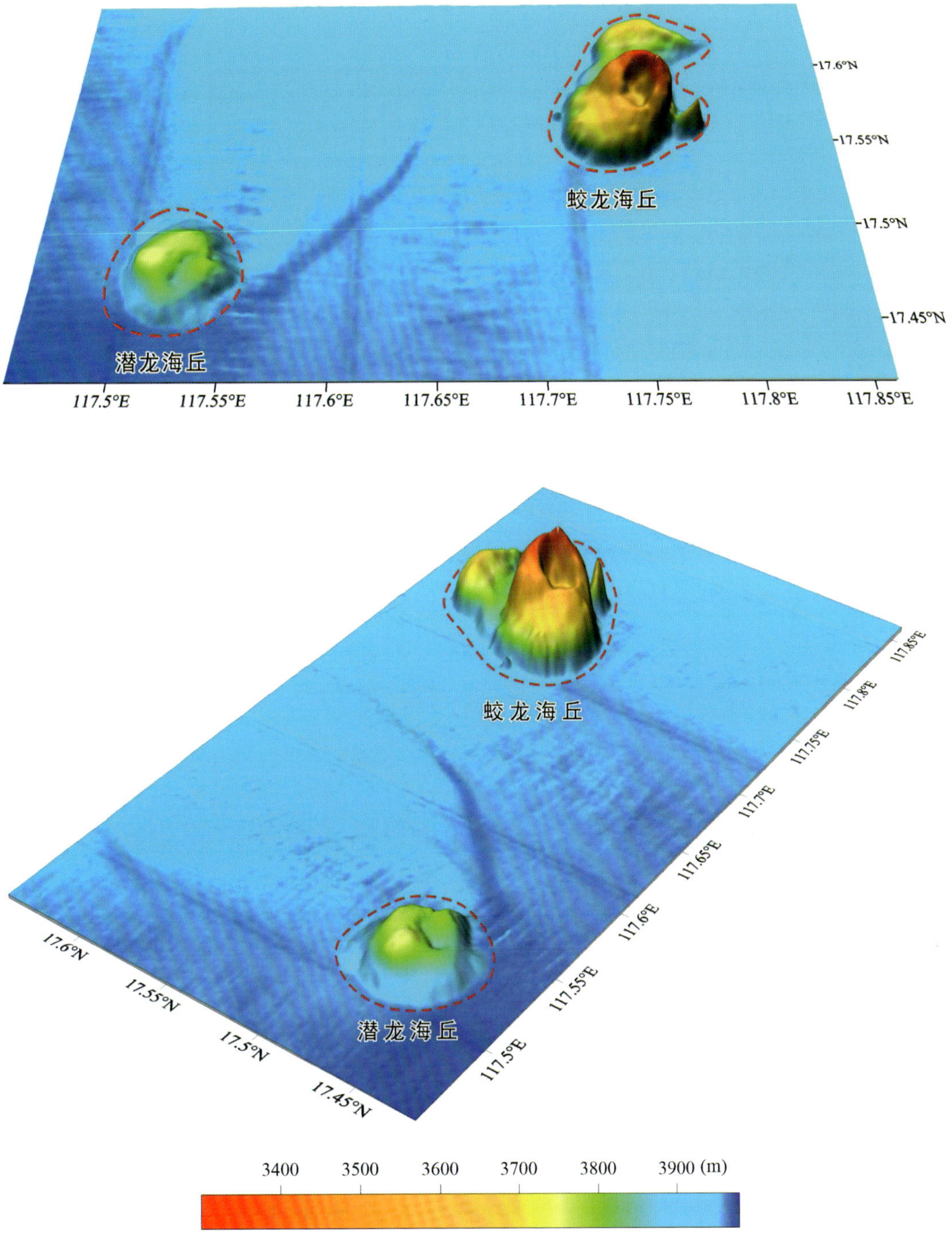

图 5.12　蛟龙海丘和潜龙海丘三维地形图

Fig. 5.12　3-D Topography Map of Jiaolong Haiqiu and Qianlong Haiqiu

5.2.11 宪北海山

标准名称 Standard Name	宪北海山 Xianbei Haishan	类型 Generic Term	海山 Seamount
特征点坐标 Coordinates	16°36.8′ N，116°42.4′ E	规模（km） Dimension (km)	60.0 × 42.8
水深（m） Depth (m)	222 ~ 4309	总起伏（m） Total Relief (m)	4087
地貌形态 Feature Description	海山平面形态不规则，呈北西西—南东东走向，南北两侧山坡地形陡峭（图 5.13）。 The plane shape of Xianbei Haishan is irregular, extending from NWW to SEE. The slope in the north and south side is relatively steeper than the east and west side.		
命名释义 Reason for Choice of Name	意为宪法暗沙以北，1986 年中国地名委员会命名。 This seamount is located in the north of Xianfa Shoal. “Xianbei” means “in the north of Xianfa Shoal”. This name is given by Chinese government in 1986.		

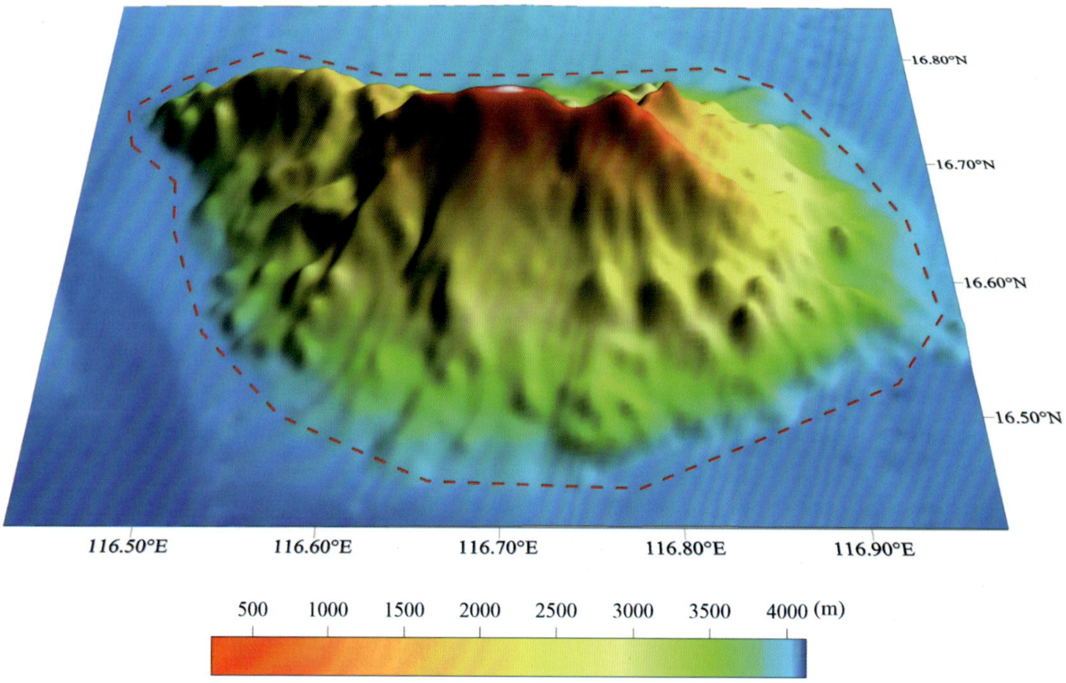

图 5.13 宪北海山三维地形图

Fig. 5.13 3-D Topography Map of Xianbei Haishan

5.2.12 石星海山群

标准名称 Standard Name	石星海山群 Shixing Haishanqun	类型 Generic Term	海山 Seamount
特征点坐标 Coordinates	16°24.8′ N，116°15.6′ E	规模（km） Dimension (km)	54.7 × 26.0
水深（m） Depth (m)	1449 ~ 4375	总起伏（m） Total Relief (m)	2926
地貌形态 Feature Description	海山平面形态不规则，由 3 个山体构成，整体呈北东—南西走向（图 5.14）。 The plane shape of Shixing Haishanqun is irregular. It consist of three parts, extending from NE to SW.		
命名释义 Reason for Choice of Name	中沙群岛在郑和航海图中标注为石星，此海山临近中沙群岛，故名。1986 年，中国地名委员会命名。 This seamount is located near Zhongsha Qundao, where was labeled as “Shixing” in Zheng He’s nautical chart in Ming Dynasty. Therefore, “Shixing” is used to name this seamount. This name is given by Chinese government in 1986.		

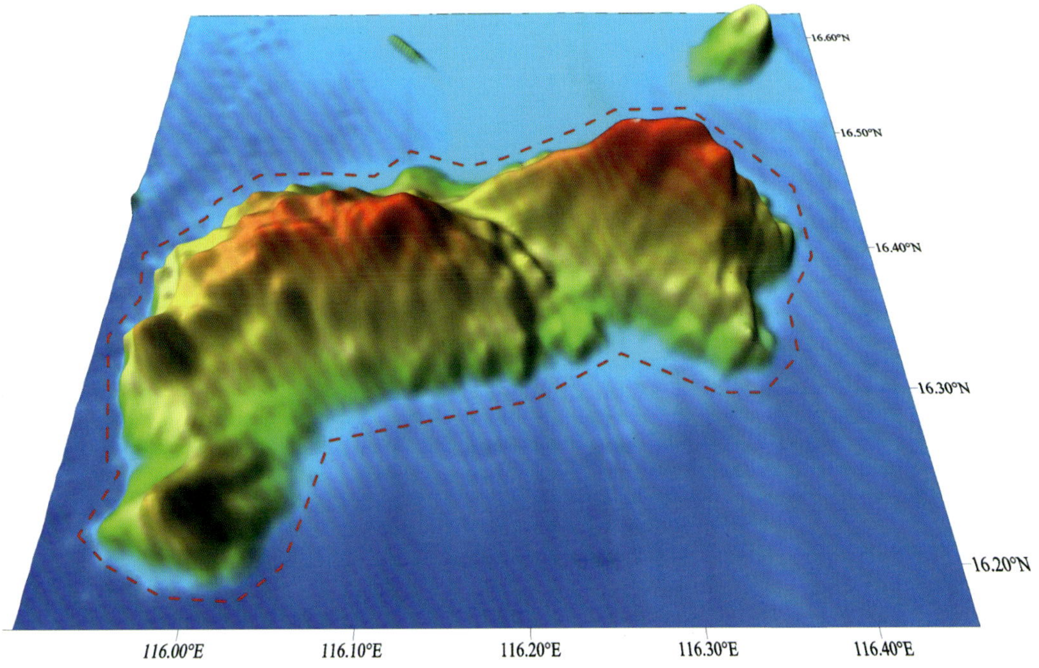

图 5.14 石星海山群三维地形图

Fig. 5.14 3-D Topography Map of Shixing Haishanqun

5.2.13 石星北海丘

标准名称 Standard Name	石星北海丘 Shixingbei Haiqiu	类型 Generic Term	海丘 Hill
特征点坐标 Coordinates	16°34.8′ N，116°23.0′ E	规模（km） Dimension (km)	11.0 × 6.5
水深（m） Depth (m)	3415 ～ 4298	总起伏（m） Total Relief (m)	883
地貌形态 Feature Description	海丘平面形态近椭圆形，呈北东—南西走向，顶部发育一火山口（图 5.15）。 The plane shape of Shixingbei Haiqiu is almost oval, extending from NE to SW. There is a crater in the top of this hill.		
命名释义 Reason for Choice of Name	位于石星海山群以北，故名。 This hill is located in the north of Shixing Haishanqun. "Bei" means "north" in Chinese. Therefore, "Shixingbei" is used as the name of this hill.		

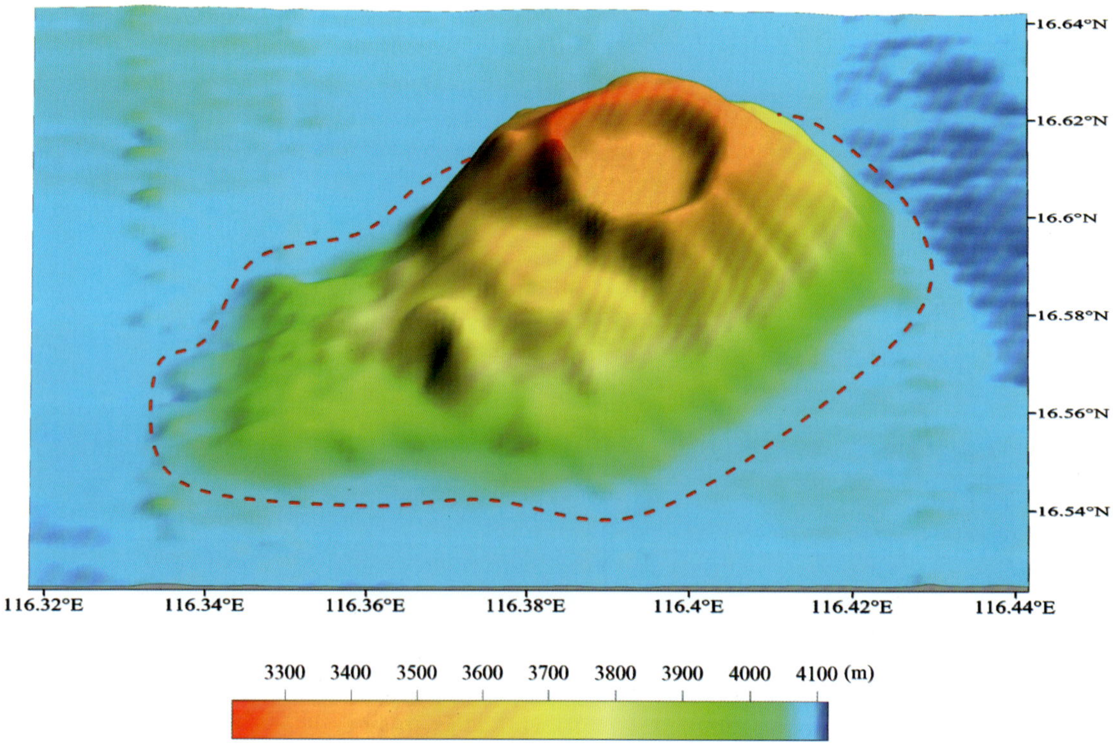

图 5.15 石星北海丘三维地形图

Fig. 5.15 3-D Topography Map of Shixingbei Haiqiu

5.3 珍贝—黄岩海山链及周边

珍贝—黄岩海山链及以北的海区有 3 座形态不规则的海山和 7 座线状且呈北东—南西向延展的海山、海丘构成，10 个地理实体均以中国古代著名的医学家命名。珍贝—黄岩海山链中的 5 座海山以贝壳类动物命名，或以黄岩岛的方位命名（表 5.3，图 5.16）。

表 5.3 珍贝—黄岩海山链及周边三级地理实体名列表

序号	标准地名	汉语拼音	英文名称	中心位置	水深 (m)	高差 (m)	命名理由
1	叶桂海丘	Yèguì Hǎiqiū	Yegui Haiqiu	16°43.4′ N, 117°41.9′ E	3503 ~ 4343	840	以清代医学家叶桂命名
2	华佗海山	Huàtuó Hǎishān	Huatuo Haishan	16°31.6′ N, 118°03.1′ E	3022 ~ 4425	1403	以东汉代医学家华佗命名
3	钱乙海山	Qiányǐ Hǎishān	Qianyi Haishan	16°46.4′ N, 118°36.0′ E	667 ~ 4265	3598	以宋汉医学家钱乙命名
4	吴有性海山	Wúyǒuxìng Hǎishān	Wuyouxing Haishan	16°50.3′ N, 119°00.6′ E	2094 ~ 4676	2582	以明末清初医学家吴有性命名
5	朱丹溪海丘	Zhūdānxī Hǎiqiū	Zhudanxi Haiqiu	16°19.6′ N, 117°26.5′ E	3822 ~ 4347	525	以元代医学家朱丹溪命名
6	孙思邈海山	Sūnsīmiǎo Hǎishān	Sunsimiao Haishan	16°28.7N, 118°51.1′ E	2834 ~ 4890	2056	以唐代医学家孙思邈命名
7	扁鹊海丘	Biǎnquè Hǎiqiū	Bianque Haiqiu	16°01.9′ N, 117°30.8′ E	3627 ~ 4430	803	以春秋时期医学家扁鹊命名
8	葛洪海丘	Gěhóng Hǎiqiū	Gehong Haiqiu	15°59.0′ N, 118°12.2′ E	3547 ~ 4443	896	以东晋医学家葛洪命名
9	张仲景海山	Zhāngzhòngjǐng Hǎishān	Zhangzhongjing Haishan	15°50.8′ N, 117°30.9′ E	1673 ~ 4373	2700	以汉代医学家张仲景命名
10	李时珍海山	Lǐshízhēn Hǎishān	Lishizhen Haishan	15°53.0′ N, 118°19.3′ E	3098 ~ 4743	1645	以明代医学家李时珍命名
11	珍贝海山	Zhēnbèi Hǎishān	Zhenbei Haishan	15°04.0′ N, 116°32.5′ E	324 ~ 4536	4212	俯视形态似贝壳，故名。1986 年中国地名委员会命名
12	黄岩西海山	Huángyánxī Hǎishān	Huangyanxi Haishan	15°09.1′ N, 117°09.5′ E	477 ~ 4547	4070	位于黄岩岛以西，故名
13	紫贝海山	Zǐbèi Hǎishān	Zibei Haishan	15°08.0′ N, 117°26.7′ E	1799 ~ 4540	2741	位于珍贝—黄岩海山链，以一种贝壳命名
14	黄岩东海山	Huángyándōng Hǎishān	Huangyandong Haishan	15°17.1′ N, 118°17.0′ E	859 ~ 4377	3518	位于黄岩岛以东，故名
15	贝壳海山	Bèiké Hǎishān	Beike Haishan	15°29.2′ N, 118°36.8′ E	1256 ~ 4954	3698	海山俯视形态似贝壳，故名

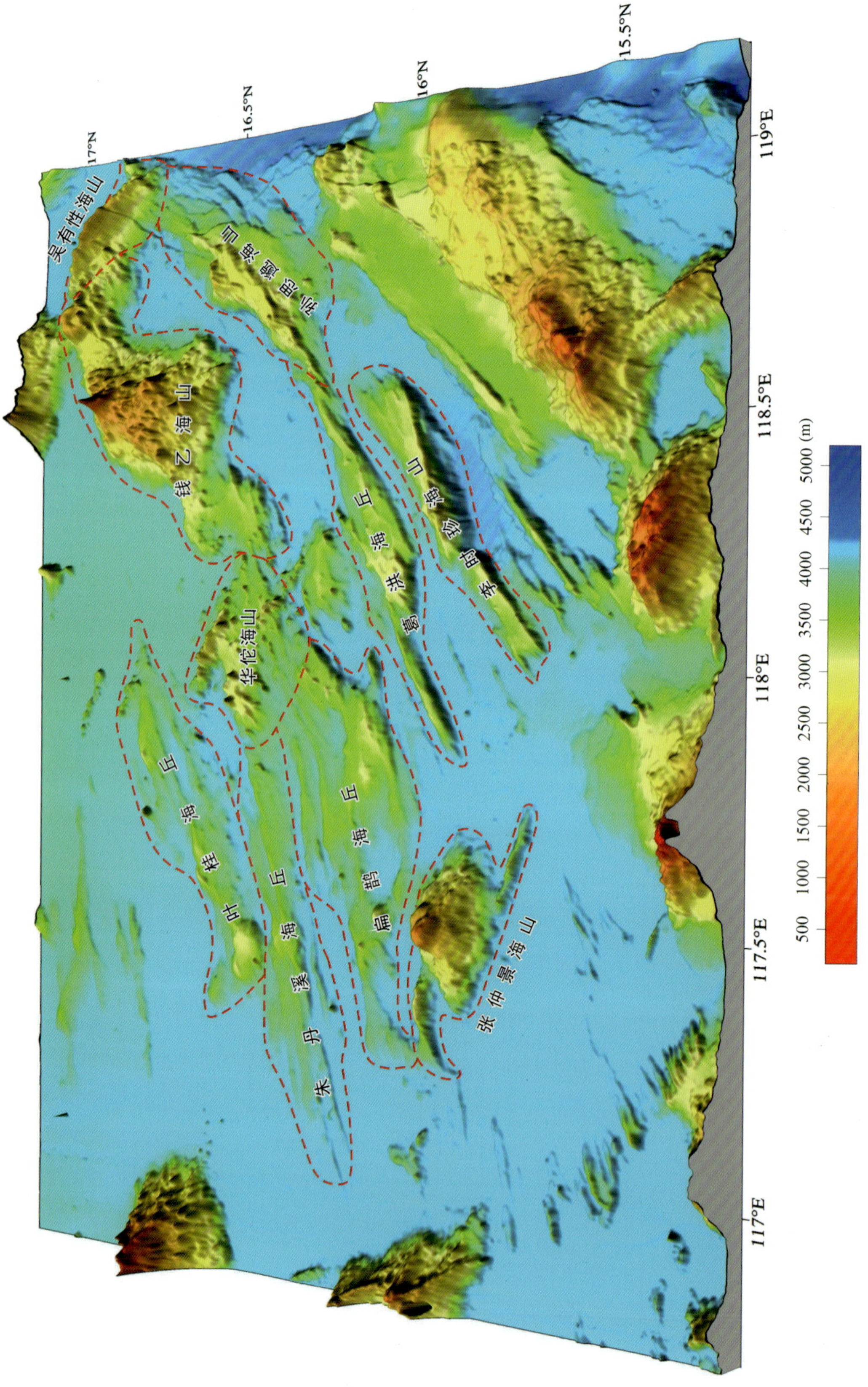

图 5.16 珍贝—黄岩海山链及周边地形图

Fig. 5.16 Topography Map of Zhenbei-Huangyan Haishanlian

5.3.1 叶桂海丘

标准名称 Standard Name	叶桂海丘 Yegui Haiqiu	类型 Generic Term	海丘 Hill
特征点坐标 Coordinates	16°43.4′ N，117°41.9′ E	规模（km） Dimension (km)	98.3 × 37.0
水深（m） Depth (m)	3503 ~ 4343	总起伏（m） Total Relief (m)	840
地貌形态 Feature Description	海丘平面形态不规则，整体呈北东—南西走向，地形起伏小（图 5.17）。 The plane shape of Yegui Haiqiu is irregular, extending from NE to SW.		
命名释义 Reason for Choice of Name	以清代医学家叶桂命名。叶桂（公元 1666—1745 年），清代著名中医温病学家，著有《温热论》《临证指南医案》《未刻本叶天士医案》，为中国温病学研究奠定了基础。 This hill is named after Ye Gui, a famous medical doctor in Qing Dynasty of ancient China, to commemorate his significant contribution in thermopathology.		

5.3.2 华佗海山

标准名称 Standard Name	华佗海山 Huatuo Haishan	类型 Generic Term	海山 Seamount
特征点坐标 Coordinates	16°31.6′ N，118°03.1′ E	规模（km） Dimension (km)	60.1 × 43.1
水深（m） Depth (m)	3022 ~ 4425	总起伏（m） Total Relief (m)	1403
地貌形态 Feature Description	海山平面形态不规则，形态复杂，主要由两列相互错开的北西—南东向山脊构成，最高峰位于北部，山势起伏，坡度变化较大（图 5.17）。 The plane shape of Huatuo Haishan is irregular. There are several peaks and the topography of this seamount is undulating.		
命名释义 Reason for Choice of Name	以东汉代医学家华佗命名。华佗（约公元 145—208 年），著名医学家。他医术全面，尤其擅长外科，精于手术，发明了麻沸散和五禽戏。 This seamount is named after Hua Tuo, a famous medical doctor in Eastern Han Dynasty of ancient China, to commemorate his outstanding achievement in surgery.		

5.3.3 朱丹溪海丘

标准名称 Standard Name	朱丹溪海丘 Zhudanxi Haiqiu	类型 Generic Term	海丘 Hill
特征点坐标 Coordinates	16°19.6′ N，117°26.5′ E	规模（km） Dimension (km)	107.7 × 31.0
水深（m） Depth (m)	3822 ~ 4347	总起伏（m） Total Relief (m)	525
地貌形态 Feature Description	海丘呈长条状，总体上由 2 ~ 3 列近似平行的北东—南西向山脊组成，地形起伏变化大，坡度总体较缓（图 5.17）。 The plane shape of Zhudanxi Haiqiu is strip-like. The topography of this hill is undulating and the overall slope is relatively gentle.		
命名释义 Reason for Choice of Name	以元代医学家朱丹溪命名。朱丹溪（公元 1281—1358 年），创立了“滋阴派”，著有《格致余论》《局方发挥》《丹溪心法》等，在中国医学史上占有重要地位。 This hill is named after Zhu Danxi, a famous medical doctor in Yuan Dynasty of ancient China, to commemorate his significant contribution in the founding of Nourishing Yin Theory. Yin and Yang is an ancient Chinese philosophy that claims dualism.		

5.3.4 扁鹊海丘

标准名称 Standard Name	扁鹊海丘 Bianque Haiqiu	类型 Generic Term	海丘 Hill
特征点坐标 Coordinates	16°01.9′ N，117°30.8′ E	规模（km） Dimension (km)	112.2 × 37.4
水深（m） Depth (m)	3627 ~ 4430	总起伏（m） Total Relief (m)	803
地貌形态 Feature Description	海丘形态不规则，由多列近似平行的北东—南西向山脊组成，地形起伏变化大（图 5.17）。 The plane shape of Bianque Haiqiu is irregular. It consists of several parallel ridges. The topography of this hill is undulating.		
命名释义 Reason for Choice of Name	以春秋时期医学家扁鹊命名。扁鹊（公元前 407—310 年），春秋战国时期名医，著有《难经》《内经》等书，在诊断、病理、治法上对祖国医学做出了卓越的贡献，在我国医学史上有承前启后的重要地位，医学界历来把扁鹊尊为我国古代医学的祖师。 This hill is named after Bian Que, a famous physician in the Warring States period of ancient China, to commemorate his outstanding achievement in traditional Chinese medicine.		

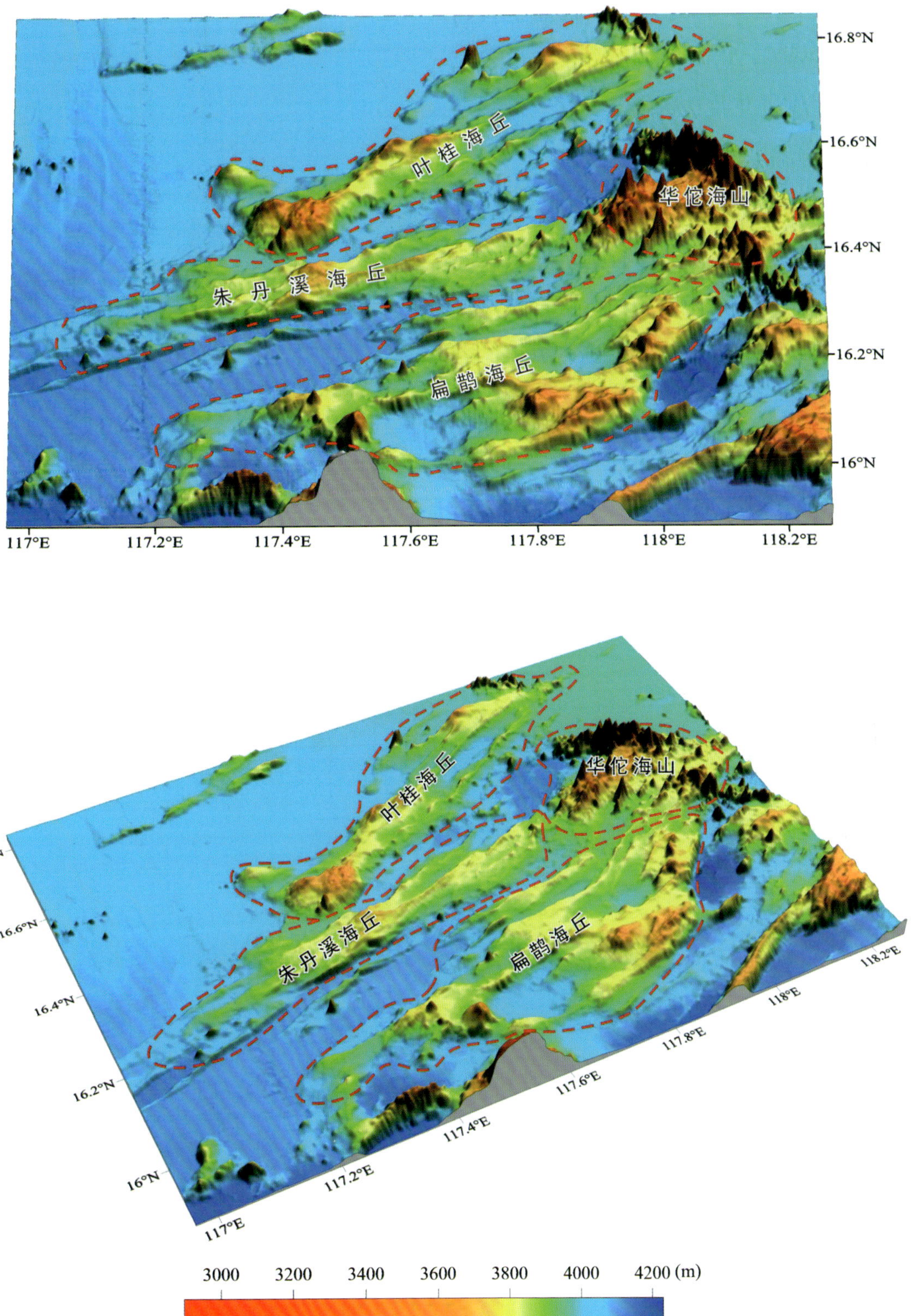

图 5.17 叶桂海丘、华佗海山、朱丹溪海丘和扁鹊海丘三维地形图

Fig. 5.17 3-D Topography Map of Yegui Haiqiu, Huatuo Haishan, Zhudanxi Haiqiu and Bianque Haiqiu

5.3.5 钱乙海山

标准名称 Standard Name	钱乙海山 Qianyi Haishan	类型 Generic Term	海山 Seamount
特征点坐标 Coordinates	16°46.4′ N，118°36.0′ E	规模（km） Dimension (km)	45.2 × 35.2
水深（m） Depth (m)	667 ~ 4265	总起伏（m） Total Relief (m)	3598
地貌形态 Feature Description	海山平面形态不规则，整体呈北东—南西走向，东部山坡较陡，西侧较缓（图 5.18）。 The plane shape of Qianyi Haishan is irregular, extending from NE to SW. The slope on the east side is steep and on the west side is gentle.		
命名释义 Reason for Choice of Name	以宋朝医学家钱乙命名。钱乙（约公元 1032—1113 年），著名儿科医家，著有《小儿药证直诀》，对中医辨证学、方剂学均有较大影响。 This seamount is named after Qian Yi, a famous medical doctor in Song Dynasty of ancient China, to commemorate his outstanding achievement in pediatrics.		

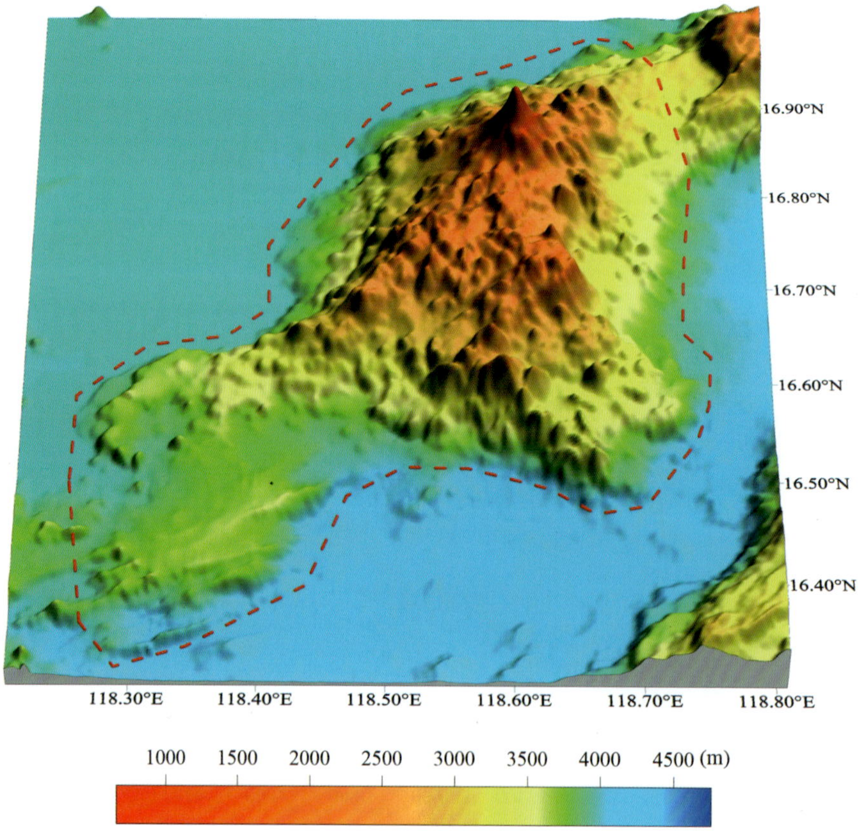

图 5.18 钱乙海山三维地形图

Fig. 5.18 3-D Topography Map of Qianyi Haishan

5.3.6 吴有性海山

标准名称 Standard Name	吴有性海山 Wuyouxing Haishan	类型 Generic Term	海山 Seamount
特征点坐标 Coordinates	16°50.3′ N，119°00.6′ E	规模（km） Dimension (km)	46.7 × 19.2
水深（m） Depth (m)	2094 ~ 4676	总起伏（m） Total Relief (m)	2582
地貌形态 Feature Description	海山平面形态不规则，整体呈北西—南东走向（图 5.19）。 The plane shape of Wuyouxing Haishan is irregular, extending from NW to SE.		
命名释义 Reason for Choice of Name	以明末清初医学家吴有性命名。吴有性（公元 1582—1652 年？），是“瘟疫学派”的创始人。他根据自己的临床经验，著有《温疫论》，开我国传染病学研究之先河。他以毕生的治疫经验和体会，大胆提出“疠气”致病之学说，在世界医传染病学史上是一个伟大的创举，因此赢得后人的广泛尊重。 This seamount is named after Wu Youxing, a famous medical doctor in the end of Ming Dynasty and start of Qing Dynasty of ancient China, to commemorate his outstanding achievement in epidemiology.		

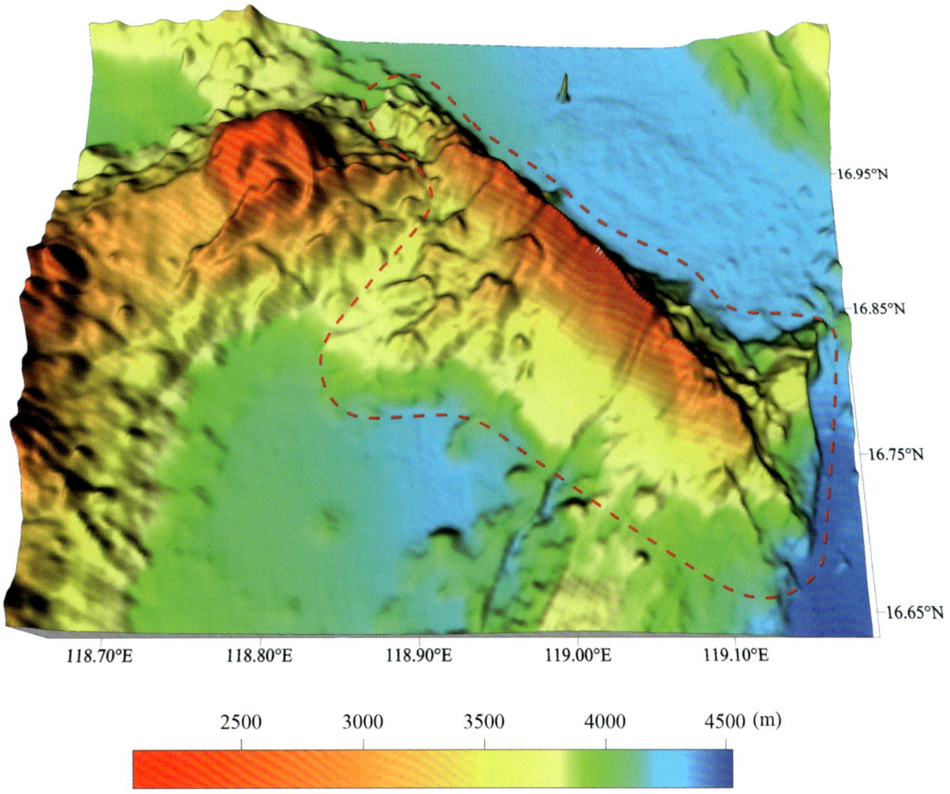

图 5.19 吴有性海山三维地形图

Fig. 5.19 3-D Topography Map of Wuyouxing Haishan

5.3.7 孙思邈海山

标准名称 Standard Name	孙思邈海山 Sunsimiao Haishan	类型 Generic Term	海山 Seamount
特征点坐标 Coordinates	16°28.7′ N，118°51.1′ E	规模（km） Dimension (km)	79.3 × 37.6
水深（m） Depth (m)	2834 ~ 4890	总起伏（m） Total Relief (m)	2056
地貌形态 Feature Description	海山平面形态不规则，呈北东—南西走向（图 5.20）。 The plane shape of Sunsimiao Haishan is irregular, extending from NE to SW.		
命名释义 Reason for Choice of Name	以唐代医学家孙思邈命名。孙思邈（约公元 581—682 年），唐代医药学家，被后人尊称为“药王”。他一生致力于医学临床研究，医德高尚。他的医学巨著《千金方》是中国历史上第一部临床医学百科全书。 This seamount is named after Sunsimiao, a famous medical doctor and pharmacist in Tang Dynasty of ancient China, to commemorate his outstanding achievement in clinical medicine.		

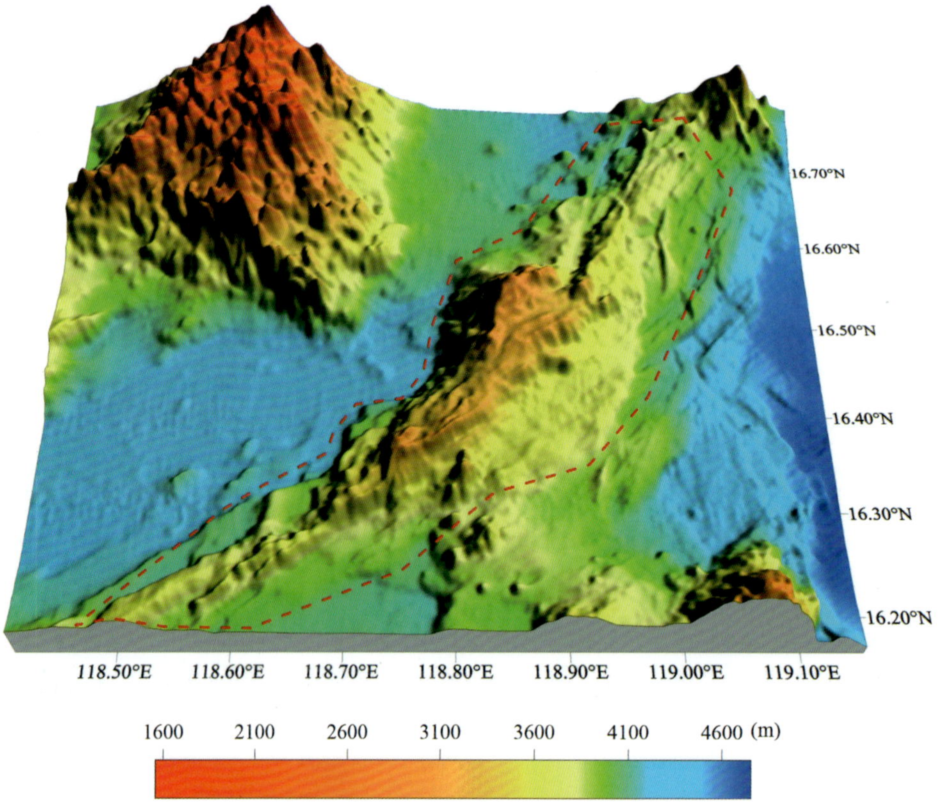

图 5.20 孙思邈海山三维地形图

Fig. 5.20 3-D Topography Map of Sunsimiao Haishan

5.3.8 张仲景海山

标准名称 Standard Name	张仲景海山 Zhangzhongjing Haishan	类型 Generic Term	海山 Seamount
特征点坐标 Coordinates	15°50.8′ N，117°30.9′ E	规模（km） Dimension (km)	37.8 × 22.1
水深（m） Depth (m)	1673 ~ 4373	总起伏（m） Total Relief (m)	2700
地貌形态 Feature Description	海山平面形态呈椭圆形，呈北西西—南东东走向（图 5.21）。 The plane shape of Zhangzhongjing Haishan is almost oval, extending from NWW to SEE.		
命名释义 Reason for Choice of Name	以汉代医学家张仲景命名。张仲景（约公元 154—219 年），著名医学家，被后人尊称为“医圣”。他编著的《伤寒杂病论》从理论到实践上全面确立辨证论治法则，是中国医学史上影响最大的著作之一。 This seamount is named after Zhang Zhongjing, a famous medical doctor in Han Dynasty of ancient China, to commemorate his outstanding achievement in clinical medicine.		

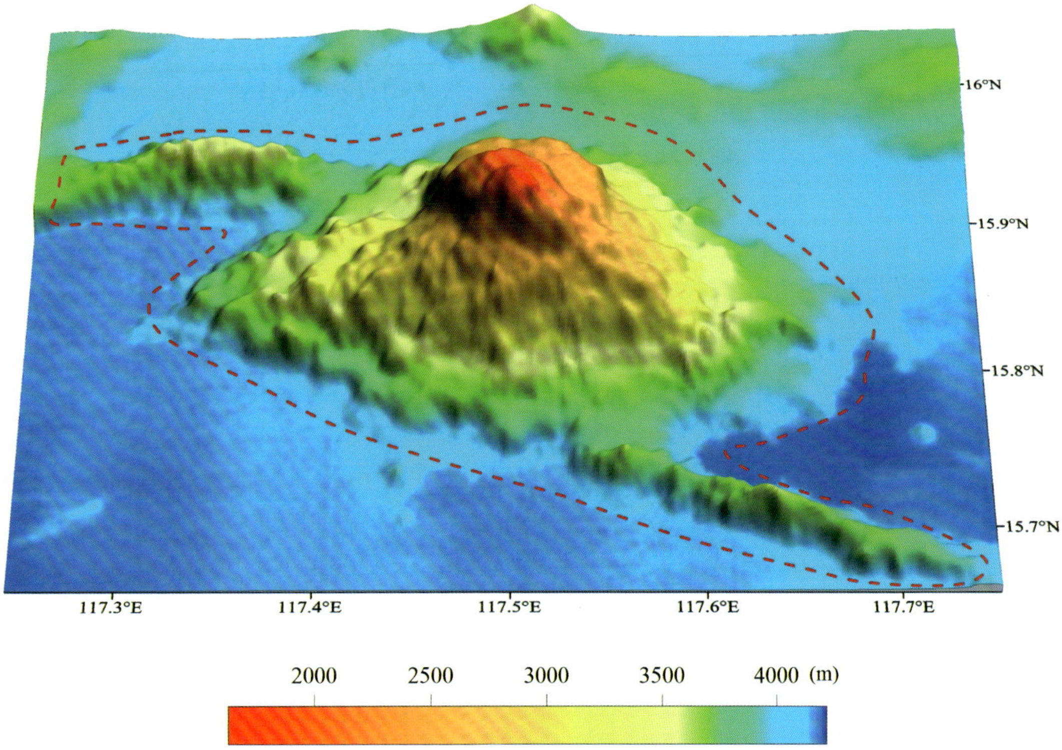

图 5.21 张仲景海山三维地形图

Fig. 5.21 3-D Topography Map of Zhangzhongjing Haishan

5.3.9 李时珍海山

标准名称 Standard Name	李时珍海山 Lishizhen Haishan	类型 Generic Term	海山 Seamount
特征点坐标 Coordinates	15°53.0′ N，118°19.3′ E	规模（km） Dimension (km)	94.3 × 16.1
水深（m） Depth (m)	3098 ~ 4743	总起伏（m） Total Relief (m)	1645
地貌形态 Feature Description	海山平面形态呈长条形，呈北东—南西走向（图 5.22）。 The plane shape of Lishizhen Haishan is strip-like, extending from NE to SW.		
命名释义 Reason for Choice of Name	以明代医学家李时珍命名。李时珍（公元 1518—1593 年），他所编著的《本草纲目》收录了上千种本草药物和上万种民间药方，首创了按药物自然属性逐级分类的纲目体系，是现代生物分类学的重要方法之一，不仅为中国药物学的发展做出了重大贡献，而且对世界医药学的发展也产生了深远的影响，被誉为“东方医药巨典”。 This seamount is named after Li Shizhen, a famous pharmacist who wrote the book *Compendium of Materia Medica* (*Bencao Gangmu*) in Ming Dynasty of China, to commemorate his outstanding achievement in pharmacy.		

5.3.10 葛洪海丘

标准名称 Standard Name	葛洪海丘 Gehong Haiqiu	类型 Generic Term	海丘 Hill
特征点坐标 Coordinates	15°59.0′ N，118°12.2′ E	规模（km） Dimension (km)	98.0 × 23.2
水深（m） Depth (m)	3547 ~ 4443	总起伏（m） Total Relief (m)	896
地貌形态 Feature Description	海丘平面形态呈长条形，呈北东—南西走向（图 5.22）。 The plane shape of Gehong Haiqiu is strip-like, extending from NE to SW.		
命名释义 Reason for Choice of Name	以东晋医学家葛洪命名。葛洪（公元 284—364 年），是我国预防医学的先导者，著有《肘后方》，书中最早记载一些传染病如天花、恙虫病的症候及诊治方法，书中关于“天行发斑疮”是全世界最早有关天花的记载。 This hill is named after Ge Hong, a famous medical doctor in Eastern Jin Dynasty of ancient China, to commemorate his significant contribution in epidemiology.		

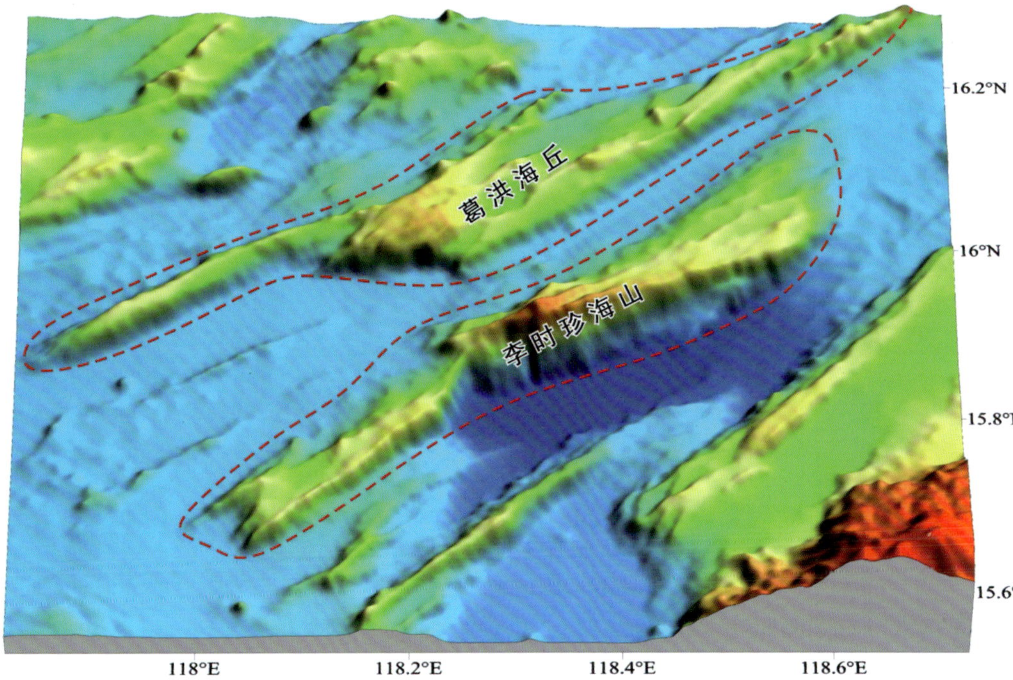

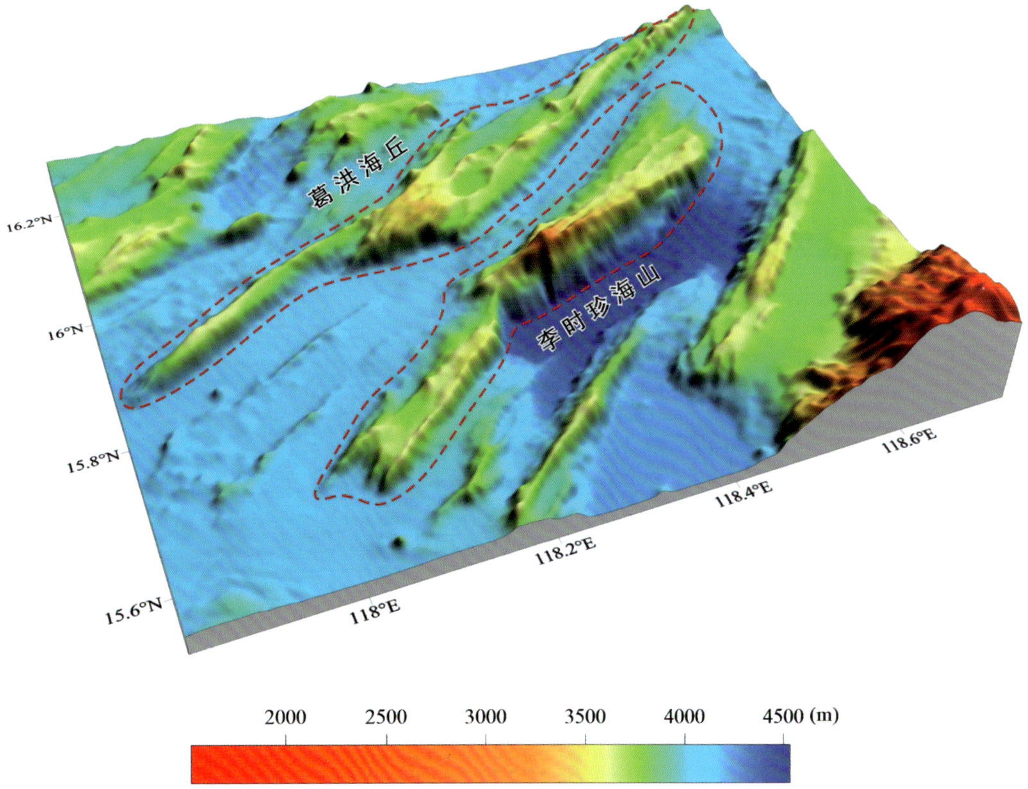

图 5.22　李时珍海山和葛洪海丘三维地形图

Fig. 5.22　3-D Topography Map of Lishizhen Haishan and Gehong Haiqiu

5.3.11 珍贝海山

标准名称 Standard Name	珍贝海山 Zhenbei Haishan	类型 Generic Term	海山 Seamount
特征点坐标 Coordinates	15°04.0′ N，116°32.5′ E	规模（km） Dimension (km)	83.2 × 47.9
水深（m） Depth (m)	324 ～ 4536	总起伏（m） Total Relief (m)	4212
地貌形态 Feature Description	海山平面形态似贝壳，呈北东—南西走向，发育 3 座峰顶（图 5.23）。 The plane shape of Zhenbei Haishan looks like a shell, extending from NE to SW. There are three peaks in the top of seamount.		
命名释义 Reason for Choice of Name	1986 年，中国地名委员会命名此海山为珍贝海山。珍贝意为珍贵的贝壳，南海生存多种贝壳类动物，以此命名寓意中国重视海洋的生态环境保护。 “Zhenbei” means “precious shell” in Chinese. This seamount looks like a shell, so the word “Zhenbei” is used to name this seamount.		

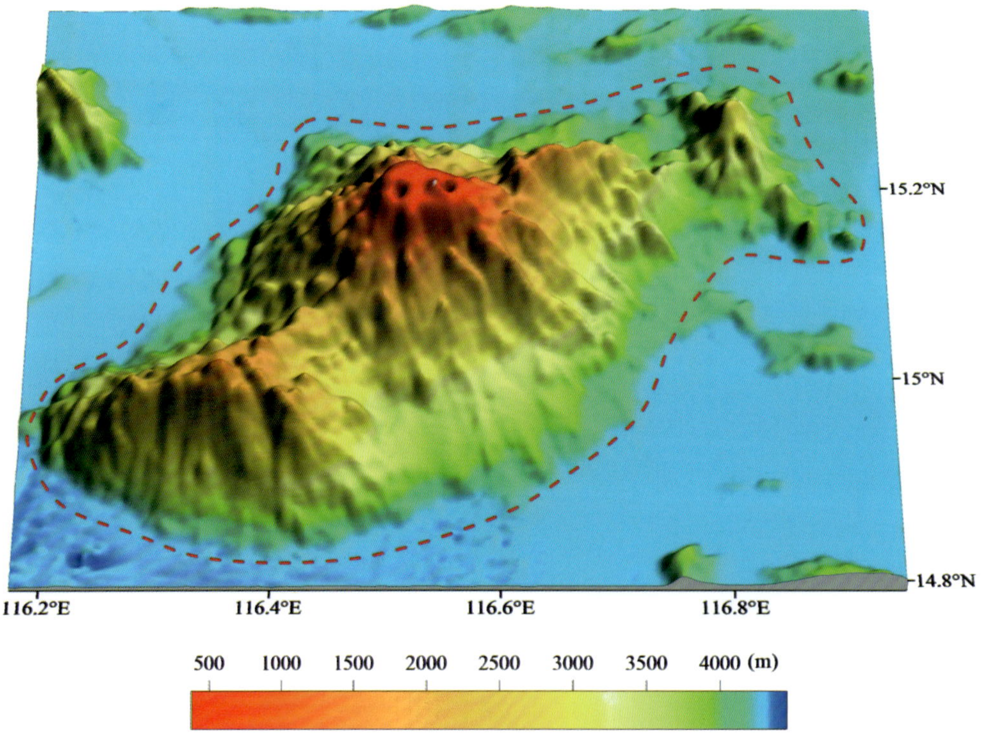

图 5.23 珍贝海山三维地形图

Fig. 5.23 3-D Topography Map of Zhenbei Haishan

5.3.12 黄岩东海山

标准名称 Standard Name	黄岩东海山 Huangyandong Haishan	类型 Generic Term	海山 Seamount
特征点坐标 Coordinates	15°17.1′ N，118°17.0′ E	规模（km） Dimension (km)	47.8 × 34.3
水深（m） Depth (m)	859 ~ 4377	总起伏（m） Total Relief (m)	3518
地貌形态 Feature Description	海山平面形态呈椭圆形，呈北西—南东走向（图 5.24）。 The plane shape of Huangyandong Haishan is almost oval, extending from NW to SE.		
命名释义 Reason for Choice of Name	位于黄岩岛以东，故名。 This seamount is located in the east of Huangyan Dao. “Dong” means “east” in Chinese. Therefore, the word “Huangyandong” is used as the name of this seamount.		

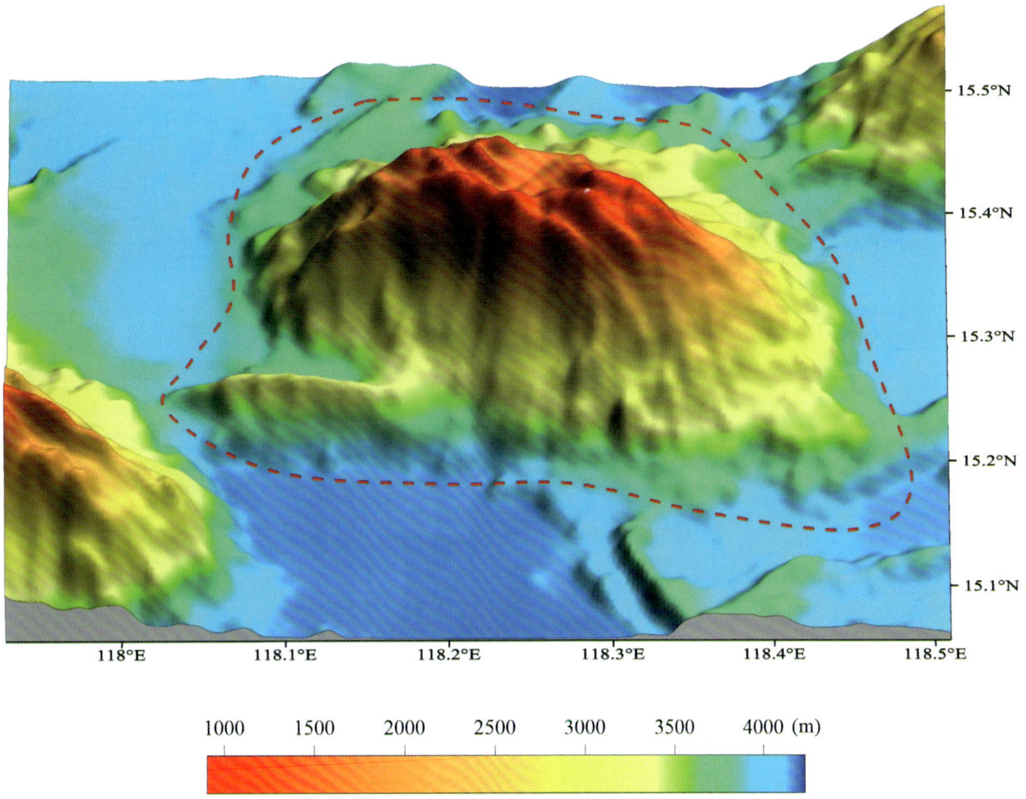

图 5.24 黄岩东海山三维地形图

Fig. 5.24 3-D Topography Map of Huangyandong Haishan

5.4 中南海山及周边

中南海山及周边包含 5 座独立的高大海山，中南海山、龙北海山、龙南海山保留 1986 年的命名，北岳海山和南岳海山分别位于中南海山的北面和南面，以其相对位置命名。我国的北岳恒山和南岳衡山为著名风景名山，挺拔秀丽，这两座海山命名为北岳和南岳也蕴含着高大雄伟之意（表 5.4，图 5.25）。

表 5.4 中南海山及周边三级地理实体

序号	标准地名	汉语拼音	英文名称	中心位置	水深(m)	高差(m)	命名理由
1	中南海山	Zhōngnán Hǎishān	Zhongnan Haishan	13°58.0′ N, 115°25.7′ E	315 ~ 4603	4288	顶部曾命名为中南暗沙，故名。1986 年中国地名委员会命名
2	北岳海山	Běiyuè Hǎishān	Beiyue Haishan	14°21.8′ N, 115°24.1′ E	851 ~ 4925	4074	位于中南海山以北，山体规模大，故名
3	南岳海山	Nányuè Hǎishān	Nanyue Haishan	13°42.1′ N, 115°17.8′ E	899 ~ 4583	3684	位于中南海山以南，山体规模大，故名
4	龙北海山	Lóngběi Hǎishān	Longbei Haishan	14°00.0′ N, 114°52.3′ E	600 ~ 4553	3953	位于长龙海山链以北，故名。1986 年中国地名委员会命名
5	龙南海山	Lóngnán Hǎishān	Longnan Haishan	13°21.8′ N, 114°58.5′ E	575 ~ 4691	4116	位于长龙海山链以南，故名。1986 年中国地名委员会命名

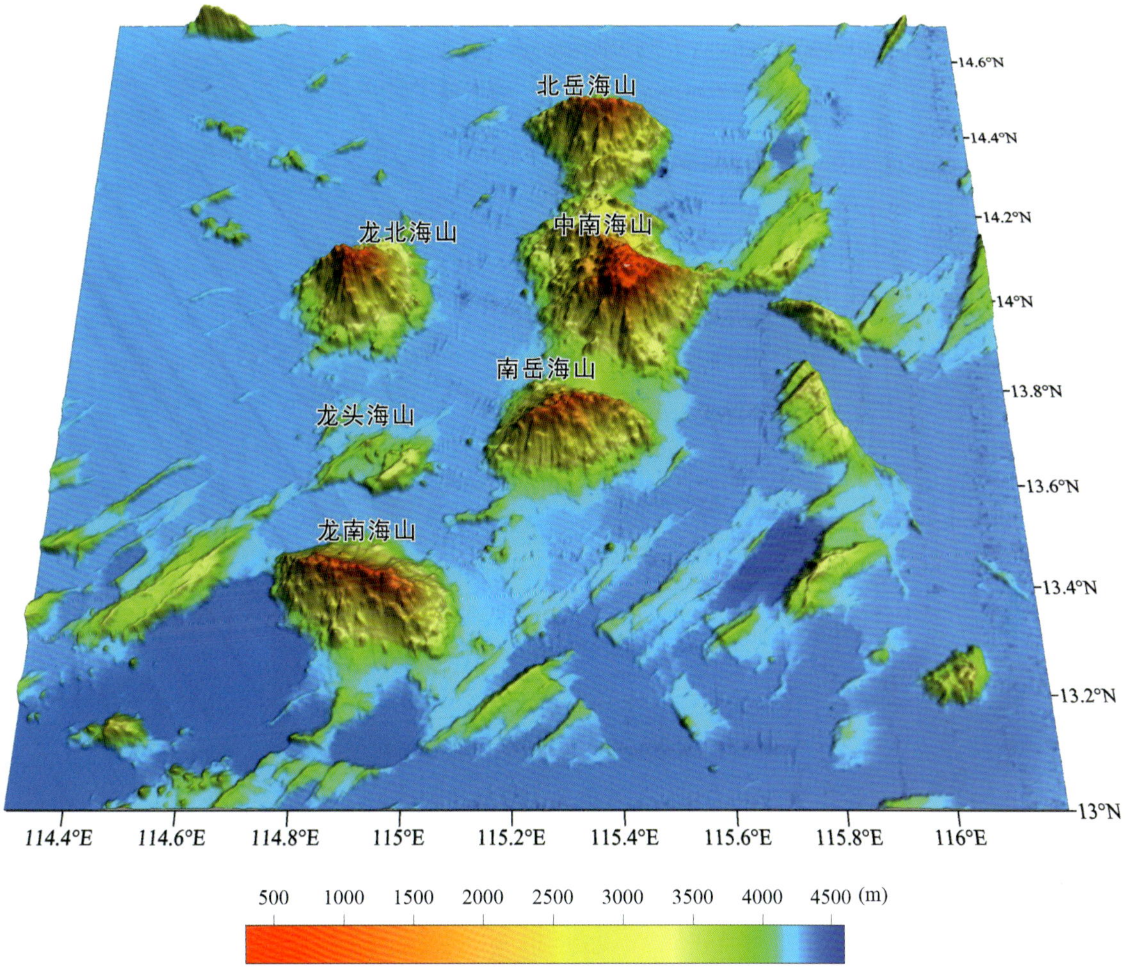

图 5.25　中南海山及周边三维地形图

Fig. 5.25　3-D Topography Map of Zhongnan Haishan

5.4.1 中南海山

标准名称 Standard Name	中南海山 Zhongnan Haishan	类型 Generic Term	海山 Seamount
特征点坐标 Coordinates	13°58.0′ N，115°25.7′ E	规模（km） Dimension (km)	58.6 × 46.2
水深（m） Depth (m)	315 ~ 4603	总起伏（m） Total Relief (m)	4288
地貌形态 Feature Description	海山平面形态不规则，规模庞大，呈北西—南东走向（图 5.26）。 The plane shape of Zhongnan Haishan is irregular, extending from NW to SE.		
命名释义 Reason for Choice of Name	此海山位于中沙群岛与南沙群岛之间，其专名取词于两个群岛的中文名称首词，即为中南海山。1986 年，中国地名委员会已命名。 This seamount is located between Zhongsha Qundao and Nansha Qundao, so the word “Zhongnan” is used to name this seamount.		

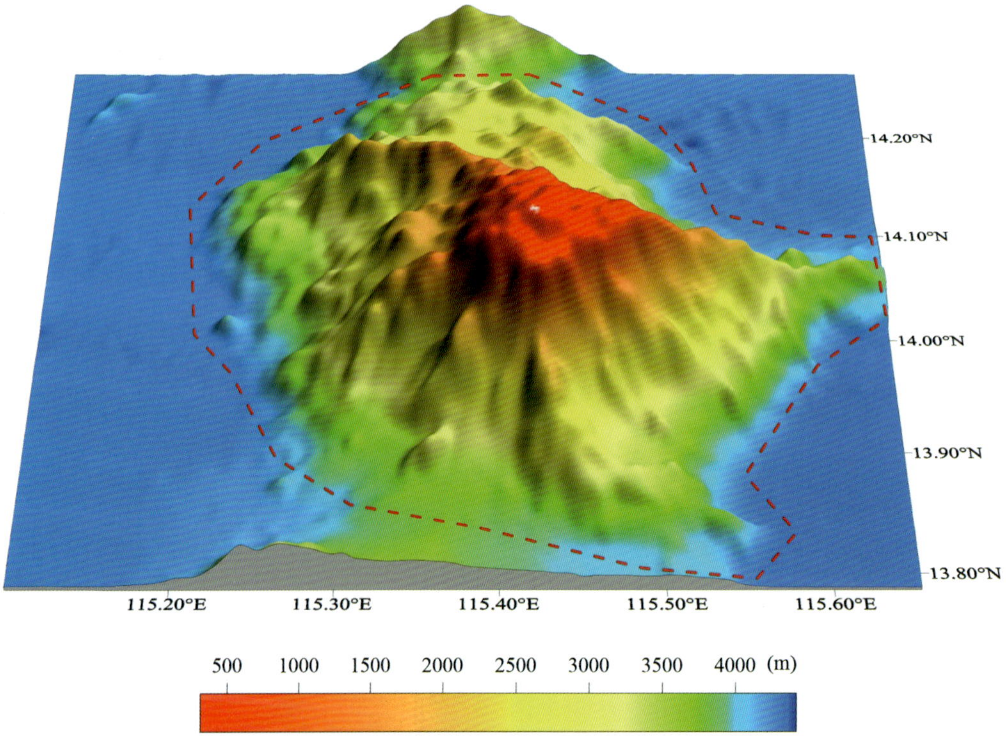

图 5.26 中南海山三维地形图

Fig. 5.26 3-D Topography Map of Zhongnan Haishan

5.4.2 北岳海山

标准名称 Standard Name	北岳海山 Beiyue Haishan	类型 Generic Term	海山 Seamount
特征点坐标 Coordinates	14°21.8′ N，115°24.1′ E	规模（km） Dimension (km)	33.0 × 37.5
水深（m） Depth (m)	851 ~ 4925	总起伏（m） Total Relief (m)	4074
地貌形态 Feature Description	海山平面形态大致呈圆形（图 5.27）。 The plane shape of this seamount is circular.		
命名释义 Reason for Choice of Name	位于中南海山以北，山体规模大，故名。 This seamount is located in the north of Zhongnan Haishan. “Bei” means “north” in Chinese; “yue” means “massive mountain” in Chinese. Therefore, the word “beiyue” is used to name this seamount.		

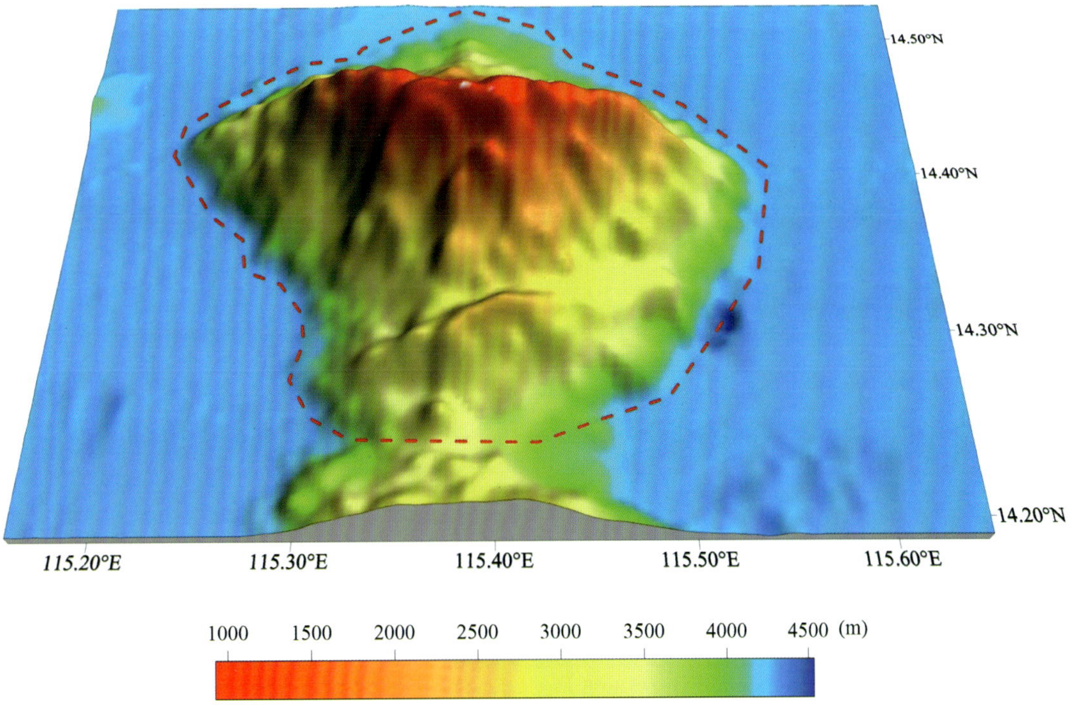

图 5.27 北岳海山三维地形图

Fig. 5.27 3-D Topography Map of Beiyue Haishan

5.4.3 南岳海山

标准名称 Standard Name	南岳海山 Nanyue Haishan	类型 Generic Term	海山 Seamount
特征点坐标 Coordinates	13°42.1′ N，115°17.8′ E	规模（km） Dimension (km)	33.6 × 41.0
水深（m） Depth (m)	899 ～ 4583	总起伏（m） Total Relief (m)	3684
地貌形态 Feature Description	海山平面形态近椭圆形，呈东西走向（图 5.28）。 The plane shape of Nanyue Haishan is almost oval, extending from east to west.		
命名释义 Reason for Choice of Name	位于中南海山以南，山体规模大，故名。 This seamount is located on the south of Zhongnan Haishan. “Nan” means “south” in Chinese; “yue” means “massive mountain” in Chinese. Therefore, the word “nanyue” is used to name this seamount.		

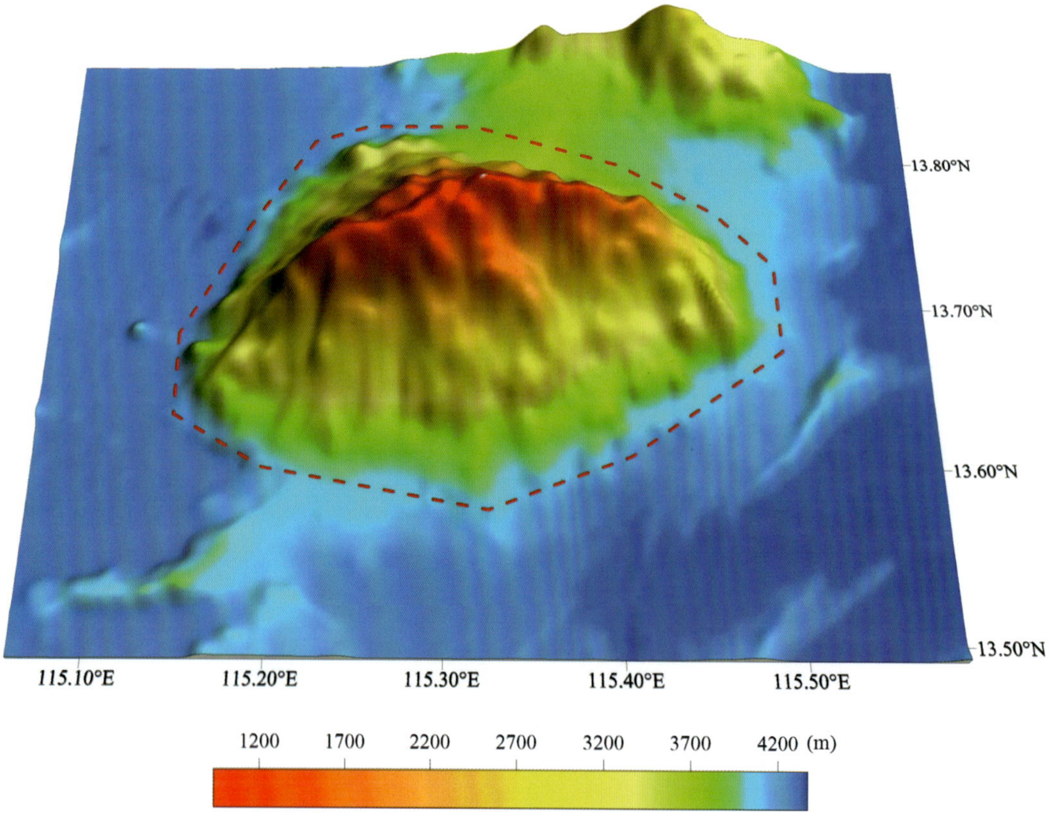

图 5.28 南岳海山三维地形图

Fig. 5.28 3-D Topography Map of Nanyue Haishan

5.4.4 龙北海山

标准名称 Standard Name	龙北海山 Longbei Haishan	类型 Generic Term	海山 Seamount
特征点坐标 Coordinates	14°00.0′ N，114°52.3′ E	规模（km） Dimension (km)	46.3 × 33.1
水深（m） Depth (m)	600 ~ 4553	总起伏（m） Total Relief (m)	3953
地貌形态 Feature Description	海山平面形态大致呈椭圆形（图 5.29）。 The plane shape of Longbei Haishan is almost oval.		
命名释义 Reason for Choice of Name	1986 年，中国地名委员会命名此海山为龙北海山，意指其位于长龙海山链以北。 The name “Longbei” is given to this seamount by Chinese government in 1986. Its meaning is “in the north of Changlong Haishanlian”.		

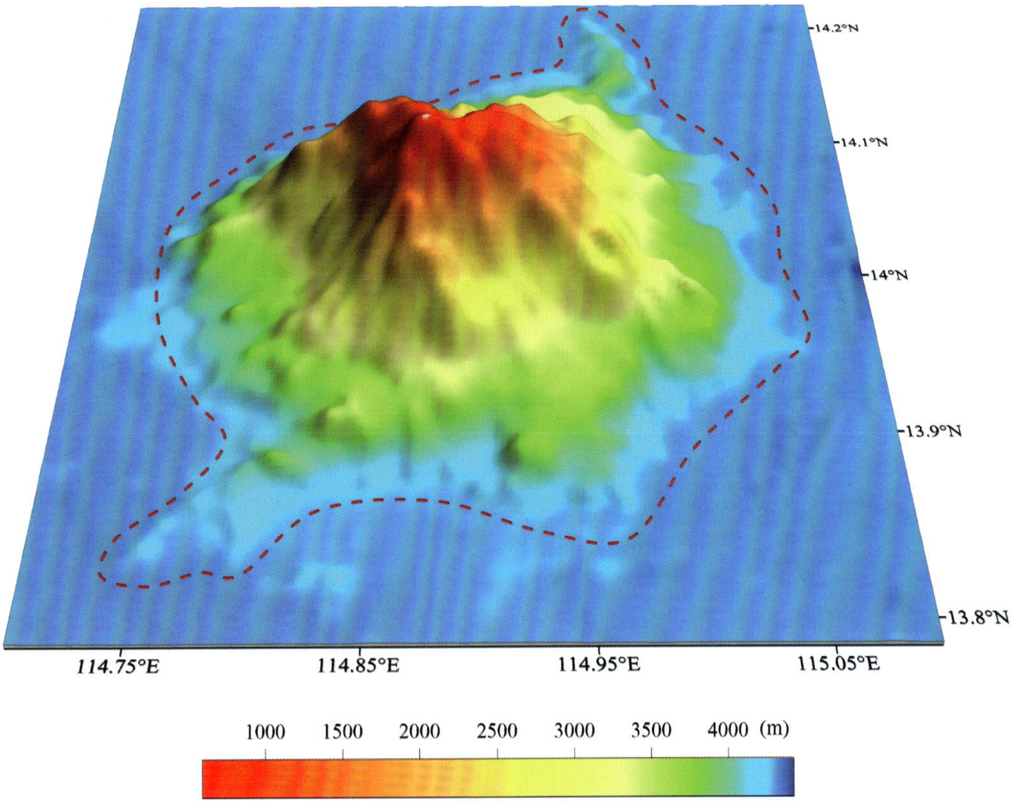

图 5.29　龙北海山三维地形图

Fig. 5.29　3-D Topography Map of Longbei Haishan

5.4.5 龙南海山

标准名称 Standard Name	龙南海山 Longnan Haishan	类型 Generic Term	海山 Seamount
特征点坐标 Coordinates	13°21.8′ N，114°58.5′ E	规模（km） Dimension (km)	44.4 × 31.2
水深（m） Depth (m)	575 ～ 4691	总起伏（m） Total Relief (m)	4116
地貌形态 Feature Description	海山平面形态大致呈椭圆形，呈北西西—南东东走向（图 5.30）。 The plane shape of Longnan Haishan is almost oval, extending from NWW to SEE.		
命名释义 Reason for Choice of Name	1986 年，中国地名委员会命名此海山为龙南海山，意指其位于长龙海山链以南。 The name “Longnan” is given to this seamount by Chinese government in 1986. Its meaning is “in the south of Changlong Haishanlian”.		

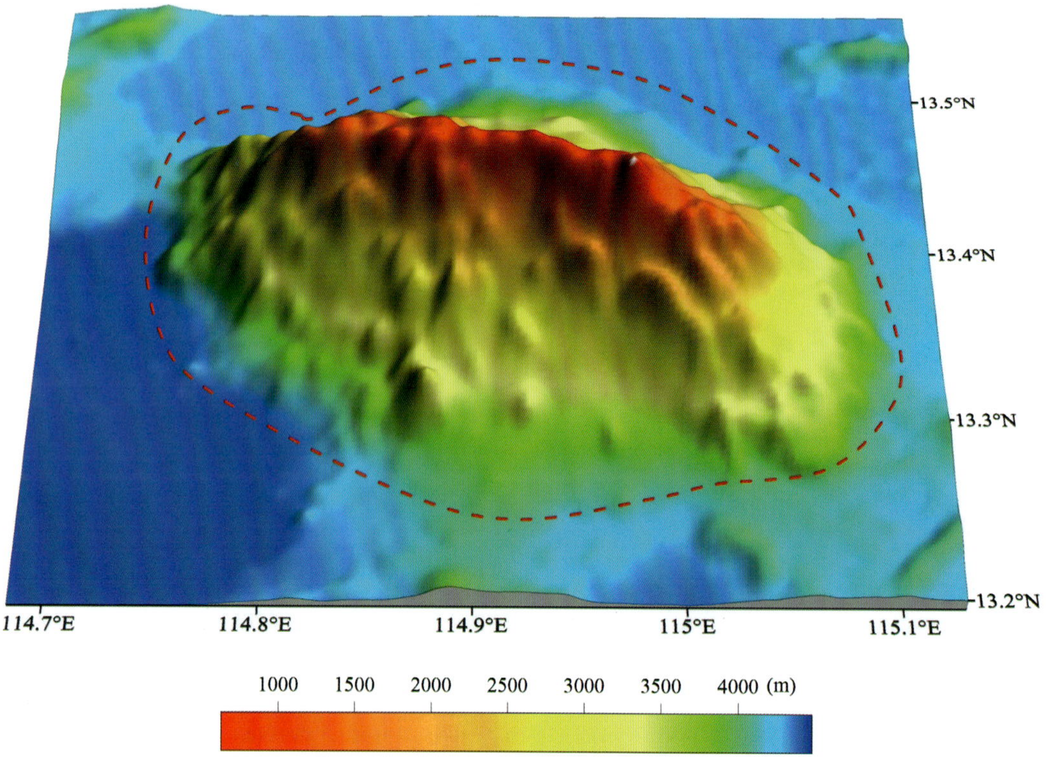

图 5.30 龙南海山三维地形图

Fig. 5.30 3-D Topography Map of Longnan Haishan

5.5 长龙海山链、飞龙海山链与双龙海盆

龙是神话传说中的动物，在中华传统文化中有着特殊的意义，汉语言中也有很多与龙相关的美好成语，如龙腾虎跃、飞龙在天、神龙摆尾等。在此海域中，我们共识别和命名 20 个地理实体，均以“龙”相关的词语命名（表 5.5）。

表 5.5 长龙海山链与飞龙海山链三级地理实体

序号	标准地名	汉语拼音	英文名称	中心位置	水深 (m)	高差 (m)	命名理由
1	龙珠海山	Lóngzhū Hǎishān	Longzhu Haishan	13°08.3′ N, 114°29.2′ E	3100 ~ 4702	1602	位于长龙、飞龙海山链之间，故名
2	龙门海山	Lóngmén Hǎishān	Longmen Haishan	12°32.3′ N, 113°43.3′ E	3121 ~ 4660	1539	位于长龙、飞龙海山链之间，故名
3	龙睛海山	Lóngjīng Hǎishān	Longjing Haishan	13°19.7′ N, 114°16.8′ E	3522 ~ 4570	1048	此海山位于长龙海山链的东北部，似龙眼所在的位置，故以“龙睛”命名
4	神龙海山	Shénlóng Hǎishān	Shenlong Haishan	13°23.2′ N, 114°35.4′ E	3539 ~ 4694	1155	神龙在中国文化中象征着威严和神圣，此海山位于长龙海山链东北端，规模较大，故名
5	龙头海山	Lóngtóu Hǎishān	Longtou Haishan	13°37.6′ N, 114°59.7′ E	3451 ~ 4570	1119	此海山位于长龙海山链的东北端，似长龙之头部，故名
6	龙须海山	Lóngxū Hǎishān	Longxu Haishan	13°10.6′ N, 114°15.1′ E	3633 ~ 4683	1050	此海山位于长龙海山链东南部，似长龙之胡须的位置，故以“龙须”命名
7	跃龙海丘	Yuèlóng Hǎiqiū	Yuelong Haiqiu	13°13.3′ N, 115°13.4′ E	3722 ~ 4677	955	位于飞龙海山链，故名
8	龙尾海丘	Lóngwěi Hǎiqiū	Longwei Haiqiu	12°02.5′ N, 113°25.3′ E	3920 ~ 4583	663	位于飞龙海山链西南端，故名
9	龙冠海丘	Lóngguān Hǎiqiū	Longguan Haiqiu	13°28.3′ N, 114°20.2′ E	3886 ~ 4581	695	龙冠为长龙顶端之意，此海山位于长龙海山链的东北位置，如神龙之冠，故名
10	龙吟海丘	Lóngyín Hǎiqiū	Longyin Haiqiu	12°56.5′ N, 114°28.7′ E	3764 ~ 4677	913	龙吟为飞龙鸣叫之意，此海丘位于长龙飞龙海山链，以“龙”相关的词语命名
11	龙脊海丘	Lóngjǐ Hǎiqiū	Longji Haiqiu	12°45.9′ N, 114°02.6′ E	3976 ~ 4707	731	龙脊意为龙之脊梁。此海脊位于飞龙海山链中部，以“龙”相关的词语命名

续表

序号	标准地名	汉语拼音	英文名称	中心位置	水深(m)	高差(m)	命名理由
12	龙腾海丘	Lóngténg Hǎiqiū	Longteng Haiqiu	12°48.4′ N, 114°31.9′ E	3941 ~ 4608	667	龙腾为长龙腾飞之意，此海丘位于飞龙海山链以南，以“龙”相关的词语命名
13	龙爪海丘	Lóngzhǎo Hǎiqiū	Longzhao Haiqiu	12°33.1′ N, 114°16.2′ E	4135 ~ 4602	467	此海丘位于飞龙海山链南部，形态不规则，似龙爪，故名
14	盘龙海脊	Pánlóng Hǎijǐ	Panlong Haiji	13°12.1′ N, 114°09.0′ E	3627 ~ 4675	1048	盘龙意为长龙蜿蜒飞舞，此海脊山势回旋犹如盘龙，故名
15	乘龙海脊	Chénglóng Hǎijǐ	Chenglong Haiji	13°01.4′ N, 113°48.9′ E	3818 ~ 4561	743	乘龙意为骑乘长龙飞行，此地理实体位于长龙海山链中部，以“龙”相关的词语命名
16	云龙海脊	Yúnlóng Hǎijǐ	Yunlong Haiji	12°43.0′ N, 114°07.1′ E	3983 ~ 4679	696	云龙为龙的一个种类，此海脊位于飞龙海山链中部，以“龙”相关的词语命名
17	龙鸣海脊	Lóngmíng Hǎijǐ	Longming Haiji	12°32.2′ N, 113°29.2′ E	3674 ~ 4690	1016	此海脊为长龙海山链中的地理实体，以“龙”相关的词语命名
18	鱼龙海脊	Yúlóng Hǎijǐ	Yulong Haiji	12°23.9′ N, 114°02.0′ E	4082 ~ 4632	550	鱼龙为龙的一个种类，此海脊位于飞龙海山链西南部，以“龙”相关的词语命名
19	游龙海脊	Yóulóng Hǎijǐ	Youlong Haiji	12°18.0′ N, 113°46.3′ E	3552 ~ 4684	1132	此海脊为飞龙海山链中规模最大的地理实体，故命名为“游龙”
20	龙潭洼地	Lóngtán Wādì	Longtan Wadi	12°58.8′ N, 113°54.0′ E	4517 ~ 4865	348	龙潭意为蛟龙活动的海域，此洼地为长龙海山链中部的负地形，故名

5.5.1 龙珠海山

标准名称 Standard Name	龙珠海山 Longzhu Haishan	类型 Generic Term	海山 Seamount
特征点坐标 Coordinates	13°08.3′ N，114°29.2′ E	规模（km） Dimension (km)	26.1 × 11.9
水深（m） Depth (m)	3100 ~ 4702	总起伏（m） Total Relief (m)	1602
地貌形态 Feature Description	海山平面形态不规则（图 5.31）。 The plane shape of Longzhu Haishan is irregular.		
命名释义 Reason for Choice of Name	海山位于长龙海山链、飞龙海山链之间，呈双龙戏珠之态，故以龙珠命名。 This seamount is located between Changlong (long dragon) and Feilong (flying dragon) Haishanlian. The overall image of this seamount with two seamounts chains looks like “two dragons playing with a pearl” (a traditional Chinese decorative pattern). “Longzhu” means “dragon pearl” in Chinese. Therefore, the word “longzhu” is used to name this seamount.		

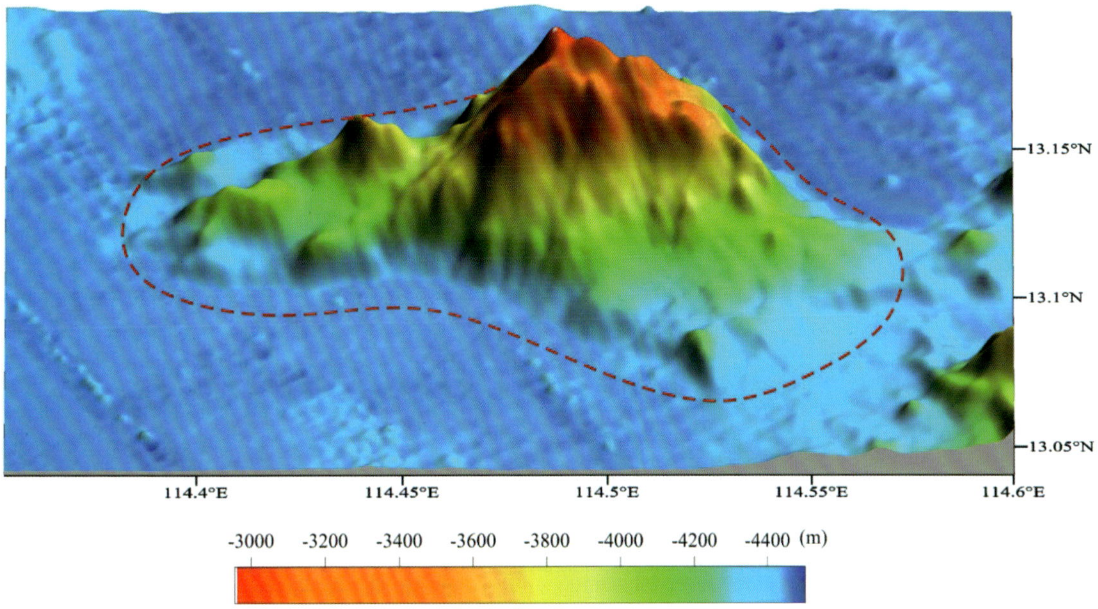

图 5.31 龙珠海山三维地形图

Fig. 5.31 3-D Topography Map of Longzhu Haishan

5.5.2 龙鸣海脊

标准名称 Standard Name	龙鸣海脊 Longming Haiji	类型 Generic Term	海脊 Ridge
特征点坐标 Coordinates	12°32.2′ N，113°29.2′ E	规模（km） Dimension (km)	61.1 × 13.9
水深（m） Depth (m)	3674 ~ 4690	总起伏（m） Total Relief (m)	1016
地貌形态 Feature Description	海脊呈长条状，呈北东—南西走向（图 5.32）。 The plane shape of Longming Haiji is strip-like, extending from NE to SW.		
命名释义 Reason for Choice of Name	此海脊为长龙海山链中的地理实体，以“龙”相关的词语命名。 “Longming” means “dragon’s roar” in Chinese. This ridge is located in Changlong Haishanlian and “changlong” means “long dragon” in Chinese, so the word “longming” is used as the name of this ridge.		

5.5.3 乘龙海脊

标准名称 Standard Name	乘龙海脊 Chenglong Haiji	类型 Generic Term	海脊 Ridge
特征点坐标 Coordinates	13°01.4′ N，113°48.9′ E	规模（km） Dimension (km)	74.0 × 9.0
水深（m） Depth (m)	3818 ~ 4561	总起伏（m） Total Relief (m)	743
地貌形态 Feature Description	海脊呈长条状，呈北东—南西走向（图 5.32）。 The plane shape of Chenglong Haiji is strip-like, extending from NE to SW.		
命名释义 Reason for Choice of Name	此海脊为长龙海山链中的地理实体，以“龙”相关的词语命名。 “Chenglong” means “to ride a dragon” in Chinese. This ridge is located in Changlong Haishanlian and “changlong” means “long dragon” in Chinese, so the word “chenglong” is used as the name of this ridge.		

5.5.4 龙潭洼地

标准名称 Standard Name	龙潭洼地 Longtan Wadi	类型 Generic Term	洼地 Depression
特征点坐标 Coordinates	12°58.8′ N，113°54.0′ E	规模（km） Dimension (km)	17.1 × 5.3
水深（m） Depth (m)	4517 ~ 4865	总起伏（m） Total Relief (m)	348
地貌形态 Feature Description	洼地平面形态狭长，呈北东—南西走向（图 5.32）。 The plane shape of Longtan Wadi is long and narrow, extending from NE to SW.		
命名释义 Reason for Choice of Name	龙潭意为蛟龙活动的海域，此洼地为长龙海山链中部的负地形，故名。 "Longtan" means "where dragon lives" in Chinese. This depression is located in Changlong Haishanlian and "changlong" means "long dragon" in Chinese, so the word "longtan" is used as the name of this depression.		

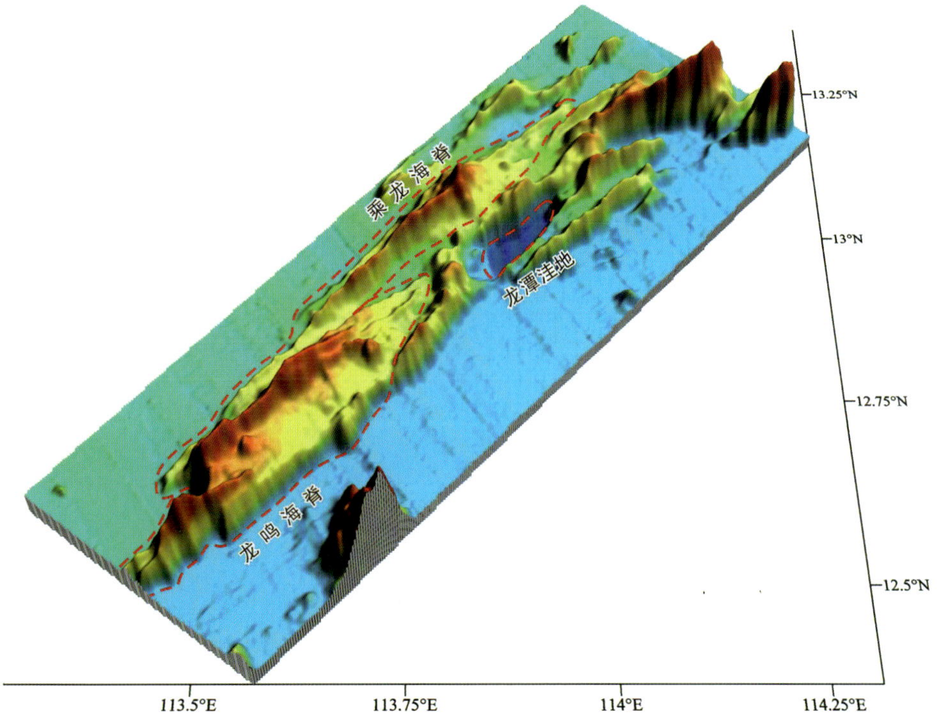

图 5.32　龙鸣海脊、乘龙海脊和龙潭洼地三维地形图

Fig. 5.32　3-D Topography Map of Longming Haiji, Chenglong Haiji and Longtan Wadi

5.5.5 游龙海脊

标准名称 Standard Name	游龙海脊 Youlong Haiji	类型 Generic Term	海脊 Ridge
特征点坐标 Coordinates	12°18.0′ N，113°46.3′ E	规模（km） Dimension (km)	93.6 × 17.6
水深（m） Depth (m)	3552 ～ 4684	总起伏（m） Total Relief (m)	1132
地貌形态 Feature Description	海脊平面形态呈长条带状，中部发育 3 条北东—南西向平行排列的小型海脊（图 5.33）。 The plane shape of Youlong Haiji is strip-like. There are three small ridges laying parallel in NE to SW direction.		
命名释义 Reason for Choice of Name	此海脊为飞龙海山链中规模最大的地理实体，故命名为“游龙”。 “Youlong” means “active dragon” in Chinese. This depression is located in Feilong Haishanlian and “feilong” means “flying dragon” in Chinese, so the word “youlong” is used as the name of this depression.		

5.5.6 龙尾海丘

标准名称 Standard Name	龙尾海丘 Longwei Haiqiu	类型 Generic Term	海丘 Hill
特征点坐标 Coordinates	12°02.5′ N，113°25.3′ E	规模（km） Dimension (km)	36.3 × 8.4
水深（m） Depth (m)	3920 ～ 4583	总起伏（m） Total Relief (m)	663
地貌形态 Feature Description	海丘呈长条形，呈北东—南西走向（图 5.33 和图 5.34）。 The plane shape of Longwei Haiqiu is strip-like, extending from NE to SW.		
命名释义 Reason for Choice of Name	位于飞龙海山链西南端，似飞龙之尾端，故名。 “Longwei” means “dragon tail” in Chinese. This hill is located in the SW end of Feilong Haishanlian and “feilong” means “flying dragon” in Chinese, so the word “longwei” is used as the name of this hill.		

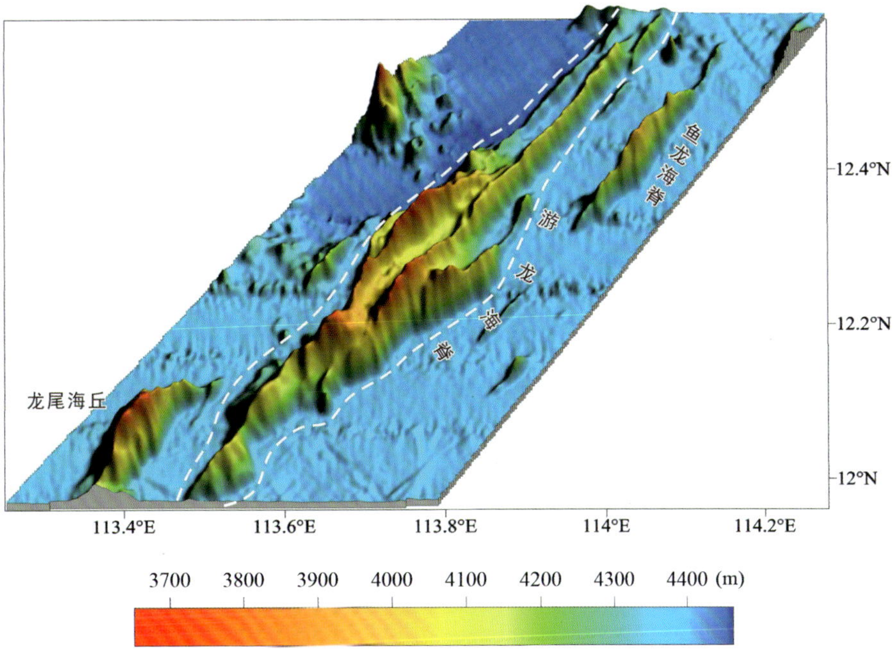

图 5.33　游龙海脊、鱼龙海脊和龙尾海丘三维地形图

Fig. 5.33　3-D Topography Map of Youlong Haiji, Yulong Haiji and Longwei Haiqiu

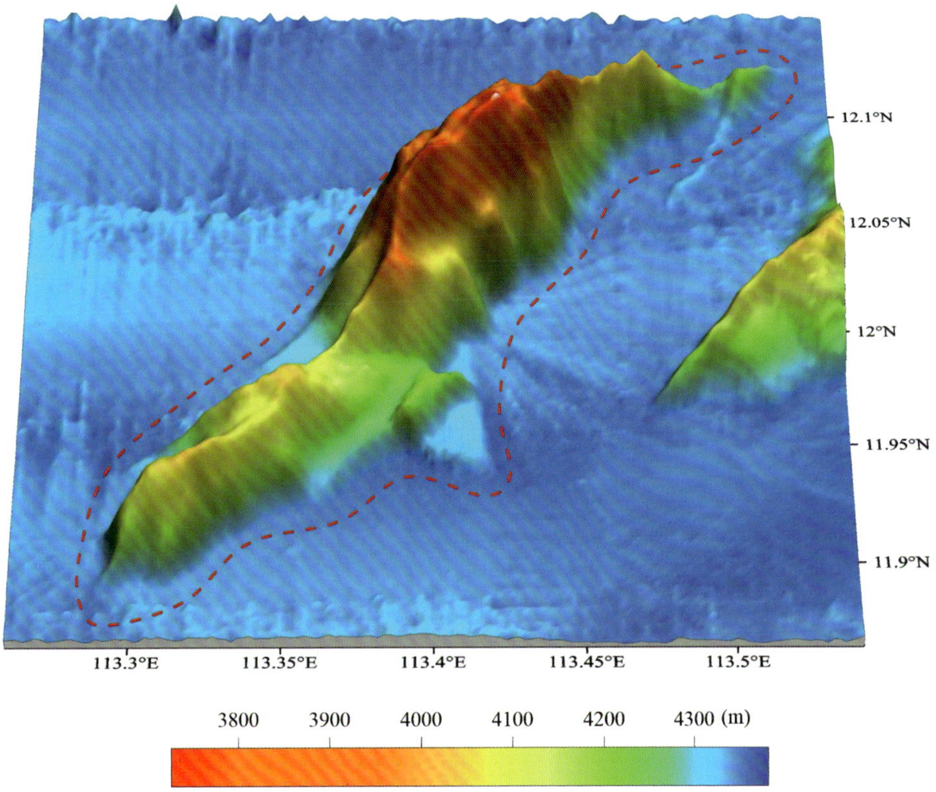

图 5.34　龙尾海丘三维地形图

Fig. 5.34　3-D Topography Map of Longwei Haiqiu

5.6 海盆西南，大珠小珠落玉盘

南海海盆西南部的深海平原上，星罗棋布着数十个地理实体，如一把珠宝玉石散落在巨大的玉盘上。在海盆南部，1986 年已经命名大珍珠海山和小珍珠海山，我们保留这两个名称，并继续以饰物和矿物命名此海域的其他地理实体，构成团组化命名体系。在此海域中，我们识别和命名 39 个地理实体（表 5.6，图 5.35）。

表 5.6 海盆西南三级地理实体

序号	标准地名	汉语拼音	英文名称	中心位置	水深 (m)	高差 (m)	命名理由
1	小珍珠海山	Xiǎozhēnzhū Hǎishān	Xiaozhenzhu Haishan	12°41.7′ N, 115°58.2E	3200 ~ 4621	1421	俯视形态似珍珠，规模相对较小。1986 年中国地名委员会命名
2	大珍珠海山	Dàzhēnzhū Hǎishān	Dazhenzhu Haishan	12°48.6′ N, 116°34.0′ E	3196 ~ 4587	1391	俯视形态似珍珠，规模相对较大。1986 年中国地名委员会命名
3	钻石海山	Zuànshí Hǎishān	Zuanshi Haishan	15°01.4′ N, 114°54.5′ E	2368 ~ 4501	2133	以宝石、矿物、饰物命名
4	蓝宝石海山	Lánbǎoshí Hǎishān	Lanbaoshi Haishan	14°50.1′ N, 114°15.8′ E	2964 ~ 4533	1569	
5	红宝石海山	Hóngbǎoshí Hǎishān	Hongbaoshi Haishan	14°40.8′ N, 114°30.6′ E	2826 ~ 4521	1695	
6	长石海脊	Chángshí Hǎijǐ	Changshi Haiji	12°49.2′ N, 112°53.3′ E	4060 ~ 4530	470	
7	绿柱石海丘	Lǜzhùshí Hǎiqiū	Lyuzhushi Haiqiu	14°23.4′ N, 114°12.5′ E	3879 ~ 4537	658	
8	红柱石海丘	Hóngzhùshí Hǎiqiū	Hongzhushi Haiqiu	14°24.6′ N, 114°33.7′ E	3944 ~ 4554	610	
9	孔雀石海丘	Kǒngquèshí Hǎiqiū	Kongqueshi Haiqiu	14°07.6′ N, 114°37.1′ E	3922 ~ 4564	642	
10	石英海丘	Shíyīng Hǎiqiū	Shiying Haiqiu	13°55.5′ N, 114°15.4′ E	4039 ~ 4574	535	
11	紫晶海丘	Zǐjīng Hǎiqiū	Zijing Haiqiu	13°36.0′ N, 113°34.3′ E	3975 ~ 4543	568	
12	水晶海丘	Shuǐjīng Hǎiqiū	Shuijing Haiqiu	13°37.6′ N, 114°19.2′ E	4078 ~ 4563	485	
13	绿水晶海丘	Lǜshuǐjīng Hǎiqiū	Lüshuijing Haiqiu	13°17.5′ N, 113°38.9′ E	4086 ~ 4555	469	

续表

序号	标准地名	汉语拼音	英文名称	中心位置	水深 (m)	高差 (m)	命名理由
14	黄晶海丘	Huángjīng Hǎiqiū	Huangjing Haiqiu	13°18.4′ N, 113°21.8′ E	3987 ~ 4550	563	以宝石、矿物、饰物命名
15	烟晶海丘	Yānjīng Hǎiqiū	Yanjing Haiqiu	13°04.6′ N, 113°11.1′ E	4046 ~ 4539	493	
16	猫眼石海丘	Māoyǎnshí Hǎiqiū	Maoyanshi Haiqiu	12°53.7′ N, 113°22.5′ E	4263 ~ 4553	290	
17	黄玉海丘	Huángyù Hǎiqiū	Huangyu Haiqiu	12°20.0′ N, 113°13.6′ E	3887 ~ 4580	693	
18	白玉海丘	Báiyù Hǎiqiū	Baiyu Haiqiu	12°15.0′ N, 113°04.8′ E	3735 ~ 4570	835	
19	玉佩海山	Yùpèi Hǎishān	Yupei Haishan	12°04.4′ N, 112°33.7′ E	3285 ~ 4538	1253	
20	玉佩西海丘	Yùpèixī Hǎiqiū	Yupeixi Haiqiu	12°06.2′ N, 112°10.3′ E	3966 ~ 4442	476	
21	大珠海丘	Dàzhū Hǎiqiū	Dazhu Haiqiu	11°32.2′ N, 112°44.9′ E	3822 ~ 4517	695	
22	小珠海丘	Xiǎozhū Hǎiqiū	Xiaozhu Haiqiu	11°44.3′ N, 112°49.6′ E	4072 ~ 4550	478	
23	绿玉海丘	Lǜyù Hǎiqiū	Lvyu Haiqiu	11°43.1′ N, 113°27.5′ E	4188 ~ 4579	391	
24	玉盘海丘	Yùpán Hǎiqiū	Yupan Haiqiu	11°28.8′ N, 112°12.7′ E	3753 ~ 4453	700	
25	天蓝石海丘	Tiānlánshí Hǎiqiū	Tianlanshi Haiqiu	11°37.1′ N, 113°03.7′ E	4006 ~ 4572	566	
26	岖玉海丘	Qūyù Hǎiqiū	Quyu Haiqiu	11°22.3′ N, 113°39.6′ E	4116 ~ 4569	453	
27	碧玺海丘	Bìxǐ Hǎiqiū	Bixi Haiqiu	11°11.0′ N, 111°52.0′ E	3461 ~ 4329	868	
28	红玉海脊	Hóngyù Hǎijǐ	Hongyu Haiji	12°28.67′ N, 112°51.5′ E	3523 ~ 3966	443	
29	岫玉海丘	Xiùyù Hǎiqiū	Xiuyu Haiqiu	10°27.0′ N, 112°03.2′ E	3627 ~ 4077	450	
30	青玉海丘	Qīngyù Hǎiqiū	Qingyu Haiqiu	10°44.2′ N, 112°19.6′ E	3730 ~ 4406	676	
31	祖母绿海丘	Zǔmǔlǜ Hǎiqiū	Zumulv Haiqiu	10°26.1′ N, 111°48.6′ E	3293 ~ 4204	911	

续表

序号	标准地名	汉语拼音	英文名称	中心位置	水深(m)	高差(m)	命名理由
32	玉髓海丘	Yùsuǐ Hǎiqiū	Yusui Haiqiu	12°52.9′ N, 115°13.2′ E	4187 ~ 4648	461	以宝石、矿物、饰物命名
33	软玉海丘	Ruǎnyù Hǎiqiū	Ruanyu Haiqiu	12°45.5′ N, 115°18.5′ E	4050 ~ 4640	590	
34	碧玉海丘	Bìyù Hǎiqiū	Biyu Haiqiu	12°26.0′ N, 114°56.2′ E	3810 ~ 4648	838	
35	密玉海丘	Mìyù Hǎiqiū	Miyu Haiqiu	12°20.6′ N, 115°26.1′ E	3920 ~ 4682	762	
36	玛瑙海山	Mǎnǎo Hǎishān	Manao Haishan	12°09.4′ N, 115°53.8′ E	2643 ~ 4629	1986	
37	琥珀海丘	Hǔpò Hǎiqiū	Hupo Haiqiu	12°24.9′ N, 116°12.2′ E	3602 ~ 4569	967	
38	蓝晶海丘	Lánjīng Hǎiqiū	Lanjing Haiqiu	12°09.6′ N, 114°33.6′ E	4050 ~ 4627	577	
39	绿松石海丘	Lǜsōngshí Hǎiqiū	Lvsongshi Haiqiu	10°37.1′ N, 111°54.1′ E	3306 ~ 4095	789	
40	玉带海脊	Yùdài Hǎijǐ	Yudai Haiji	11°36.8′ N, 112°06.4′ E	3800 ~ 4452	652	玉带即用玉装饰的腰带。取词自韩愈《示儿》“不知官高卑，玉带悬金鱼”
41	玉楼海脊	Yùlóu Hǎijǐ	Yulou Haiji	11°45.2′ N, 112°10.0′ E	3934 ~ 4500	566	玉楼即华丽的楼。取词自温庭筠《女冠子》“玉楼相望久，花洞恨来迟”

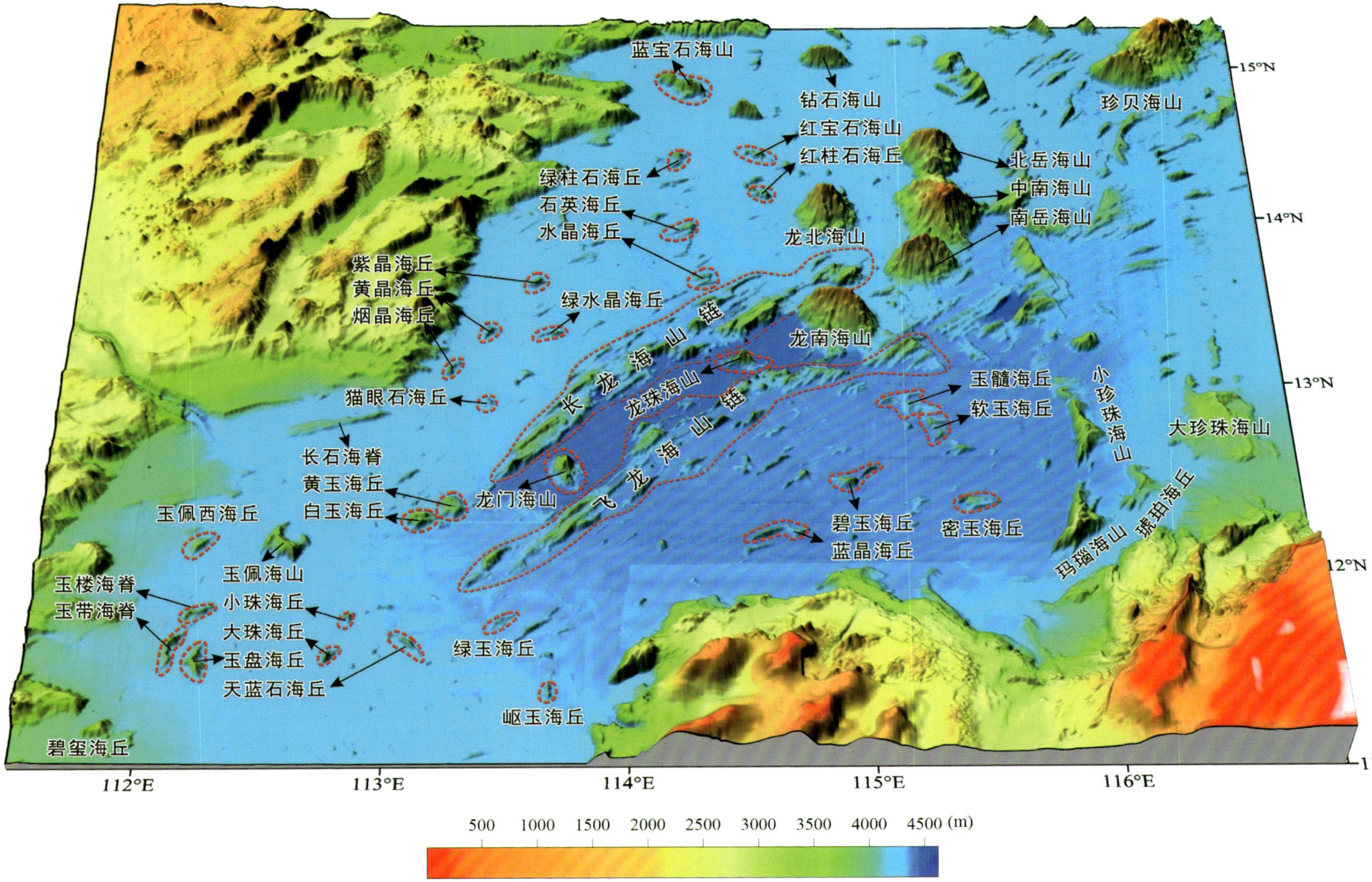

图 5.35 海盆西南地形图

Fig. 5.35 Topography Map of the SW SCS Basin

5.6.1 大珍珠海山

标准名称 Standard Name	大珍珠海山 Dazhenzhu Haishan	类型 Generic Term	海山 Seamount
特征点坐标 Coordinates	12°48.6′ N，116°34.0′ E	规模（km） Dimension (km)	55.5 × 50.1
水深（m） Depth (m)	3196 ~ 4587	总起伏（m） Total Relief (m)	1391
地貌形态 Feature Description	海山平面形态不规则（图 5.36）。 The plane shape of Dazhenzhu Haishan is irregular.		
命名释义 Reason for Choice of Name	1986 年，中国地名委员会命名，与小珍珠海山对应，此为大珍珠海山。 "Dazhenzhu" means "large pearl" in Chinese. Chinese government named this seamount in 1986.		

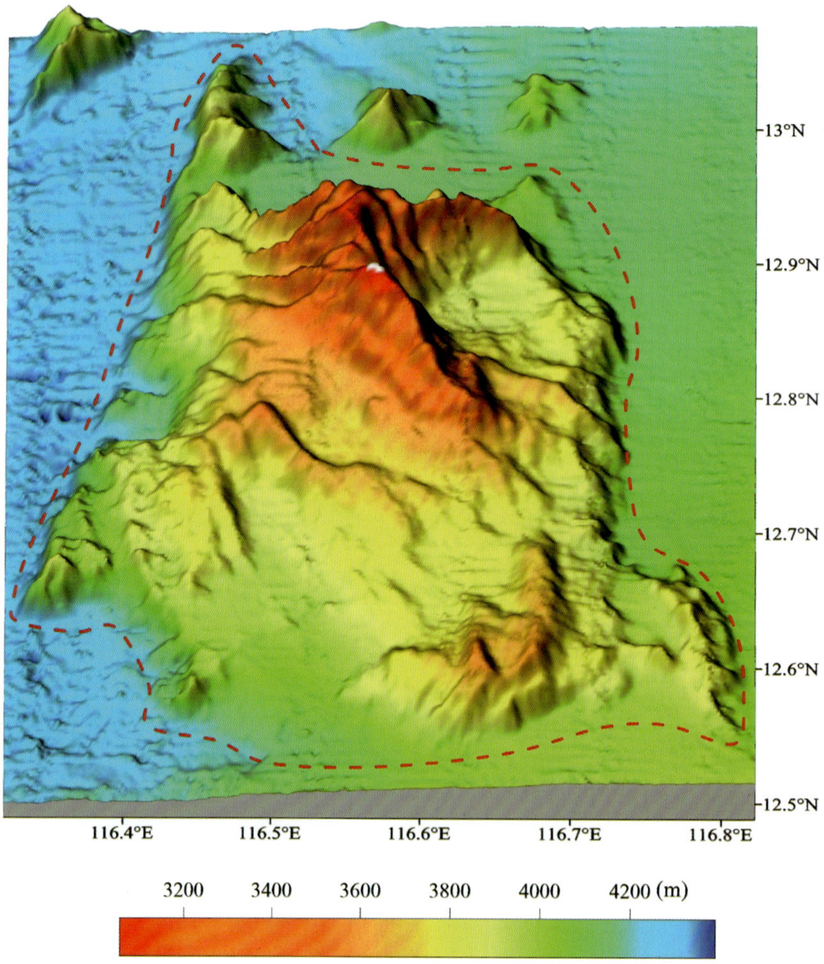

图 5.36 大珍珠海山三维地形图

Fig. 5.36 3-D Topography Map of Dazhenzhu Haishan

5.6.2 小珍珠海山

标准名称 Standard Name	小珍珠海山 Xiaozhenzhu Haishan	类型 Generic Term	海山 Seamount
特征点坐标 Coordinates	12°41.7′ N，115°58.2′ E	规模（km） Dimension (km)	60.9 × 17.5
水深（m） Depth (m)	3200 ~ 4621	总起伏（m） Total Relief (m)	1421
地貌形态 Feature Description	海山呈长条形，呈南北走向（图 5.37）。 The plane shape of Xiaozhenzhu Haishan is strip-like, extending from south to north.		
命名释义 Reason for Choice of Name	1986 年，中国地名委员会命名，与大珍珠海山对应，此为小珍珠海山。 “Xiaozhenzhu” means “small pearl” in Chinese. Chinese government named this seamount in 1986.		

5.6.3 玛瑙海山

标准名称 Standard Name	玛瑙海山 Manao Haishan	类型 Generic Term	海山 Seamount
特征点坐标 Coordinates	12°09.4′ N，115°53.8′ E	规模（km） Dimension (km)	41.8 × 17.4
水深（m） Depth (m)	2643 ~ 4629	总起伏（m） Total Relief (m)	1986
地貌形态 Feature Description	海山平面形态不规则，呈北北东—南南西走向，发育多座山峰（图 5.37）。 The plane shape of Manao Haishan is irregular, extending from NNE to SSW. There are several peaks on the top of this seamount.		
命名释义 Reason for Choice of Name	玛瑙是玉髓类矿物的一种，可做装饰品。 “Manao” means “agate” in Chinese. Agate is a common rock formation that has been ornamentally used in assorted jewelry and as seal stones.		

5.6.4 琥珀海丘

标准名称 Standard Name	琥珀海丘 Hupo Haiqiu	类型 Generic Term	海丘 Hill
特征点坐标 Coordinates	12°24.9′ N，116°12.2′ E	规模（km） Dimension (km)	9.1 × 2.9
水深（m） Depth (m)	3602 ~ 4569	总起伏（m） Total Relief (m)	967
地貌形态 Feature Description	海丘平面形态呈月牙形，整体呈南北走向（图 5.37）。 The plane shape of Hupo Haiqiu looks like a crescent, extending from south to north.		
命名释义 Reason for Choice of Name	琥珀是一种透明的生物化石，是传统饰品。 “Hupo” means “amber” in Chinese. Amber is resin fossil that has been used in jewelry because of its color and natural beauty.		

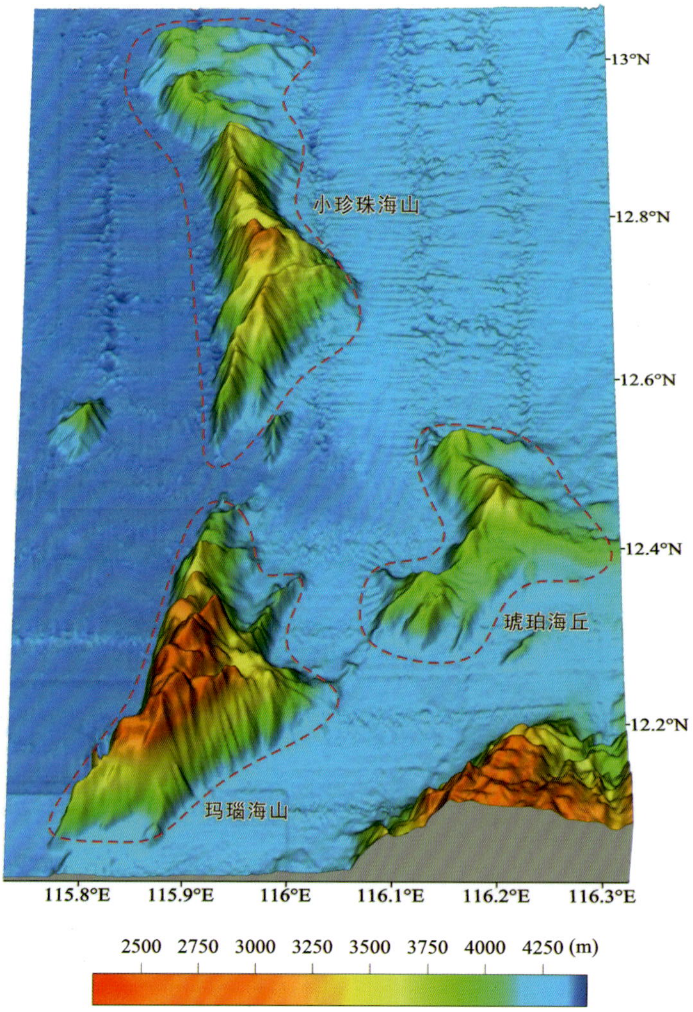

图 5.37 小珍珠海山、玛瑙海山和琥珀海丘三维地形图

Fig. 5.37 3-D Topography Map of Xiaozhenzhu Haishan, Manao Haishan and Hupo Haiqiu

5.6.5 钻石海山

标准名称 Standard Name	钻石海山 Zuanshi Haishan	类型 Generic Term	海山 Seamount
特征点坐标 Coordinates	15°01.4′ N，114°54.5′ E	规模（km） Dimension (km)	31.9 × 12.5
水深（m） Depth (m)	2368 ～ 4501	总起伏（m） Total Relief (m)	2133
地貌形态 Feature Description	海山呈长条形，呈东西走向（图 5.38）。 The plane shape of the Seamount is strip-like, extending from east to west.		
命名释义 Reason for Choice of Name	钻石是经过琢磨的金刚石，是自然界中天然存在的最坚硬的物质，也是贵重的观赏宝石和佩戴饰物。 "Zuanshi" means the polished diamonds, which are the hardest substances occur naturally in nature, and are also valuable ornamental stones and accessories.		

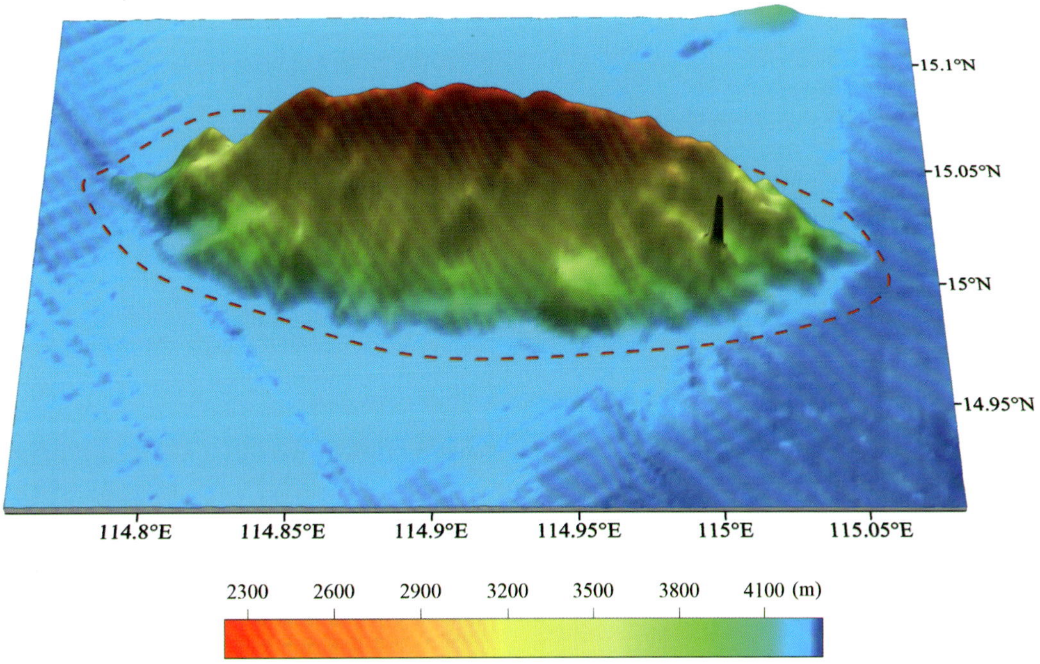

图 5.38 钻石海山三维地形图

Fig. 5.38 3-D Topography Map of Zuanshi Haishan

5.6.6 红宝石海山

标准名称 Standard Name	红宝石海山 Hongbaoshi Haishan	类型 Generic Term	海山 Seamount
特征点坐标 Coordinates	14°40.8′ N，114°30.6′ E	规模（km） Dimension (km)	19.3 × 8.0
水深（m） Depth (m)	2826 ~ 4521	总起伏（m） Total Relief (m)	1695
地貌形态 Feature Description	海山呈长条形，呈东西走向（图 5.39）。 The plane shape of Hongbaoshi Haishan is strip-like, extending from east to west.		
命名释义 Reason for Choice of Name	红宝石是红色的刚玉晶体，是一种传统饰物。 “Hongbaoshi” means “ruby” in Chinese. Ruby is a pink to blood-red colored mineral corundum that has been used as ornamental gemstone.		

5.6.7 蓝宝石海山

标准名称 Standard Name	蓝宝石海山 Lanbaoshi Haishan	类型 Generic Term	海山 Seamount
特征点坐标 Coordinates	14°50.1′ N，114°15.8′ E	规模（km） Dimension (km)	19.3 × 8.0
水深（m） Depth (m)	2964 ~ 4533	总起伏（m） Total Relief (m)	1569
地貌形态 Feature Description	海山平面形态不规则（图 5.39）。 The plane shape of Lanbaoshi Haishan is irregular.		
命名释义 Reason for Choice of Name	蓝宝石是蓝色的刚玉晶体，是一种传统饰物。 “Lanbaoshi” means “sapphire” in Chinese. Sapphire is a blue-colored mineral corundum that has been used as ornamental gemstone.		

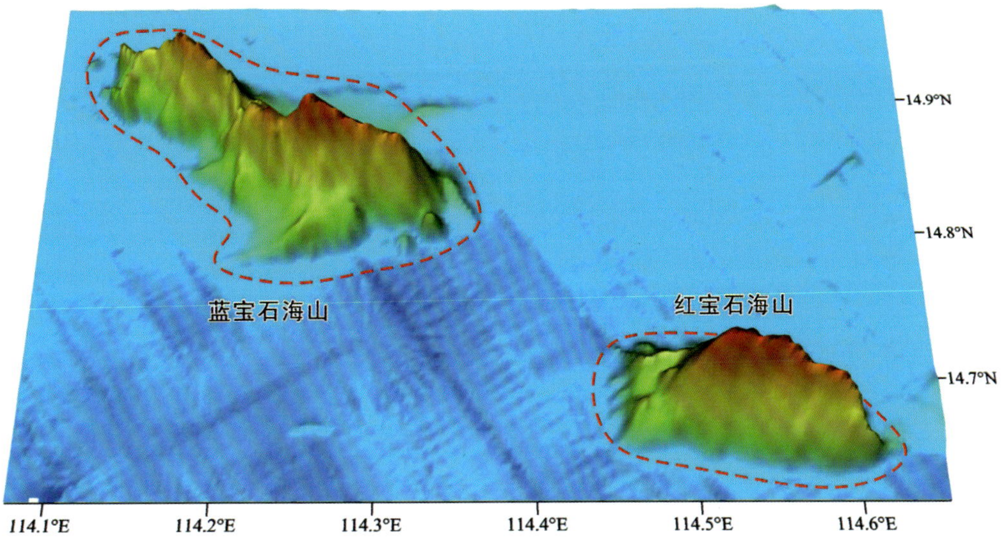

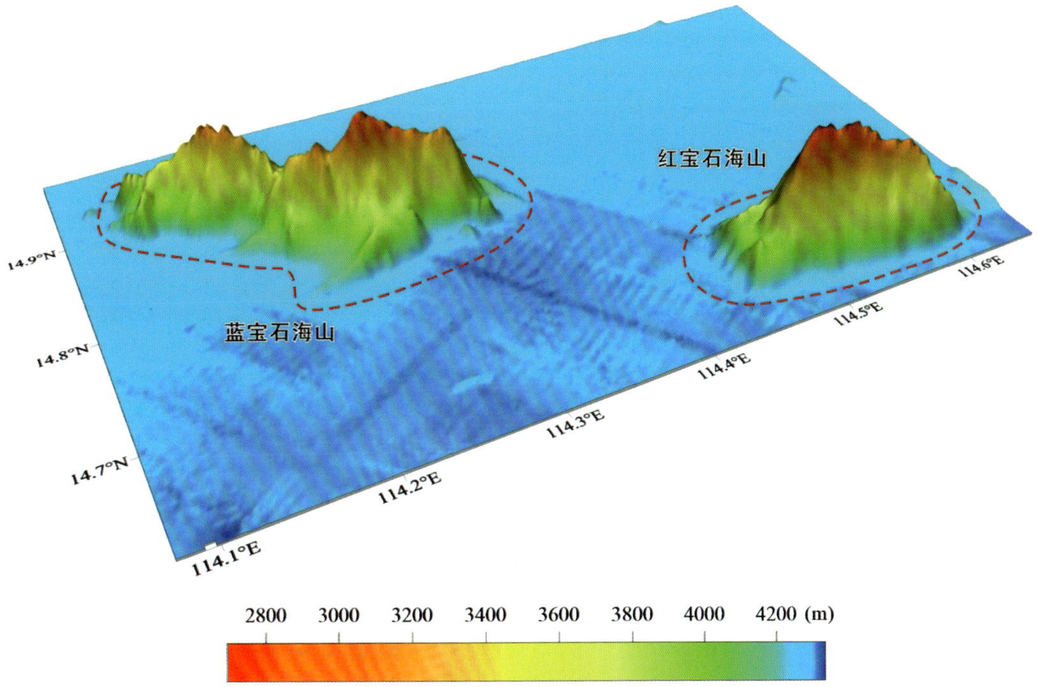

图5.39 红宝石海山和蓝宝石海山三维地形图

Fig. 5.39 3-D Topography Map of Hongbaoshi Haishan and Lanbaoshi Haishan

5.6.8 紫晶海丘

标准名称 Standard Name	紫晶海丘 Zijing Haiqiu	类型 Generic Term	海丘 Hill
特征点坐标 Coordinates	13°36.0′ N，113°34.3′ E	规模（km） Dimension (km)	13.5 × 7.7
水深（m） Depth (m)	3975 ~ 4543	总起伏（m） Total Relief (m)	568
地貌形态 Feature Description	海山平面形态不规则，呈北东—南西走向（图 5.40）。 The plane shape of Zijing Haiqiu is irregular, extending from NE to SW.		
命名释义 Reason for Choice of Name	紫晶即紫色水晶，是一种广受欢迎的饰物。 "Zijing" mean "amethyst" in Chinese. Amethyst is a violet variety of quartz that is often used in jewelry.		

5.6.9 黄晶海丘

标准名称 Standard Name	黄晶海丘 Huangjing Haiqiu	类型 Generic Term	海丘 Hill
特征点坐标 Coordinates	13°18.4′ N，113°21.8′ E	规模（km） Dimension (km)	12.9 × 9.3
水深（m） Depth (m)	3987 ~ 4550	总起伏（m） Total Relief (m)	563
地貌形态 Feature Description	海山平面形态不规则，呈北东—南西走向（图 5.40）。 The plane shape of Huangjing Haiqiu is irregular, extending from NE to SW.		
命名释义 Reason for Choice of Name	黄晶是水晶的一种，可做饰品。 "Huangjing" means "citrine" in Chinese. Citrine is a variety of quartz whose color ranges from pale yellow to brown and has been used as jewelry.		

5.6.10 绿水晶海丘

标准名称 Standard Name	绿水晶海丘 Lüshuijing Haiqiu	类型 Generic Term	海丘 Hill
特征点坐标 Coordinates	13°17.5′ N，113°38.9′ E	规模（km） Dimension (km)	15.5 × 21.5
水深（m） Depth (m)	4086 ~ 4555	总起伏（m） Total Relief (m)	469
地貌形态 Feature Description	海丘呈长条形，呈东西走向（图 5.40）。 The plane shape of Lüshuijing Haiqiu is strip-like, extending from east to west.		
命名释义 Reason for Choice of Name	绿水晶是水晶的一种，可做饰品。 “Lüshuijing” means “green crystal” in Chinese. Green crystal is a type of quartz that has been used in jewelry.		

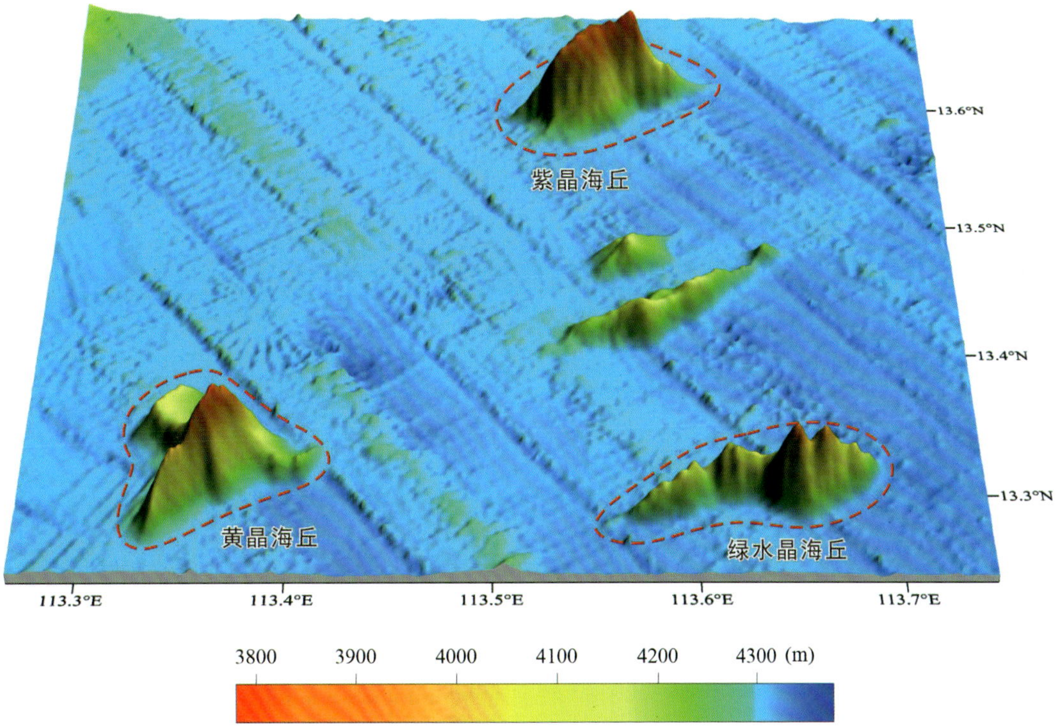

图 5.40　紫晶海丘、黄晶海丘和绿水晶海丘三维地形图

Fig. 5.40　3-D Topography Map of Zijing Haiqiu, Huangjing Haiqiu and Lüshuijing Haiqiu

5.6.11 大珠海丘

标准名称 Standard Name	大珠海丘 Dazhu Haiqiu	类型 Generic Term	海丘 Hill
特征点坐标 Coordinates	11°32.2′ N，112°44.9′ E	规模（km） Dimension (km)	12.8 × 6.6
水深（m） Depth (m)	3822 ~ 4517	总起伏（m） Total Relief (m)	695
地貌形态 Feature Description	海丘平面形态呈椭圆形，呈北东—南西走向（图 5.41）。 The plane shape of Dazhu Haiqiu is almost oval, extending from NE to SW.		
命名释义 Reason for Choice of Name	取词于唐代诗人白居易《琵琶行》中“嘈嘈切切错杂弹，大珠小珠落玉盘”，大珠、小珠均指珠宝，为贵重饰物和装饰品的统称。 “Dazhu” means “large pearl” in Chinese. This word is from a famous Chinese poem, *The Song of a Guitar*, written by Bai Juyi in Tang Dynasty.		

5.6.12 小珠海丘

标准名称 Standard Name	小珠海丘 Xiaozhu Haiqiu	类型 Generic Term	海丘 Hill
特征点坐标 Coordinates	11°44.3′ N，112°49.6′ E	规模（km） Dimension (km)	9.6 × 5.5
水深（m） Depth (m)	4072 ~ 4550	总起伏（m） Total Relief (m)	478
地貌形态 Feature Description	海丘平面形态不规则，呈北东—南西走向（图 5.41）。 The plane shape of Xiaozhu Haiqiu is irregular, extending from NE to SW.		
命名释义 Reason for Choice of Name	取词于唐代诗人白居易《琵琶行》中“嘈嘈切切错杂弹，大珠小珠落玉盘”，大珠、小珠均指珠宝，为贵重饰物和装饰品的统称。 “Xiaozhu” means “small pearl” in Chinese. This word is from a famous Chinese poem, *The Song of a Guitar*, written by Bai Juyi in Tang Dynasty.		

5.6.13 天蓝石海丘

标准名称 Standard Name	天蓝石海丘 Tianlanshi Haiqiu	类型 Generic Term	海丘 Hill
特征点坐标 Coordinates	11°37.1′N，113°03.7′E	规模（km） Dimension (km)	16.4 × 4.6
水深（m） Depth (m)	4006 ~ 4572	总起伏（m） Total Relief (m)	566
地貌形态 Feature Description	海山呈长条形，呈北西—南东走向（图 5.41）。 The plane shape of Tianlanshi Haiqiu is strip-like, extending from NW to SE.		
命名释义 Reason for Choice of Name	天蓝石为玻璃样晶体，透明或半透明的居多，可加工为装饰品。 "Tianlanshi" means "lazulite" in Chinese. Lazulite is a blue, phosphate mineral that has been used as ornamental jewelry.		

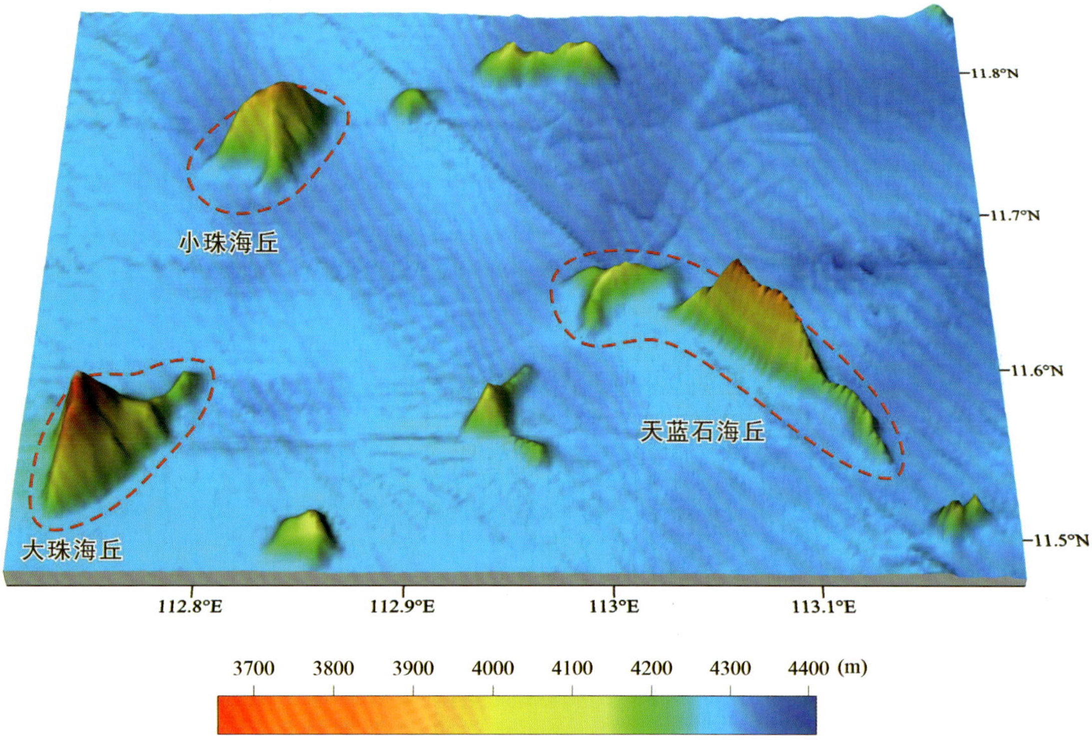

图 5.41 大珠海丘、小珠海丘和天蓝石海丘三维地形图

Fig. 5.41 3-D Topography Map of Dazhu Haiqiu, Xiaozhu Haiqiu and Tianlanshi Haiqiu

5.7 南海海盆东南，以唐宋诗人命名

海盆东南是指中南海山及周边以东、珍贝—黄岩海山链以南海域，在此海域发育数十座海山、海丘和海脊等地理实体，我们识别了 24 座规模较大的海山和海丘等，均以唐代和宋代著名诗人命名（表 5.7，图 5.42 ~图 5.44）。

表 5.7 海盆东南三级地理实体

序号	标准地名	汉语拼音	英文名称	中心位置	水深 (m)	高差 (m)	命名理由
1	张先海山	Zhāngxiān Hǎishān	Zhangxian Haishan	15°16.0′ N, 115°57.2′ E	3003 ~ 4537	1534	以宋代诗人张先命名
2	明诚海丘	Míngchéng Hǎiqiū	Mingcheng Haiqiu	15°02.6′ N, 115°31.9′ E	3599 ~ 4540	941	以李清照丈夫赵明诚命名。明诚海丘与易安海山相邻
3	易安海山	Yì'ān Hǎishān	Yi'an Haishan	14°48.4′ N, 115°39.7′ E	2710 ~ 4551	1841	宋代诗人李清照号易安居士，以此命名
4	柳永海丘	Liǔyǒng Hǎiqiū	Liuyong Haiqiu	14°27.5′ N, 115°50.0′ E	3863 ~ 4597	734	以宋代诗人柳永命名
5	秦观海山	Qínguān Hǎishān	Qinguan Haishan	14°03.0′ N, 115°46.1′ E	3258 ~ 4576	1318	以宋代诗人秦观命名
6	米芾海山	Mǐfú Hǎishān	Mifu Haishan	13°57.3′ N, 115°48.4′ E	3259 ~ 4627	1368	以宋代画家米芾命名
7	陆游海山	Lùyóu Hǎishān	Luyou Haishan	13°47.7′ N, 115°47.9′ E	3083 ~ 4638	1555	以宋代诗人陆游命名
8	范仲淹海山	Fànzhòngyān Hǎishān	Fanzhongyan Haishan	13°25.2′ N, 115°46.3′ E	3291 ~ 4774	1483	以宋代文学家范仲淹命名
9	贺铸海山	Hèzhù Hǎishān	Hezhu Haishan	13°12.6′ N, 116°02.0′ E	3308 ~ 4608	1300	以宋代词人贺铸命名
10	李白海丘	Lǐbái Hǎiqiū	Libai Haiqiu	14°38.7′ N, 116°47.9′ E	3644 ~ 4613	969	以唐代诗人李白命名
11	孟浩然海丘	Mènghàorán Hǎiqiū	Menghaoran Haiqiu	14°25.9′ N, 116°17.6′ E	3842 ~ 4691	849	以唐代诗人孟浩然命名
12	杜牧海丘	Dùmù Hǎiqiū	Dumu Haiqiu	14°06.5′ N, 116°12.1′ E	3939 ~ 4648	709	以唐代诗人杜牧命名
13	李贺海脊	Lǐhè Hǎijǐ	Lihe Haiji	13°41.9′ N, 116°20.8′ E	3993 ~ 4589	596	以唐代诗人李贺命名

续表

序号	标准地名	汉语拼音	英文名称	中心位置	水深 (m)	高差 (m)	命名理由
14	元稹海丘	Yuánzhěn Hǎiqiū	Yuanzhen Haiqiu	14°45.2′ N, 117°28.2′ E	3678 ~ 4549	871	以唐代诗人元稹命名
15	岑参海丘	Cénshēn Hǎiqiū	Censhen Haiqiu	14°40.9′ N, 117°38.3′ E	3686 ~ 4559	873	以唐代诗人岑参命名
16	孟郊海丘	Mèngjiāo Hǎiqiū	Mengjiao Haiqiu	14°12.3′ N, 117°43.1′ E	4170 ~ 4518	348	以唐代诗人孟郊命名
17	杜甫海丘	Dùfǔ Hǎiqiū	Dufu Haiqiu	14°29.0′ N, 117°28.9′ E	3942 ~ 4552	610	以唐代诗人杜甫命名
18	柳宗元海山	Liǔzōngyuán Hǎishān	Liuzongyuan Haishan	14°37.6′ N, 117°59.4′ E	3389 ~ 4508	1119	以唐代文学家柳宗元命名
19	王维海丘	Wángwéi Hǎiqiū	Wangwei Haiqiu	14°24.5′ N, 118°17.8′ E	3465 ~ 4414	949	以唐代诗人王维命名
20	韩愈海山	Hányù Hǎishān	Hanyu Haishan	14°04.2′ N, 118°21.6′ E	2946 ~ 4368	1422	以唐代文学家韩愈命名
21	白居易海山	Báijūyì Hǎishān	Baijuyi Haishan	13°57.7′ N, 118°42.4′ E	3024 ~ 4129	1105	以唐代诗人白居易命名
22	张继海丘	Zhāngjì Hǎiqiū	Zhangji Haiqiu	13°36.8′ N, 117°52.7′ E	3417 ~ 4271	854	以唐代诗人张继命名
23	张祜海山	Zhānghù Hǎishān	Zhanghu Haishan	13°26.0′ N, 118°13.7′ E	1523 ~ 3971	2448	以唐代诗人张祜命名
24	贾岛海丘	Jiǎdǎo Hǎiqiū	Jiadao Haiqiu	13°04.7′ N, 117°14.9′ E	3352 ~ 4276	924	以唐代诗人贾岛命名

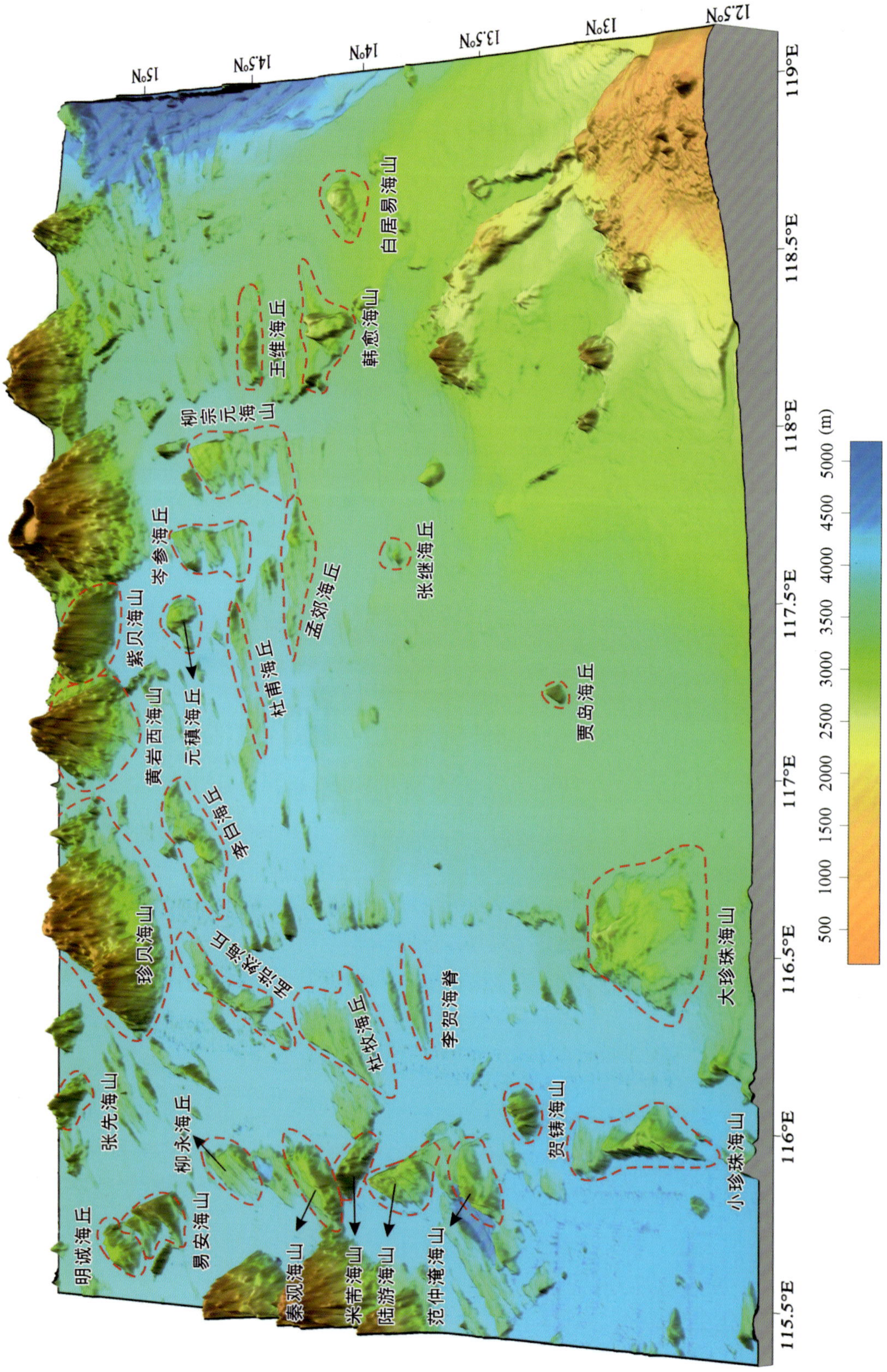

图 5.42 南海海盆东南地形图

Fig. 5.42 Topography Map of SE SCS Basin

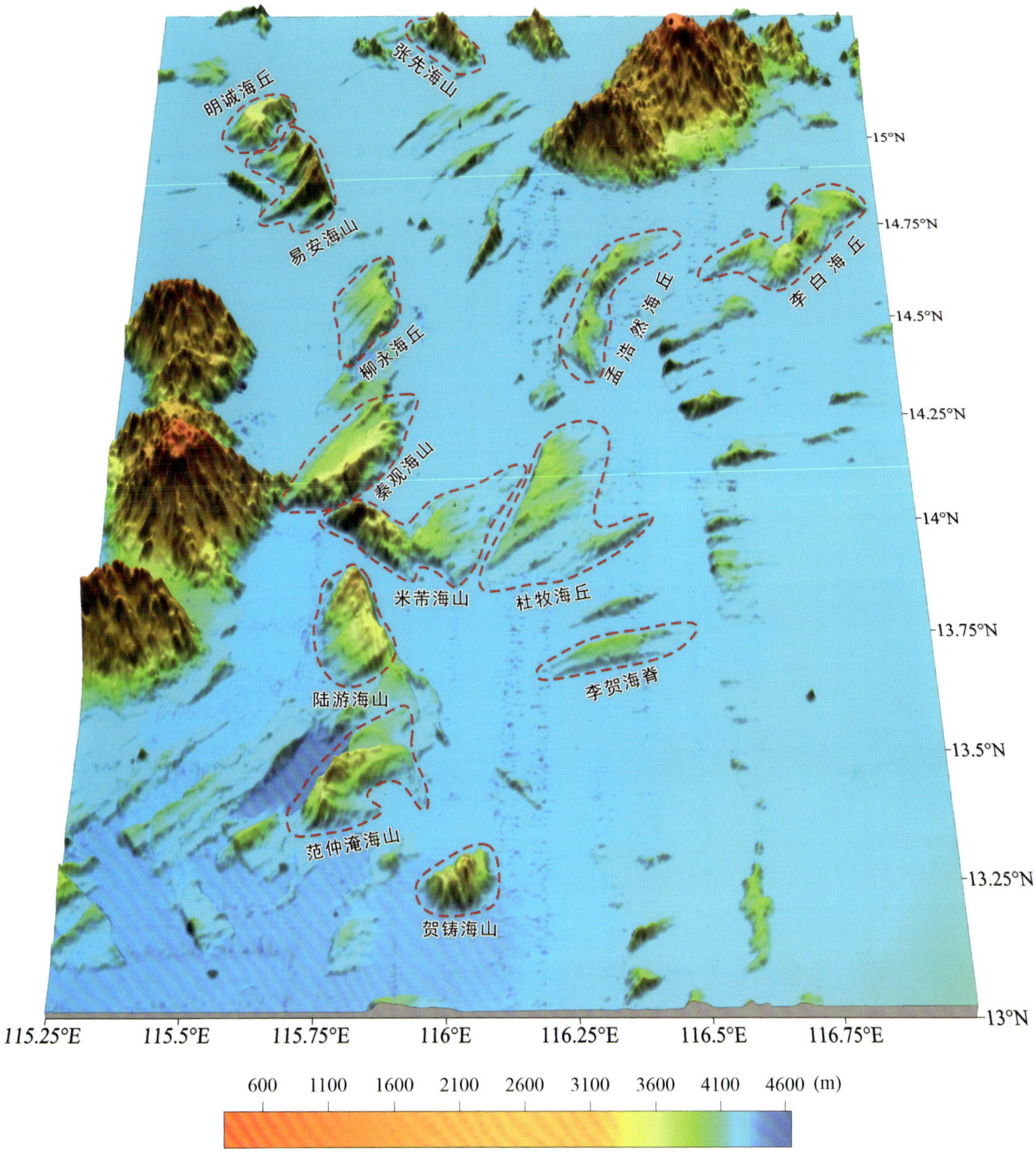

图 5.43　南海海盆东南海域地形图（西部）

Fig. 5.43　Topography Map of SE SCS Basin (Western Part)

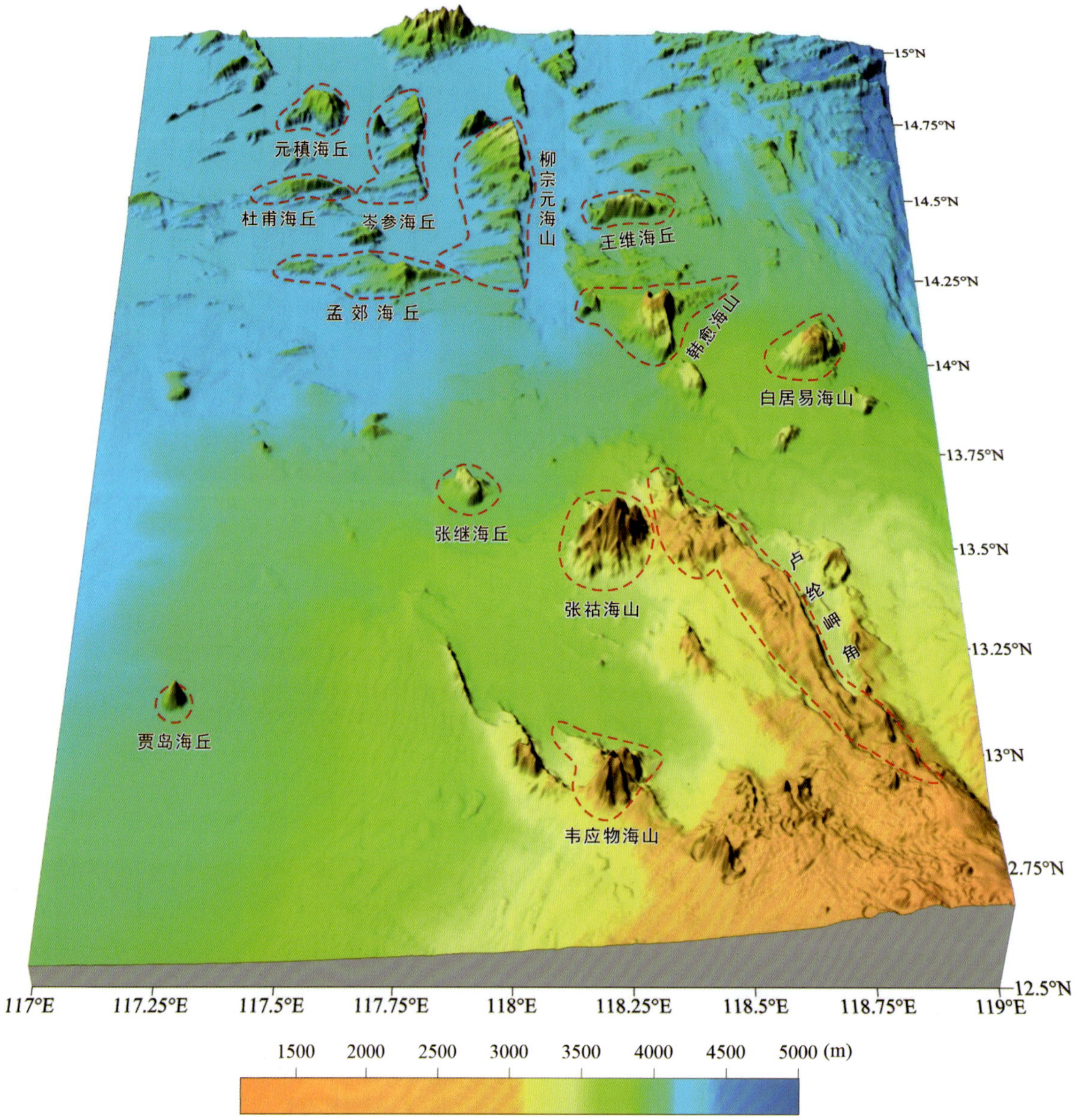

图 5.44　南海海盆东南海域地形图（东部）

Fig. 5.44　Topography Map of SE SCS Basin (Southern Part)

5.7.1 张先海山

标准名称 Standard Name	张先海山 Zhangxian Haishan	类型 Generic Term	海山 Seamount
特征点坐标 Coordinates	15°16.0′ N，115°57.2′ E	规模（km） Dimension (km)	27.7 × 14.6
水深（m） Depth (m)	3003 ~ 4537	总起伏（m） Total Relief (m)	1534
地貌形态 Feature Description	海山呈长条形，呈北西—南东走向（图 5.45）。 The plane shape of Zhangxian Haishan is strip-like, extending from NW to SE.		
命名释义 Reason for Choice of Name	以宋代词人张先命名。张先（公元 990—1078 年），著有《张子野词》，存词 180 余首，代表作有《天仙子・水调数声持酒听》《千秋岁・数声鶗鴂》等。 This seamount is named after Zhangxian, a prominent lyricist in Song Dynasty of ancient China. Of his works, more than 180 elegant lyrics have been preserved over the ages.		

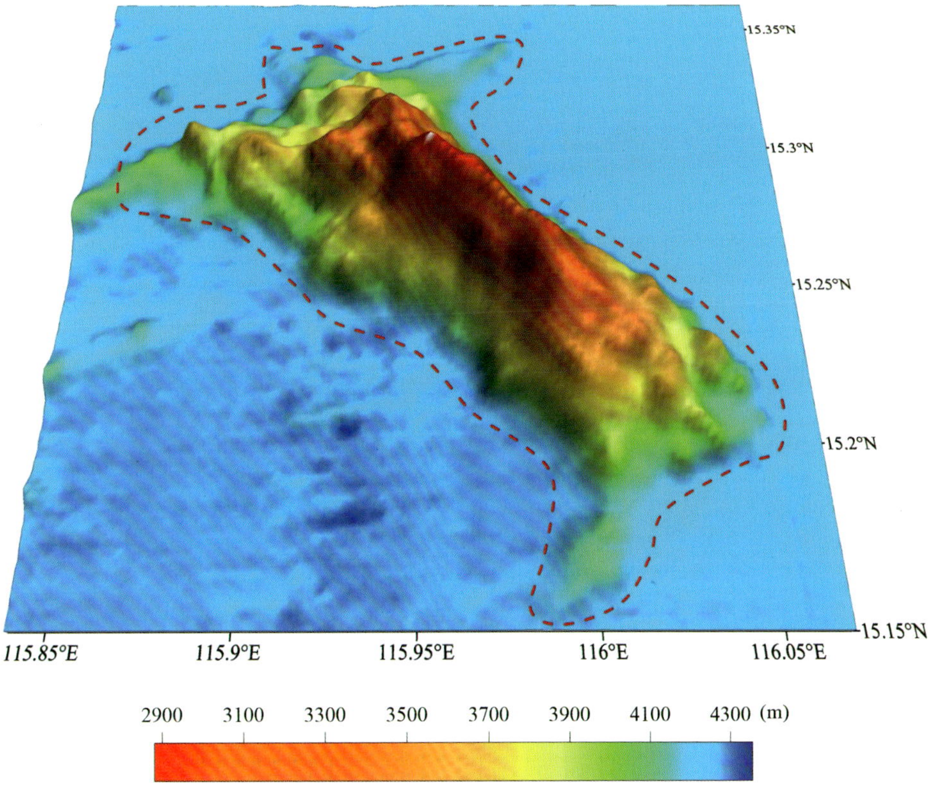

图 5.45 张先海山三维地形图

Fig. 5.45 3-D Topography Map of Zhangxian Haishan

5.7.2 明诚海丘

标准名称 Standard Name	明诚海丘 Mingcheng Haiqiu	类型 Generic Term	海丘 Hill
特征点坐标 Coordinates	15°02.6′ N，115°31.9′ E	规模（km） Dimension (km)	22.2 × 14.2
水深（m） Depth (m)	3599 ~ 4540	总起伏（m） Total Relief (m)	941
地貌形态 Feature Description	海山呈长条形，呈北西—南东走向（图 5.46）。 The plane shape of Mingcheng Haiqiu is strip-like, extending from NW to SE.		
命名释义 Reason for Choice of Name	以宋代女词人李清照的丈夫赵明诚命名。赵明诚（公元 1081—1129 年），北宋末年至南宋初年官员、学者，著名金石学家和文物收藏家，著有《金石录》。 This seamount is named after Zhao Mingcheng, a epigrapher in Song Dynasty of ancient China, husband to the famous lyricist Li Qingzhao. His 30-volume magnum opus *Jin Shi Lu* has long been hailed as an important work in the development of Chinese epigraphy since its publication.		

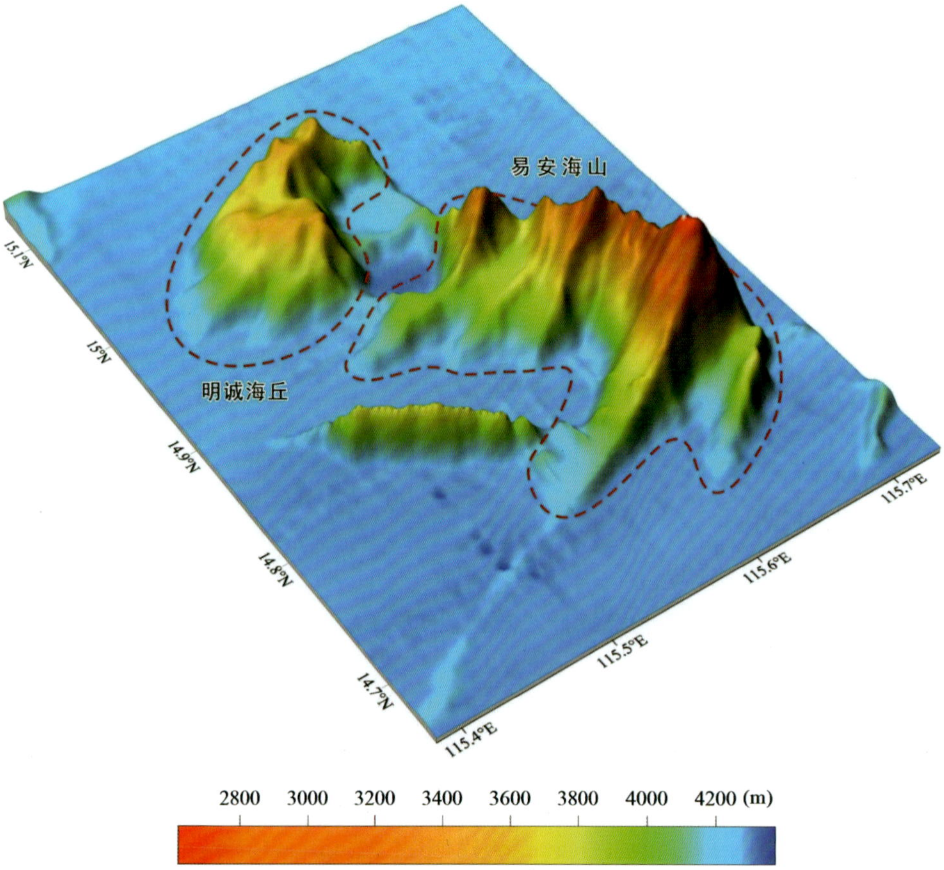

图 5.46 明诚海丘三维地形图

Fig. 5.46 3-D Topography Map of Mingcheng Haiqiu

5.7.3 易安海山

标准名称 Standard Name	易安海山 Yi'an Haishan	类型 Generic Term	海山 Seamount
特征点坐标 Coordinates	14°48.4′ N，115°39.7′ E	规模（km） Dimension (km)	28.3 × 21.6
水深（m） Depth (m)	2710 ~ 4551	总起伏（m） Total Relief (m)	1841
地貌形态 Feature Description	海山平面形态不规则，呈北西—南西走向，海山发育多座山峰（图 5.47）。 The plane shape of Yi'an Haishan is irregular, extending from NW to SE. There are several peaks on the top of this seamount.		
命名释义 Reason for Choice of Name	宋代女词人李清照号易安居士，以此命名。李清照（公元 1084—1155 年），有"千古第一才女"之称。李清照是中国古代文学史上少有的女作家，代表作品有《声声慢·寻寻觅觅》《一剪梅·红藕香残玉簟秋》《临江仙·庭院深深深几许》《夏日绝句》等。 This seamount is named after Li Qingzhao, whose pseudonym is Yi'an. Li Qingzhao was a prominent lyricist and essayist in Song Dynasty of ancient China. She is one of the greatest female lyricist in Chinese history.		

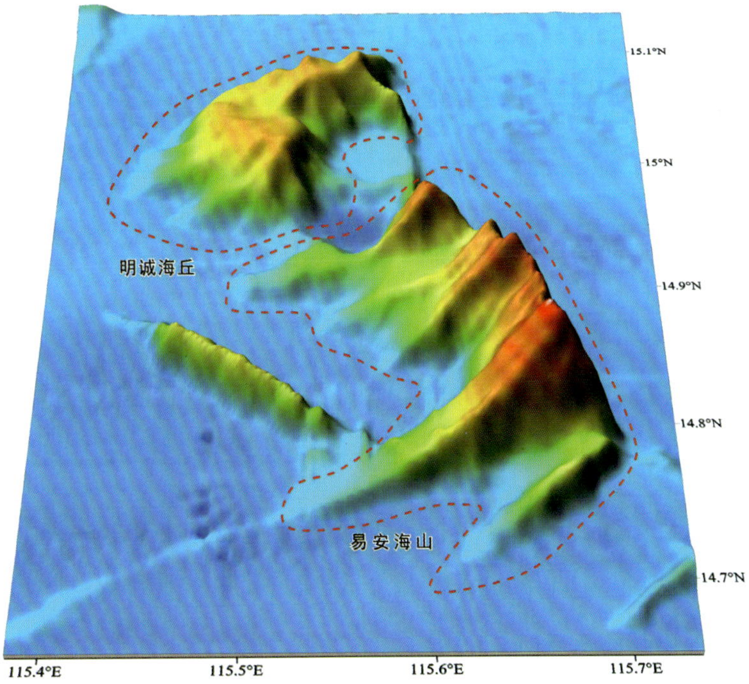

图 5.47 易安海山三维地形图

Fig. 5.47 3-D Topography Map of Yi'an Haishan

5.7.4 柳永海丘

标准名称 Standard Name	柳永海丘 Liuyong Haiqiu	类型 Generic Term	海丘 Hill
特征点坐标 Coordinates	14°27.5′ N，115°50.0′ E	规模（km） Dimension (km)	49.7 × 17.5
水深（m） Depth (m)	3863 ~ 4597	总起伏（m） Total Relief (m)	734
地貌形态 Feature Description	海山平面形态不规则，呈北北东—南南西走向，发育多条北东走向的山脊（图 5.48）。 The plane shape of Liuyong Haiqiu is irregular. There are several ridges on the hill and extending from NNE to SSW.		
命名释义 Reason for Choice of Name	以宋代词人柳永命名。柳永（约公元 984—1053 年），著有《乐章集》，代表作有《雨霖铃 · 寒蝉凄切》《蝶恋花 · 伫倚危楼风细细》等。 This hill is named after Liu Yong, a prominent lyricist in Song Dynasty of ancient China. Of his works, more than 200 elegant lyrics have been preserved over the ages.		

5.7.5 秦观海山

标准名称 Standard Name	秦观海山 Qinguan Haishan	类型 Generic Term	海山 Seamount
特征点坐标 Coordinates	14°03.0′ N，115°46.1′ E	规模（km） Dimension (km)	49.4 × 12.1
水深（m） Depth (m)	3258 ~ 4576	总起伏（m） Total Relief (m)	1318
地貌形态 Feature Description	海山平面形态呈椭圆形，呈北东—南西走向，海山东南坡较陡，其他坡向较缓（图 5.48）。 The plane shape of Qinguan Haishan is almost oval, extending from NE to SW. The slope on the SE side is steeper than the other sides.		
命名释义 Reason for Choice of Name	以宋代词人秦观命名。秦观（公元 1049—1100 年），著有《淮海集》《淮海居士长短句》，代表作有《鹊桥仙 · 纤云弄巧》《满庭芳 · 山抹微云》等。 This hill is named after Qin Guan, a prominent lyricist in Song Dynasty of ancient China.		

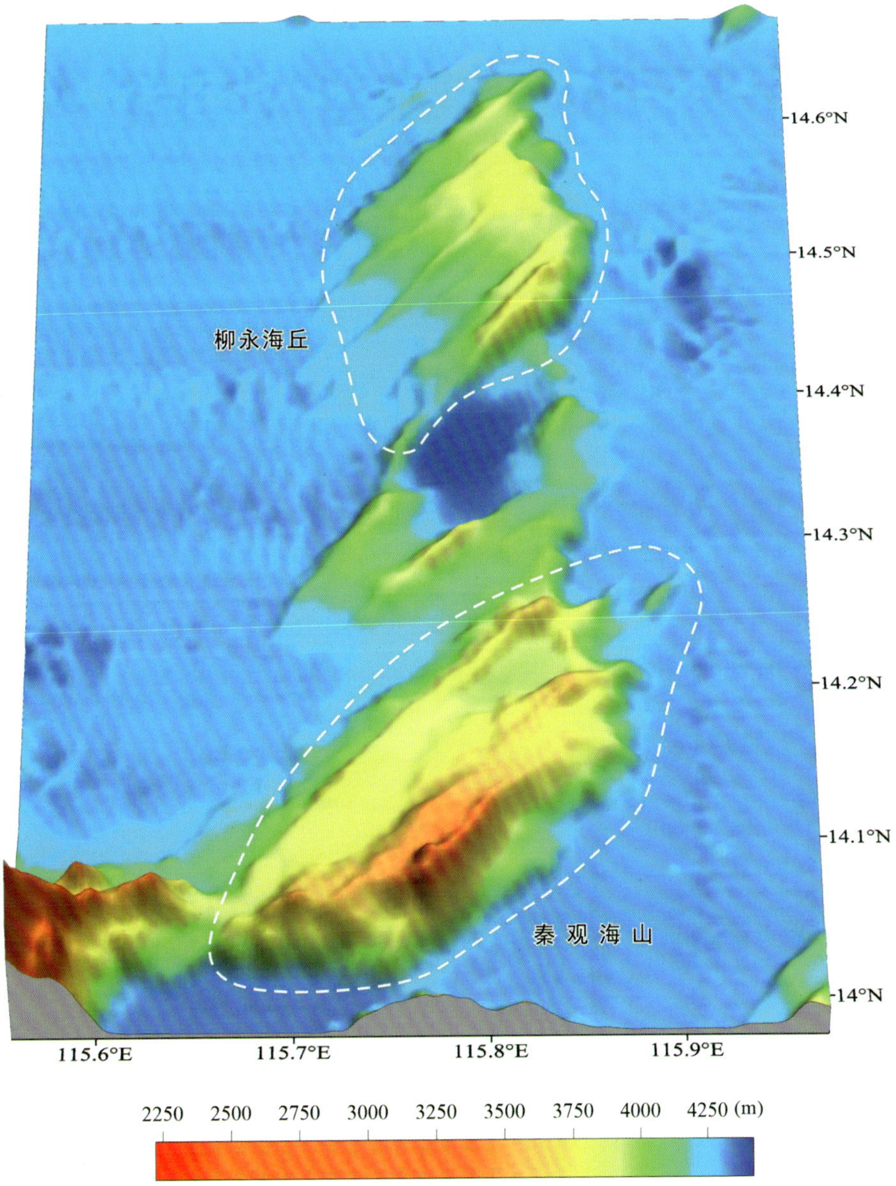

图 5.48　柳永海丘和秦观海山三维地形图

Fig. 5.48　3-D Topography Map of Liuyong Haiqiu and Qinguan Haishan

5.7.6 米芾海山

标准名称 Standard Name	米芾海山 Mifu Haishan	类型 Generic Term	海山 Seamount
特征点坐标 Coordinates	13°57.3′ N，115°48.4′ E	规模（km） Dimension (km)	40.5 × 29.5
水深（m） Depth (m)	3259 ～ 4627	总起伏（m） Total Relief (m)	1368
地貌形态 Feature Description	海山平面形态不规则，整体呈东西走向，海山发育多座山峰（图 5.49）。 The plane shape of Mifu Haishan is irregular, extending from east to west. There are several peaks on the top of this seamount.		
命名释义 Reason for Choice of Name	以宋代画家米芾命名。米芾（公元 1051—1107 年），是北宋最杰出的艺术大家之一，造诣全面，主要体现在书法、绘画与收藏 3 个方面。米芾的书法和画作都对后世有深远的影响。 This seamount is named after Mi Fu, a famous painter and calligrapher in Song Dynasty of ancient China. He is regarded as one of the four greatest calligraphers of Song Dynasty.		

5.7.7 陆游海山

标准名称 Standard Name	陆游海山 Luyou Haishan	类型 Generic Term	海山 Seamount
特征点坐标 Coordinates	13°47.7′ N，115°47.9′ E	规模（km） Dimension (km)	48.5 × 19.6
水深（m） Depth (m)	3083 ～ 4638	总起伏（m） Total Relief (m)	1555
地貌形态 Feature Description	海山平面形态呈条带状，呈北西—南东走向（图 5.49）。 The plane shape of Luyou Haishan is strip-like, extending from NW to SE.		
命名释义 Reason for Choice of Name	以宋代诗人陆游命名。陆游（公元 1125—1210 年），宋文学家、史学家、爱国诗人。陆游一生笔耕不辍，诗词文具有很高成就，他的诗作以饱含爱国热情对后世影响深远，代表作有《关山月》《十一月四日风雨大作》《游山西村》《临安春雨初霁》等。 This seamount is named after Lu You, a prominent poet in Song Dynasty of ancient China.		

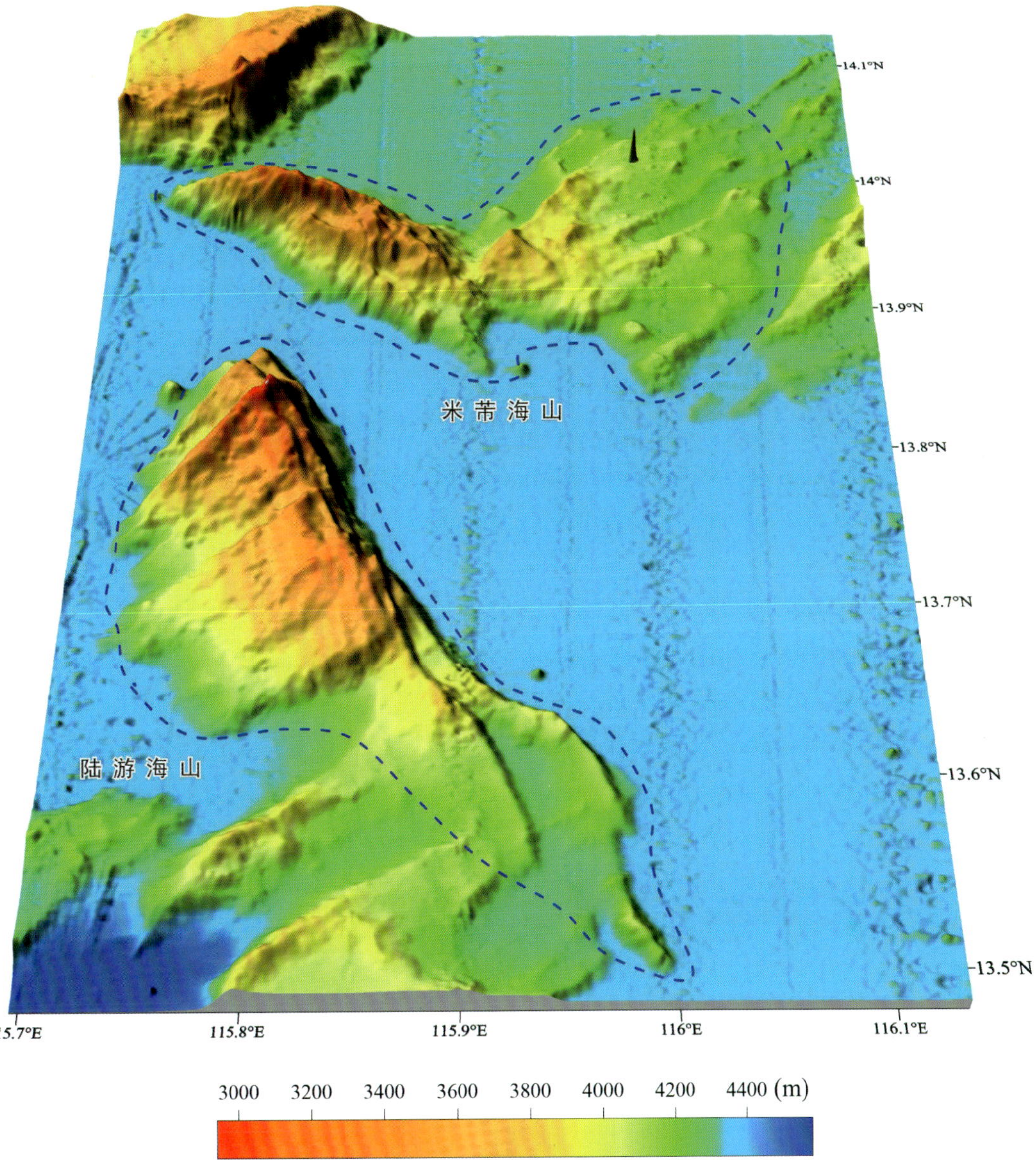

图 5.49　米芾海山和陆游海山三维地形图

Fig. 5.49　3-D Topography Map of Mifu Haishan and Luyou Haishan

5.7.8 范仲淹海山

标准名称 Standard Name	范仲淹海山 Fanzhongyan Haishan	类型 Generic Term	海山 Seamount
特征点坐标 Coordinates	13°25.2′ N，115°46.3′ E	规模（km） Dimension (km)	35.5 × 21.7
水深（m） Depth (m)	3291 ~ 4774	总起伏（m） Total Relief (m)	1483
地貌形态 Feature Description	海山平面形态不规则，呈北东—南西走向（图 5.50）。 The plane shape of Fanzhongyan Haishan is irregular, extending from NE to SW.		
命名释义 Reason for Choice of Name	以宋代文学家范仲淹命名。范仲淹（公元 989—1052 年），北宋杰出的思想家、政治家、文学家。他倡导的“先天下之忧而忧，后天下之乐而乐”思想和仁人志士节操，对后世影响深远。范仲淹著有《范文正公文集》，代表作有《岳阳楼记》等。 This seamount is named after Fan Zhongyan, a prominent politician, philosopher and writer in Song Dynasty of ancient China. His well-known saying “Be the first to bear the world’s hardship, and the last to enjoy its comfort” has served as an inspiration to the Chinese people for thousand years.		

5.7.9 贺铸海山

标准名称 Standard Name	贺铸海山 Hezhu Haishan	类型 Generic Term	海山 Seamount
特征点坐标 Coordinates	13°12.6′ N，116°02.0′ E	规模（km） Dimension (km)	19.0 × 13.9
水深（m） Depth (m)	3308 ~ 4608	总起伏（m） Total Relief (m)	1300
地貌形态 Feature Description	海山平面形态总体呈椭圆形，呈北东—南西走向（图 5.50）。 The plane shape of Hezhu Haishan is almost oval, extending from NE to SW.		
命名释义 Reason for Choice of Name	以宋代词人贺铸命名。贺铸（公元 1052—1125 年），他的诗词风格丰富多样，代表作有《青玉案 · 横塘路》《鹧鸪天 · 重过阊门万事非》等。 This seamount is named after He Zhu, a prominent lyricist in Song Dynasty of ancient China.		

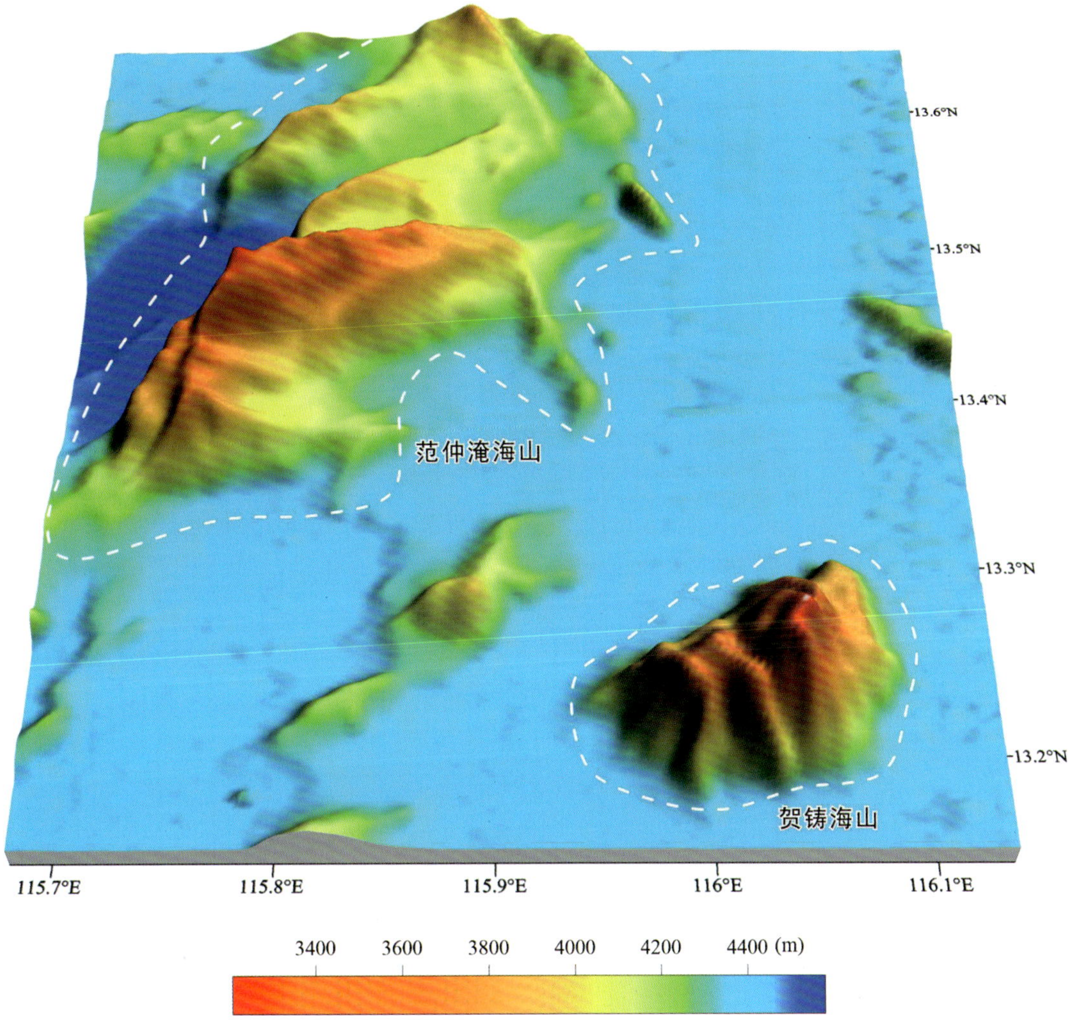

图 5.50　范仲淹海山和贺铸海山三维地形图

Fig. 5.50　3-D Topography Map of Fanzhongyan Haishan and Hezhu Haishan

5.7.10 孟浩然海丘

标准名称 Standard Name	孟浩然海丘 Menghaoran Haiqiu	类型 Generic Term	海丘 Hill
特征点坐标 Coordinates	14°25.9′ N，116°17.6′ E	规模（km） Dimension (km)	65.9 × 18.0
水深（m） Depth (m)	3842 ~ 4691	总起伏（m） Total Relief (m)	849
地貌形态 Feature Description	海丘呈长条形，呈北东—南西走向，海丘发育多座山峰（图 5.51）。 The plane shape of Menghaoran Haiqiu is strip-like, extending from NE to SW. There are several peaks on the top of this hill.		
命名释义 Reason for Choice of Name	以唐代诗人孟浩然命名。孟浩然（公元689—740年），唐代著名山水田园派诗人。著有《孟浩然集》三卷传世，代表作有《春晓》《过故人庄》《望洞庭湖赠张丞相》等。 This seamount is named after Meng Haoran, a prominent poet in Tang Dynasty of ancient China.		

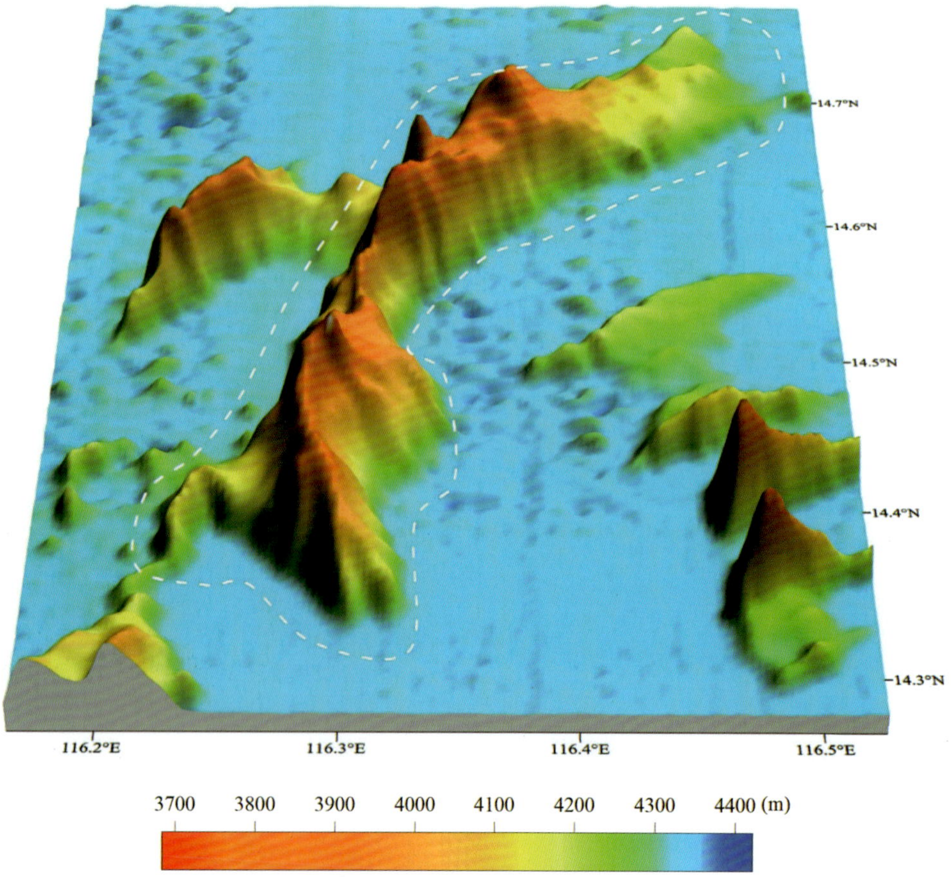

图 5.51 孟浩然海丘三维地形图

Fig. 5.51 3-D Topography Map of Menghaoran Haiqiu

5.7.11 李白海丘

标准名称 Standard Name	李白海丘 Libai Haiqiu	类型 Generic Term	海丘 Hill
特征点坐标 Coordinates	14°38.7′ N，116°47.9′ E	规模（km） Dimension (km)	37.5 × 24.2
水深（m） Depth (m)	3644 ～ 4613	总起伏（m） Total Relief (m)	969
地貌形态 Feature Description	海丘位于东南深海平原西北部，平面形态狭长，呈北东—南西走向，海丘发育多座山峰（图 5.52）。 Libai Haiqiu is located in the southwest of abyssal plain of SE SCS. The plane shape of this hill is long and narrow, extending from NE to SW. There are several peaks on the top of this hill.		
命名释义 Reason for Choice of Name	以唐代诗人李白命名。李白（公元 701—762 年），唐代伟大的浪漫主义诗人，在我国文学史上具有重要地位，被后人誉为“诗仙”。李白著有《李太白集》，代表作有《望庐山瀑布》《行路难》《蜀道难》《将进酒》《明堂赋》《早发白帝城》等多首诗词。 This hill is named after Li Bai, a prominent poet in Tang Dynasty of ancient China. He is a romantic figure who took traditional Chinese poetic forms to a new height.		

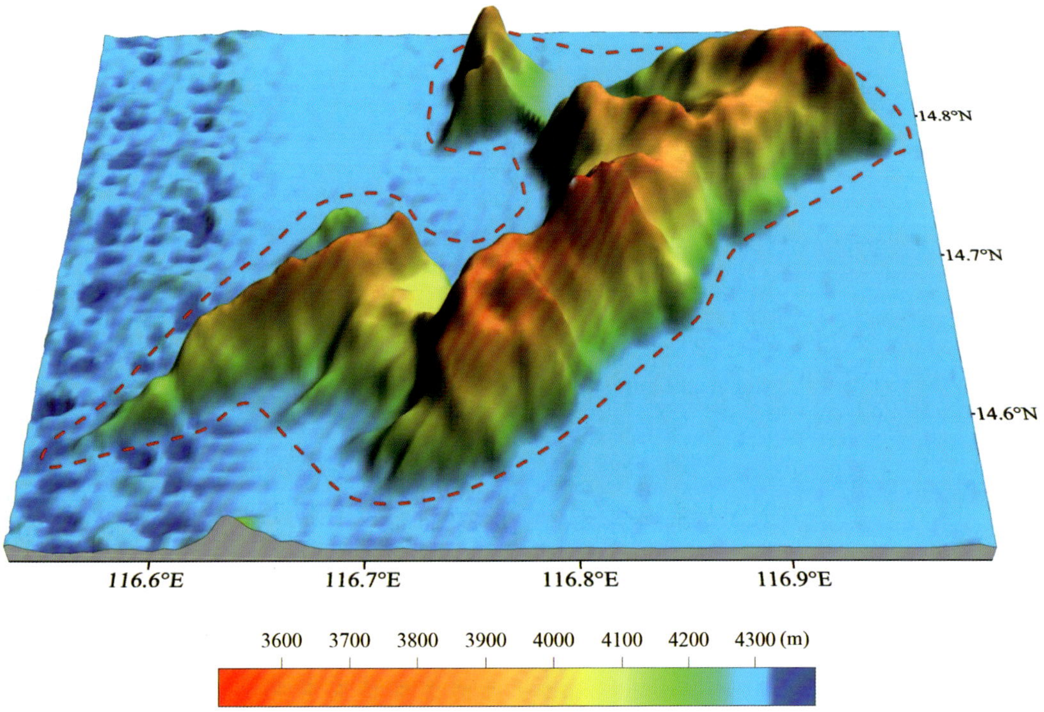

图 5.52　李白海丘三维地形图

Fig. 5.52　3-D Topography Map of Libai Haiqiu

5.7.12 杜牧海丘

标准名称 Standard Name	杜牧海丘 Dumu Haiqiu	类型 Generic Term	海丘 Hill
特征点坐标 Coordinates	14°06.5′ N，116°12.1′ E	规模（km） Dimension (km)	24.3 × 7.4
水深（m） Depth (m)	3939 ~ 4648	总起伏（m） Total Relief (m)	709
地貌形态 Feature Description	海丘平面形态不规则，整体呈北东—南西走向，海丘发育多座山峰（图 5.53）。 The plane shape of Dumu Haiqiu is irregular, extending from NE to SW. There are several peaks on the top of this hill.		
命名释义 Reason for Choice of Name	以唐代诗人杜牧命名。杜牧（公元 803—约 852 年），以七言绝句著称，内容以咏史抒怀为主，在晚唐成就颇高，代表作有《阿房宫赋》《清明》《赤壁》《泊秦淮》《山行》《秋夕》《江南春》等。 This hill is named after Du Mu, a leading poet in late Tang Dynasty of ancient China. He is best known for his lyrical and romantic quatrains.		

5.7.13 李贺海脊

标准名称 Standard Name	李贺海脊 Lihe Haiji	类型 Generic Term	海脊 Ridge
特征点坐标 Coordinates	13°41.9′ N，116°20.8′ E	规模（km） Dimension (km)	37.6 × 7.4
水深（m） Depth (m)	3993 ~ 4589	总起伏（m） Total Relief (m)	596
地貌形态 Feature Description	海脊呈长条状，呈北东东—南西西走向（图 5.53）。 The plane shape of Lihe Haiji is strip-like, extending from NEE to SWW.		
命名释义 Reason for Choice of Name	以唐代诗人李贺命名。李贺（约公元 790—817 年），其诗作想象极为丰富，留下了“黑云压城城欲摧”“雄鸡一声天下白”“天若有情天亦老”等千古佳句，代表作有《神弦曲》《雁门太守行》《金铜仙人辞汉歌》等。 This ridge is named after Li He, a prominent poet in Tang Dynasty of ancient China. His poetry is unique, filled with fantastic and unusual imagery.		

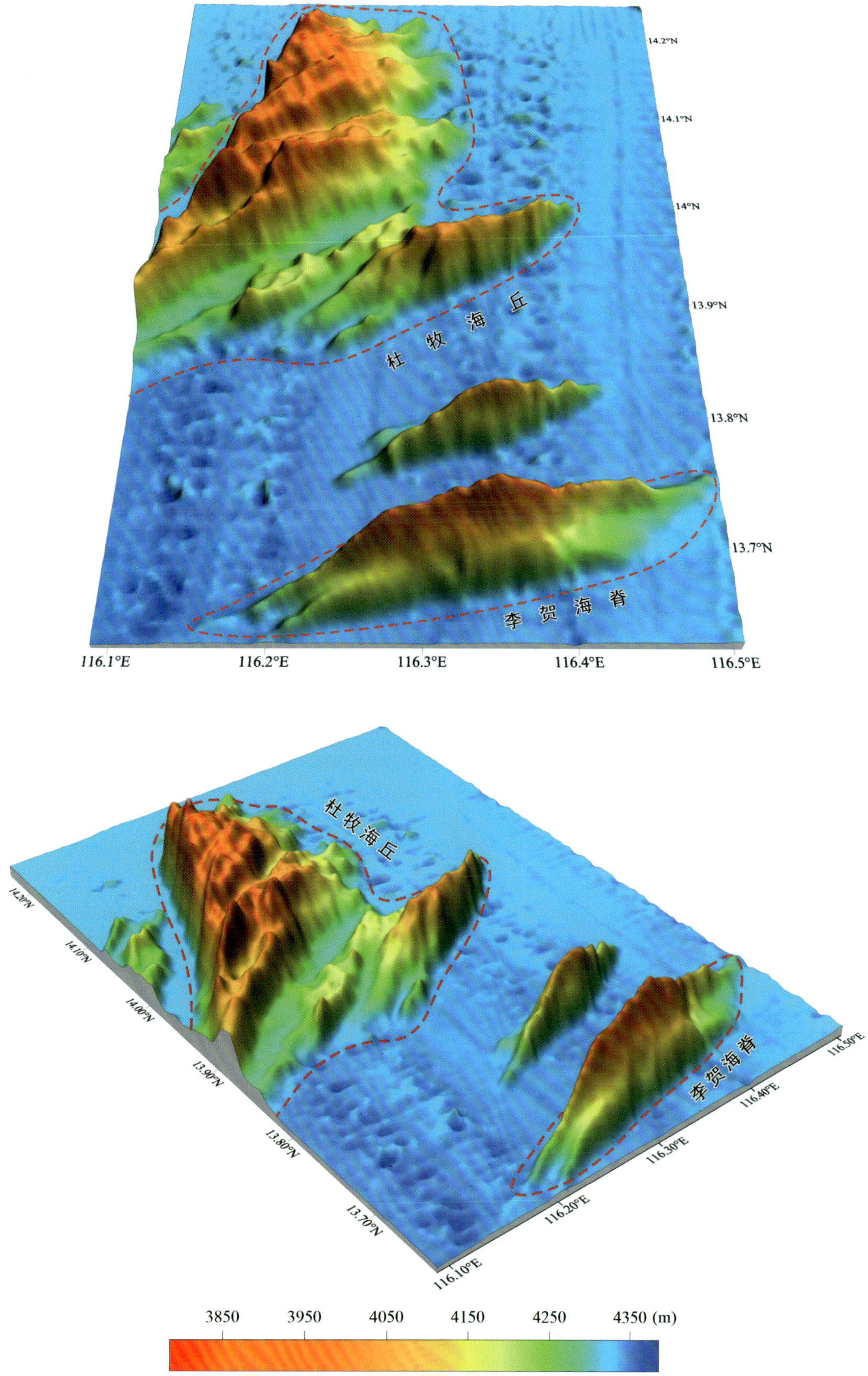

图 5.53　杜牧海丘和李贺海脊三维地形图

Fig. 5.53　3-D Topography Map of Dumu Haiqiu and Lihe Haiji

5.7.14 元稹海丘

标准名称 Standard Name	元稹海丘 Yuanzhen Haiqiu	类型 Generic Term	海丘 Hill
特征点坐标 Coordinates	14°45.2′ N，117°28.2′ E	规模（km） Dimension (km)	19.8 × 17.5
水深（m） Depth (m)	3678 ~ 4549	总起伏（m） Total Relief (m)	871
地貌形态 Feature Description	海丘平面形态不规则（图 5.54）。 The plane shape of Yuanzhen Haiqiu is irregular.		
命名释义 Reason for Choice of Name	以唐代诗人元稹命名。元稹（公元 779—831 年），著有《元氏长庆集》，代表作有《离思》《一至七言诗》《遣悲怀三首》《菊花》等 This hill is named after Yuan Zhen, a prominent poet in Tang Dynasty of ancient China.		

5.7.15 岑参海丘

标准名称 Standard Name	岑参海丘 Censhen Haiqiu	类型 Generic Term	海丘 Hill
特征点坐标 Coordinates	14°40.9′ N，117°38.3′ E	规模（km） Dimension (km)	38.7 × 20.0
水深（m） Depth (m)	3686 ~ 4559	总起伏（m） Total Relief (m)	873
地貌形态 Feature Description	海丘平面形态不规则，呈南北走向，海丘发育多座山峰（图 5.54）。 The plane shape of Censhen Haiqiu is irregular, extending from south to north. There are several peaks on the top of this hill.		
命名释义 Reason for Choice of Name	以唐代诗人岑参命名。岑参（约公元 718—769 年），擅长七言歌行，诗歌意境新奇，后世为其编有《岑嘉州诗集》，代表作有《白雪歌送武判官归京》《逢入京使》等。 This hill is named after Cen Shen, a prominent poet in Tang Dynasty of ancient China.		

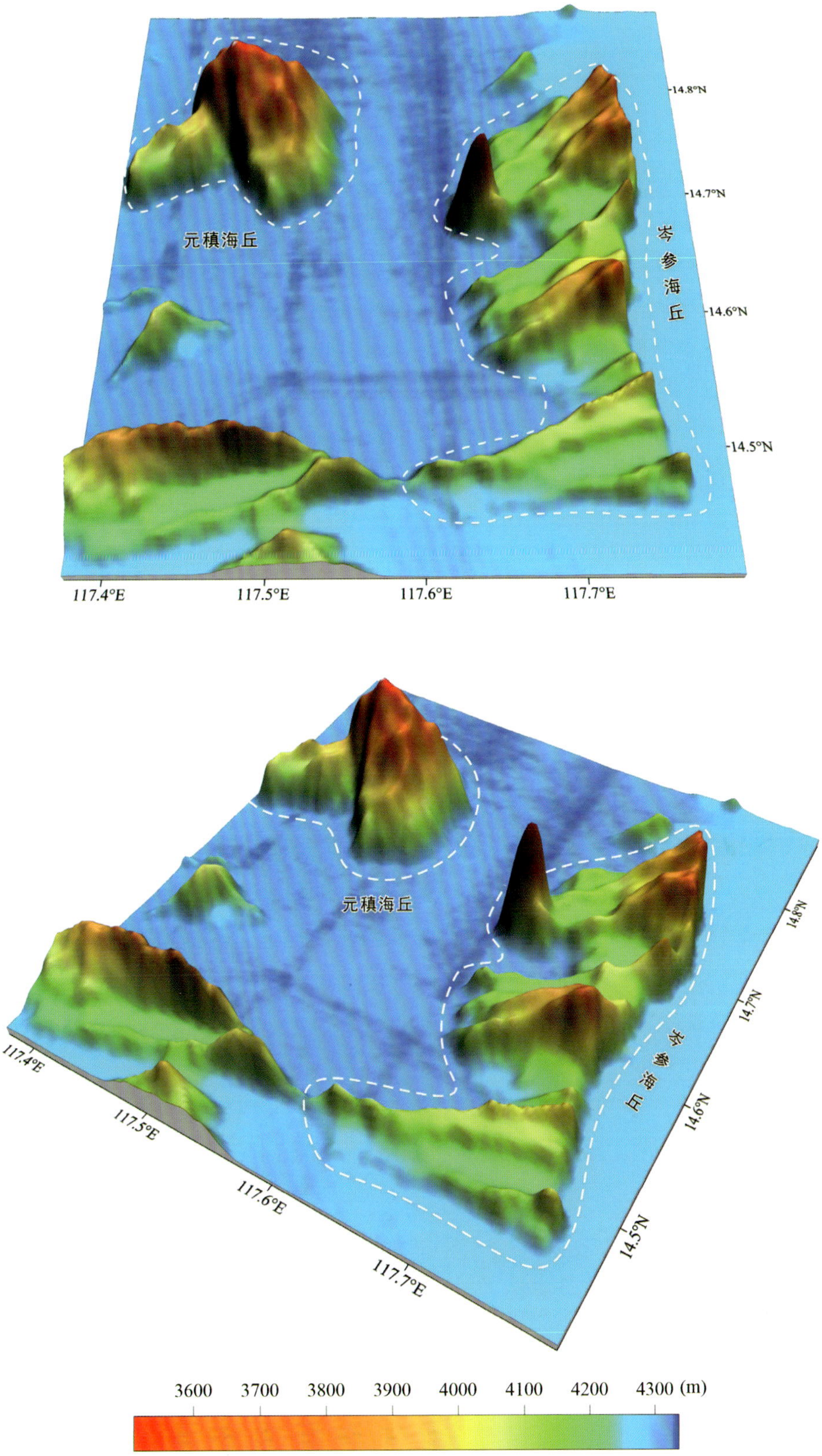

图 5.54　元積海丘和岑参海丘三维地形图

Fig. 5.54　3-D Topography Map of Shishen Seamount of Yuanzhen Haiqiu and Censhen Haiqiu

5.7.16 杜甫海丘

标准名称 Standard Name	杜甫海丘 Dufu Haiqiu	类型 Generic Term	海丘 Hill
特征点坐标 Coordinates	14°29.0′ N，117°28.9′ E	规模（km） Dimension (km)	62.1 × 13.6
水深（m） Depth (m)	3942 ~ 4552	总起伏（m） Total Relief (m)	610
地貌形态 Feature Description	海丘平面形态呈长条带状，呈东西走向，海丘发育多座山峰（图 5.55）。 The plane shape of Dufu Haiqiu is strip-like, extending from east to west. There are several peaks on the top of this hill.		
命名释义 Reason for Choice of Name	以唐代诗人杜甫命名。杜甫（公元 712—770 年），约有 1500 首诗歌被保留了下来，对中国文学和日本文学都产生了深远的影响，被后人称为“诗圣”，代表作有《望岳》《登高》《春望》《茅屋为秋风所破歌》等。 This hill is named after Du Fu, a prominent poet in Tang Dynasty of ancient China. He is the greatest Chinese poet whose works came to be hugely influential in both Chinese and Japanese literary culture.		

5.7.17 孟郊海丘

标准名称 Standard Name	孟郊海丘 Mengjiao Haiqiu	类型 Generic Term	海丘 Hill
特征点坐标 Coordinates	14°12.3′ N，117°43.1′ E	规模（km） Dimension (km)	13.4 × 5.4
水深（m） Depth (m)	4170 ~ 4518	总起伏（m） Total Relief (m)	348
地貌形态 Feature Description	海丘平面形态不规则，呈东西走向（图 5.55）。 The plane shape of Mengjiao Haiqiu is irregular, extending from east to west.		
命名释义 Reason for Choice of Name	以唐代诗人孟郊命名。孟郊（公元 751—814 年），诗作多写世态炎凉，民间苦难，现存诗作有 500 多首，对后世有很大影响，代表作有《游子吟》《登科后》等。 This hill is named after Meng Jiao, a prominent poet in Tang Dynasty of ancient China. Of his works, more than 500 elegant poems have been preserved over the ages.		

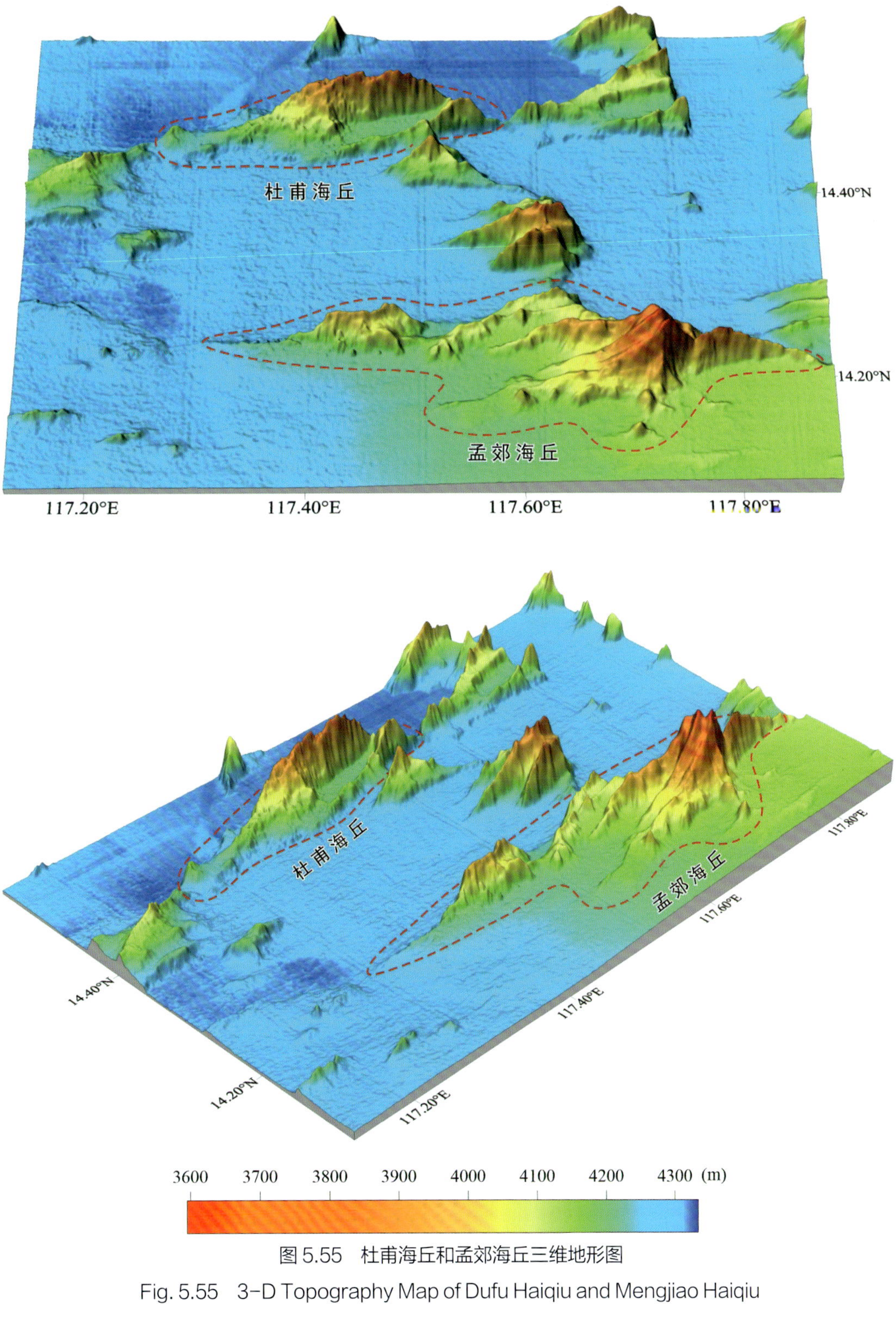

图 5.55　杜甫海丘和孟郊海丘三维地形图

Fig. 5.55　3-D Topography Map of Dufu Haiqiu and Mengjiao Haiqiu

5.7.18 柳宗元海山

标准名称 Standard Name	柳宗元海山 Liuzongyuan Haishan	类型 Generic Term	海山 Seamount
特征点坐标 Coordinates	14°37.6′ N，117°59.4′ E	规模（km） Dimension (km)	54.2 × 23.7
水深（m） Depth (m)	3389 ~ 4508	总起伏（m） Total Relief (m)	1119
地貌形态 Feature Description	海山平面形态不规则，呈南北走向，海山发育多座山峰（图 5.56）。 The plane shape of Liuzongyuan Haishan is irregular, extending from north to south. There are several peaks on the top of this seamount.		
命名释义 Reason for Choice of Name	以唐代文学家柳宗元命名。柳宗元（公元 773—819 年），“唐宋八大家”之一，代表作有《永州八记》《溪居》《江雪》《渔翁》等。 This seamount is named after Liu Zongyuan, a prominent writer in Tang Dynasty of ancient China. He has been traditionally classes as one of the “Eight Great Prose Masters of the Tang and Song”.		

5.7.19 王维海丘

标准名称 Standard Name	王维海丘 Wangwei Haiqiu	类型 Generic Term	海丘 Hill
特征点坐标 Coordinates	14°24.5′ N，118°17.8′ E	规模（km） Dimension (km)	29.8 × 11.5
水深（m） Depth (m)	3465 ~ 4414	总起伏（m） Total Relief (m)	949
地貌形态 Feature Description	海丘呈长条形，近东西走向，山体南北坡较陡（图 5.56）。 The plane shape of Wangwei Haiqiu is strip-like, extending from east to west. The slope on the north and south side is relatively steeper than the east and west side.		
命名释义 Reason for Choice of Name	以唐代诗人王维命名。王维（约公元 701—761 年），代表作有《山居秋暝》《送元二使安西（渭城曲）》《九月九日忆山东兄弟》《使至塞上》《相思》等。 This hill is named after Wang Wei, a prominent poet in Tang Dynasty of ancient China.		

5.7.20 韩愈海山

标准名称 Standard Name	韩愈海山 Hanyu Haishan	类型 Generic Term	海山 Seamount
特征点坐标 Coordinates	14°04.2′ N，118°21.6′ E	规模（km） Dimension (km)	42.9 × 22.7
水深（m） Depth (m)	2946 ～ 4368	总起伏（m） Total Relief (m)	1422
地貌形态 Feature Description	海山平面形态呈三角形，发育多座山峰，主峰上发育一火山口（图 5.56）。 The plane shape of Hanyu Haishan is triangular. There are several peaks and a crater on the top of seamount.		
命名释义 Reason for Choice of Name	以唐代文学家韩愈命名。韩愈（公元 768—824 年），是唐代古文运动的倡导者，被后人尊为“唐宋八大家”之首，他提出的“文道合一”“气盛言宜”“务去陈言”“文从字顺”等散文的写作理论，对后人很有指导意义。后人为韩愈编有《韩昌黎集》。 This seamount is named after Han Yu, a prominent writer in Tang Dynasty of ancient China. He has been traditionally classes as one of the “Eight Great Prose Masters of the Tang and Song”.		

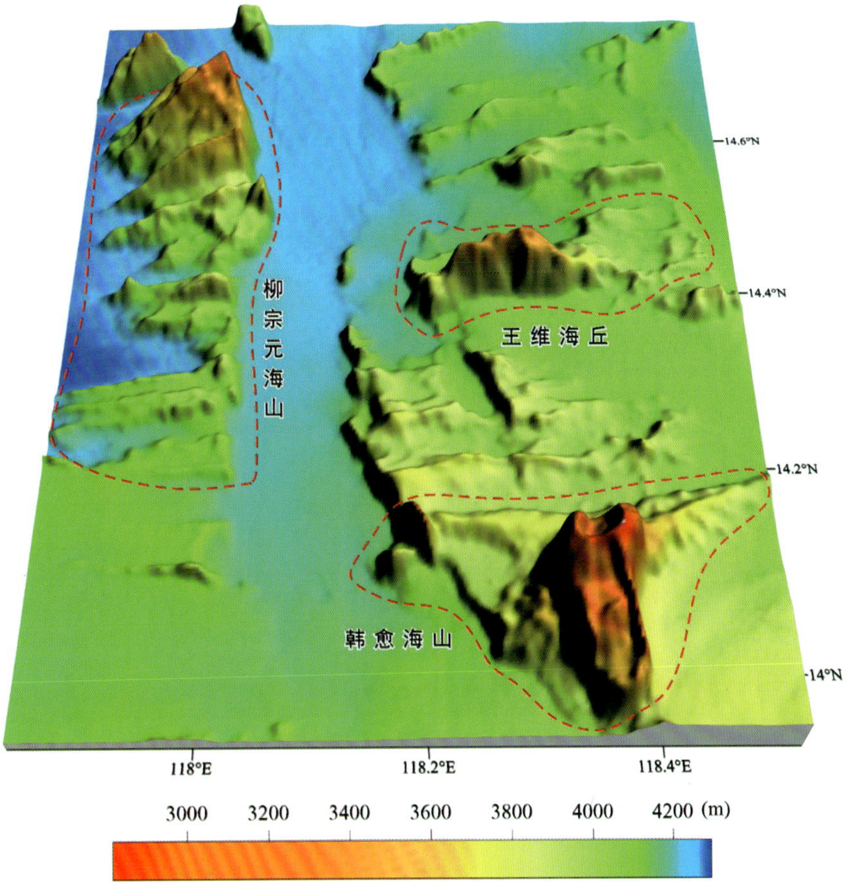

图 5.56 柳宗元海山、王维海丘和韩愈海山三维地形图

Fig. 5.56 3-D Topography Map of Liuzongyuan Haishan, Wangwei Haiqiu and Hanyu Haishan

5.7.21 白居易海山

标准名称 Standard Name	白居易海山 Baijuyi Haishan	类型 Generic Term	海山 Seamount
特征点坐标 Coordinates	13°57.7′ N，118°42.4′ E	规模（km） Dimension (km)	20.8 × 13.9
水深（m） Depth (m)	3024 ～ 4129	总起伏（m） Total Relief (m)	1105
地貌形态 Feature Description	海山平面形态近圆形（图 5.57）。 The plane shape of Baijuyi Haishan is almost circular.		
命名释义 Reason for Choice of Name	以唐代诗人白居易命名。白居易（公元 772—846 年）其诗歌题材广泛，形式多样，语言平易通俗，著有《白氏长庆集》，代表作有《长恨歌》《卖炭翁》《琵琶行》等。 This seamount is named after Bai Juyi, a prominent poet in Tang Dynasty of ancient China. His works were also influential in the historical development of Japanese literature.		

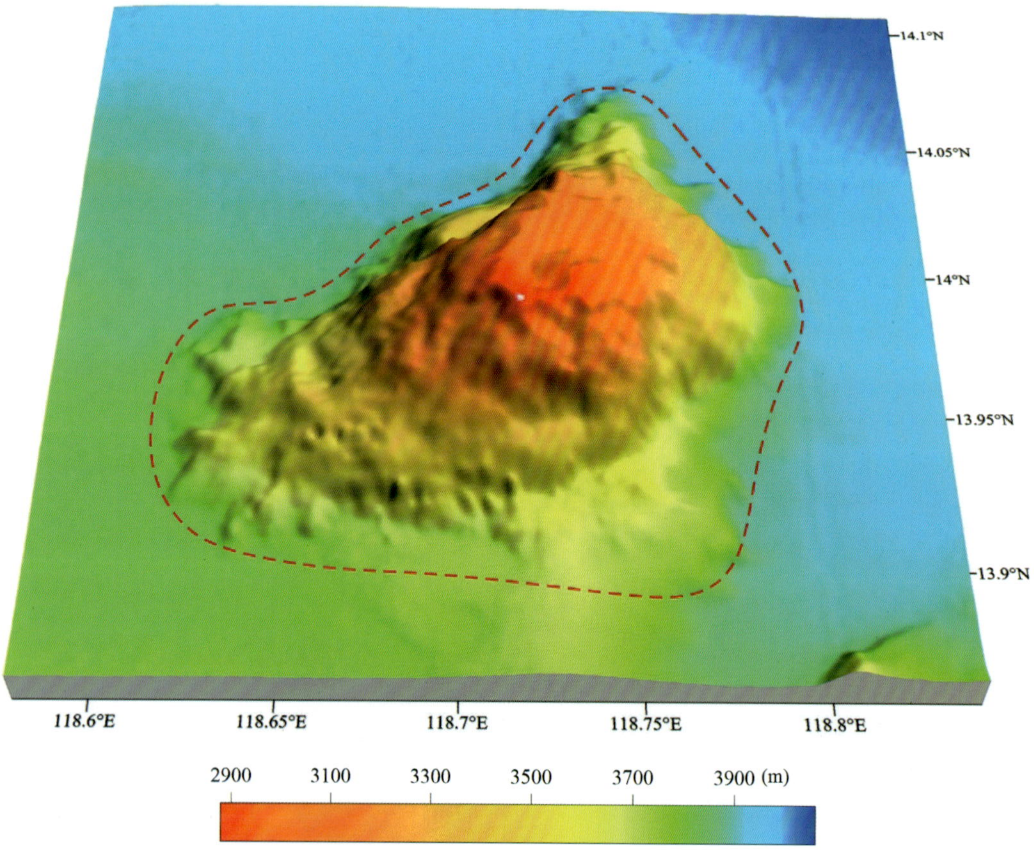

图 5.57 白居易海山三维地形图

Fig. 5.57 3-D Topography Map of Baijuyi Haishan

5.7.22 张继海丘

标准名称 Standard Name	张继海丘 Zhangji Haiqiu	类型 Generic Term	海丘 Hill
特征点坐标 Coordinates	13°36.8′ N，117°52.7′ E	规模（km） Dimension (km)	10.5 × 8.4
水深（m） Depth (m)	3417 ~ 4271	总起伏（m） Total Relief (m)	854
地貌形态 Feature Description	海丘平面形态近圆形，山顶发育一圆形火山口（图 5.58）。 The plane shape of Zhangji Haiqiu is almost circular. There is a crater on the top of this hill.		
命名释义 Reason for Choice of Name	以唐代诗人张继命名。张继（生卒年不详），他的诗爽朗激越，比兴幽深，对后世颇有影响，但可惜流传下来的不足 50 首，最著名的诗是《枫桥夜泊》。 This hill is named after Zhang Ji, a prominent poet in Tang Dynasty of ancient China.		

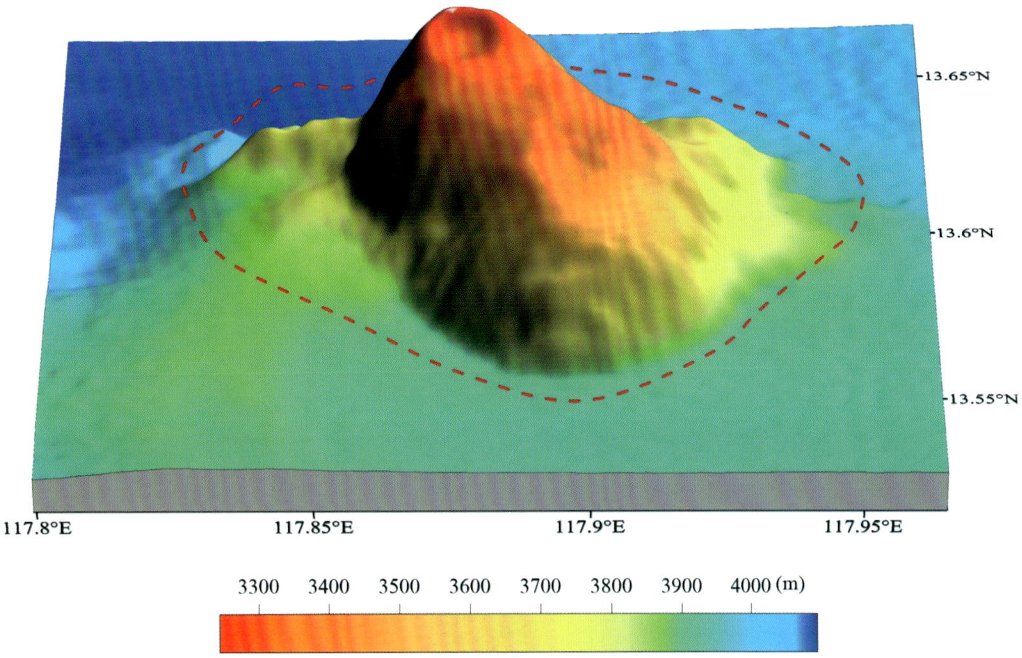

图 5.58　张继海丘三维地形图

Fig. 5.58　3-D Topography Map of Zhangji Haiqiu

5.7.23 贾岛海丘

标准名称 Standard Name	贾岛海丘 Jiadao Haiqiu	类型 Generic Term	海丘 Hill
特征点坐标 Coordinates	13°04.7′ N，117°14.9′ E	规模（km） Dimension (km)	6.1 × 5.8
水深（m） Depth (m)	3352 ~ 4276	总起伏（m） Total Relief (m)	924
地貌形态 Feature Description	海丘山体大致呈圆锥状（图 5.59）。 The overall shape of Jiadao Haiqiu is conical.		
命名释义 Reason for Choice of Name	以唐代诗人贾岛命名。贾岛（公元 779—843 年），代表作有《寻隐者不遇》《剑客》《题李凝幽居》等。 This hill is named after Jia Dao, a prominent poet in Tang Dynasty of ancient China.		

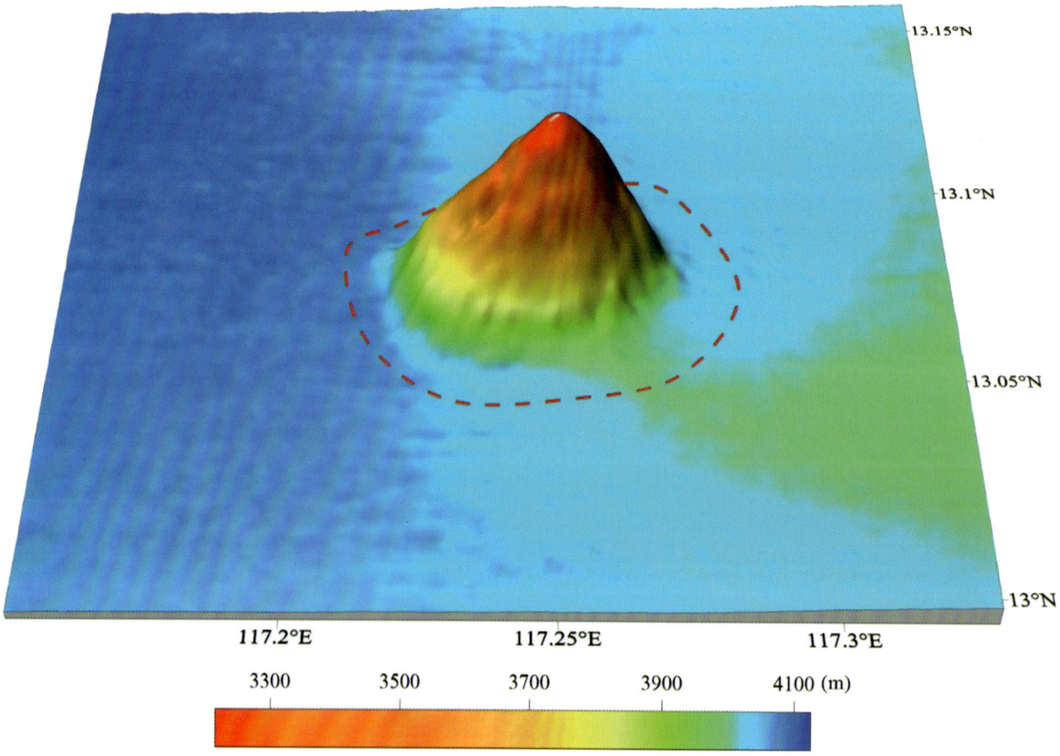

图 5.59 贾岛海丘三维地形图

Fig. 5.59 3-D Topography Map of Jiadao Haiqiu

5.7.24 张祜海山

标准名称 Standard Name	张祜海山 Zhanghu Haishan	类型 Generic Term	海山 Seamount
特征点坐标 Coordinates	13°26.0′ N，118°13.7′ E	规模（km） Dimension (km)	23.2 × 25.6
水深（m） Depth (m)	1523 ～ 3971	总起伏（m） Total Relief (m)	2448
地貌形态 Feature Description	海山平面形态呈圆形（图 5.60）。 The plane shape of Zhanghu Haishan is circular.		
命名释义 Reason for Choice of Name	以唐代诗人张祜命名。张祜（约公元 785—849 年），他作诗的风格在中晚唐诗坛上独树一帜，杜牧对其评价颇高。代表作有《题金陵渡》《雁门太守行》《送苏绍之归岭南》等。 This seamount is named after Zhang Hu, a prominent poet in Tang Dynasty of ancient China.		

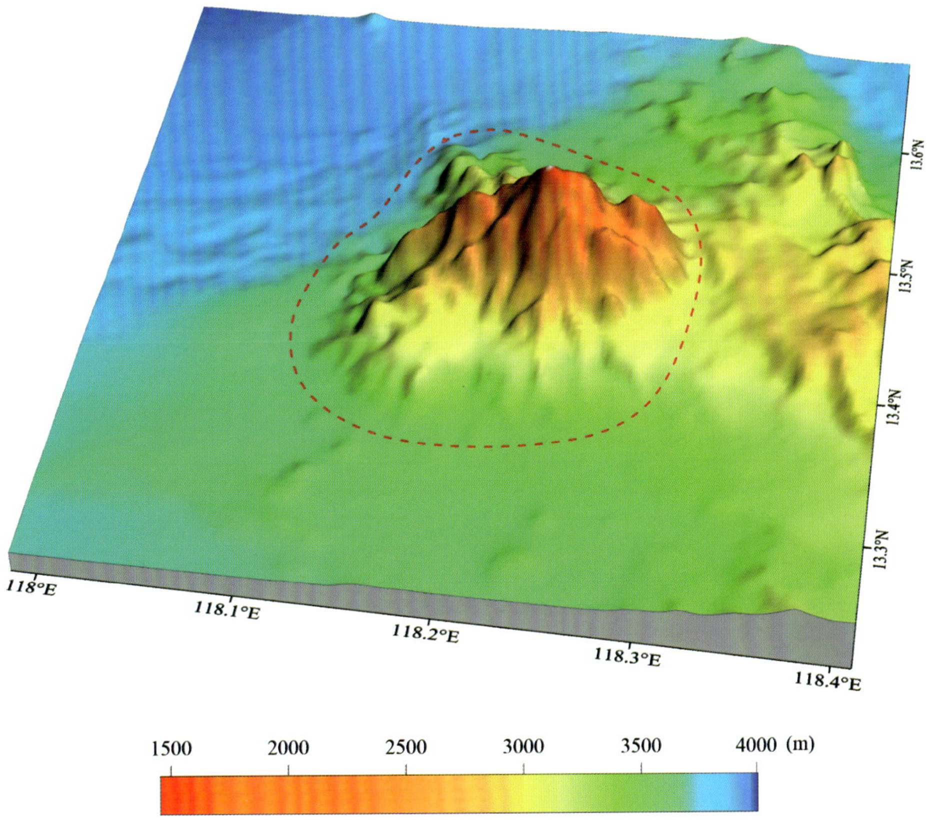

图 5.60 张祜海山三维地形图

Fig. 5.60 3-D Topography Map of Zhanghu Haishan

参考资料

1. 王际桐 . 论我国地名的命名原则 [J]. 地球信息科学 , 2001(3):13-17。
2. 地名管理条例（中华人民共和国国务院令 第 753 号）, 中国政府网 , 2022。
3. 地名管理条例实施办法（中华人民共和国民政部令 第 71 号）, 中国政府网 , 2024。
4. GB/T 12763.10—2007, 海洋调查规范第 10 部分： 海底地形地貌调查 [S]。
5. GB/T 18521—2001, 地名分类与类别代码编制规则 [S]。
6. 古诗文网 , https://www.gushiwen.cn. 2024。